신·해양에너지공학

이문옥 (李文沃)

1952년 10월　경남 사천에서 출생
1976년 2월　부산수산대학 어업학과 졸업
1982년 2월　부산수산대학 대학원 수산물리학과 수료(수산학석사)
1988년 3월　일본 오사카대학 대학원 공학연구과 박사과정 토목공학전공(수공학) 수료(공학박사)

1978년 4월~1981년 6월　부산해양고등학교 항해과 교사
1981년 6월~1983년 9월　부산수산대학 해양공학과 조교
1983년 10월~2006년 2월　여수대학교 해양토목공학과 및 해양공학과 교수
1991년 6월~1992년 7월　영국 University of Bradford(Water Engineering Laboratory Roger A. Falconer 교수) 방문교수
2002년 9월~2003년 9월　스코틀랜드 University of Strathclyde(Environmental Hydraulics Laboratory Graham A. Copeland 교수) 방문 교수
2006년 3월~2014년 현재　전남대학교 수산해양대학 해양기술학부 조선해양공학전공 교수

신·해양에너지공학

인쇄 2014년 12월 20일
발행 2014년 12월 30일

편저자_이문옥
발행인_지병문
발행처_전남대학교출판부

등　록_1981. 5. 21. 제53호
주　소_500-757 광주광역시 북구 용봉로 77
전　화_(062) 530-0571~2
마케팅부_(062) 530-0573
팩　스_(062) 530-0579
홈페이지_http: //www.cnup.co.kr
이메일_cnup0571@hanmail.net

값 20,000 원

ISBN 978-89-6849-166-5 (93420)

이 도서의 국립중앙도서관 출판예정도서목록(CIP)은 e-CIP홈페이지(http://www.nl.go.kr/ecip)와
국가자료공동목록시스템(http://www.nl.go.kr/kolisnet)에서 이용하실 수 있습니다.
(CIP제어번호: CIP2014038034)

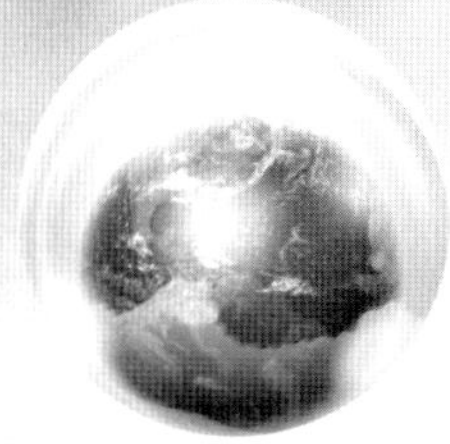

신·해양에너지 공학

이문옥 편저

Renewable and Ocean Energy Engineering

본서는 최근 차세대 에너지로 부상하고 있는 신에너지와 해양에너지를 주 내용으로 정리한 것이다. 해양에너지, 즉 해양이 가진 잠재력도 따지고 보면 신에너지로 분류할 수 있으나 굳이 신에너지와 구분한 것은 해양에너지만이 가진 특수한 환경과 기술적 진보를 강조하기 위해서이다. 신에너지란 한마디로 정의하기는 쉽지 않으나, 일반적으로 새로운 시대의 주역이 될 에너지 또는 지금까지는 없던 새로운 에너지로 정의할 수 있을 것이다.

전남대학교출판부

머리말

본서는 최근 차세대 에너지로 부상하고 있는 신에너지와 해양에너지를 주 내용으로 정리한 것이다. 해양에너지, 즉 해양이 가진 잠재력도 따지고 보면 신에너지로 분류할 수 있으나 굳이 신에너지와 구분한 것은 해양에너지만이 가진 특수한 환경과 기술적 진보를 강조하기 위해서이다. 신에너지란 한마디로 정의하기는 쉽지 않으나, 일반적으로 새로운 시대의 주역이 될 에너지 또는 지금까지는 없던 새로운 에너지로 정의할 수 있을 것이다. 만약 신에너지를 새로운 시대의 주역이 될 에너지로 정의한다면, 이것은 소위 우리가 말하는 차세대 에너지의 개념에 가깝다.

신에너지란 자연의 힘을 이용한다든지, 지금까지 사용되지 않고 버려지고 있던 에너지를 유효하게 사용한다든지 하는 지구에 친화적인 에너지이다. 따라서, 신에너지에는 태양광이나 풍력, 폐기물, 바이오매스(biomass) 등은 물론, 과거부터 사용되어 왔으나 그 이용형태를 새롭게 한 에너지도 신에너지에 포함된다. 한마디로, 신에너지란 지구온난화와 CO_2 삭감이라고 하는 관점에서 유래한 것으로서, 에너지 이용에 있어서 경제성 확보와 환경부하의 저감이라는 목표를 가지고 있다.

본서에서는 2008년 전남대학교 출판부를 통해 발행된 역서인 "해양에너지공학(原著: 21世紀の海洋エネルギー開発技術, (사)일본해양개발건설협회 해양공사기술위원회, 2006)"을 기초로 하여, 최근 몇 년 동안 신에너지 및 해양에너지 분야에 있어서의 우리나라를 포함한 세계의 진보된 이용 기술의 개발 현황을 수록하고자 노력하였다.

우선 제1부의 신에너지에서 지열에너지, 폐기물 에너지, 화석연료의 새로운 이용형태(예: oil sand, oil shale, 석탄가스화 복합발전, 석탄가스화 발전 및 액화, FTD 및 DME연료 등), 에너지 이용의 신기술(예: 연료전지, 열병합발전(co-generation), 히트펌프(heat pump), 축열기술 등), 그리고 신에너지자동차(하이브리드 차, 전기자동차, 연료전지 자동차, 에탄올 차, DME 자동차 등) 등에 관한 최근의 기술적 동향을 소개한다.

다음으로, 제2부의 해양에너지에서 파력에너지, 조력에너지, 조류 및 해류에너지, 해양심층수와 해양온도차 발전, (해상)풍력에너지, 태양열 및 태양광 에너지, (해양)바이오매스

에너지, 해수 중 우라늄과 메탄 하이드레이트의 이용 기술의 개발현황과 장래전망, 해양환경에의 영향 등에 관하여 소개한다.

이들 해양에너지는 청정에너지로서 전술한 신에너지와 마찬가지로 지구 온난화와 CO_2 삭감, 장래 석유나 석탄과 같은 화석연료의 고갈이라는 대명제하에 그 이용과 개발이 추진되고 있다. 그러나, 에너지 밀도가 다른 에너지원에 비하여 희박하고 변동이 크며, 환경조건 또한 가혹하다는 점이 앞으로 극복해야 할 과제로 남아 있다. 따라서, 현시점에서는 해결해야 할 기술적 과제가 남아 있으며, 무엇보다도 경제성 문제 때문에 당장은 대규모적인 상업적 이용과 개발이 어려운 분야도 있을 수 있다. 그럼에도 불구하고 장차 해양에너지의 중요도는 점차 증대해 갈 것으로 예상된다.

따라서, 본서가 앞으로 신에너지 나아가 해양에너지의 이용과 기술개발, 실용화를 위해 특히 우리 인류 모두에게 재생 가능한 청정에너지의 제공을 위해 꿈을 가지고 도전하는 많은 분들에게 조금이나마 도움이 되었으면 하는 바램이다.

또한, 본서가 출간하기까지 귀중한 자료를 제공하고 도움을 주신 (사)일본해양개발건설협회 해양공사기술위원회, 한국해양대학교 현범서 교수님, 한국해양과학기술원 홍기용 박사님, 그리고 저서와 관련한 자료의 전재(轉載)를 허락해 주신 일본 丸善出版사, 일본(사)화학공학회 SCE Net, 신라대학교 하상안 교수님, 동아대학교 성낙창 교수님, 군장대학교 오태선 교수님, 그밖에 그림과 표, 사진, 자료 등의 사용에 협조해 주신 모든 분들께 깊이 감사합니다.

2014년 12월

편저자 이문옥(李文沃)

■ 차 례

제1부 신에너지

제2부 해양에너지

PART 1

제1부 신에너지

제1장 __ 지열(地熱) 에너지

1.1 지열(또는 지열 에너지)의 정의와 지열 발전

지열(地熱)이란 간단히 말해 지구내부에서 나오는 열을 의미하며, 빗물(雨水) 등이 지하 마그마에 의해 가열되어, 고온의 열수로서 지하에 비축된 것을 말한다. 또한, 지열발전은 그 지열을 꺼내어 증기와 열수로 나누어, 그 증기를 활용하여 터빈을 돌려 발전하는 방식을 말한다. 현재는 발전도 하면서 열수도 같이 활용할 수 있는 binary 발전(즉, 열원이 되는 1차 매체에서 열을 2차 매체로 이동시켜, 2차 매체의 사이클을 통해 발전하는 시스템을 말한다)과, 증기가 없는 고온암체(高溫岩体)에 강제적으로 물을 주입하여 증기와 열수를 회수, 발전하는 고온암체 발전에 관한 연구가 개발 중이다.

지구내부에 저장된 열, 또는 지구가 가지고 있는 열, 즉 지열에너지(geothermal energy)는 오늘날에는 인간에 의해 개발된 지구의 열을 지칭하는 의미로도 사용된다. 이 지열에너지는 그 대부분이 지각 및 맨틀을 구성하고 있는 지구내부의 방사성 동위원소(가장 중요한 동위원소는 우라늄, 토륨, 칼륨이다)의 붕괴에너지로부터 나온다. 지구가 지니는 총열량은 대략 $12 \times 10^{30} \sim 24 \times 10^{30} joule$로 추정되며, 이 양은 2004년 전 세계 1차 에너지 수요량의 21만배에 해당한다. 이 지열에너지는 태양과는 독립적인 에너지로서, 24시간 공급이 가능하다는 장점을 가지고 있다.

지열은 기본적으로 깊이 400m까지의 지표에 가까운 지열과 그 이심의 심지층 지열로 구분한다. 또한, 지열자원은 지하 깊은 곳(깊이 3,000m 정도)으로부터 상승하는 열수에 의해 열이 운반되는 대류형 지열자원과 열전도에 의해 열이 운반되는 고온암체형 지열자원의 두 종류로 대별할 수 있는데, 현재 상업규모에서 지열발전이 행해지고 있는 것은 전자의 대류형 지열자원이다. 그림 1.1은 세계 지열 발전 잠재량 및 지열 발전소의 분포도를 나타낸다.

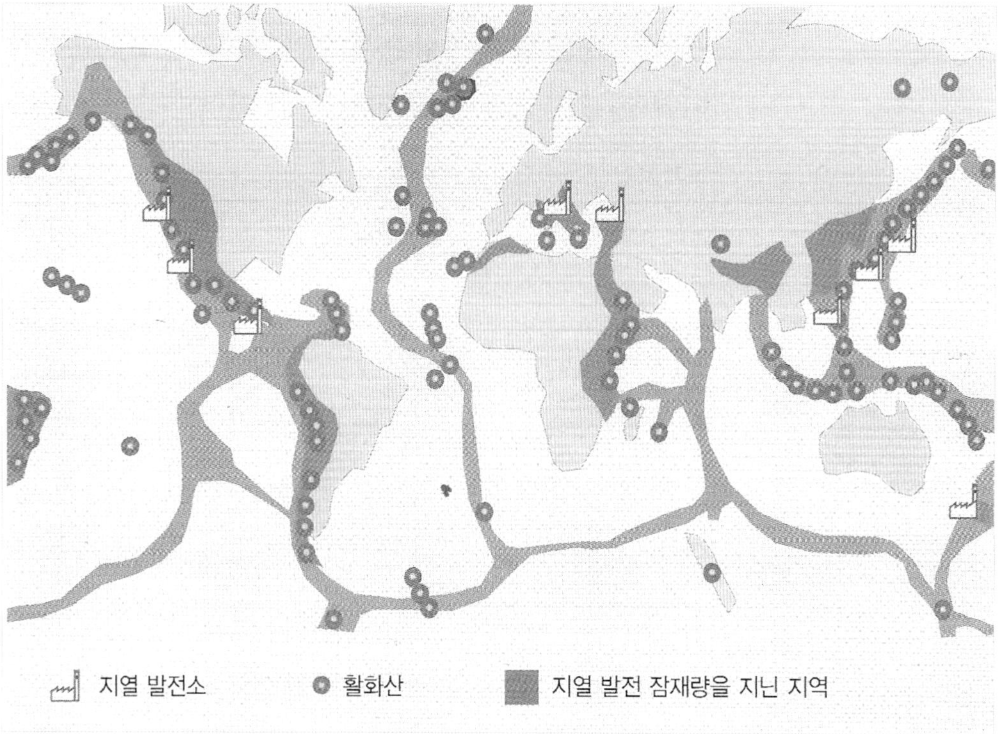

그림 1.1 세계 지열 발전 잠재량 및 지열 발전소 분포도(출처: 박, 2014)

1.2 지열에너지의 개발과 이용 현황

1.2.1 국내 현황

우리나라의 온천에 대한 과학적 조사는 1924년 조선총독부 지질조사소가 부산의 동래 온천을 대상으로 처음으로 실시하였다. 이후 1960년 충남 덕산온천에 대한 지열조사보고서가 발간되었으며, 1975년까지 국립지질조사소(현 한국지질자원조사연구원)의 주도로 이천, 마금산, 덕산, 온양, 유성, 도고, 오색, 백암 온천 등에 대한 지질조사, 지화학조사, 지온측정, 물리탐사 및 시추조사가 실시되었다. 그러나, 온천조사가 아닌 지열조사로는 1968년 콜롬보 계획의 일환으로 전국 14개 광산에 대하여 지온증가율을 측정한 한일 공동연구와, 이후 지질연구소가 추가로 실시한 22개 광산에 대한 지온증가율과 암석의 열전도도, 지열류량 조사 등을 들 수 있다.

한편, 1991년 우리나라에서는 처음으로 지구물리적 및 지구화학적 탐사기법에 의한 실제적인 지열개발 시추를 통해 지역난방에까지 활용하기 위한 종합적인 연구개발사업이 이루어졌다. 특히, 2000년 이후 지열연구는 심부(深部) 지열수를 개발하여 지역난방과 영농시설에 활용하고자 하는 개발사업과, 또한 천부(淺部) 지중열을 활용한 지열냉난방기술의 보급 등 지열의 실질적인 활용에 대한 연구가 본격화되었다고 할 수 있다(여, 2012). 그림 1.2는 우리나라의 지열 에너지 생산량을 나타내는데, 매년 증가추세를 보여준다.

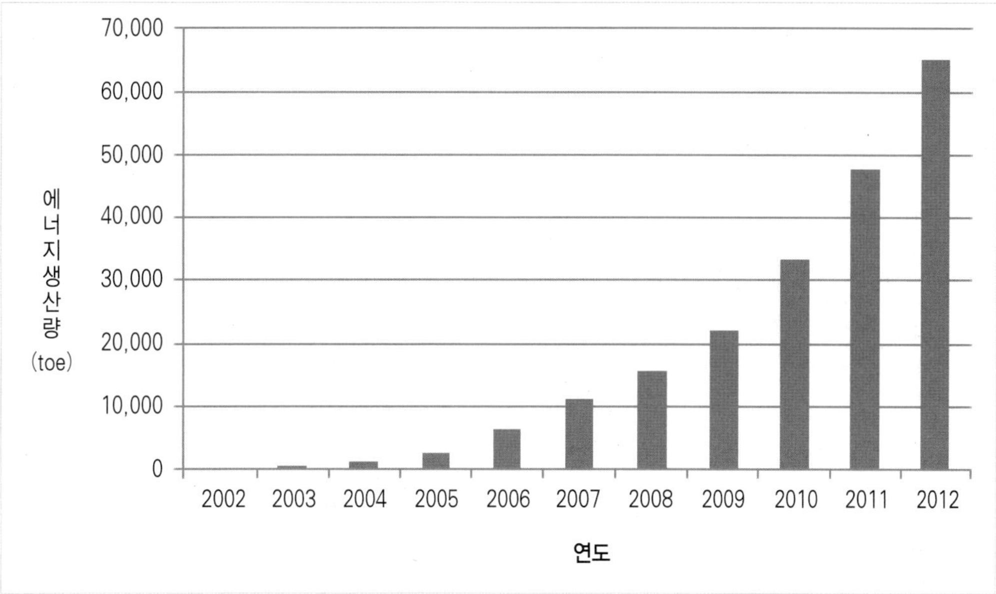

그림 1.2 우리나라 지열 에너지 생산량 추이(출처: 에너지관리공단, 2014)

1.2.2 해외 현황

지열 에너지는 고대 로마시대 온천 이용에서부터 찾을 수 있으나, 근대적 의미의 지열 에너지 활용은 1904년 이탈리아의 Larderello에서 증기를 이용한 지열 발전을 들 수 있다. 이후 1919년 일본의 벳부(1919), 1958년 미국의 California, 1959년 멕시코 등 현재 세계 지열 발전시설용량은 8,900MWe이 이르고 있으며, 연간 57,000GWh의 전기를 공급하고 있다. 특히, 일본에서는 1919년 석유와 석탄 고갈에 대비한 대체 에너지로서의 지열자원을 최초로 답사한 이래, 1925년 최초의 지열발전소가 건설되었다. 지열 발전은 지난 100년간 세계적으로는 증가추세에 있으며, 1980년 이래 매년 10% 이상의 신장세를 나타내고 있다. 2005년 현재 지열발전소는 세계 20개국에서 약 800만kW가 가동되고 있는데, 실제 가동되는 설비량 및 연간 에너지 생산량에서는 미국이 가장 선두이며, 다음으로 필리핀, 멕시코, 인도네시아, 이탈리아, 일본, 뉴질랜드 등의 순위이다(여, 2012).

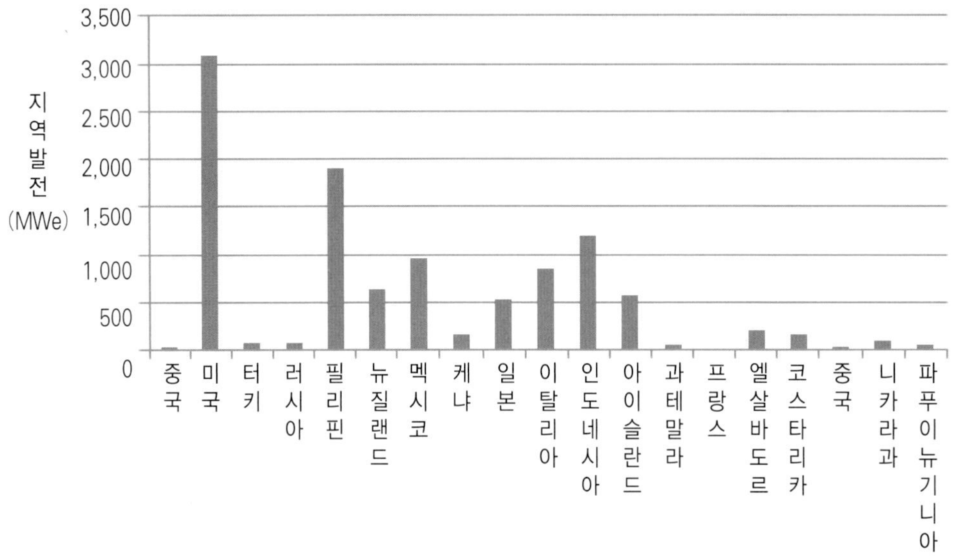

그림 1.3. 2010년 현재 국가별 자열발전 상황(출처: 김 등, 2013)

1.2.3 지열 에너지 이용 전망

국제에너지협회(IEA)의 세계에너지 전망(World Energy Outlook) 2004에 따르면, 2030년 우리 인류의 에너지 소비는 지금보다 60% 이상 증가하고, 재생에너지 공급비율은 2002년 전체 에너지 소비의 14%가 될 것으로 전망하였다. 또한, 2004년 유럽재생에너지협의회(EREC)의 시나리오에 따르면, 2030년에는 바이오매스와 대수력(大水力)을 제외한 기타 재생에너지 중에서 풍력에너지 다음으로 지열 에너지가 높은 비중을 차지하게 되고 지열발전 용량은 현재보다 4배 이상의 증가를 예상하고 있다. 특히, 현재와 같은 고유가가 계속될 경우에는 지열 발전을 위한 투자가 가속화될 것이므로, 장차 지열 에너지 이용과 개발은 보다 활발해질 것으로 전망된다.

우리나라의 경우 2000년부터 지열 시스템에서 가장 중요한 설비인 지열 열펌프(geothermal heat pump)의 보급이 시작되었으며, 2004년부터 관련법의 개정으로 보급의 증가가 두드러지고는 있으나, 아직 지중 열교환기 설치를 위한 시추공의 굴착과 과다한 초기 투자비용 때문에 대중적인 보급은 쉽지 않은 실정이다. 따라서, 지열 열펌프의 대중적인 보급을 위해서는 토양 및 암반의 열전도도, 원위치 지반의 열물성시험(熱物性試驗) 등 기초분야에 대한 연구와 지열 냉난방 시스템의 국산화가 시급하다. 또한, 심부(深部) 지열에너지 자원의 활용을 위한 탐사기술, 수리지질기술, 암반공학기술 및 시추기술에 대한 연구개발과 투자가 이루어진다면 장래 저온 지열발전도 기대할 수 있을 것으로 생각된다(여, 2012).

이하에서는 지열 중 증기를 활용하여 터빈을 돌려 발전하는 방식인 지열 발전에 대하여 살펴본다.

1.3 지열 발전 장치

대류형 지열자원을 이용한 발전 장치는 그림 1.4와 같다. 그림에서 보는 바와 같이, 생산정(生産井)으로부터 증기와 열수가 함께 분출하지만, 기액분리기에 의해 열수를 분리한 증기만 모아 발전용 터빈에 공급한다. 이 때 증기 중에 포함된 불순물에 의해 터빈에 scale (터빈 안쪽에 생기는 물때)을 발생시켜, 날개에 손상을 줄 위험이 있기 때문에, 전용해성 증발잔류물은 0.5 (wt) ppm이하, SiO_2 및 Cl은 각각 0.1 (wt) ppm이하인 조건을 만족해야 한다. 일단 터빈을 나온 증기는 복수기에서 응축되는데, 복수기에는 냉각탑을 통해 냉각된 응축수가 순환되어, 여기에 증기가 접촉하면 응축하게 된다. 남은 응축수는 열수와 함께 모여 환원정(還元井)으로 되돌아간다.

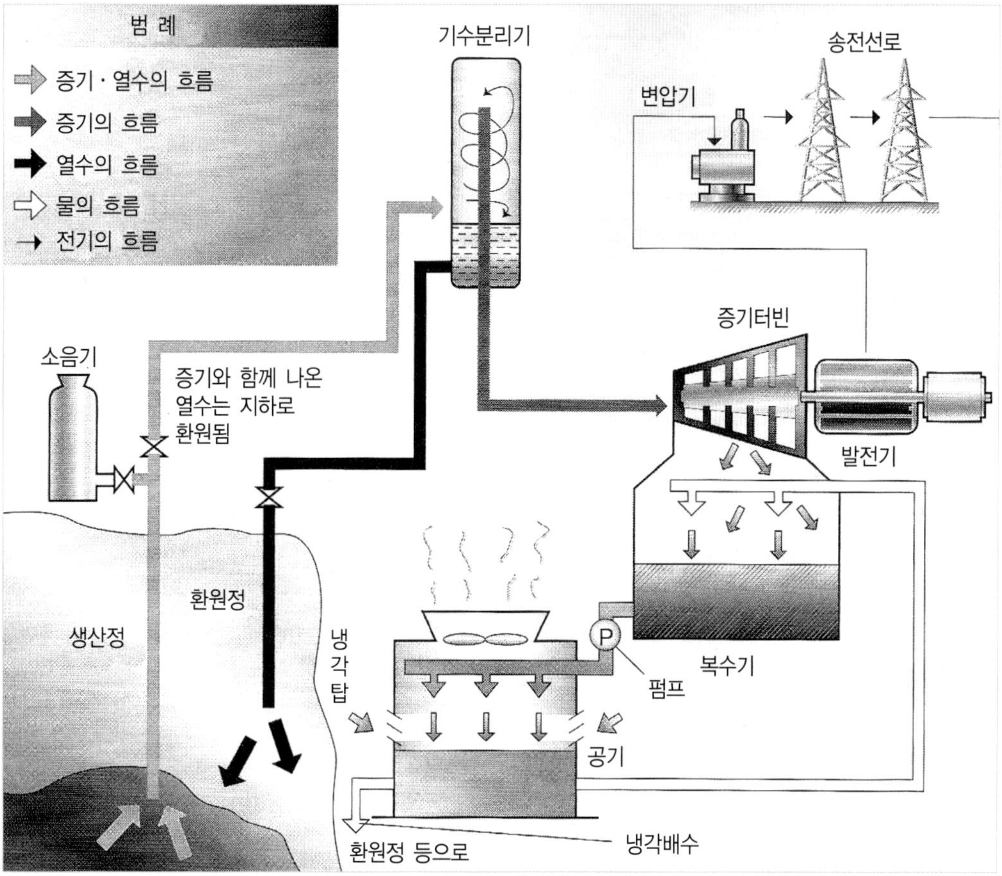

그림 1.4. 지열 발전 장치(출처: 일본(사)화학공학회 SCE Net, 2013)

지열발전용의 증기 터빈은 통상 화력발전소에서 사용하고 있는 터빈에 비해 증기압이 매우 낮기 때문에 발전능력에 비해 덩치가 커질 수밖에 없다. 한편, 지열도 많은 경우 분출한 증기 중에는 화산성 가스가 동반되어, 그 중에 유화수소를 포함하고 있다. 따라서, 터빈을 나와 복수기로 보내어진 증기로부터 대기로 방출되기 전에 가스 추출기를 설치하여 유화수소를 포함한 가스를 흡인, 유화수소를 제거한 후 대기로 방출시켜야 한다. 또한, 열수 중에는 유해한 비소를 함유하고 있는 경우가 많아, 취급에 주의를 요한다. 게다가, 온도가 내려가면 열수 중 포함되어 있는 실리카(無水硅酸)가 석출하여 관의 폐쇄를 일으키는 경우도 있다.

1.4 지열 발전

지열 발전의 장점으로서는 ① 자연에너지의 효과적 이용, ② 연료가 불필요, ③ 이산화탄소를 배출하지 않는 청정에너지, ④ 반영구적인 사용이 가능, ⑤ 가동률이 높고 발전원가가 저렴하다는 점을 들 수 있는 반면, 단점으로서는 ① 대용량의 발전소 건설이 곤란, ② 화산지대 등 지열이 나오는 지역에 한정, ③ 발전소 건설 시에는 주변 자연 경관과의 조화가 필요하다는 점 등을 들 수 있다(하 등, 2014). 한편, 지열 발전방식에는 증기발전, 싱글 플래쉬(SF) 발전, 바이너리(binary) 발전, 토털 플로(total flow) 발전 방식 등이 있으나, 여기서는 대표적으로 binary 발전과 고온암체발전 방식에 대하여 소개한다.

1.4.1 binary 발전

지하의 저류층 온도나 압력이 낮고, 생산정(生産井)으로부터 열수밖에 얻을 수 없는 경우에도 물보다 저비등점의 매체를 열수로 비등시켜 증기를 만들고, 터빈을 가동하여 발전할 수 있다. 이때 두 개의 매체(즉 물과 저비등점 매체, 예를 들면 isobutane, isopentane, 암모니아 등)를 이용한다는 점에서 이러한 시이클을 binary cycle이라고 한다. 그림 1.5에 binary cycle의 개념도를 나타낸다. 일본 큐우슈전력 핫쪼(八丁) 원자력 발전소에서는 지열에너지를 한층 유효하게 이용할 목적으로 binary 발전설비의 실증시험을 2004년 2월 시작하였는데, 정격출력은 2,000㎾이었다. binary 발전 시스템은 열수, 증기 등에 의해 저비등점(低沸騰點)의 매체를 가열·비등시켜, 발생한 증기에 의해 터빈을 회전시켜 발전을 행하는 시스템이다.

따라서, binary 발전은 저온 열원에서도 효율 좋게 열회수하여 발전할 수 있는 특징이 있다. 단, flash 형과 비교하여 열교환기, 저비등점 매체 펌프 등의 장치를 필요로 하기 때문에 건설비용이 높아진다. 보통 사용되는 열수온도는 80~150℃이다.

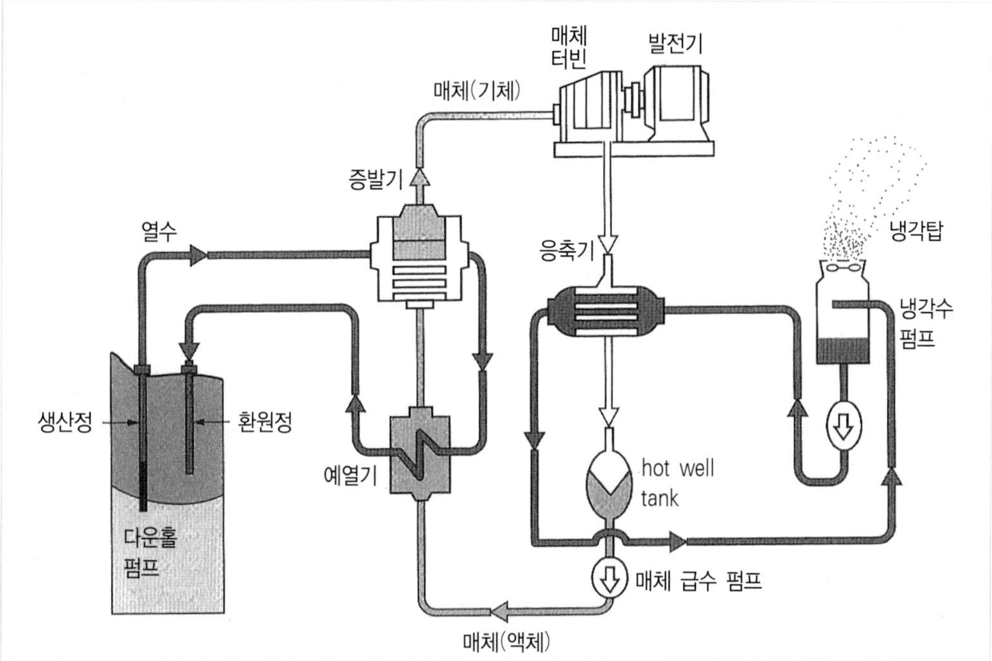

그림 1.5. binary 발전(니시카와(西川), 2013)

지열 binary 발전의 이점은 다음과 같다.

① 종래형 지열발전에서는 부적당한 200℃이하 지열자원의 이용

② 미이용 열수의 이용

③ 증기와 열수의 분리, 증기의 건조가 불필요

④ 터빈 설계가 용이

⑤ 증기 중에 불순물을 포함하지 않고, 터빈에 scale 부착이 발생하지 않음

⑥ closed system이므로 이산화탄소 등을 대기로 방출하지 않아 환경에 미치는 영향이 적음

⑦ 지열의 다단계 이용 가능

반면, 지열 발전에서는 생산정(生産井)이 오래되면 발전에 사용할 수 있는 고압 수증기가 나오지 않게 되어 새로 우물(井)을 파야 할 필요가 있다.

1.4.2 고온암체발전

지열을 에너지원으로 한 경우, 고온이기는 하지만, 충분한 증기나 열수를 포함하지 않아, 자연히 분출할 정도로 압력이 높지 않은 암반을 고온암체라고 하며, 마그마가 고여 있는 곳으로부터의 전도전열에 의해 고온상태를 유지하고 있다. 이러한 고온암체형 지열자원을 이용한 고온암체발전 시스템 연구는 1972년 미국에서 시작되었으며, 증기나 물이 부

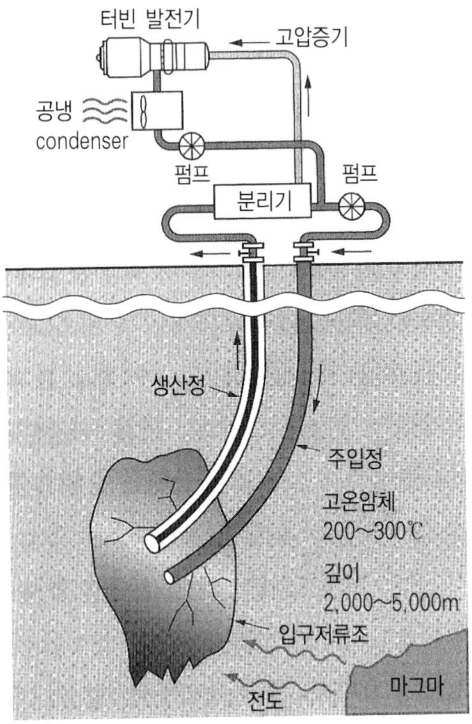

그림 1.6. 고온 암체 발전(니시카와(西川), 2013)

족하여 미이용 상태에 있던 고온의 암반으로부터 열을 회수하여 발전하는 기술이다. 고온암체발전은 우선 고온의 암반에 갱정을 굴삭하여 이 갱정에 지표로부터 물을 압입하여 암반에 균열을 만들어 지하에 인공적으로 저류층을 형성시킨다(그림 1.6).

그 인공 저류층을 겨냥하여 두 개째 이후의 갱정을 굴삭하여 지하와 지표사이에 물을 강제적으로 순환시켜 지하로부터 열수나 수증기 형태로 열을 빼내어 발전한다. 최초의 갱정을 주입정, 증기 빼낸 후에 사용하는 갱정을 생산정이라고 한다.

고온암체발전은 지하에 고온의 암체가 존재하는 경우, 천연의 증기나 열수가 없어도 그림에 보는 바와 같이 수압 분쇄하여 물을 보내 넣어 증기나 열수를 얻는 발전방식이다. 인공저류조가 완전히 닫힌 계(系)이면, 주입수와 생산량은 같아지지만, 실제는 주입수를 100% 회수하는 것은 곤란하기 때문에 보급수가 필요하다. 장기간에 걸쳐 안정하게 열을 빼낼 수 있는가가 미해결의 문제이며, 아직 실용화는 이르지 못하고 있다.

일본에서는, 야마가타(山形)현 오오쿠라(大藏)촌 히지오리(肘折)지구의 심도 1,800~2,200m에 존재하는 화강암의 암반(암반 온도 250~270℃)에 두 층의 인공저류층을 조성하고, 주입정 → 인공저류층 → 생산정으로 물을 강제적으로 주입하여, 소규모적인 고온암체 시스템을 구축하는 시험을 한 바 있다. 지열은 발전에 이용되는 것 이외에 직접 이용도 가능하여 지역난방, 융설(融雪), 건조가공, 양식, green house 재배 등에 이용되고 있다. 한편, 발전에 사용한 열수에 포함되는 금속 등의 성분이 방출하면 환경을 파괴할 위험이 있기 때문에 우물을 통해서 다시 지하로 되돌리는 방법이 검토되고 있다.

1.5 지중열(地中熱)

지하 20~100m에서의 지중 온도는 지표의 온도변화에 영향을 거의 받지 않아, 연간을 통해 10~20℃로 안정되어 있다. 그래서, 일본의 홋카이도(北海道) 등에서는 이 지중열을 난방이나 융설(融雪)용으로 효율 좋게 이용하고 있다. 또한, 한랭지에서는 동계에 모은 눈이나 엄한기에 만든 얼음을 구조물내에 보관하여 쌀, 야채, 과일의 보냉(保冷)에 활용하고 있다. 지중열이나 빙설 에너지의 활용은 화석 에너지의 소비를 억제하고, 온실효과가스 CO_2 억제에 공헌하고 있다.

대지의 열원을 이용하는 방법에는 지하수를 퍼 올려 이용하는 것과 같은 직접방법과 지하에 삽입한 열교환기에 지상의 heat pump(액체가 기화할 때에는 주위 열을 빼앗고, 기체가 액화할 때에는 열을 발생한다. 또한, 기체는 압축하면 온도가 올라가고, 팽창하면 온도가 내려간다. 이 성질을 이용하여 투입 에너지 이상으로 주위의 열을 이용하는 펌프를 heat pump라고 말한다)를 조합한 간접방법이 있다. 일반적으로 지중에 직경 10cm 정도, 깊이 50~100m 정도의 갱정을 굴삭하여, 그 속에 열교환기를 설치하고 물, 또는 부동액을 통하여 채열(採熱)하고, 지상의 heat pump로 효율적으로 냉열, 온열로 바꾸어 이용한다. 이 방법은 60℃ 정도까지의 열원에 적용할 수 있다.

1.6 지열 개발 및 이용이 환경에 미치는 영향

지열을 개발 또는 이용하기 위한 설비의 설치나 운영과정, 또는 지열 설비의 해체시 환경에 미칠 수 있는 영향은 박(2014)에 따르면, 다음과 같은 사항이 예상된다.

1.6.1 설비 설치시

지열 설비를 설치하기 위해서는 우선 천공작업을 해야 하는데, 이때는 첫째, 천공작업에 쓰인 액체와 천공 파편은 처리, 매립하여야 하고, 둘째, 토지 소비와 소음 발생은 최소한으로 해야 한다. 천공작업과 작동유체를 밀어 넣는 작업으로 인하여 땅 밑의 저수지가 흔들려 지진을 일으킬 수도 있으며, 또한 천공작업시 화석에너지가 운반체에 투입되면 이산화탄소와 질소가 발생하여 생태환경이 악화될 수도 있기 때문이다.

1.6.2 설비 운영시

지열 설비가 정상적으로 운영될 경우에는 생태환경적으로 심각한 물질은 배출되지 않는다. 지하가 다소 냉각되어 화학적 변이를 일으킬 수는 있으나 그 정도 깊이에서는 식물군이나 동물군에 거의 영향을 미치지 않는다. 암반이 냉각되고 압력이 변화하게 되면 실제 지진에 불안정한 지대가 생겨서 소규모적인 지진을 일으킬 수는 있다. 그러나, 이런 위험은 기술적인 설비를 통해 극복가능하다. 또한, 지표 붕괴도 일어날 수 있으나, 수십 년에 걸쳐 서서히 발생하기 때문에 주변 건물의 지반에는 전혀 영향을 미치지 않는다.

1.6.3 설비 고장시

지열 발전소가 고장이 났을 때는 열수가 외부로 새어나갈 수 있으며, 이때 열수에는 염과 광물질이 함유되어 있어서 이들 물질의 농도에 따라 환경파괴를 가져오게 된다. 그러나, 안전 밸브 등을 통해 고장 시 발생할 수 있는 위험을 최소화할 수 있다.

1.6.4 설비 해체시

지열 발전소의 사용기간은 열 잠재량과 이 열의 규칙적인 활용에 따라 다른데, 지열원을 상업용으로 모두 소진하였을 때에는 발전소를 폐쇄해야만 한다. 왜냐 하면 열수가 통제되지 않은 채로 여기서 계속 흘러나올 수 있으므로 천공도 밀봉해야 하기 때문이다.

참고문헌

김극태·김래현, 에너지공학의 이해, 도서출판 아진, 629p., 2013.

박진희, 기후변화에 대응하는 재생가능 에너지, 다섯수레, 191p., 2014.

여영구, 신·재생에너지기술, 도서출판 아진, 235p., 2012.

하상안·성낙창·오태선, 신·재생에너지공학, 도서출판 동화기술, 678p., 2014.

日本(社)化学工学会, SCE·NET編, 図解 新エネルギーのすべて, 丸善出版, 361p., 2013.

平田哲夫·田中 誠·熊野寛之·羽田喜昭, 図解エネルギー工学, 森北出版株式会社, 190p., 2011.

西南尚男, 新エネルギーの技術－再生可能エネルギー大量導入社会の実現に向けて－, 東京電機大学出版局, 237p., 2013.

제2장 _ 폐기물 에너지

2.1 폐기물 및 폐기물 에너지

우리나라 폐기물 관리법에 의하면, 폐기물은 가정생활 폐기물(즉 일반폐기물)과 사업장 폐기물(즉, 산업폐기물)로 구분된다. 그래서, 일반폐기물이란 가정이나, 사무실, 상점, 레스토랑, 병원, 호텔, 역, 백화점 등과 같이 우리들 일상생활에 가까운 곳으로부터 배출되는 폐기물(쓰레기)를 말한다. 또한, 산업폐기물이란 제조업의 공장을 비롯하여, 건설업, 축산업 등 산업활동으로부터 배출되는 폐기물로서, 오니(汚泥), 기와, 자갈류, 동물의 분뇨, 금속부스러기 등이 이에 속한다.

한편, 폐기물 에너지란 가정 또는 사업장에서 발생되는 가연성 폐기물 중 에너지 함량이 높은 폐기물을 열분해하여 오일화, 성형고체연료 제조, 가스화에 의한 가연성 가스 제조 및 소각에 의한 열회수 등의 가공처리를 통해 고체 연료, 액체 연료, 가스 연료 폐열 등을 생산하고 이를 산업활동에 필요한 에너지로 이용될 수 있도록 한 에너지를 말한다.

2.2 국내 폐기물 발생 현황

그림 2.1은 환경관리공단이 조사한 2005년부터 2012년까지 국내에서의 생활폐기물, 사업장 폐기물, 건설폐기물 및 그 합계를 나타내는데, 전체 폐기물량은 해마다 증가 추세에 있음을 알 수 있다. 또한, 그림 2.2는 2012년도 현재 이들 폐기물의 구성비를 보여주는데, 이 중 생활폐기물이 12.8%, 사업장 배출시설계 폐기물이 38.3%, 건설폐기물이 48.9%로서, 건설폐기물이 전체 폐기물량의 약 절반을 차지하고 있다. 한편, 그림 2.3은 2012년도 전체 생활폐기물 중 재활용을 위해 분리배출 수거한 양(27,718톤/일)을 제외한 생활폐기물 및 사업장 배출시설 폐기물의 구성비를 나타낸다. 이 자료에 따르면, 생활폐기물은 가연성과 불연성이 각각 82.7%와 17.3%로, 대부분이 가연성 물질임을 알 수 있으며, 특히 가연성 물질은 종이류나 나무류가 70% 이상을 차지하고 있다는 점이 주목된다. 즉, 생활폐기물은 신·재생에너지로서의 이용 가능성을 충분히 가지고 있음을 시사한다. 반면, 사업장 배출시설 폐기물의 경우는, 가연성과 불연성이 각각 22.4%와 77.6%로, 생활폐기물과는 달리 불연성 물질이 상대적으로 더 많다. 그러나, 사업장 폐기물 중 폐타이어, 폐용제, 폐

윤활유, 폐플라스틱 등은 발열량이 생활폐기물에 비해 훨씬 높기 때문에 재생에너지원으로서의 가치는 더 높다고 말할 수 있다.

참고로, 환경관리공단 자료에 따르면, 2012년도 국내 생활폐기물 배출량은 48, 990톤/일, 사업장 배출시설 폐기물량은 146,390톤/일, 건설폐기물량은 186,629톤/일로, 총 폐기물량은 382,009톤/일이었으며, 전체 폐기물 배출량은 1인당 평균 7.64kg이었다. 물론, 여기에는 재활용품이나 남은 음식물류도 포함되어 있다. 폐기물의 소각시 발생하는 칼로리는 2,200~2,500 kcal/kg으로, 목재 절반정도의 열량이 있기 때문에 에너지로서의 이용가치는 높다고 말할 수 있다.

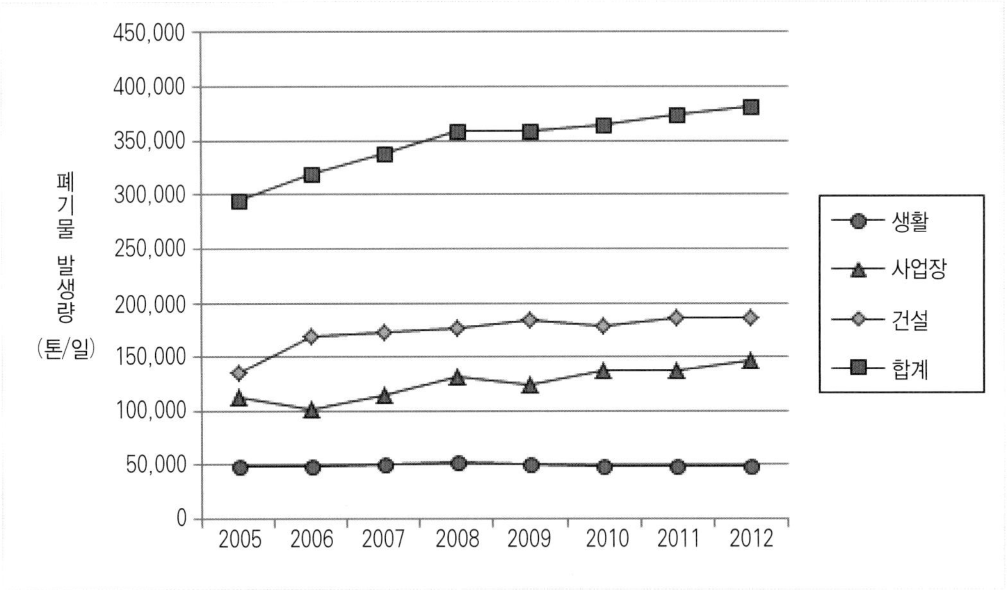

그림 2.1. 최근 8년간의 국내 폐기물 일일 발생량(출처: 환경관리공단, 2014)

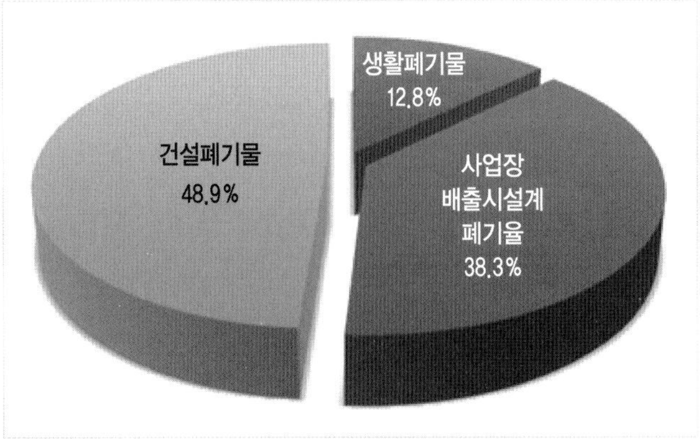

그림 2.2. 2012년도 폐기물의 종류별 구성비율(출처: 환경관리공단, 2014)

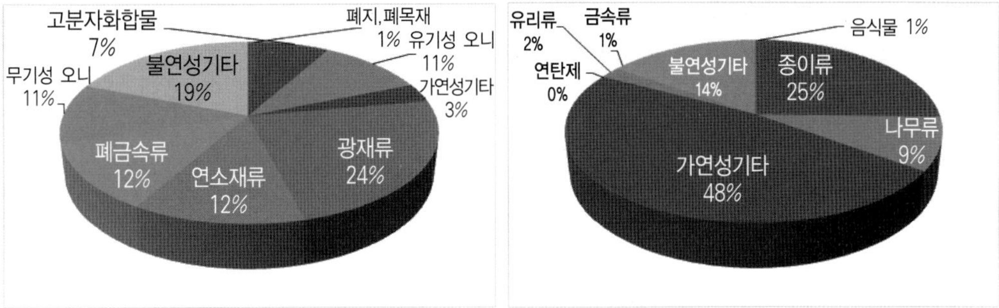

그림 2.3. 2012년도 생활폐기물 및 사업장배출시설 폐기물의 조성비율(출처: 환경관리공단, 2014)

2.3 국내 폐기물 처리현황

폐기물의 처리에 있어서 주요 방법은 재활용인데, 2012년도 재활용율은 84.4%로, 전년대비 0.7%P 증가하였다. 반면, 2012년도 매립율은 8.8%로, 전년대비 0.3%P 감소하였고, 소각율은 6.0%로, 전년대비 0.4%P 증가하였다. 그림 2.4는 폐기물 처리방법의 연변화 추이를 타나낸다. 이 결과에 의하면, 해가 갈수록 매립과 해역배출은 하락 추세인 반면, 재활용과 소각은 증가 추세에 있음을 알 수 있다. 이것은, 폐기물을 가능하면 적극적으로 에너지원으로 열회수 또는 재사용하고자 하는 노력의 결과로 생각된다. 이러한 폐기물의 처리 형태는 생활폐기물과 사업장 배출시설 폐기물, 또는 건설폐기물의 경우도 대동소이하다. 한편, 2012년도 폐기물 처리주체별 처리 현황에 따르면, 폐기물 종류에 따라 다소간의 차이는 있으나, 전체폐기물의 처리는 지자체 9.1%, 처리업체 83.5%, 자가처리 7.4%로 나타났다. 현재, 국내 폐기물 관리는 생활폐기물이나 사업장 폐기물 모두 발생원이 1차적인 책임을 지지만, 생활폐기물의 경우는 발생원인 각 가정이 처리시설을 갖출 수 없기 때문에 지자체가 공공처리시설을 설치, 운영하고 있다. 반면, 사업장폐기물의 경우에는 발생원인 개별 사업장이 스스로 소각장을 설치, 운영하거나 중간 처리업자에게 위탁 처리할 수 있다.

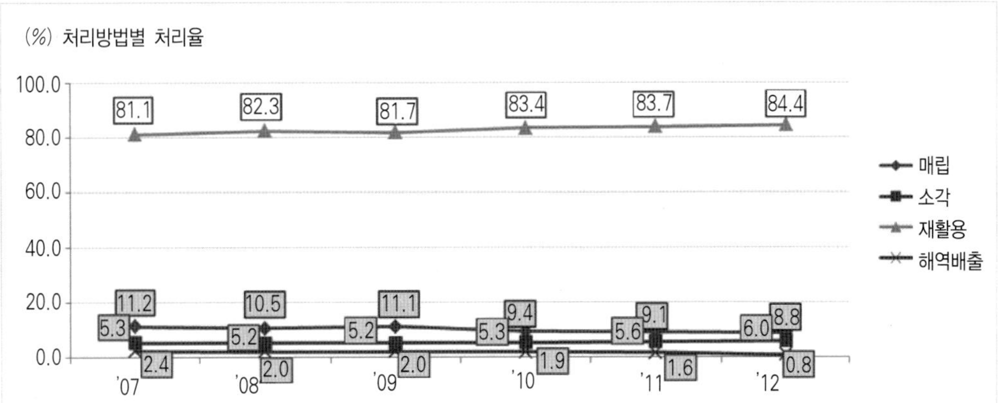

그림 2.4. 폐기물 처리방법의 연도별 변화 추이(출처: 환경관리공단, 2014)

2.4 폐기물 에너지의 종류

폐기물로부터 얻을 수 있는 에너지에는 다음과 같은 것이 있다.

① 성형고체연료(Refuse Derived Fuel; RDF) : 종이, 나무, 플라스틱 등의 가연성 폐기물을 파쇄, 분리, 건조, 성형 등의 공정을 거쳐 제조된 고체연료

② 폐유 정제유 : 자동차 폐윤활유 등의 폐유를 이온정제법, 열분해 정제법, 감압증류법 등의 공정으로 정제하여 생산된 재생유

③ 플라스틱 열분해 연료유 : 플라스틱, 합성수지, 고무, 타이어 등의 고분자 폐기물을 열분해하여 생산되는 청정 연료유

④ 폐기물 소각열 : 가연성 폐기물 소각열 회수에 의한 스팀생산 및 발전, 시멘트 킬른(kiln) 및 철광석 소성로 등의 열원으로의 이용 등

2.5 폐기물 에너지 이용 현황

각종 폐기물 소각열 이용, 열분해시스템, RDF 제조시스템 등이 개발되어 있으며, 서울, 경기, 부산, 대구 등 484기가 설치, 운용되고 있으며, 2013년도 현재 공급되는 에너지량은 1,760.5(천toe)로, 전체 신·재생에너지 이용량의 92.7%를 차지하고 있다. 폐기물 에너지 이용과 관련한 보다 구체적인 국내외 기술개발 현황은 다음과 같다.

사진 2.1. 소각열 발생시설
(출처:(사)한국신·재생에너지협회)

사진 2.2. 열분해로 내부
(출처:(사)한국 신·재생에너지협회)

2.5.1 국내 현황

우리나라는 1990년대 집중적인 기술개발로 중·소규모 산업계폐기물의 소각열을 이용할 수 있는 기술개발을 완료하였으나, 대형소각설비는 수입에 의존하고 있다. 또한, 성형고체연료(RDF) 제조기술을 개발 완료하여, 유동층 연소와 같은 이용기술은 현재 개발 중에 있다.

사진 2.3. 천연가스 개질기
(출처:(사)한국 신·재생에너지협회)

사진 2.4. 납사개질기
(출처:(사)한국 신·재생에너지협회)

한편, 폐플라스틱의 열분해를 위한 pilot plant를 제작하고 운전하기 위한 기술을 자체개발하거나 기술을 도입하여, 현재 (주)한국로이코, (주)리엔텍 등 수개 기업에서 3,000톤/년 규모의 플랜트 설치하여 가동 중에 있으나, 아직 기술이 미흡하여 상업적 보급은 되지 않고 있다. 또한, 자동차 폐윤활유 등의 폐유를 산백토 처리나 이온 정제 또는 감압 증류법 등을 이용하여 재생유로 활용하고 있으며, 열분해에 의한 고급재생유 생산공정도 개발을 완료하였다.

향후 계획으로서는,

① RDF 전용 발전소 및 석탄/RDF 혼합 연소 발전소 기술개발
② 순환 유동층 RDF 전용 발전소 개발
③ 상용 가동중인 석탄 화력발전소에서 RDF를 혼합 연소하는 기술개발
④ 폐플라스틱류로부터 대체연료유 생산을 위한 상용화 기술 개발
⑤ 3,000~6,000천톤/년 규모의 산업체 보일러 연료용 열분해유 제조기술 개발 및 실증
⑥ 폐기물 가스화 기술 및 이용기술 개발
⑦ 가스화 생산기술 및 가스이용발전기술 개발

등을 추진해 나갈 예정이다.

2.5.2 해외 현황

유럽표준위원회(CEN)에서는 RDF라는 용어 대신에 Soild Recovered Fuel(SRF)이라는 명칭을 공식화하고, 유럽 공통 SRF 품질규격을 제정 중에 있는데, 2005년도 국가간 거래된 SRF는 1,300만톤에 달했다. 미국은 1972년 세인트루이스(St. Louis)시에 300톤/일급의 RDF와 석탄 혼합 연소 발전소가 최초로 가동을 시작하였고, 1975년에는 아메스(Ames)시의 200톤/일급의 발전소가 가동하는 등 전국에 30여 개의 수백톤급의 석탄/RDF 혼합 연소 발전소가 건설되어 있다. 한편, 일본에서는 20*MW*급 RDF 전용 화력발전소가 건설되었

으며, 폐기물처리의 광역화 정책을 수립하여 지자체별 사정에 맞도록 대형 소각이나 RDF화 도입을 권장하고 있다. 현재 가동 중인 RDF 진용 시설은 전국 70여 곳에 이르고 있다.

한편, 폐플라스틱의 열분해 기술에 관해서는, 일본의 후지리사이클, 이화학연구소 등 15개 기관에서 기술을 개발하여 상업화 규모의 플랜트를 가동하고 있고, 특히 1997년에는 용기 포장 리사이클법이 1997년부터 발효되어 2000년부터 PET를 제외한 모든 폐플라스틱을 오일로 전환시켜 연료유 혹은 화학공업 원료로 재활용하도록 법제화가 이루어졌다. 또한, 독일의 BASF(15,000톤/년), 일본 후지리사이클사(5,000톤/년), 중국(1,000~3,000톤/년) 등에서는 폐플라스틱의 열분해 기술개발과 상용화는 물론, 수소하이웨이, 수소마을 건설 등 정부와 기업이 공동으로 소위 h2EA 프로그램을 통해 수소경제의 조기 진입을 추진하고 있다. 이밖에도 폐유 정제기술 분야에서는 미국과 일본이, 소각열 이용기술 분야에서는 일본, 싱가폴, 프랑스, 독일, 미국 등에서 시스템의 상용화가 이루어지고 있는 실정이다.

2.6 폐기물 에너지 이용의 구체적 사례

이하에서는 생활폐기물 및 사업장 배출시설 폐기물로부터 유래하는 에너지의 다양한 유효이용 방식 중에서 대표적으로 폐기물 및 고형연료(RDF)화 소각 발전, 폐기물 배열이용, 폐플라스틱 및 폐타이어 에너지, 오니의 유효 이용 등에 관하여 일본의 경우를 예로 들어 간략히 소개하고자 한다.

2.6.1 자기완결형 폐기물(쓰레기) 소각발전

일본에서는 폐기물(쓰레기) 소각 발전이 시작된 이래, 가장 넓게 채용되어 온 것은 그림 2.5에 나타내는 자기완결형 폐기물(쓰레기) 소각 발전이다. 반입되는 폐기물(쓰레기)은 반지하(半地下)의 폐기물(쓰레기) 핏트(pit)로부터 한 줌이 수십 m^3 되는 용량의 크레인으로 끌어 올려 소각로에 투입된다. 청소공장의 소각로에는 stoker라고 불리는 내열성의 주물 위에 폐기물(쓰레기)을 태우는 상연소(床燃燒)방식과, 모래를 매체로 사용하여 폐기물(쓰레기)을 부유시켜 태우는 유동상(流動床)방식이 있다. 현재 발전하고 있는 청소공장은 80% 정도가 상연소방식, 20%정도가 유동상방식, 10%정도가 가스화방식이다. 폐기물(쓰레기)의 칼로리는 저위발열량으로 2,200~2,500kcal/kg이며, 목재 반 정도의 열량이 있기 때문에, 석유 등으로 조연(助燃)하지 않아도 충분히 스스로 탄다. 소각로의 연소온도는 850℃~900℃로, 연소용의 공기는 이론적으로 필요한 양의 약 두 배(과잉공기율)이다. 최근은 에너지 효율을 높이기 위해 연소용의 공기를 예열하는 등으로, 과잉공기율을 작게 하는 노력이 계속되고 있다.

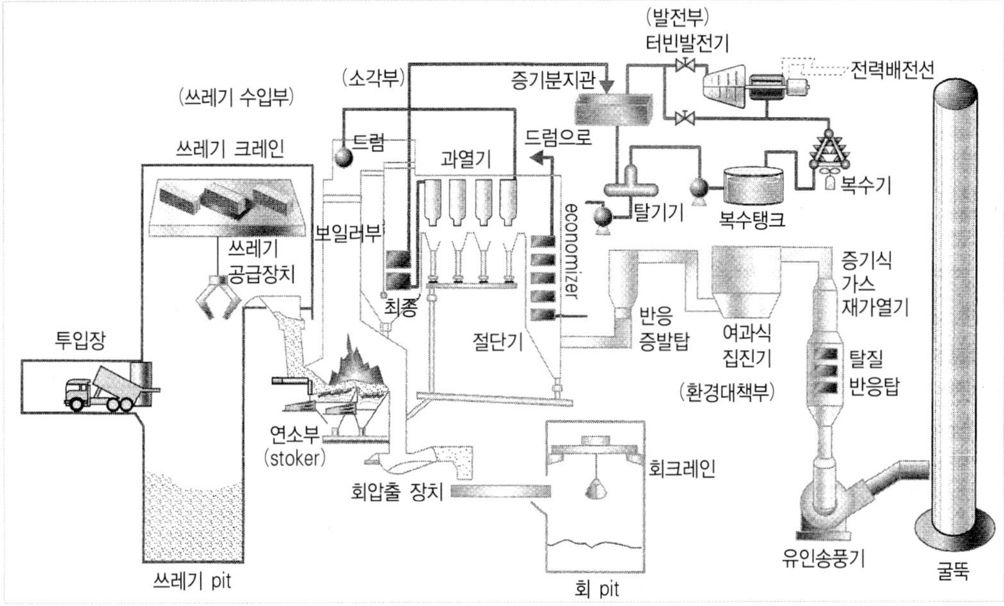

그림 2.5. 자기완결형 폐기물(폐기물(쓰레기)) 소각발전설비(일본(사)화학공학회 SCE·Net, 2013)

2.6.2 super 폐기물(쓰레기) 소각 발전

폐기물(쓰레기) 소각 발전의 효율향상을 방해하는 요인 중 한 가지는 연소가스에 의한 증기과열관의 부식이다. 그래서 1990년대에 들어오면 일부 청소공장이 가스 터빈발전설비를 병설하여, 과열관의 열원에는 부식성이 낮은 가스 터빈 배열(排熱)을 사용하는 방법을 채용하였다. 이 방법을 super 폐기물(쓰레기) 소각 발전이라고 하는데, 과열증기의 온도와 압력을 높일 수 있기 때문에 높은 발전효율을 얻을 수 있다(그림 2.6). super 폐기물(폐기물(쓰레기)) 소각 발전의 특징 중의 하나는, 증기과열기의 열원이 가스 터빈 배기가스이기 때문에 부식성이 낮다는 점에 있다. 또 다른 특징은 가스 터빈과 증기 터빈의 두 종류의 발전기를 병용하기 때문에, 안정한 전력공급이 가능하다는 점이다. 한편, 발전효율은 자기완결형 폐기물(폐기물(쓰레기)) 소각 발전보다 10% 이상 높은 22~26%의 실적이 보고되어 있으며, 따라서, super 폐기물(폐기물(쓰레기)) 소각 발전은 발전효율을 높이는 유효한 방법 중의 하나이다.

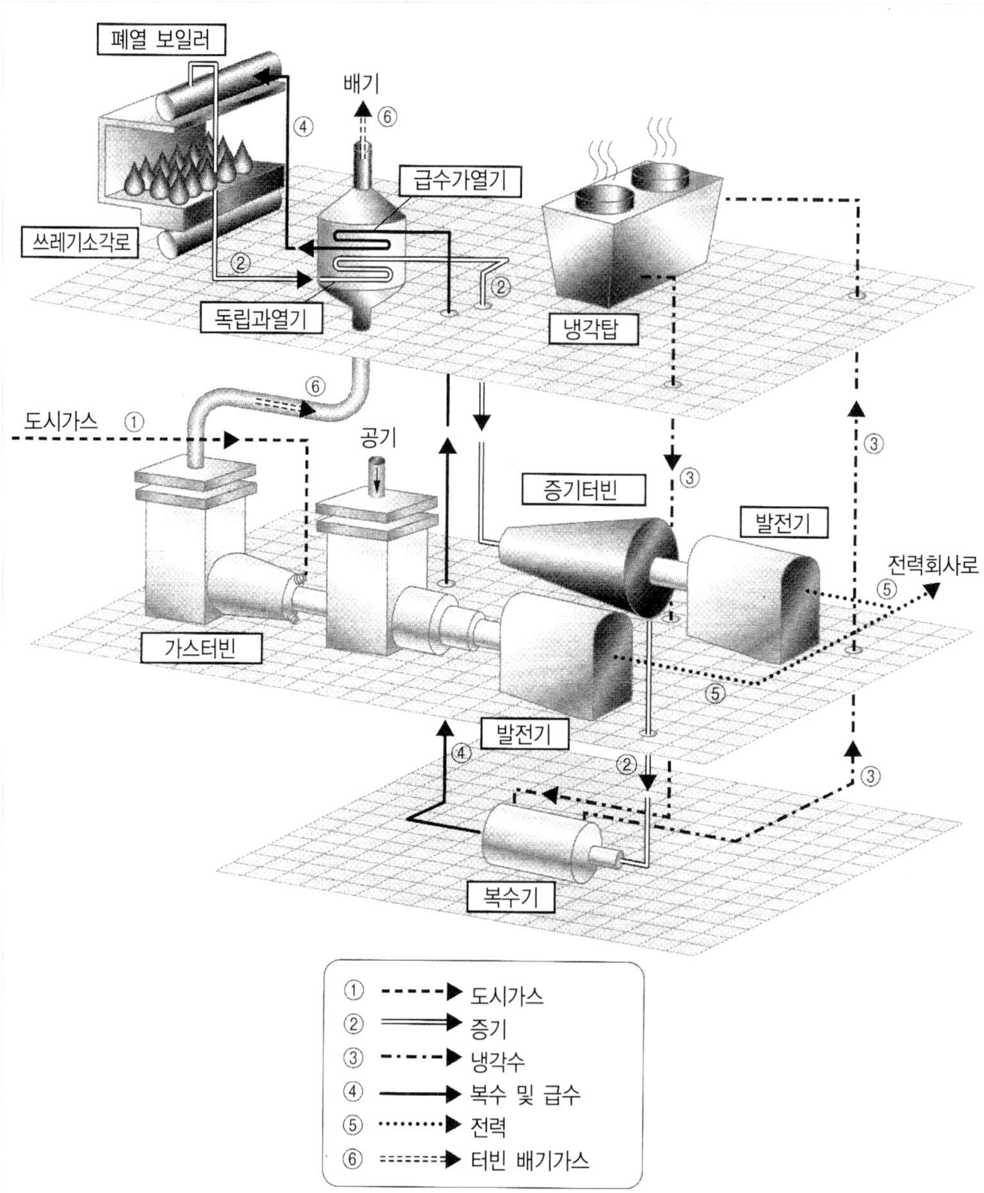

그림 2.6. super 폐기물(쓰레기) 소각 발전설비(일본(사)화학공학회 SCE·Net, 2013)

2.6.3 고형연료(Refuse Derived Fuel; RDF)화 소각 발전

폐기물(쓰레기)을 연료로 하여 효율 높게 발전하고, 청소공장의 내부소비 만이 아니라 전력회사에 매전(賣電)하는 경우는, 고압 보일러, 증기과열기, 발전용의 터빈, 발전기, 복수기, 송전설비 등이 필요하다. 이들의 설비투자를 고려하면, 폐기물(쓰레기) 소각 발전이 경제성을 발휘하는 데는 적어도 1일 100 톤부터 200 톤 이상의 폐기물(쓰레기) 소각규모가 필요하다. 이 규모에 미달할 경우는 폐기물(쓰레기)을 소각하지 않고, 고형연료(Refuse

Derived Fuel)로 가공하여, 고형연료 전용 발전소에서 집약하여 발전하는 것이 합리적이다.

고형연료로 가공하는 데는 폐기물(쓰레기)을 충격파쇄기로 수 cm 정도의 크기로 파쇄함과 동시에 중량차를 이용하여 유리를 제거한다. 다음 공정에서는 자선기(磁選機)로 강철(steel)을 분리하고 회전식 건조기로 보내 열풍건조한 후에, 유도전류를 사용하여 알루미늄을 분리한다. 유리, 철, 알루미늄 등 불순물을 제외한 건조 폐기물(쓰레기)은 더욱 작게 파쇄하여, 석회를 수 % 혼입시킨다. 석회 혼입은 폐기물(쓰레기)이 부패해 가스 발생하는 것을 막고, 성형성을 높이어, 연소시 발생하는 염화수소와 유황산화물을 중화하는 효과가 있다. 성형기는 파쇄된 폐기물(쓰레기)을 잘라내어 압축하고, 그림 2.7에 나타내는 바와 같이 직경 2~3cm, 길이 5~10cm 정도의 원주상으로 성형한다. 이렇게 되면, 폐기물(쓰레기)이라고 말하기 보다는 회색을 띤 특수 연료라고 말하는 편이 좋은데, 냄새도 거의 없기 때문에, 냉각하여 전용 발전시설로 반출한다.

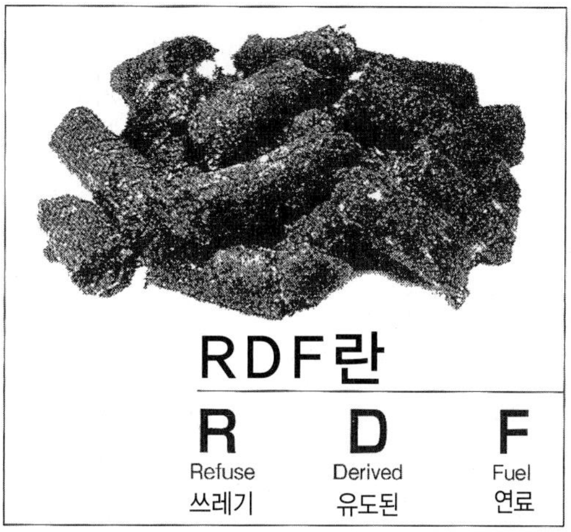

다양한 공정을 거친 쓰레기는 압축, 성형, 건조된 pellet 모양의 RDF(쓰레기 연료)가 된다.

그림 2.7. 폐기물(쓰레기)의 고형연료화(일본(사)화학공학회 SCE·Net, 2013)

발전설비의 기본구성은 그림 2.8에 나타내듯이 일반적인 증기 터빈발전설비와 같은데, 보일러에는 유동상(流動床) 방식이 채용된다.

연료가 폐기물(쓰레기)이기 때문에 청소공장과 같은 배기 가스처리설비가 필요하다. 고형연료화 소각발전은 받아들이는 전용 발전시설과 짝이 되어야 비로소 성립하는 방식이기

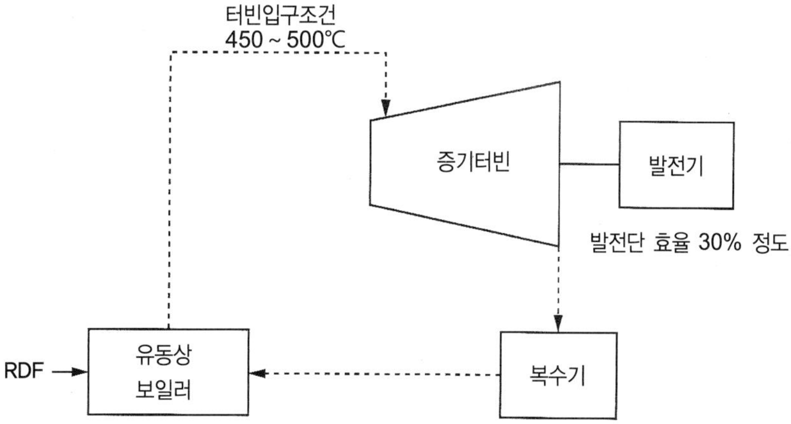

그림 2.8. RDF 발전시스템(일본(사)화학공학회 SCE·Net, 2013)

때문에 양 시설의 충분한 연계계획이 필요하다. 또한, 폐기물(쓰레기)의 고형화에 연료와 전력을 소비하고, 고형연료의 수송과 저장에도 비용이 발생하기 때문에, 경제성에 대하여는 신중한 배려가 필요하다.

2.6.4 폐기물(쓰레기) 소각 배열의 이용

폐기물(쓰레기)을 소각하고 있는 청소공장은 소각 배열을 이용하여 발전하고 자가소비를 제외한 잉여전력을 전력회사에 팔 수 있다. 증기나 온수로 하여, 주변지역의 급탕과 냉난방에 공급하는 것도 가능하다.

유럽에서 발달한 지역열 공급은 대규모적인 보일러 시설이나 발전소가 주변의 상업시설이나 주택에 증기나 온수를 공급하는 시스템이다. 지역열 공급은 위도가 높고 한랭한 유럽 제국에서 발전하여, 독일에서는 도시 기반사업의 하나가 되었다. 구 사회주의제국과 중국의 동북부도 동계 한기가 극심하고, 노동자 생활환경정비가 국가사업이었던 점에서 대규모적인 지역열 공급이 행해져 왔다. 한편, 일본에서는 2006년 시점에서 87개사가 151개 지구에서 지역열 공급을 하고 있다. 이때 열공급 열원은 가스나 석유만이 아니고 배열(排熱)도 이용되고 있는데, 주된 배열은 청소공장의 폐기물(쓰레기) 소각배열, 화학공장의 배열, 변전소의 변압기 배열, 처리하수의 배열 등이다.

지역 열공급 형태는 전열병급형(電熱併給型), 도시 특정시설용, 주택지구형, 공업단지형, 공장배열이용 지역 열공급형으로 나눌 수 있는데, 전용인구밀도나 산업의 입지상황에 강하게 영향을 받는다. 먼저, 전열병급형(電熱併給型) 지역 열공급은 도시기반형의 전형적인 열공급 형태이다. 구 사회주의제국과 중국은 대다수가 이 형태인데, 구미에서도 드물지 않다. 이 형태의 경우에는 한 개 마을에 1개소부터 수 개소의 화력발전소를 설치하여, 전력과 동시에 증기나 온수를 주변의 주택이나 민생시설에 공급한다. 열병합발전(co-generation)을 기본으로 하는 시스템이기 때문에 높은 종합 에너지효율이 얻어진다. 도시 특정시설용 지역 열공급은 집적밀도가 높은 도시 사무실과 상업지구에 냉난방용의 온수와 냉수를 공급하는 형태인데, 증기를 공급하고 있는 경우도 있다. 공급범위는 열원으로부터 수백 m, 멀어도 수 km 정도이다. 열공급 대상이 되는 건물이나 상업시설에는 건설과 동시에 온수나 냉수의 수송배관을 부설한다. 일본은 이 형태가 많으며, 도심부이기 때문에 공장배열을 이용하는 사례는 거의 없다. 주택지구형 지역 열공급은 주로 집합주택과 민생시설의 급탕과 난방용에 온수를 공급하는 형태이다. 증기가 아닌 온수를 사용하는 것은 열량유량을 많이 할 수 있기 때문이다. 냉열공급은 수요기간이 짧기 때문에 경제성이 낮아, 구미에서는 채용되지 않는다. 공업단지형 지역 열공급은 특정지구에 집적하는 공장전용의 에너지 공급이다. 석유화학 콤비나트에서는 거의가 전력과 증기 등 에너지 공급설비를 집중화하고 있다. 중소규모의 공업단지에서도 증기나 온수를 집중 공급하는 예가 있다. 공장용 에너지이기 때문에 요구되는 증기나 온수의 온도가 높고, 온도가 낮은 폐기물(쓰레기) 소각배열이나 공장배열을 이용하는 사례는 많지 않다. 공장배열이용 전용 지역 열공급은 원칙으로서 열원에 배열밖에 쓰지 않는 것이 특징이다. 이 때문에 계절과 시간대에 따른 수요와 공급의 miss match가 크고, 열이용 효율은 높지 않다. 효율적인 지역 열공급이라고 하기 보다는, 버리는 열이라면 조금이라도 이용하려고 하는 형태이다. 일본에서는 청소공장의 배열을 열원으로 하는 몇 가지 예가 있다.

2.6.5 폐플라스틱 에너지 이용

플라스틱은 우리들의 생활에 깊이 파고들어와 있다. 플라스틱의 상당수는 단시간 내에 역할을 끝내고 일부는 리사이클이 되지만, 대부분은 폐기물(쓰레기)이 된다. 폐플라스틱은 전체 배출량의 약 20%가 다시 플라스틱이나 화학섬유의 원료가 되고 있다.

폐플라스틱은 긴 시간, 많은 지역에서 불연물(不燃物)로 취급하여 주로 매립 처분되어 왔다. 그러나, 실제로는 가연물이기 때문에 불연물로서 다루어 온 것은 소각시설이 불충분했던 시대에 청소공장의 부하를 크게 하고 싶지 않았기 때문이다. 그러나, 지금은 기술적으로 발전하여 폐플라스틱을 소각처리하는 한편, 동시에 자원 이용의 관점, 즉 리사이클을 목적으로 플라스틱을 분별 수집하고 있다. 이렇게 분별 수집된 폐플라스틱은 고로환원제(高爐還元劑), 코크스(cokes)로(爐)화학원료화, 열분해에 의한 유화(油化), 소각 발전과 열 등에 이용되고 있다.

2.6.6 폐타이어의 연료 이용과 리사이클

산업폐기물 중에서 재이용율이 극히 높고, 약 절반이 연료로 이용되고 있는 것이 폐타이어인데, 일본의 경우, 연간 100~105만 톤(약 1억개)이 발생하고 있다. 2009년도 현재 폐타이어 발생량 95만톤 중에, 열이용이 약 60%를 점하고 있으며(시멘트 소성 12%, 제지용 37%, 기타), 연료용 이외에서는 물질 리사이클이 15%, 수출이 16% 등 리사이클율은 90%에 달하고 있다. 폐타이어의 열이용에 있어서, 처리기술에는 큰 문제가 없으며, 폐타이어는 집하후에 절단하여, 작은 칩(chip) 모양으로 연소로(燃燒爐)에 보내어져 연료로 사용된다. 이때 금속이나 유황 성분 등도 포함된 채로 연소시키며, 필요한 경우는 배기 가스처리를 행한다.

2.6.7 오니(汚泥)의 열에너지 이용

도시 하수, 공장 배수, 축산 폐수의 활성 오니처리에서는 오니가 대량 발생한다. 그러나, 함수율이 높기 때문에 적절한 이용방법이 없어 대부분 소각하거나 매립 처분이 이루어졌다. 그러나, 이 중에 도시 하수는 하수도를 경유하여 하수처리장으로 모이기 때문에 인프라(infra)가 정비된 바이오매스라고 불린다. 그래서 하수 처리 오니를 탄화 또는 가스화하여, 보일러 연료에 이용하는 기술 연구가 진전되어, 실용화 단계에 와 있다. 한 예로서, 일본 토오쿄 구내 13개소의 물재생센터(하수처리시설)은 480만 m^3/day의 하수를 처리하고,

발생하는 오니는 소각하여 얻어지는 소각회(燒却灰) 130톤/day의 약 60%를 시멘트원료나 경량골재 등에 이용하고 있다. 또한, 지금은 최종처분장의 연명 목적도 있어서, 하수 오니를 탄화하여 연료화하기 위한 대규모 프로젝트와 가스화 처리(發電) 등 새로운 처리기술의 개발도 진행하고 있다.

2.7 폐기물 에너지의 전망

현재 많은 나라들이 폐기물 매립지의 부족이나 국가 규제의 강화, 온실효과 가스의 저감, 폐기물 생산자의 의무사항 강화 등으로 폐기물 처리를 위한 신기술을 모색하고 있다. 기존의 폐기물 처리 방식에 있어서의 폐기물 매립은 우선 매립지를 계속하여 확보하지 않으면 안되는 한계가 있으며, 또한 소각로에 의한 폐기물 연소는 폐기물의 부피를 현저히 감소시킬 수는 있으나 소각시 발생하는 다이옥신 등의 공해물질과 회재(灰滓, 횟가루) 등을 재처리해야 하는 부담이 있다. 이러한 관점에서 폐기물의 가스화 기술은 기존의 석탄 및 중질유 가스화 기술을 응용하여 폐기물을 연료화하고 발전에 이용하거나 공업연료로서 유용하게 회수함으로써 자원 회수는 물론 환경문제도 해결할 수 있을 것으로 생각된다.

현재, 세계적인 동향은 많은 나라들이 폐기물의 가스화와 열분해 기술을 현장에 적용하여 그 신뢰성도 입증된 바 있으나, 아직도 대부분의 폐기물 가스화 공정들이 기존의 소각로에 비해 공정이 복잡하고 성능 또한 완전히 입증되지 않아서 향후 보다 면밀한 기술적 검토가 요구된다. 우리나라의 경우, 지금까지 폐기물을 재활용 위주로 관리정책을 추진하여 온 탓에 폐기물의 에너지화 진행은 아직도 길길이 멀다 하겠다. 기술 수준 또한 선진국에 비해 많이 뒤떨어져 있으며, 유기성 폐기물의 에너지화는 생산 공정의 안정성과 경제성을 확보하지 못한 상태이다. 이밖에도 폐기물의 고형 연료는 품질에 대한 불신과 불안정한 수요처, 낮은 공급단가 등이 문제이다. 그러나, 최근 우리나라도 폐기물의 재활용에만 초점을 맞추던 정책에서 신·재생에너지원으로서 활용하기 위한 기술개발을 전략적으로 추진하기로 목표를 세우고 있는 만큼, 향후 폐기물 에너지의 적극적 활용이 기대된다.

참고문헌

http://www.kier.re.kr (한국에너지기술연구원) 홈페이지
http://www.knrea.or.kr (한국신·재생에너지협회) 홈페이지
김극태·김래현, 에너지공학의 이해, 도서출판 아진, 629p., 2013.
여영구, 신·재생에너지 기술, 도서출판 아진, 235p., 2012.
日本(社)化学工学会 SCE·Net, 図解新エネルギーのすべて, 丸善出版, 361p., 2013.

제3장 __ 화석연료의 새로운 이용 형태

지금까지 화석연료는 사용하기 쉬운 자원으로서 대량으로 사용되어 양질의 자원은 그만큼 적어졌고, 이에 따라 원유 가격은 세계적인 석유 수요의 증대로 전반적으로 상승 추세에 있으며 이러한 경향은 앞으로도 계속될 것으로 전망된다. 따라서, 가까운 장래를 대비하여 지금까지는 그다지 이용되지 않았던 쓰기 곤란한 화석연료를 개발함과 동시에, 이용 효율이 낮았던 저질화석연료의 유효활용도 필요한 시점이다.

이 장에서는 지금까지 지속적으로 사용해 온 기존의 각종 화석연료자원을 다양한 고안으로 보다 사용하기 쉽게 하고, 또한 기존에서는 사용이 곤란하였던 요소를 극복하여 유효이용을 하려고 하는 최근 동향을 일본 (사)화학공학회 SCE·Net(2013)의 자료를 참고하여 간략히 소개한다.

3.1 Oil sand 중질유

3.1.1 Oil sand의 분포

oil sand는 규사나 점토의 표면이 3~5%의 물과 10~12%의 중질유로 덮혀 있는 반고체를 말한다. 유동성이 낮기 때문에 역청(瀝靑, bitumen (natural bitumen))으로 분류되어 있으며, 주로 캐나다 서부 Alberta주 Edmonton의 북부지역에 매장되어 있다. 한편, 남미 베네수엘라의 Orinoco강 북안에서 산출하는 Orinoco tar도 중질유로서 널리 알려져 있는데, Orinoco tar는 유동성이 있기 때문에 초중질유가 된다. oil sand는 이전에는 원유의 가채매장량에 포함되어 있지 않았으나, 2002년 Oil and Gas Journal(OGJ) 잡지가 석유매장량에 포함하여 발표하였다. OGJ지는 1902년에 창간된 미국의 권위 있는 석유전문지이기 때문에 이 발표에 의해 oil sand는 경제적으로 채굴할 수 있는 석유자원으로서 인지되

표 3.1. Oil sand 매장량(단위: 억 배럴)
(출처: 일본 (사)화학공학회, SCE·Net, 2013)

Total Africa	12.96
(Canada only)	1,736.05
Total North America	1,736.05
Total Asia	424.36
Total Europe	286.77
Total World	2,469.14

2007년판 World Energy Council의 자료를 참고로 작성

도록 되었다. 이미 석유회사 BP의 통계에서는 oil sand의 소비량도 원유의 소비량 통계에 포함되어 있으며, 역청(bitumen)으로서 집계되고 있다. 세계 oil sand의 매장량은 표 3.1과 같다.

3.1.2 Oil sand의 채굴과 과제

Oil sand는 그림 3.1과 같이 지표를 없애고 열수(熱水)로 모래와 유분을 분리하는 노천 파기나 아니면 그림 3.2와 같이 갱정을 파고 수증기를 압입하여 지상으로 퍼내는 유층내 회수의 어느 쪽인가의 방법으로 회수하고 있다. 노천 파기는 oil sand 층이 지표 가까이에 있는 경우에 행하여지며, 캐나다 Athabasca 지구에서 역청(bitumen)을 생산하고 있다. 회수된 bitumen은 고점도로 유동성이 적기 때문에 경질의 석유제품으로 희석하여 저점도화 하든가 분해하여 경질화하고, 파이프라인으로 출하한다. oil sand 원유는 일반적으로 나프타(naphtha)의 옥탄가(價)가 높고, 가솔린 유분(留分)이 적어, 방향족이 많은 특징이 있다. 또한, 등유분은 연소점이 낮고, 경유분은 세탄가(價)가 낮으며, 중질분 중에 방향족이 많은 특징도 있다.

그림 3.1. Oil sand의 노천 파기 채굴 설비(일본(사)화학공학회 SCE·Net, 2013)

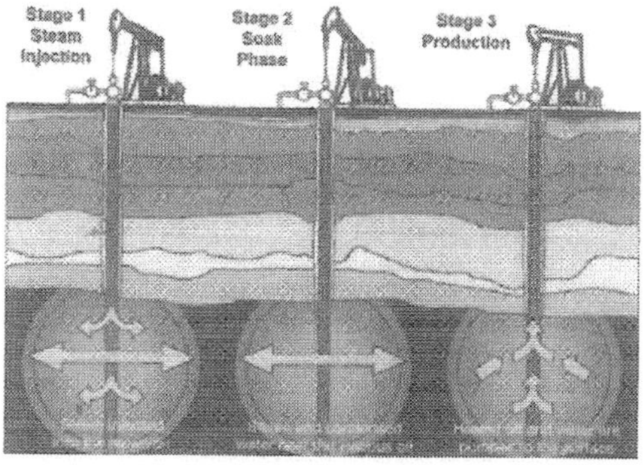

CSS Process

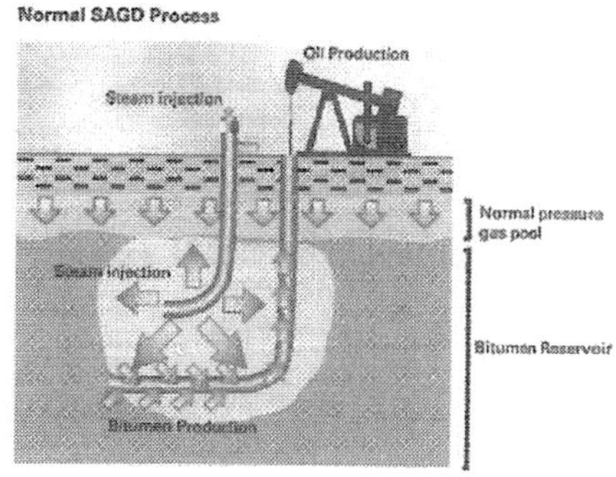

SAGD Process

그림 3.2. Oil sand의 유층내 회수방법과 설비(일본(사)화학공학회 SCE·Net, 2013)

3.2 Orinoco 초중질유(超重質油, Orinoco tar)

3.2.1 Orinoco 초중질유의 분포와 성상(性狀)

Orinoco 강은 브라질과의 국경지대를 수원(水源)으로 하여, Trinidad 섬 남부에서 큰 삼각주를 만들고, 대서양에 유입하는 전장 2,060km의 큰 강이다. 오리노코 tar는 그 삼각주로부터 상류 700km 유역의 북측에 있는 Orinoco oil belt라 불리는 지대에 부존한다. 천연 Orinoco 초중질유의 성상은 비중이 1.02, 점도가 1,560cp(80℃에서) 정도이기 때문에 초중질유에 해당한다. 질소분 0.63%, 유황분 3.79%, 잔류탄소 17.4%, 바나듐 400~500ppm, 나트륨 60~100ppm이기 때문에 통상의 석유정제에서는 진공증류의 잔사유(殘渣油)에 가까운 성분이다. Orinoco oil belt 광구는 그림 3.3에 나타낸 바와 같이 서쪽으로부터 Sincor, Petrozuata, Hamaca, Cerro Negro 등 네 개로 구분되어 있다. 생산량은 2007년에 Sincor 광구가 20만 배럴/day, Petrozuata 광구가 12만 배럴/day, Hamaca 광구가 19만 배럴/day, Cerro Negro 광구가 12만 배럴/day이었다.

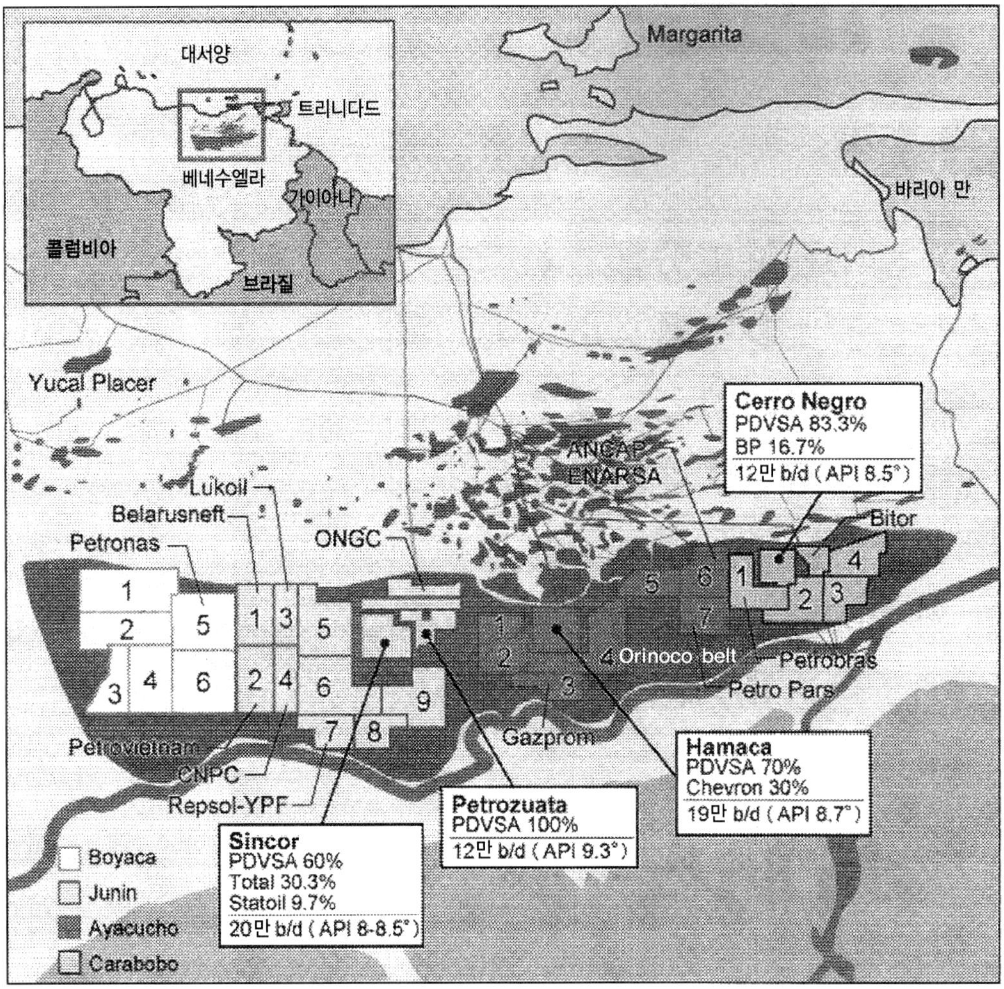

그림 3.3. 베네수엘라의 합성 원유 프로젝트(일본 화학공학회 SCE·Net, 2013)

3.2.2 Orinoco tar의 채굴과 수송

Orinoco tar는 유동성이 있기 때문에 갱정에서 생산할 수 있으나, 점성이 높고, 비중이 크기 때문에 통상의 방법에서는 생산성이 낮고, 많은 경우 steam 회수법 등의 생산촉진대책이 필요하다. 1일량 20만 배럴의 Orinoco tar로부터는 1일량 18만 배럴의 합성유(비중 0.865), 6,000톤의 코크, 500 톤의 유황을 생산하고 있다. 합성유는 어느 쪽의 광구도 정호(井戸)아래서 경질유를 혼합하여, 비중을 0.96보다 작게 하여 210km 떨어진 요새 지구에 파이프라인으로 수송하고 있으며, 성상을 한층 더 개선하여 원유로도 수출하고 있다.

3.3 Oil shale(오일 셰일)

oil shale은 kerogen(주로 탄소와 수소로 되어 있으며, 그 외 산소, 질소, 유황을 함유하는 복잡한 고분자물질)을 다량으로 포함하는 퇴적암으로, 유혈암(油頁岩) 또는 유모혈암(油母頁岩)으로도 불린다. 외관은 갈색 내지 암갈색 또는 흑색으로, 비중 1.4~2로, 용이하게 연소한다. 이 oil shale을 분쇄하여 500℃ 전후에서 가열하면 가스, 석유 및 잔류물이 얻어진다. 석유의 수율은 대원료(對原料)로 수 %~20%이지만, 일반적으로 원유보다 불순물이 많이 들어 있다. 공업적으로는 oil shale 1톤당 10갤런(37.8리터) 이상의 석유가 얻어지는 것이 채굴 대상이다. oil shale은 노천(露天) 파기를 할 수 없으면, 상업적, 또는 경제적으로 성립하기 어렵다. 노천 파기 이외에 room and pillar 방식(지주 역할을 하는 부분을 남기고, 사각 모양의 방 만큼을 파쇄하여 채취하는 방식, 미국 콜로라도 주 등)이 있으나, 이 방식은 산간지에서 노천 파기를 할 수 없는 장소에 있어서 행해진다. oil shale의 함유율(含油率) 측정법으로서는 피셔 애세이(Fisher assay)법이 표준으로 되어 있고, 이 방법에 의해 얻어진 값으로 oil shale의 평가가 비교 검토되고 있다. 피셔 애세이법은 분말시료 약 100g을 건류로(乾留爐)에 설치하고, 프로그램된 승온온도에서 가열하여 500 또는 550℃로 어느 일정시간 유지한 때, 얻어지는 유분, 가스 분량을 측정하는 방법이다.

3.3.1 Oil shale 가채매장량(可採埋藏量)과 oil shale plant

세계의 oil shale의 궁극 가채매장량은 표 3.2에 나타낸 바와 같이 석유환산으로 약 3.5조 배럴로서, 석유의 궁극 가채매장량 2조 배럴의 약 2배에 상당하는 어마어마한 양이다.

표 3.2. 세계의 oil shale 매장량(원유환산)
(일본(사)화학공학회 SCE·Net, 2013)

국 가	궁극가채매장량 (억 bbl)
미국	19,272
브라질	8,008
구 소련	4,088
자이드	1,006
모로코	657
요르단	569
캐나다	440
중국	400
이탈리아	350
오스트레일리아	300
태국	147
세계전체	약 3.5조

oil shale의 상업 규모의 플랜트는 미국에서 TEPCO II 프로세스, Superior Oil Company 프로세스, Union Oil Company (Unocal) 프로세스가 계획되었으나, 실제로 oil shale을 대량으로 생산하고 있는 곳은 그림 3.4에 나타내듯이 Estonia, 러시아, 중국, 브라질 등이다.

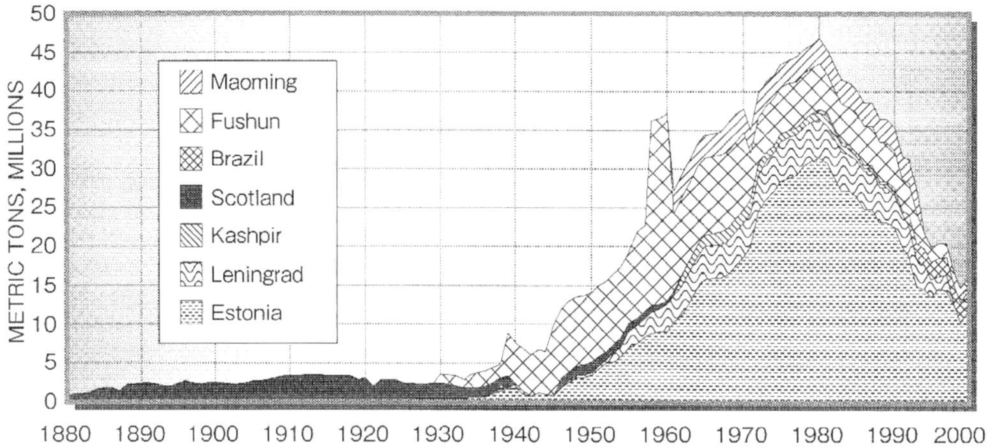

그림 3.4. 에스토니아, 러시아, 스코틀랜드, 브라질, 중국의 1880년부터 2000년까지의 Oil Shale 채굴량 (출처: 일본(사)화학공학회 SCE·Net, 2013)

그 중에서도 Estonia는 oil shale을 발전에 사용하여, 전력을 Estonia 국내와 구소련에 공급하였고, 그 규모도 상당히 컸으나, NOx, SOx, 염소, 매진(煤塵), 폐 shale 등의 환경대책이 불충분하여 환경에 큰 영향을 주었다. 그후, 순환유동상(循環流動床) 보일러의 채용으로 환경면은 개선되어 있으나, 원자력발전의 건설로 감산하였다. 일본에 있어서의 oil shale의 연구개발은 구 석유공단이 중심이 되어, 1981년도부터 1991년에 걸쳐 행하였다. 특히 건류 방식에 대하여는 shaft로(爐)형, 고정상(固定床)형, 이동상(移動床)형의 세 가지 방식으로, 각각 3톤/day의 bench plant에 의한 테스트 운전을 1982, 1983년도의 2년간 행하였다. 그 결과를 바탕으로 일본 oil shale engineering(주)가 설립되어, 키타큐우슈(北九州)시 와카마쯔(若松) 지구에 200~250톤/day의 규모의 pilot plant가 건설되었다. 이 장치는 1987, 1988년도 2년간에 걸쳐 오스트레일리아, 중국의 광석을 사용하여 운전되었다. 또한, 해외조사나 이들의 연구결과에 기초한 10,000톤/day의 규모의 feasibility study가 행해지고 있다.

3.3.2 최근 정세

최근, 에너지 안정공급의 관점에서 oil shale의 개발 재검토가 이루어지고 있다. 2008년 6월 미쯔이(三井)물산(주)가 미국 oil shale exploration사, 브라질의 국영석유회사 페트로브라스사와 공동으로, 미국 유타 주에 있어서의 oil shale개발 프로젝트의 사업화조사를 실시하는 데 합의하고, 3사간에 계약을 체결하였다. 당면의 원유가격의 극단적인 변동에 따라, 이 프로젝트의 진보가 어떻게 될 것인가가 흥미 깊은 일이다.

3.4 가스연료의 액화

3.4.1 천연가스자원과 사업전개

(1) 천연가스자원 개발의 과제

천연가스는 석유나 석탄과 나란하게 매장량이 풍부하여 환경오염이 적은 clean 에너지로서 유용하다. 그림 3.5와 같이 세계의 매장량은 중동지구가 약 40%, 구소련과 구주권(歐洲圈)이 약 35%로, 양 지역에서 75%를 점하고 있다. 한편, 매년의 생산량은 구소련과 구주권이 37%, 북미권이 27%로, 매장량 분포와는 크게 다르다. 천연가스는 석유나 석탄과는 달리, 기체로서 생산되기 때문에 채굴, 액화, 저장에 막대한 설비투자가 필요하게 된다. 특히 해상수송에서는 액화를 위해 심냉설비(深冷設備)가 필요하게 되어, 다대한 에너지를 소비하므로 필연적으로 고비용이 된다. 이 때문에 천연가스를 액화천연가스 LNG의 형으로 생산하여 출하할 수 있는 것은 막대한 설비비의 부담이 가능한 매장량 5TCF 이상의 거대 가스전(田)에 한정된다. 한편, 동남아시아에도 가스전은 있지만, 일반적으로 중소규모로, 순도가 낮다. 이 때문에 천연가스를 비교적 설비투자액이 적고, 수송이 용이한 별도의 액체연료로 변환하는 방법이 요구되어 개발되었다.

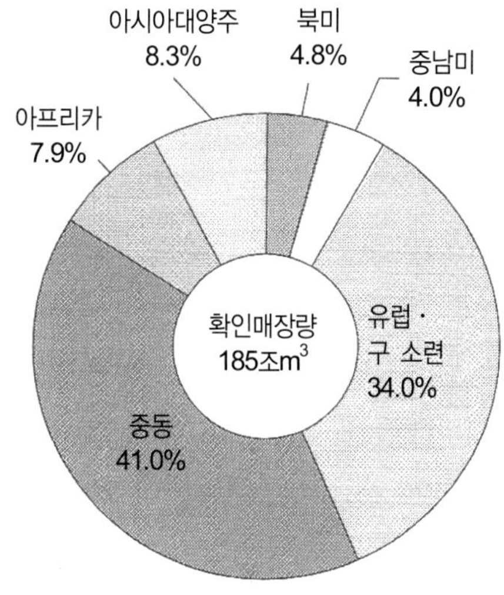

그림 3.5. 세계 천연가스 매장량(2008년) (일본(사)화학공학회 SCE·Net, 2013)

(2) GTL(Gas to Liquid)의 개요와 사업화

천연가스의 액체연료화는 대별하여 FTD유(油) 합성, DME(DeMethyl Ether) 제조, MeOH(메탄올) 합성의 세 가지가 있다. 이들 모두 천연가스를 접촉개질하여 수소와 CO의 혼합가스를 제조하고, 그것으로부터 목적하는 연료를 합성한다. 각각 독자의 개질조건이나 합성조건이 있으며, 별개의 촉매를 사용한다. 공업설비능력은 MeOH에서 최대 5,000톤/day, FTD유 합성에서 15만 bbl/day 정도이다. 더욱이 거대화하는 경향이 있지만, DME의 경우는 용도개발의 지연이 있으며, 1,000톤/day 정도로 알려져 있다. MeOH는 화학품용에 이미 수천만 톤/year 소비되고 있는데, 저발열량 때문에 연료용도로의 이용은 거의 없다. FTD유는 제2차 세계대전 후 주로 남아프리카에서 석유대체의 목적으로 조금씩 생산되어 왔으나, 양호한 연료특성과 천연가스전의 개발증가로 최근 특히 중동지구 카타르를 중심으로 설비건설 붐을 맞고 있다. 그래서 수년 내에 생산 200만 bbl/day를 넘어, 금번의 경기회복감속이 없다면 디젤차용의 연료로서 급속하게 보급될 추세에 있다. DME의 사업화는 용도개발을 신규로 진척시킬 필요가 있기 때문에 FTD유에 비해 사업화는 어느 정도 늦어지고 있다. 천연가스를 액체연료화로 변환, 이용하는 기술은 금후도 진행되어, 착실히 석유대체용도를 확대해 갈 것으로 생각된다.

3.4.2 FTD, DME의 제조기술과 용도

천연가스를 액체연료로 변환하는 데는 FTD(Fischer-Tropsch 합성유) 합성과 DME의 두 가지의 흐름이 있다. 어느 쪽도 천연가스를 반응성에 풍부한 합성가스로 변환한 후, 합성반응을 진행하여 제품으로 한다. 제품은 기존의 석유계 연료와 동등의 품질규격에 합격하고, 용도개발이나 상품개발의 과제를 해결하여, 처음으로 석유대체연료로서 시장에서 인지된다.

(1) 합성연료가스의 제조

천연가스는 본래 반응성이 결핍한 메탄가스이기 때문에 고온고압 조건에서 촉매를 이용하여 산소, 수증기, 탄산가스와 반응시켜, CO, 수소 등의 합성원료가스로 변환한다. 이 메탄의 개질반응은 표 3.3에 나타내는 세 종류의 다른 반응의 조합이지만, 목적 제품이 FTD, DME, MeOH(메탄올)의 어느 것인가에 따라 바람직한 수소/CO의 비율이 다르며 반응의 발열량도 다르다. 보통 FTD 합성의 경우는 수소/CO비가 높은 것이 바람직하며, 부분산화를

표 3.3. 메탄 개질 반응식
(일본(사)화학공학회 SCE·Net, 2013)

【수증기개질】
$CH_4 + 2H_2O \Rightarrow CO_2 + 4H_2$

【부분산화】
$CH_4 + 1/2O_2 \Rightarrow CO + 2H_2$

【CO_2 개질】
$CH_4 + CO_2 \Rightarrow 2CO + 2H_2$

주 : 이 종류의 반응은 메탄만이 아니고 탄화수소 전반에 공통임

주체로 일부 CO_2 개질을 가미한다. MeOH, DME 합성에서는 CO_2를 보다 많이 이용하기 때문에 수증기 개질을 주체로 일부에 부분산화를 이용한다. 개질반응은 고온고압의 조작에 의해 설비비가 높고 변동비(變動費)도 겹치기 때문에 산소장치와 같은 고가 설비의 필요성이나 규모 등을 신중하게 고려할 필요가 있다.

(2) FTD 합성반응과 제조기술

FTD 합성은 표 3.4에 나타내듯이 CO와 수소를 철-코발트계 촉매의 존재에서 반응시켜 장쇄 파라핀을 생성하며, 이것을 분해하여 등유나 경유 유분을 얻는 방법이다. 제2차 세계대전 중에 석탄을 원료로 한 인조석유로서 각광을 받았으나, 전후는 남아프리카 등 특수한 상황하에서만 사업이 계속되고 있었다. 그러나, 양질의 디젤연료로서의 평가가 점차 정착하여, 가격면에서도 석유제품과 거의 호각의 경쟁력을 발휘할 수 있는 수준으로 개선되어 다시 주목을 받게 되었다. 경유에 비해, 유황(S)분과 방향족이 적기 때문에 SO_x나 매진(煤塵)의 발생이 적고, 연소특성이 양호하기 때문에, 연비가 좋은 디젤연료로서 특히 유럽에서 수요의 급속한 신장이 기대되고 있다.

표 3.4. FT 합성의 기본 반응 scheme
(일본 화학공학회 SCE·Net, 2013)

① 합성가스 제조 : 수증기개질, 부분산화, CO_2 개질

② FT합성기본반응 : (Fe, CO촉매 존재하)

$$nCO + (2n + 1)H_2 \Rightarrow C_nH_{2^n+2}\ nH_2O$$
$$nCO + 2nH_2 \Rightarrow C_nH_{2n} + nH_2O$$

* 부반응 : 수성가스 shift 반응

$$CO + H_2O \Rightarrow CO_2 + H_2$$

③ 물첨가 이성화, 정제

* 생성파라핀의 분자량 조정

* 분지파라핀 ⇒ 직쇄화

(3) DME의 합성기술과 용도

MeOH와 DME도 천연가스를 원료로 하는 액체연료이지만, MeOH는 발열량이 낮기 때문에 연료로서의 평가는 높지 않다. DME는 2분자의 MeOH 탈수생성화합물이지만, 종래는 1만톤/year 정도가 제조되어, 분무제 등에 사용되어 왔다. 이 DME의 물성과 연소특성이 연료로서 주목을 모아, 제조와 용도개발이 일본을 중심으로 진행되고 있다. DME의 단위량당의 발열량은 경유나 LPG의 2/3 정도이지만, 용적기준으로는 프로판의 85%에 상당한다. 함산소화합물이기 때문에 연소특성이 뛰어나며, 경유나 LPG의 대체로서 자동차 연료용 용도가 기대되고 있다.

LPG와 닮은 물성을 살려서 인프라를 전용(轉用)하고, 발전이나 가정용 연료 등 광범위한 용도에 이용하는 노력이 계속되고 있다. 이 중에서, DME의 특이한 반응을 이용하는 올레핀(olefin) 제조나 SNG 원료로서의 용도에도 흥미가 생긴다. 그러나, 연료로서의 DME는 전혀 새로운 분야이기 때문에 각 분야의 용도개발이 장기간이 필요하며, 실제의 사업화에는 아직 좀 시간이 필요할 것이다. DME의 사업검토는 일본을 선두로, 다음으로는 중국이 비교적 앞서고 있다. 일본에서는 이미 직접법 DME의 100톤/day 시험이 종료하였으며, 현재 별도로 간접법 8만톤/year 설비시험이 진행중이다. 또한, 제조기술의 확립과 병행하여 각 분야에서의 용도개발이나 확인과 기업화 검토, 인프라 문제 등의 검토가 이루어지고 있다. 한편, 중국에서도 유력한 환경대책으로서 석탄을 원료로 하는 간접법 DME의 기업화가 활발히 진행되고 있다.

3.5 석탄가스화 복합발전(IGCC)

먼저 복합발전이란 고온의 연소가스를 직접 터빈에 공급하여 발전하고, 그 배열을 이용하여 보일러로 증기를 발생시켜, steam 터빈에 공급하여 발전하는 방법을 말하며, 증기터빈만으로 발전하는 방법에 비해서 열효율이 높아진다. 이것을 combined cycle 발전이라고도 한다.

3.5.1 석탄발전

석탄은 석유나 천연가스와 같이 산지가 특정의 지역에 편재하고 있지 않기 때문에 안정한 공급이 얻어진다. 이 때문에 1970년대의 석유위기이후 석유에 대신하는 연료로서 재평가되어, 대규모적인 미분탄 화력발전소가 수많이 건설되어 왔다. 최근에는 초초임계압(超超臨界壓) 석탄연소 보일러가 개발되어 주 증기온도 600℃, 주 증기압력 25MPa, 출력 1,000*MW*, 송전단 열효율 42%(고위발열량 기준)의 발전소가 가동을 시작하였다. 열효율이 약 35%였던 구세대의 미분탄 연소발전에 비하여, 대폭 열효율이 향상되었다. 그러나, 석탄은 다른 연료보다 열량당의 CO_2 발생량이 많기 때문에, 더욱이 고효율로 환경특성에 뛰어난 석탄가스화 복합발전(IGCC; Integrated Gasification Combined Cycle)이 주목받게 되었다.

3.5.2 석탄의 가스화

1800년대부터 유럽과 미국에서는 난방용과 도시가스용에 석탄을 가스화하여 이용해 왔으며, 산업용에도 암모니아나 메탄올의 원료로서, 또한 제품제조용에도 가스화하여 이용해 왔다. 일본 국내에서도 1960년대까지는 도시가스에 석탄가스가 사용되고 있었으나, 석유

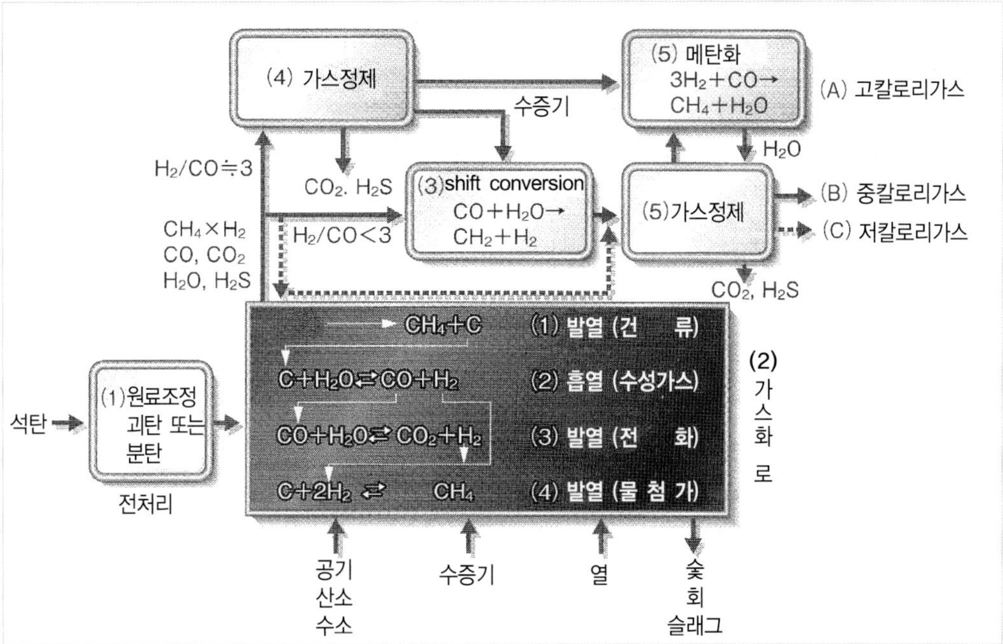

그림 3.6. 석탄가스화의 일반적인 프로세스(일본(사)화학공학회 SCE·Net, 2013)

의 보급과 천연가스의 도입에 의해 석탄가스화의 수요는 쇠퇴하여 왔다. 석탄의 가스화는 그림 3.6에 나타낸 바와 같이 석탄이라고 하는 고정탄화수소화합물(CnHmOz)을 가열하여, 증기와 산소 또는 공기와의 반응에 의해 가스상(狀)으로 만든 것이다.

석탄가스화 프로세스의 주요한 성분은 수소, 일산화탄소, 이산화탄소, 질소이다. 발열량은 수소, 일산화탄소, CH_4 등 가연성분의 함유량에 따라 다르다. 3.5~6.5 MJ/Nm^3 정도의 가스를 저칼로리 가스, 8.4~19 MJ/Nm^3 이상을 고칼로리 가스라고 부르는데, 저칼로리 가스는 공기에 의한 가스화, 중칼로리 가스는 산소 또는 공기에 수증기를 첨가하는 가스화에 의해 얻어진다. 고칼로리 가스는 중 칼로리 가스의 성분을 변환하여, 메탄 등의 고칼로리 성분의 비율을 증가시킨 것이다.

3.5.3 석탄가스화 발전

석탄가스화 발전에서는 석탄가스를 터빈에서 연소시켜 발전하기 때문에 칼로리만 있으면, 광범위한 가스의 조성을 허용할 수 있다. 이 때문에 경제성에서 유리한 저·중칼로리 가스가 주된 연료가 된다. 또한 연료가 가스이기 때문에 설비를 간소화 할 수 있다. 그림 3.7에 석탄 가스화 복합발전 시스템(IGCC)의 개념도를 나타낸다. 석탄가스화로(化爐)에서 발생시킨 가스는 가스 정제 장치에서 가스중의 매진이나 유항분이 분리 제거되며, char 분(미반응의 석탄 분)은 가스화로로 되돌아온다. 정제된 가스는 가스터빈에 보내어져 발전하고, 가스터빈으로부터의 배출 가스는 폐열회수 보일러로 보내어져 증기터빈에서도 발전한

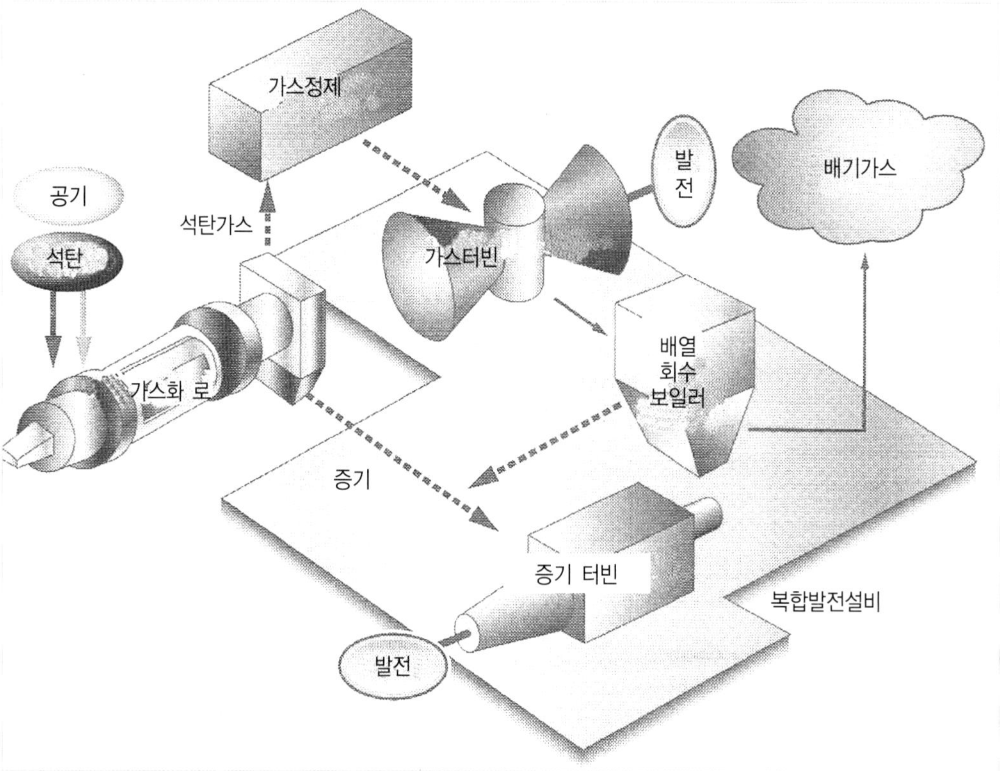

그림 3.7. IGCC 시스템의 개념도(일본(사)화학공학회 SCE·Net, 2013)

다. 연소가스의 에너지를 가스터빈의 고온단계와, 증기터빈의 저온단계에서 이용할 수 있기 때문에 열효율을 높일 수 있다.

IGCC의 실용화에는 대용량의 가스화로(火爐) 개발이 큰 요소로서, 분류상식(噴流床式) 가스화로가 적합하며, 분쇄한 석탄을 공기나 증기와 함께 로내(爐內)에 불어넣는다. 로 안에서는 석탄의 일부가 연소하여, 1,000℃ 이상의 고온에서 가스화 반응이 진행된다. 석탄을 잘게 분쇄하는 것으로 반응시간이 짧아지며, 컴팩트한 로(爐)의 설계가 가능하게 된다. IGCC는 가스터빈의 가스 입구온도가 높을수록 열효율이 높아지며, 1,300℃급에서는 송전단 열효율이 43~44%, 1,500℃급에서는 약 46~48%가 된다. 이 때문에 고온운전에 대응할 수 있는 터빈날개의 재질이나 밸브 등의 재질과 구조의 개발이 중요한 과제가 된다. 일본에서는 출력 250*MW*, 1,200℃급 가스터빈으로서, 송전단 열효율 목표 40.5%의 실증플랜트가 운전이 종료하여, 실용 플랜트의 계획이 진행되고 있다. 특히, 최근에는 기존의 IGCC보다 한층 고효율의 석탄가스화 발전기술로서, IGCC에 고효율의 연료전지를 조합시켜서 3단계로 발전하는 석탄가스화 연료전지 복합발전(IGFC; Integrated coal Gasification Fuel Cell combined cycle)이 있다. 이것은 가스화로 뒤에 연료전지를 설치하여 발전하고, 연료전지로부터 가연성분을 포함한 가스로, 가스터빈과 증기터빈으로 복합발전하는 시스템이다. IGCC를 능가하는 발전단 효율 약 53%가 기대되고 있다. 일본에서는 EAGLE(coal

Energy Application for Gas Liquid and Electricity)라고 부르며, 연료전지에 최적의 석탄가스 제조기술을 확립하는 것을 목적으로, 가스화로나 가스 정제장치의 실증 플랜트에 의한 시험운전이 2006년도까지 계속되었다. 향후 석탄가스화 복합발전은 매장량이 풍부하고 가격이 싼 석탄을 원료로 하는 발전 시스템으로서, CO_2 발생량이 대폭 저감되어 환경성에 뛰어난 발전원(發電源)이 될 것으로 생각된다.

3.6 석탄 액화(NEDOL)

석탄은 화석연료 중에서 가장 매장량이 많고, 생산지는 지구상에 넓게 분포하고 있어서 공급이 안정하고 가격 또한 싸기 때문에 금후 더욱 이용의 확대가 예측된다. 그 중에 석탄에 들어 있는 유황분과 회분을 제거하여 oil과 같은 액체로 하여 석유대체 연료로 하는 기술이 바로 석탄액화기술이다. 석탄을 액화하는 방법에는 석탄에 수소를 작용시켜 액화하는 직접법과, 석탄을 가스화한 후 액체연료를 합성하는 간접법(FT법: Fischer Tropsch 합성법)이 있으며, 현재는 수율이 높은 직접법이 일반적이다. 석탄은 석유와 마찬가지로 탄소, 수소, 산소 등으로 구성되어 있는데, 석유에 비하여 H/C원자수비가 적고, O/C원자수비가 큰 특성이 있다. 석탄의 구조는 탄소, 수소, 산소의 원자가 조합한 방향환(芳香環)으로 되어 있다. 400~450℃에서 가열하면 원자결합이 약한 CH_2 결합이 끊겨 육각형의 방향환 2~4개로 이루어진 액체가 된다. 그러나, 절단부에서 다른 원자와 결합하여 안정화하려고 하기 때문에 액화에서는 절단점에 수소를 첨가하여 저분자화한다. 석탄액화의 개념도를 그림 3.8에 나타내는데, 수소첨가를 2단으로 행하는 경우도 있다. 고압에서 조작하는 반응탑 속에서 수소와 석탄을 접촉시키는데, 이 때 촉매가 존재한다면 한층 효과가 있다. 석탄에 수소를 어떠한 방법으로 첨가할 것인가에 의해 복수의 프로세스가 개발되어 있으며, 액화율(또는 液收率), 액화유의 특성도 다르다.

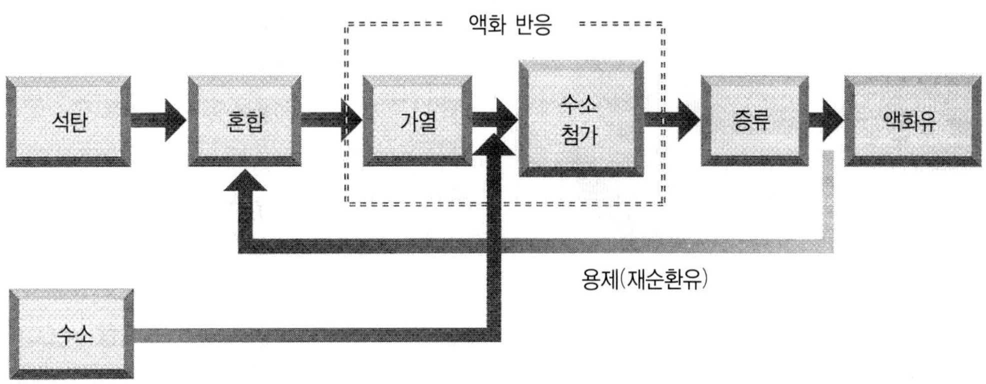

그림 3.8. 석탄 액화 개념 흐름도(일본(사)화학공학회 SCE·Net, 2013)

3.6.1 석탄 액화(NEDOL) 세계 동향

석탄을 액화하여 석유대체연료나 화학연료에 이용하려고 하는 연구는, 1910년대부터 시작되었다. 석유자원이 적은 독일에서는 1930년대에 갈탄액화공장이 가동하고 있으며, 이때의 조작조건은 430~490℃, 200~300atm으로, 철계(鐵系) 촉매를 사용하고 있었다. 일본에서도 1920년대부터 연구가 시작되어, 1930년대에는 처리량 33,000톤/year의 액화공장을 운전하고 있다. 미국에서는 1960년대에 여러 가지의 프로세스 개발이 진행되어 실증 플랜트가 건설되었다. 1973년 중동분쟁에 의한 오일 쇼크의 시기에는 일본과의 연구개발협력이 체결되어 있다. 일본에서는 석유위기를 계기로, 1974년부터 sunshine 계획이라고 하는 석유대체 에너지개발 프로젝트가 시작되어, 태양, 지열, 수소에너지의 개발과 함께 석탄 액화와 가스화가 채용되었다. 갈탄 액화에 대하여는 호주에 처리량 50톤/day의 실증 플랜트를 건설하고, 1987년부터 1990년까지 운전하였다. 역청탄과 아역청탄을 대상으로 한 계획에서는 당초, 직접 물첨가 액화법, 용제추출 액화법, 가용매분해(solvolysis) 액화법의 개발을 진행하였다. sunshine계획에서는 이 세 가지 액화법의 장점을 집약하여, 기술적, 경제적으로 뛰어난 독자기술을 개발하여 NEDOL법이라고 명명하였다. 1988년부터 처리량 150톤/day의 pilot plant설계가 시작되어, 1988년에 운전이 종료하였다. 이 NEDOL 프로세스의 흐름도를 그림 3.9에 나타낸다.

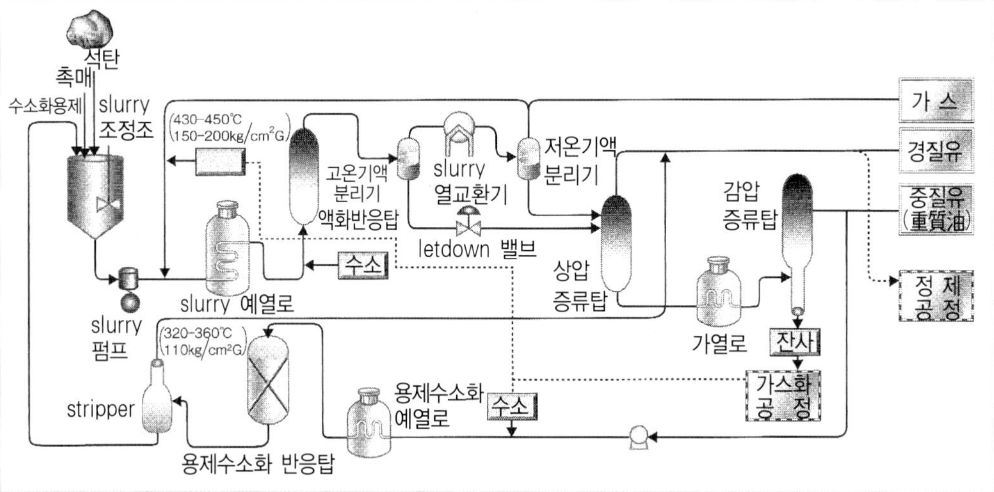

그림 3.9. 석유액화 NEDOL 프로세스의 흐름도(일본(사)화학공학회 SCE·Net, 2013)

3.6.2 석유 액화에 대한 기대

표 3.5에 세계의 주요한 석탄 액화 프로세스를 나타낸다. NEDOL 프로세스는 비교적 완화한 반응조건에서 넓은 범위의 탄 종류에 대응하고 있으며, 또한 석탄 액화는 경제면에서 바로 실용화의 필요성은 낮다고 본다. 그러나, 석유가격은 장기적으로 상승경향에 있기

표 3.5. 세계의 주요 액화 프로세스(일본(사)화학공학회 SCE·Net, 2013)

프로세스명	미국 EDS	미국 SRC-Ⅱ	미국 H-Coal	미국 HTI	독일 New-IG	영국 LSE	일본 BCL	일본 NEDOL
대상석탄	갈탄, 아역청탄, 역청탄	아역청탄, 역청탄	아역청탄, 역청탄	아역청탄, 역청탄	역청탄	아역청탄, 역청탄	갈탄	아역청탄, 역청탄
개발단계 [t/day]	250 PP종료	30 PP종료	200~600 PP종료	3 PDU운전중	200 PP종료	2.5 PDU운전종료	50 PP종료	150 PP종료
운전시기 (년)	1977~1982	1976~1981	1975~1982	1981~	1981~1987	1991~1995	1987~1990	1996~1998
액화반응방식	현탁기포탑	현탁기포탑	비등상	현탁기포탑	현탁기포탑	비등상	현탁기포탑	현탁기포탑
촉매종류	무촉매	무촉매	Co-Mo계	철계	철계	Mo계	철계	철계
반응온도 [C°]	450	460	450	420-440	480	425	450	450
반응압력 (kg cm²G)	170	140	200	170	300	200	150	170
고액분리법	감압증류	감압증류	하이크론 감압증류	용제임계 추출	감압증류	특수 필터	용제탈회	감압증류
그밖의 특징	bottom recycle 방식	bottom recycle 방식	bottom recycle 방식	bottom recycle 방식	bottom recycle 없음	bottom recycle 없음	bottom recycle 방식	bottom recycle 없음
용제석탄비 (중량비)	2.0~2.9	1.9~4.0	2.0	2.0~2.8	1.0	2.0~2.5	2.5	1.5
[wt%daf] [bbi/t coal]	55 3.6	36	61 3.9	52~74 3.8~5.0	50~58 3.4~4.2	43	52 4.1	54~62 4.0~4.7

주) PP : Pilot Plant, PDU : Process Development Unit

때문에 가까운 장래에 석탄으로부터 액체연료를 제조하는 기술이 활용되게 될 것으로 기대된다.

3.7 무회화(無灰化) 석탄 연료(hyper coal)

석탄은 연소 후 많은 회가 남는데, 이를 석탄회(ash)라고 하며, 그 주성분은 SiO_2, Al_2O_3 등이다. 이들 성분은 주로 석탄의 지중에서의 생성시나 팔 때 암석의 혼입에 의한 것으로, 석탄 중에 30% 이상 포함된 것도 있다. 회분이 많은 경우는 연료로서 사용하기 전 선탄 설비로 회분을 분리한다.

한편, 석탄의 연소시 발생하는 온실효과가스 CO_2의 단위열량당의 발생량은 석유의 1.3배, 천연가스의 1.6배에 달한다. 이런 이유 때문에 석유나 천연가스의 수준까지 CO_2 발생을 억제할 수 있는 석탄이용기술로서, 발전시스템에서는 IGCC나 IGFC 등의 고효율의 가스화발전기술 개발이 진행되고 있다. 한편, 이와는 별도로, 무회화 석탄연료인 hyper coal이 있는데, 이것은 석탄을 선탄(選炭)으로 회분을 5% 이하로 한 원료에 용제를 혼합하여 석탄질을 추출하여 회분을 200ppm 이하로 하고, 또한 여기에 알칼리분을 5ppm 이하로

한 것을 말한다. hyper coal은 완전 연소가 좋고, 가스터빈 날개의 마모, 부식이 문제되지 않을 정도로 정제된 연료이다.

3.7.1 hyper coal의 제조

hyper coal 제조 프로세스의 개요 흐름도는 그림 3.10과 같다. 선탄하여 회분 5% 이하로 한 석탄을 용제 중에 투입하여 약 360℃, 10 atm의 조건하에서 교반하면, 60~70%가 용제 중에 용해하고, 회분은 불용해분 중에 포함되어, 그 뒤의 settler(침전기) 내에서 불용해분은 침강하여 분리된다. 용해분은 이온 교환탑에서 Na, K 등의 알칼리 금속분이 제거된 후, 다음의 spray dryer로부터 용제가 분리되어 가는 분말의 hyper coal이 만들어진다. 한편, settler에서 침강한 불용분, 소위 잔사탄(殘渣炭)은 spray dryer로부터 용제를 분리하여 건조한 잔사탄이 얻어진다. 용제는 순환하여 이용된다. 회수율은 역청탄의 경우 hyper coal은 약 60~70%, 잔사탄은 약 30~40% 정도이다.

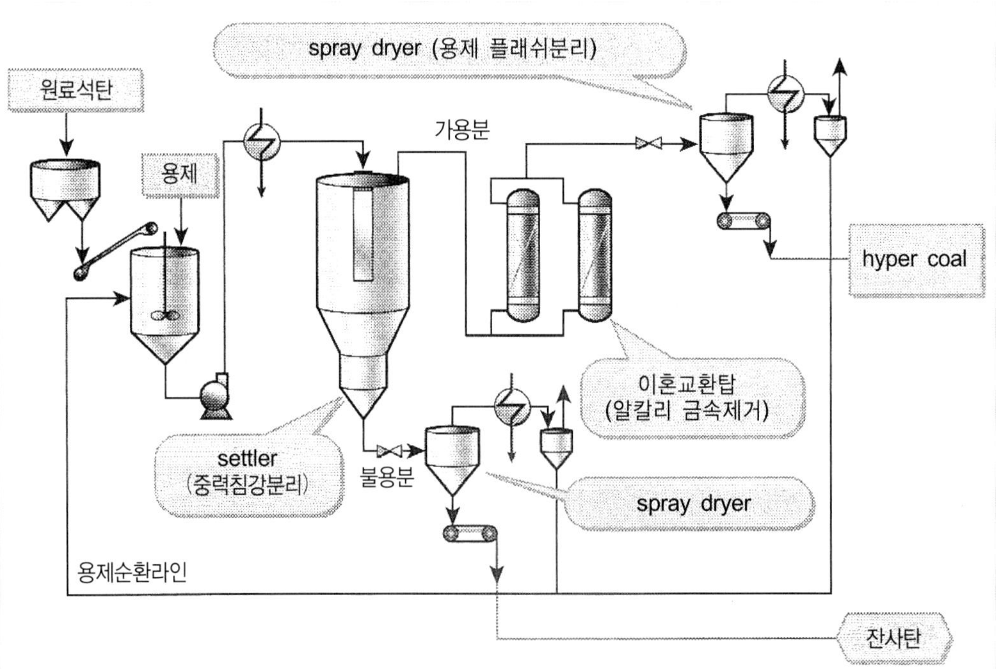

그림 3.10. hyper coal 제조 프로세스(일본(사)화학공학회 SCE·Net, 2013)

3.7.2 hyper coal의 이용방법

hyper coal은 5~15 마이크로미터의 잔 입자로, 터빈 내에서 단기간에 완전히 타며, 또한 원료석탄보다 발열량이 높게 되어 있다. hyper coal의 현미경 사진을 그림 3.11에 나타낸다. 한편, 잔사탄은 일반의 미분탄 화력발전소에서 연료로서 이용된다.

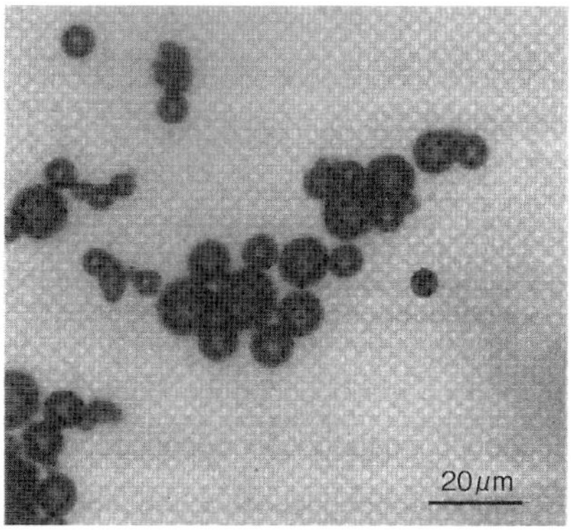

그림 3.11. hyper coal 현미경 사진(일본(사)화학공학회 SCE·Net, 2013)

hyper coal 이용 고효율발전 시스템의 개념을 그림 3.12에 나타낸다. hyper coal 복합발전과 잔사탄의 미분탄 화력발전과 합한 전 발전량시스템으로 한 경우의 CO_2 발생량은 통상의 미분탄 연소 발전시스템과 비교하면, 약 14%가 적어진다. 원료탄의 대체로서도 기대되고 있다.

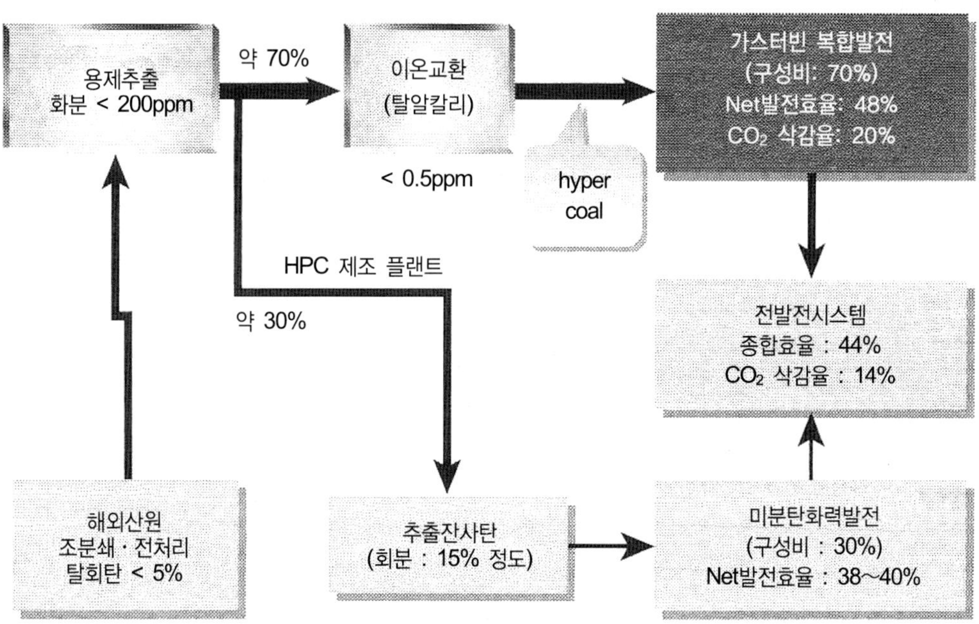

그림 3.12. hyper coal 이용 고효율발전 시스템 개념도(일본(사)화학공학회 SCE·Net, 2013)

참고문헌

日本(社)化学工学会 SCE·Net, 図解新エネルギーのすべて, 改訂3版, 丸善出版, 361p., 2013.
여영구, 신·재생에너지기술, 도서출판, 아진, 235p., 2012.

제4장 __ 에너지 이용의 신기술

4.1 연료전지

에너지 이용효율의 향상과 공해와 같은 환경문제도 해결할 수 있는 새로운 에너지 이용기술 중의 하나로 개발된 것이 바로 연료전지(fuel cell)이다. 연료전지는 수소를 원료로 하여 전기를 발생시키는 일종의 발전기(generator)로서, 물의 전기분해반응의 역반응을 이용하여 수소와 산소로부터 전기와 물을 만들어낸다. 즉, 연료전지는 수소와 산소를 직접 연소반응시키는 것이 아니라, 음극과 양극에서 수소와 산소를 반응시키는 전기화학반응을 이용하여 수소가 가진 화학 에너지를 직접 전기에너지로 변환시키는 장치를 말한다. 기본원리는 간단하여, 석유나 천연가스 등의 화석연료를 개질하여 얻은 수소나 순수한 수소를 공기 중의 산소와 반응시켜 전기에너지를 추출하며, 이때 부산물로서 열과 수증기(물)가 얻어진다. 연료전지는 그 이름에서 알 수 있듯이 전지와 엔진의 성격을 동시에 가지고 있다고 볼 수 있다. 즉, 전기화학적 반응에 의해 전기를 생산한다는 점에서는 전지와 유사하지만, 주입된 연료에 따라 작동한다는 점에서는 엔진과 유사하다.

4.1.1 연료전지의 원리

연료전지는 1839년 영국의 윌리엄 그로브(William R. Grove)가 수소와 산소로부터 전기나 물을 직접 만들어내는 일종의 발전기, 즉 연료전지를 처음으로 발명한 이래, 1960년대 초 미국이 우주개발용 목적으로 최초의 연료전지인 이온교환막형 연료전지를 개발하여 사용하였다. 이후 연료전지는 일부 발전용이나 우주·항공용으로 사용되었을 뿐 일반에게는 생소한 개념이었으나, 1990년대 이후 자동차업계의 연료전지 자동차를 비롯하여 에너지 산업, 전기 및 전자산업, 화학 계통의 기업 등 거의 모든 산업분야에서 연료전지의 개발과 실용화가 추진되고 있다.

연료전지에 의한 발전 원리는 그림 4.1.1에 나타낸 바와 같은데, 연료인 수소와 공기 중의 산소가 전기화학반응, 즉 간단히 말해 수소와 산소가 결합하여 물이 만들어지는 반응에 의해 직접 발전하는 방식이다. 연료전지에서는 음극(負電極, 수소·연료극, anode)에서 전자를 방출하는 전기화학반응과, 양극(正電極, 산소·공기극, cathode)에서 전자를 받아들이는 반응의 2단으로 나누어 행하게 한다. 양극과 음극은 외부부하를 사이에 끼고 전선으로 연결되며, 전자는 전선을 통해 전력이 나온다. 외부로부터 공급된 수소분자(H_2)는 음극내에 있는 촉매에 흡착되어 활성화되어 수소이온($2H^+$)과 전자($2e^-$)가 된다. 이 전자는 전극에 보내어져 다시 한번 외부회로를 통해 양극에서 음극으로 흐른다. 수소이온은 전해질(電解質) 속을 확산하여 양극으로 이동한다(양이온 傳導性). 양극에서는 외부로부터 공급된 산소분자(O_2)가 외부회로로부터 되돌아온 전자를 받아들여 산소이온(O_2^-)이 되어 수소이온과 결합하여 물이 된다. 이때 연료전지의 반응과정은 그림 4.1.2와 같다. 연료인 수소는 물의 전기분해나 천연가스, 메탄올의 개질(改質, reformation)에 의해 얻어지며, 산소는 대기 중에서 얻어진다. 연료전지에서 얻어지는 것은 직류전력(DC)이기 때문에 교류(AC)로 변환하는 인버터(inverter)가 필요하다.

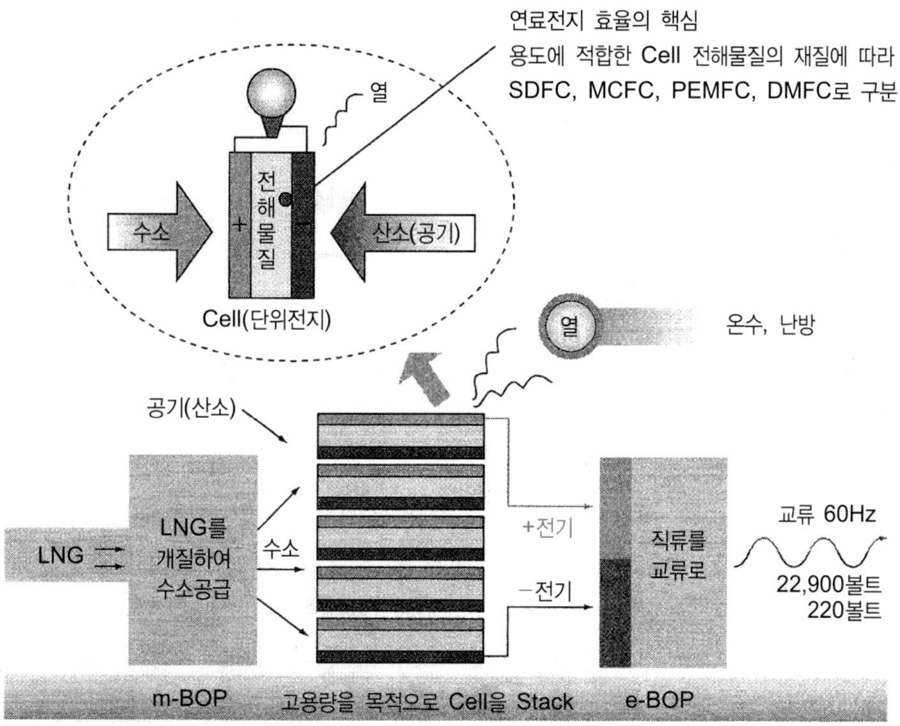

그림 4.1.1. 연료전지 구성(출처: 하 등, 2014)

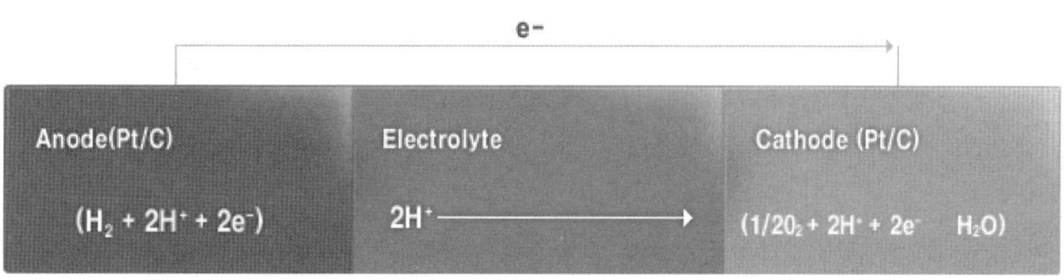

그림 4.1.2. 연료전지의 반응과정(출처: (사)한국신·재생에너지협회 홈페이지)

4.1.2 연료전지의 구성

연료전지는 간단히 세 부분으로 나눌 수 있는데, 첫째, 수소가 들어가는 양극판(anode)과, 공기가 들어가는 음극판(cathode), 그리고 이 두 판 사이를 채우고 있는 전해질로 구성되며, 이것을 cell이라고 한다. 전극에는 연료나 공기가 통하기 쉽도록 다공질 고체를 사용하여, 촉매층을 결착시킨다. 전해질은 다공질 고체에 액체를 스며들게 한다든지, 고체를 그대로, 또는 막 등을 사용한다. 전해질을 전도하는 이온에는 양이온과 음이온이 있으며, 양이온은 음극에서 양극으로 이동하며, 음이온은 그 반대로 움직인다. cell(단전지)의 출력 전압은 1V 정도(통상 0.6~0.8V)이기 때문에, 이것을 수 십, 수백 개 직렬로 적층시켜서 stack(적층전지)으로 하고, 발전단위로서 직렬 및 병렬로 결합하여 연료전지를 만든다(그림 4.1.3, 4.1.4).

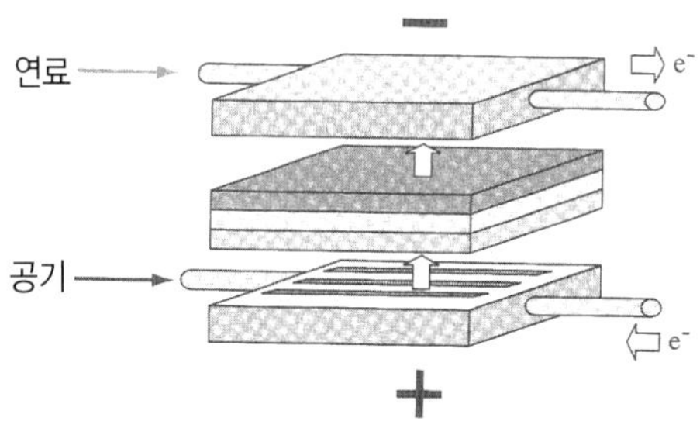

그림 4.1.3. 연료전지 cell(단전지) 구성
(출처: 하 등, 2014)

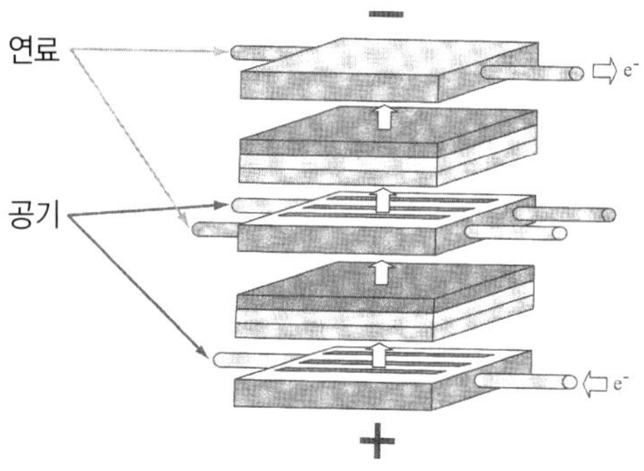

그림 4.1.4. 연료전지 stack 구성
(출처: 하 등, 2014)

cell은 분리기(separator)를 사이에 세워 겹쳐 쌓은 구조로, cell에는 평판형과 원통형이 있다. 분리기는 도전성의 재료로 만들어, 각 cell의 양극은 분리기에 의해 인접하는 cell의 음극과 접촉하고 있다. 분리기의 양면에는 파인 홈이 만들어져 한편을 연료가스가 다른 편을 산화제 가스(공기)가 흐른다. stack에서의 연료전지에는 각 cell을 접촉저항이 없도록 집적하여 연료와 공기를 연속적으로 공급함과 동시에 발생하는 열을 효율 좋게 회수하는 장치가 필요하다.

연료전지의 구성재 중, 가장 제작에 시간이 걸리는 것은 흑연판의 분리기로, 비용도 절반 가까이를 점한다. 이 때문에 흑연 수지(樹脂) mold나 금속판으로 바꾸어 비용절감이나 효율화를 꾀하고 있다. 촉매 사용의 경우의 촉매비용이나 이온 교환막 비용도 큰 비율을 점한다.

4.1.3 연료전지의 종류와 특징

연료전지의 종류에는 알칼리 전해질을 사용하는 알칼리형(AFC; Alkaline Fuel Cell), 고온작동형으로 대규모설비에 사용하는 용융탄산염형(MCFC; Molten Carbonate Fuel Cell)과 고체산화물형(SOFC; Solid Oxide Fuel Cell), 저온작동형으로 업무용에 사용되고 있는 인산형(PAFC; Phosphoric Acid Fuel Cell), 소용량으로 저온작동의 고분자전해질형(PEFC; Polymer Electrolyte Fuel Cell), mobile용으로서 발전효율보다도 경량화와 소형화를 목표로, 메탄올을 직접연료로 하는 직접 메탄올형(DMFC; Direct Methanol Fuel Cell) 등이 있다. 이들 연료전지의 전해질(electrolyte)의 종류와 작동온도에 따른 분류는 표 4.1.1과 같으며, 각 연료전지의 특징은 다음과 같다.

가) 고효율: 소용량으로 발전효율이 40~50%로 높고, 동시에 발생하는 열을 이용할 경우에는 종합 에너지 효율이 80%가 된다(예: 열병합발전).

표 4.1.1. 연료전지의 전해질 종류와 작동 온도에 의한 분류

	알칼리형 (AFC)	용융탄산염형 (MCFC)	고체산화물형 (SOFC)	인산형 (PAFC)	고분자전해질형 (PEFC)	직접메탄올형 (DMFC)
전해질	수산화칼륨	용융탄산염	질코니아 ($ZrO_2+Y_2O_3$)	인산수용액	고분자막 (이온교환막)	슬폰(sulfon)산막, 탄화수소계막
작동온도(℃)	50~200	600~700	600~1,000	150~200	30~100	20~90
연료	수소	천연가스, 나프타, 등유, 중유	천연가스, 등유, 나프타, LPG	천연가스, 메탄올, LPG	메탄올, 등유, 천연가스, LPG	메탄올
발전효율(%)		45~60	50~65	40~45	40~50	30~40
용도	특수목적	공업용, 발전소	업무용, 공업용	업무용, 공업용	자동차, 가정용	소형, 이동용
특징	특수목적	고발전효율 대규모발전용	고발전효율 분산형전원용	상용화단계	저온작동, 이동용, 소형	저온작동, 이동용 소용량

나) 무공해 에너지원: 발전에서는 물 밖에 나오지 않는다. 질소산화물(NOx)나 황산화물(SOx) 등의 분진, 즉 대기오염물질을 배출하지 않으며, CO_2 발생량에 있어서도 미분탄 화력발전에 비해 20~40% 감소한다.

다) NIMBY 현상 완화: 저진동, 저소음, 소형으로, 건설도 용이한 분산전원이 된다.

라) 다양한 연료 사용: 수소, 도시가스, LPG, 등유, 나프타, 메탄올 등 이용이 가능하다.

그러나, 향후 해결해야 할 과제로서는 비용의 저감과 고출력 밀도화이다. 한편, 이들 연료전지의 종류별 세부적 특징에 대하여 이하에서 간략히 살펴본다.

(1) 알칼리형(AFC) 연료전지

이 전지는 1960년대 군사용(우주선 아폴로 11호)으로 개발된 가장 오래된 연료전지이며, 연료로서는 순 수소와 순 산소를 사용한다. 알칼리형 연료전지는 전지에서 발생하는 화학작용 속도 때문에 성능이 좋으며, 우주에서 적용 시는 효율이 약 60% 정도로 높지만, CO에 의해 쉽게 오염되는 단점이 있다.

(2) 인산형(PAFC) 연료전지

이 전지는 1970년대 민간차원에서 처음으로 개발된 제1세대 연료전지로서, 병원, 호텔, 건물 등 분산형 전원으로 이용되어 왔으며, 현재 가장 앞선 기술로, 미국, 일본 등에서는 실용화 단계(100*kW*, 200*kW*급 분산형 전원이 전 세계적으로 200기 이상이 보급되어 있으며, *MW*급 발전소의 실용화를 추진 중임)에 있다. 인산을 다공질의 탄화규소의 층에 스며들게 한 전해질을, 다공질의 carbon paper의 기반에 백금 촉매층을 결착시켜 만든 전극이 낀 3층 박판의 단전지(unit cell)가 기본구조로 되어 있다. 앞으로의 과제는 전극구조의 최적화, 촉매의 고성능과 긴 수명에 의한 비용절감이다.

(3) 용융탄산염형(MCFC) 연료전지

이 전지는 1980년대 개발된 제2세대 연료전지로서, 대형발전소, 아파트 단지, 대형건물의 분산형 전원으로 이용되고 있다. 미국과 일본에서는 기술개발을 완료하고 성능평가를 진행하고 있다(250*kW*급 상용화, 2*MW*급 발전 플랜트 실증실험 완료). 이 연료전지는 다른 연료전지와 마찬가지로 높은 열효율과 환경친화성, 모듈화 특성과 설치 공간의 compact화 등의 장점과 함께 부가적으로 다음과 같은 장점도 가지고 있다. 첫째, 이 연료전지는 650℃의 고온에서 운전되기 때문에 인산형이나 고분자전해질형 연료전지와 같은 저온형 연료전지에서는 기대할 수 없는 빠른 전기화학반응으로 인하여 전극재료인 백금 대신 저렴한 니켈 사용을 가능하게 하므로 경제적이다. 또한, 백금 전극에 피독 물질로 작용하는 CO마저도 수성가스 전환반응을 통해 연료로 이용하는 니켈전극의 특성은 석탄가스, 천연가스, 메탄올, 바이오매스 등 다양한 연료 선택성을 제공해 준다. 둘째, HRSG (Heat Recovery Steam Generator) 등을 이용하여 양질의 고온 폐열을 회수 사용하면 전체 발전시스템의 열효율을 약 60%이상으로 높일 수 있다. 셋째, 이 연료전지는 고온에서 작동하기 때문에 연료가 내부개질이라고 불리는 과정에 의해 연료전지 자체 내에서 수소로 변환되기 때문에 전체 시스템의 가격을 감소시킨다. 다만, 한 가지 이 연료전지 기술의 단점은 내구성인데, 그것은 이 연료전지가 고온에서 작동하므로 부식성의 전해질이 부품의 파손과 부식을 가속화하여 전지의 수명을 감소시키기 때문이다. 그래서 현재 연료전지의 성능 저하 없이 전지의 수명을 증가시킬 수 있는 연료전지의 설계와 부식에 저항할 수 있는 재료 개발을 위해 연구 중이다.

(4) 고체산화물형(SOFC) 연료전지

이 전지는 1980년대 본격적으로 개발된 제3세대 연료전지로서, MCFC효율이 우수한 연료전지, 대형발전소, 아파트 단지 및 대형 건물의 분산형 전원으로 이용된다. 최근 선진국에서는 가정용, 자동차용 등으로도 연구를 진행하고 있으나, 우리나라는 다른 연료전지에 비해 기술력이 가장 낮다. SOFC는 매우 높은 온도(약 1,000℃)에서 작동하기 때문에 연료전지 중 가장 효율이 높고 공해도 적다. 또한, 귀금속 촉매를 필요로 하지 않고, 연료를 내부적으로 개질하기 때문에 가격을 낮출 수 있다. 현재, 미국과 일본에서는 250*kW*급의 모듈형 개발을 하고 있다.

(5) 고분자전해질형(PEFC) 연료전지

이 전지는 1990년대 개발된 제4세대 연료전지로서, compact하게 70~90℃에서 발전하기 때문에 운전의 개시, 정지가 용이하다. 또한, compact하게 70~90℃에서 발전하기 때문에 운전 개시 및 정지가 용이하며, 진동이 적다. 출력밀도가 높아, 용적당의 출력이 크기 때문에 소형 경량화가 가능하며, 자동차용, 가정용, 이동용 전원으로 이용되고 있다. PEFC의 단전지는 전해질, 촉매전극, 확산전극으로 구성되어 있다. 이 연료전지는 공기 중의 산소와 액상의 물이 필요하지만 액체 전해질을 사용하지 않기 때문에 부식 문제가 없어 stack과 전지 수명을 증가시키는 장점을 가지고 있다. 그러나, 에너지 변환 효율의 향상, 수명의 장기화, 저비용 등이 앞으로의 과제이다.

(6) 직접메탄올형(DMFC) 연료전지

이 전지는 1990년대 말부터 개발된 연료전지로서, 이동용(휴대폰, 노트북 등)의 전원으로 이용되고 있다. 작동온도 100℃ 이하에서 메탄올을 수소로 변환하지 않고 직접 연료로 하여 사용하며, 구조가 간단하고 초소형 발전장치이다. 메탄올은 가솔린이나 디젤연료보다는 에너지밀도가 다소 낮으나, 수소보다는 에너지밀도가 높기 때문에 직접메탄올 연료전지는 연료저장 문제가 없다. 따라서, 크고 무거운 수소저장장치와 개질장치가 필요하지 않다.

이밖에 미래형 차세대 연료전지로서 바이오 연료전지가 있다. 바이오 연료전지는 미토콘드리아(mitochondria, 세포 속에 있는 기관 중의 하나임)에서 에너지원인 ATP(Adenosine TriPhosphate, 아데노신에 인산기가 세 개 달린 유기화합물로, 아데노신 3인산이라고도 함. 모든 생물의 세포내에 존재하여 에너지 대사에 매우 중요한 역할을 함. 즉, ATP 한 분자가 가수분해를 통해 다량의 에너지를 방출하며 이는 생물활동에 사용됨)를 만들어낸다. 미토콘드리아에서는 포도당($C_6H_{12}O_6$)으로부터 전자를 떼어 산소에 주고, 그 산소와 수소이온이 만나 물이 만들어지는 과정에서 에너지원이 생산되는 과정은 일반 연료전지와 같은 기능을 가지고 있다.

4.1.4 연료전지 수소의 제조

수소는 여러 가지 에너지원으로부터 제조할 수 있다. 현재는 주로 화석연료로부터 수소를 제조하고 있지만, 앞으로는 재생가능 에너지로부터의 수소 제조가 주가 될 것으로 생각된다. 이하에서는 현재의 수소제조기술을 간략히 소개한다.

(1) 화석연료로부터의 수소제조

여기서는 현재 행해지고 있는 가정연료전지, 자동차 연료전지의 수소제조에 대하여 기술한다.

1) 가정용 연료전지의 수소제조

가정용 연료전지(고체고분자형 연료전지의 사용 예)의 수소 제조는 도시가스, 프로판가스, 등유 등의 연료를 연료전지장치내에 짜 넣어진 개질기에서 개질하여 수소를 제조하고, 연료전지 본체로 공급하여 발전에 사용하고 있다. 도시가스로부터 수소를 제조하는 흐름도는 그림 4.1.5와 같다.

2) 자동차용 연료전지의 수소제조

연료전지 자동차용의 수소제조는 연료전지 자동차가 아직 개발단계이기 때문에 일본의 경우 국가 프로젝트로서 전국 12개소에 수소를 공급하는 station을 국가가 설치하고, 천연가스, 프로판가스, 가솔린, 메탄올 등의 화석연료로부터 수소를 제조하여 연료전지 자동차에 공급하고 있다.

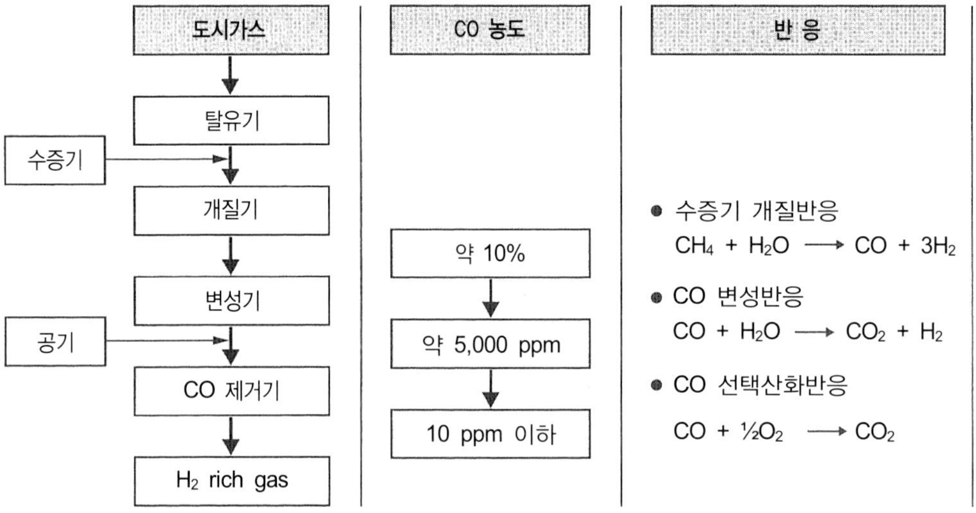

그림 4.1.5. 도시가스를 이용한 수소제조 프로세스(출처: 니시카와(西川), 2013)

수소제조 프로세스는 가정용 연료전지의 경우와 거의 같지만, 개질가스 중에는 불순물이 많이 들어 있기 때문에 PSA(Pressure Swing Absoption)이나 막분리법에 의해 수소의 순도를 높이어 연료전지 자동차에 공급하고 있다.

(2) 부산물로서의 수소제조(副生水素)

철강, 식염 전해(食鹽電解), 석유 정제 과정에서 수소가 부산물로서 대량으로 제조되고 있다. 이와 같이 만들어지는 수소를 부생수소라고 하며, 현재는 주로 제조원에서 사용되고 있으나, 앞으로는 연료전지 자동차로서의 이용이 기대된다.

예를 들면, 제철소에서는 철광석을 환원하기 위해 대량의 코크스를 사용하고 있는데, 이 코크스를 제조할 때 수소가 생성된다. 또한, 식염 전기분해시 식염수로부터 가성 소다를 제조할 때에도 수소가 생성되며, 석유공업에서 중질 나프타(naphtha)를 원료로 하여 가솔린 기재를 제조하는 접촉개질장치 등에서도 수소는 생성된다.

(3) 가스화에 의한 수소제조

석탄의 연소온도를 높이면 온도상승과 함께 수소와 일산화탄소(CO)가 생성된다. 또한, 유동상로(流動床爐)에 모래나 알루미나(alumina) 등의 입자를 넣어, 바이오매스(예를 들면 목재나 사탕수수의 짠 찌꺼기)와 함께 가스화제(化劑)(공기, 산소, 수증기)를 아래로부터 도입시키면 입자와 바이오매스가 효율 좋게 교반되고, 가열되어 수소가 발생한다.

이밖에도 고체고분자형 수전해법(水電解法)이나 열화학분해법에 의해서도 수소가 만들어진다.

4.1.5 수소의 저장과 수송

수소 저장기술에는 액체 수소에 의한 저장, 유기(有機) 하이드라이드(hydride, 水素化物), 압축수소, 수소흡장합금($LaNi_5$, $MnZn_2$, TiMoCr 등) 등의 방법이 있다. 또한, 수소의 수송방법으로는 액체수소의 수송, 파이프라인에 의한 수송, 유기 하이드라이드에 의한 수송이 있다.

4.1.6 수소이용사회

앞으로 100년 이내에 석탄이외의 석유와 천연가스 등의 화석연료는 고갈하게 될 것으로 생각되나, 반면 전기는 조명, 음향, 냉열원, 동력원, 통신, 제어 등 쾌적한 생활을 영위함에 있어 불가결한 2차 에너지원이기 때문에 이용량은 확대해 가게 되어, 그때의 전력 발생은 화석연료를 사용한 화력발전에서 태양광, 풍력 발전과 같은 재생가능 에너지의 대량 도입 사회로 변화해 갈 것으로 예상된다. 그러나, 태양광, 풍력발전은 불안정한 전원이기 때문에 안정화한 전력을 공급하기 위해서는 재생가능 에너지 전원에 의해 대량으로 수소를 제조하고, 수소를 연료로 한 발전을 행하는 전력공급 시스템을 확립할 필요가 있다. 그 일례가 그림 4.1.6에 나타내는 전력 네트워크와 수소 네트워크가 공존하는 사회의 실현이다. 종래의 화석연료에 대신하여 수소가 대용량 수소연소 가스터빈이나 고온형 연료전지가 설치된 화력 플랜트의 연료로, 도심에 설치된 지역 냉난방과 전력공급용의 분산전원(정치용(定置用) 연료전지, 수소 엔진 등)으로, 자동차, 전차, 비행기의 구동용 연료로서 넓게 이용될 것이다.

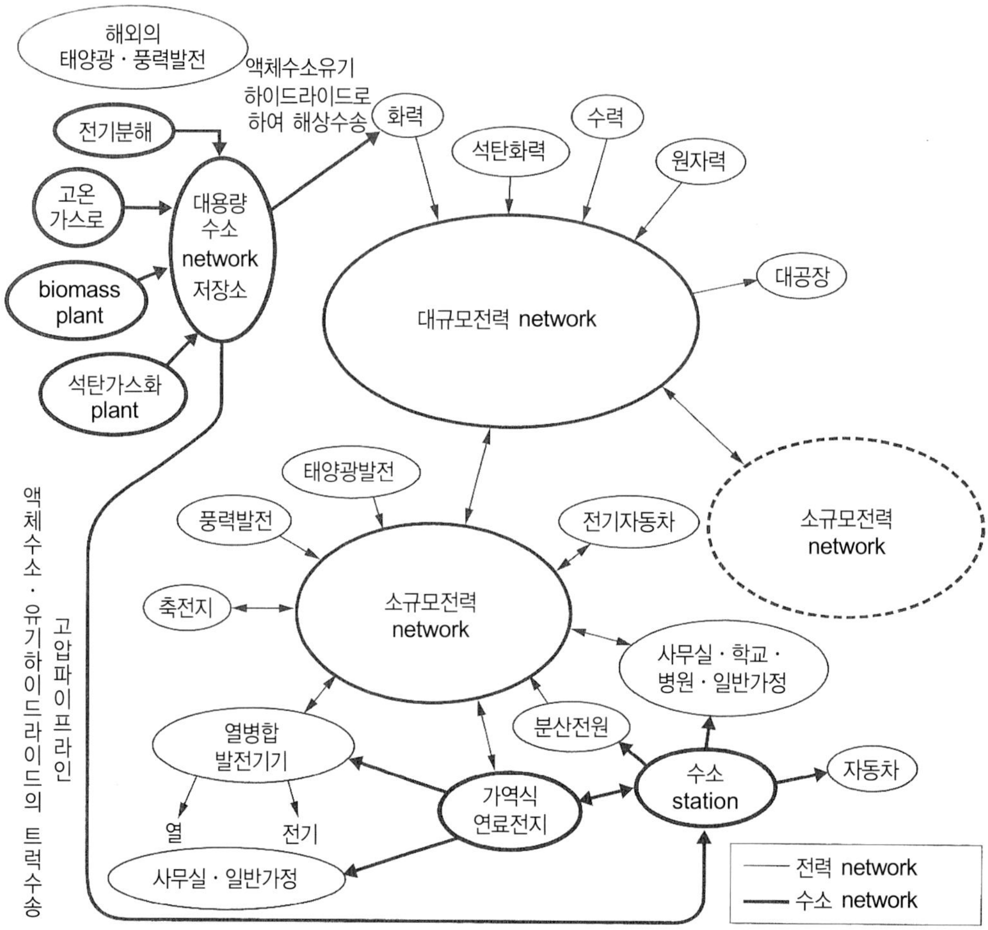

그림 4.1.6. 전력 네트워크와 수소 네트워크가 공존하는 순환형사회(출처: 니시카와(西川), 2013)

그리고 수소사회의 수소 제조는 재생가능 에너지에 의한 전기분해법, 원자력 에너지를 이용한 고온가스로(爐)에 의한 열분해법, 목재나 사탕수수의 짠 찌꺼기 등을 사용한 바이오매스화법 등으로, 대량으로 제조된 수소 저장은 액체 수소, 수소를 대량으로 포함시킨 유기 하이드라이드의 형태로, 또한 수소의 수송은 액체 수소, 유기 하이드라이드의 트럭수송 또는 고압 파이프라인에 의한 수송이 행해질 것으로 생각된다. 이와 같은 수소를 주체로 한 수소사회의 실현이 순환형 사회의 궁극적인 모습이라고 할 것이다.

4.1.7 연료전지 기술의 장래 전망

본 절은 여(2012)의 연료전지 기술의 향후 전망의 견해를 참고하여 정리한 것이다.

연료전지는 용도별로 보면 수송용, 휴대용, 가정용, 발전용(즉, 산업용) 등으로 나눌 수가 있는데, 이들 연료전지 중 분산발전용 연료전지는 우리나라나 일본처럼 도시가스 인프라가 잘 갖추어져 있고, 주택이 밀집한 국가를 중심으로 그 시장이 확대될 것으로 생각된다. 또한, 나라별로 다소 차이는 있으나 대체로 가정용 > 발전용 > 수송용 > 휴대용의 순으로 앞으로 상용화가 진행될 것으로 생각된다. 특히, 우리나라는 도시가스 인프라가 잘 갖추어져 있어서 연료전지의 가격이 하락하는 경우 상용화가 보다 가속화될 수 있는 좋은 여건을 가지고 있다.

발전용 연료전지 또한 분산발전 등의 수요가 있어서 조기에 상용화될 가능성이 높다. 스마트 그리드(smart grid) 개념과 같은 쌍방향 전력망 구축이 보편화될 경우에는 분산 발전 시스템의 이점이 더욱 부각될 것으로 생각된다. 반면, 수송용 연료전지의 경우에는 인프라 구축을 위한비용과 전기차 등과의 경쟁으로 인해 상용화에 다소 시일이 소요될 것으로 생각된다. 이것은 수소충전소와 같은 대규모적인 인프라 설치가 어려울 뿐만 아니라 현재 전기차 등도 상용화가 진행되고 있기 때문에 중복 투자의 위험이 있기 때문이다. 휴대용 연료전지는 신에너지로서의 역할보다는 휴대용 전자기기의 사용시간의 연장을 목적으로 한 개발이 이루어지고 있기 때문에 일부 특별한 용도 이외에는 상용화까지 상당한 시간이 걸릴 것으로 전망된다.

연료전지 산업은 유망한 분야이기는 하지만, 수소생산, 인프라 구축 등 앞으로 해결해야 할 과제들이 많이 있어서 단기간에 큰 성과를 기대하기는 어렵다고 생각된다. 예를 들면 수소를 생산할 때 화석연료를 사용해야 한다는 문제와 새로운 인프라 투자에 대한 비용 문제 등을 단기간에 해결하지 않으면 안된다. 이런 점에서, 우리나라에서는 연료전지의 상용화 단계를 2020년경으로 내다보고 있다.

4.2 열병합발전(co-generation)

4.2.1 열병합발전의 종류

열병합발전 시스템(Co-Generation System, 이하 CGS)은 1차 에너지로부터 전기 에너지를 발생시킬 때의 배열을 이용하여, 종합 열효율을 높이는 장치를 말한다. 한마디로, 열병합발전 시스템은 하나의 에너지원으로부터 열과 전력을 동시에 발생시켜 이들을 용도별로 적절히 공급하여 에너지 이용 효율의 극대화를 추구하는 시스템이다. 따라서, 열병합 발전소 시설은 크게 발전시설과 열생산 시설로 나누어지며, 발전소의 대략적인 구성은 그림 4.2.1과 같다.

CGS는 일반적으로 고온부는 동력, 저온부는 열로 사용하는 에너지 시스템(Combined Heat & Power generation)을 운영하고 있다. 통상 전기를 발생시키고 나온 추기열과 배열을 생산공정 열이나 냉난방방식의 열원으로 사용하는 증기 터빈방식이다. 일반 상용 화력발전소의 발전전용방식은 투입에너지의 1/3 정도만 전력으로 생산하고, 나머지 2/3에 해당

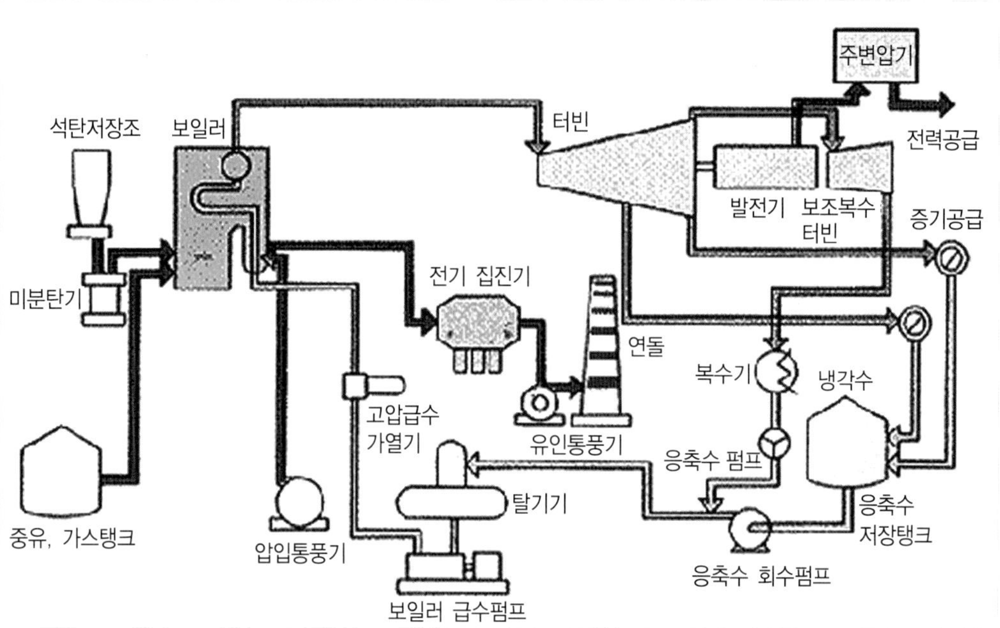

그림 4.2.1. 열병합발전 시스템의 구조(출처: 한국열병합발전협회 홈페이지, http://www.kcga.or.kr)

하는 에너지는 복수기를 통해 강이나 바다로 버려지고 있으나, 열병합발전방식은 집단 에너지공급의 주요 열원시설로 채택하여 이러한 손실 열을 회수 이용하여 냉난방열로 이용함으로써 에너지 이용효율의 극대화를 도모하고 있다.

(1) 열병합발전 시스템의 종류

CGS는 전력과 열을 동시에 공급하는 on-site형의 설비이기 때문에, 전력과 열의 수요가 일정의 비율이면 높은 에너지효율을 발휘한다. 예를 들면 대형 화력발전소의 종합 열효율은 약 40%～50%이지만, CGS라면 배열도 열원으로서 이용하기 때문에 최대 85%의 종합 열효율이 얻어진다. 또한 전력과 열을 필요로 하는 장소에 설치하기 때문에 송전이나 열수송에 의한 에너지 손실을 경감할 수 있다. CGS는 사용하는 연료, 전력과 열을 발생시키는 에너지 변환기기, 및 용도에 따라 종류를 구분할 수 있다. 에너지원은 주로 가스와 석유이며, 에너지 변환기기에는 가스터빈, 증기터빈, 가스엔진, 디젤엔진, stirling 엔진 등이 있다. 기계적인 특징으로부터 용량과 발전효율에 차이가 있으며, 배열의 온도조건에도 차이가 있다. 이 때문에 필요로 하는 전력과 열량에 따라 적절한 기종 선택이 필요한데, 특히 전력과 열량의 균형에는 신중한 배려가 필요하다. 용도로서는 산업용과 민생용이 있으며, 산업용은 규모가 클 뿐만 아니라 수요가 안정한 반면, 민생용은 산업용보다 수요가 적고, 부하변동이 큰 것이 특징이다.

(2) 일반발전소와 열병합발전소와의 차이

일반 발전소의 경우 발전효율은 35-40%에 불과하다. 예를 들면, 일반 발전소에서는

100이라는 에너지(연료: 석탄, 석유, 가스 등)가 투입되었을 때, 실제 전기로 생산되는 에너지는 35∼40 정도로, 그 나머지는 보일러의 배기가스로 방출(<10)되고 대부분(50∼55)은 강물이나 바닷물과 같은 냉수를 이용하여 강제로 열을 빼앗아야만 발전 사이클이 돌아가 전기를 생산할 수 있는 시스템이다. 그러나, 만약 이때 발전소를 열수요가 있는 즉, 열이 필요한 도시 근처나 공장이 밀집한 곳에 지어서 바닷물이나 강물을 이용하여 버려지는 열을 회수하여 사용토록 하면 전기로 나오는 에너지가 35∼40%가 될 것이며, 열로서 이용되는 에너지는 50%정도가 되어 효율은 최대 85∼90%까지 올라갈 수 있게 될 것이다. 이와 같이 열과 전기를 같이 사용하여 에너지를 효율적으로 쓰는 발전소가 바로 열병합발전소이다. 그림 4.2.2는 일반 발전소와 열병합 발전소와의 차이를 보여준다.

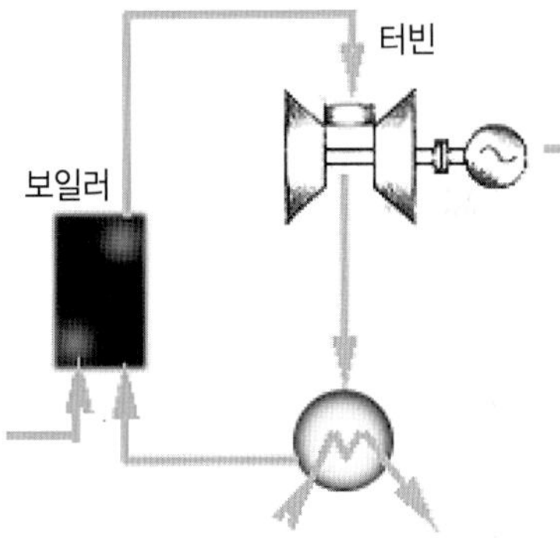

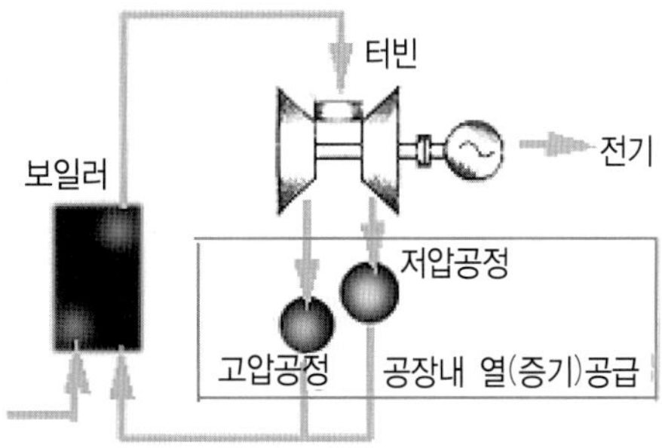

그림 4.2.2. 일반 발전소와 열병합 발전소의 차이(출처: 한국에너지기술연구원 홈페이지, http://kier.re.kr)

(3) 전력과 열의 수요비율

계획을 행할 경우, 중요한 것은 전력과 열의 수요비율과 변동이다. 특히 난방과 같이 계절변동이 큰 수요가 중심인 경우는, 운전에 의한 추종이 곤란해지는 것도 생각되기 때문에 시스템의 추종능력과 열수요의 변동을 자세히 조사해 둘 필요가 있다. 가스터빈을 사용한 CGS의 수요변동에 대응하는 시스템으로서 그림 4.2.3의 체인 사이클과 그림 4.2.4의 이유체(二流体) 사이클을 나타낸다. 이들은 고온의 가스터빈 배출가스를 배열 보일러로 보내어, 증기를 발생시키고, 그 증기를 터빈에 분출시켜 발전전력을 증가시키는 시스템이다. 이와 같은 방법으로 남은 열수요를 전력으로 바꾸어, 전력과 열의 수요변동을 흡수한다. 체인 사이클에서는 배열 보일러에 증기과열기를 설치하고 있는데, 이유체 사이클에서는 고압으로 압축한 연소용 공기의 열로 포화증기를 과열하고 있다는 점이 다르다.

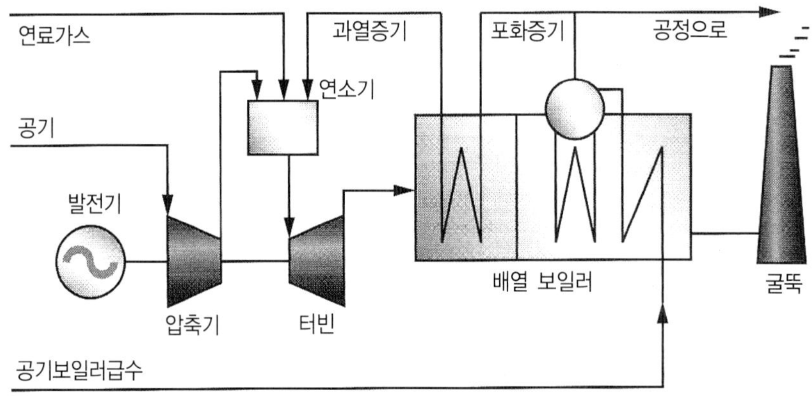

그림 4.2.3. 체인 사이클(과열증기를 가스터빈에 주입하는 시스템)(출처: 일본(사)화학공학회 SCE· Net, 2013)

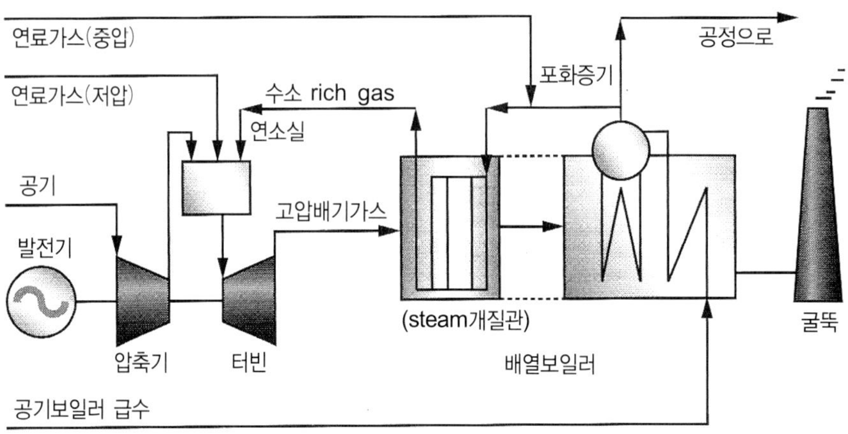

그림 4.2.4. 이유체 사이클(출처: 일본(사)화학공학회 SCE· Net, 2013)

4.2.2 열병합 발전시스템의 장단점

열병합 발전은 넓은 의미로 1차 에너지에서 연속적으로 두 종류 이상의 2차 에너지를 발생시키는 시스템이라고 정의할 수 있으며, 그 장단점은 다음과 같다.

(1) 장점

① 에너지 이용효율 향상에 의한 대규모 에너지절감(20~30%)
② 연료사용량 감소 및 공해방지시설의 집중관리에 의한 환경개선
③ 산업 및 주거부문에 편익제공
④ 송전손실 감소 및 발전소 부지난 완화에 기여
⑤ 하절기 전력첨두부하 완화에 기여
⑥ 연료다원화에 의한 석유의존도 감소 및 폐자원 활용증대

(2) 단점

① 투자비가 비교적 크고, 주로 화석연료(가스, 유류)를 사용하기 때문에 향후 연료비의 불확실성이 있음

② 열 및 전력수요의 비율이 적절치 않거나 수요변동의 불확실성이 클 경우 에너지 이용효율에 의한 이득이 투자비를 초과할 가능성이 있음

4.2.3 CGS의 가동상황

우리나라에서는 2013년 현재 20여 곳의 산업체에서 개별 또는 공단에서 단체로 열병합발전소를 운영하여 전기와 함께 공장에서 필요한 증기를 동시에 생산하여 사용하고 있다. 또한 남서울과 3~4곳의 신도시에서 열병합 발전에 의해 전기를 생산함과 동시에 고온수를 생산하여 난방과 급탕 등의 열로 활용하고 있다. 이와 같이 열병합발전을 할 경우 증기나 열을 상당히 저렴한 값으로 생산할 수 있으므로 경제적이며, 국가적인 차원에서도 상당한 에너지를 절약할 수 있는 좋은 방안이다.

한편, 일본의 경우는 2010년 3월말의 시점에서 8,44건으로, 13,075대, 합계 9,440*MW*가 가동하고 있다. 일반 지역용은 열수요가 많은 호텔, 병원, 가게, 사무소 등에 도입되어, 6,319건으로 1,967*MW*이다. 산업용은 화학, 식품, 기계, 금속, 전기기기 등 업종에 관계없이 도입되어 있으며, 도입시설은 2,125건, 7,473*MW*이다. 일반 지역용에 많이 사용되고 있는 디젤 엔진(DE)과 가스 엔진(GE)은 직결(直結)한 발전기에서 전력을 공급하는 것뿐만 아니고 배기가스와 엔진 본체의 냉각수로부터 열에너지를 회수할 수 있다. 가스터빈(GE)의 경우는 터빈축에 직결한 발전기에서 전력을 공급하고 배기가스로부터 비교적 고온으로 고압의 열에너지를 회수할 수 있다. 어느 경우도 열에너지는 증기 또는 온수로서 회수하여 이용한다. CGS에 가스엔진 또는 가스터빈을 사용하는 경우는 도시가스를 연료로 사용하며, 디젤엔진의 경우는 중유, 경유, 등유를 사용하고 있다. 또한, 일반 지역용 소형CGS로서, 마이크로 가스터빈(MGT), 마이크로 가스엔진(MGE)도 실용화되어 있다. 더욱이 가정용에는 연료전지 CGS unit가 상품화되어 있다. 전열비가 이용시간과 맞지 않는 문제에 대응하기 위하여, 발전효율이 50% 가까운 고체 산화물형 연료전지의 실용화, 또한 태양광발전이나 야간전력이 이용과 조합할 수 있는 싼 가격의 축전지 개발도 진행하고 있다. 일반적으로 가스엔진은 간편성 때문에 일반 지역용으로서의 이용이 많고, 디젤과 가스터빈은 용량과 효율 면에서 산업용의 주체가 되어 있다.

4.3 히트 펌프(heat pump)

4.3.1 히트 펌프란?

물은 높은 곳으로부터 낮은 곳으로 자연적으로 이동하지만, 무언가 에너지를 얻지 않고

낮은 곳에 있는 물이 혼자 높은 곳으로 이동하는 일은 없다. 지하수 등 낮은 곳에 있는 물을 높은 곳으로 이동시키기 위해서는 펌프가 필요하다.

지금 퍼올릴 수 있는 것이 물이 아니라 열인 경우를 생각해 보자. 물 → 열, 물의 위치(높이) → 온도의 높이라고 바꾸어 놓으면, 온도가 낮은 곳으로부터 열을 퍼올려 온도가 높은 곳으로 열을 이동시킬 수가 있다고 생각된다. 그래서 이것을 행하는 기계를 물을 퍼올릴 때 사용하는 펌프와 구별하여 heat pump라고 한다. 그림 4.3.1에 heat pump의 열의 흐름을 나타낸다. heat pump의 저온측의 열원에는 대기 또는 대기온도 근방의 물이나 토양 등이 사용되는 것이 일반적이다. heat pump를 구동하면 예를 들면, 열을 대기로부터 흡수하고, 보다 고온측으로 이동한다. 이때, 대기로부터 열을 흡수하기 때문에 대기의 온도는 내려가게 되는데, 퍼올리는 열량에 대하여 열원인 대기는 팽대한 양이어서, 대기 온도의 변화는 미소하고, 겉보기상 어떤 변화도 보이지 않는다. 그리고 퍼올린 열을 방의 공기에 방열하면 실온은 상승하여 난방이 얻어진다. 만약 칸막이가 된 작은 공간으로부터 열을 흡수하여 대기 중에 퍼올린 열을 방열하면 실온은 내려가고 냉방이 얻어진다. heat pump는 주로 대기를 저온열원으로 하고 있는데, 대기를 고온열원으로서 heat pump를 구동하면 대기보다도 낮은 온도영역으로부터 열을 퍼올릴 수가 있으며, 냉각효과를 이용할 수 있다. 이것을 이용하는 것이 냉동기이다. 냉동기는 온도가 낮은 쪽에서 높은 쪽으로 열을 이동시키기 위하여 외부로부터 에너지를 얻어 일을 행하고 에너지 변화하는 변환장치이다. 냉동냉장고, 에어컨의 냉방 모드 등이 이것의 대표예이다. heat pump와 냉동기는 이용하는 온도영역, 작동온도가 다를 뿐, 본질적으로는 동일한 것이다. heat pump의 성능은 저온열원과 고온열원(이용온도)의 차로 나타내어지는 승온폭과, 투입한 일에 대하여 저온열원으로부터 받아들이는 열의 비율로 나타내는데, 이 비율을 성적계수(COP: Coefficient Of Performance)라고 부른다.

4.3.2 히트 펌프의 종류

히트 펌프는 열을 흡수하고 방열하는 원리의 구분에 따라 압축식, 화학식, 흡수식, 흡착식 등으로 분류되며, 그중 가정용으로 많이 적용되는 형식은 압축식 열펌프이다. 이 압축식 열펌프는 에어컨이라 불리는 냉방장치의 역사이클로 생각하면 된다. 즉 냉방전용의 에어컨은 실내에 설치된 실내기의 열교환기에서 열을 흡수하여 실외에 설치된 실외기의 열교환기를 이용하여 열을 방열시키는 원리이며, 히트 펌프는 반대로 실외기의 열교환기에서 열을 흡수하여 실내에 설치된 실내기의 열교환기를 이용하여 열을 방열시키는 원리다(그림 4.3.1).

압축식 열펌프 사이클의 기본적인 구성요소는 압축기, 응축기, 팽창변(膨脹弁), 증발기, 이들을 접속하는 배관과 제어기기로 구성되며, 냉매의 압축, 응축과 팽창, 증발을 반복하여 열을 퍼올린다. 최근의 냉동기에는 오존파괴계수(ODP: Ozone Depletion Potential)이

0인 염소를 포함하지 않는 플루오르카본(HFC: Hydro Fluoro Carbon)계 냉매가 사용되고 있다. 저온저압의 습증기상태의 냉매는 증발기에서 증발되면서 주변에서 증발잠열을 흡수하며 증발된 저온저압의 건조포화증기상태의 냉매로 배출된다. 증발기에서 배출된 저온저압의 건조포화증기상태의 냉매는 압축기에서 단열 압축하여 고온고압의 과열증기상태의 냉매로 되어 응축기로 유입된다.

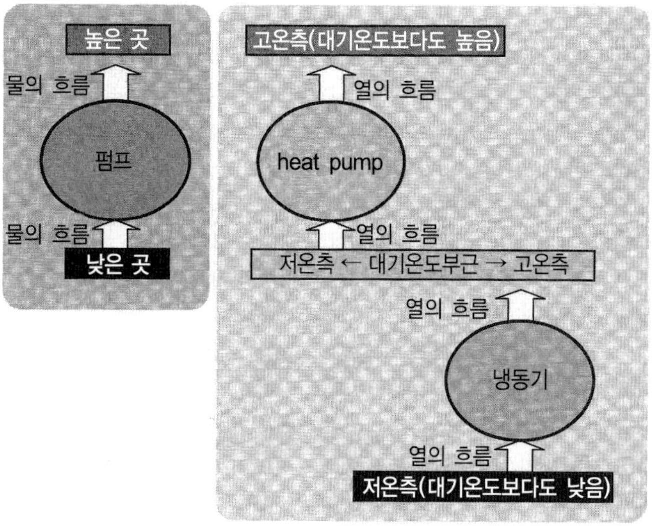

그림 4.3.1. heat pump의 열의 흐름(출처: 오타카(大高), 2014)

일반적으로 저온부 열교환기인 증발기는 실외에 설치되며, 고온부 열교환기인 응축기 실내에 설치된다. 저온부 증발기는 실외에 설치되어 주변에서 열을 흡수하게 되며(열원이라 하며 가정용으로는 공기가 일반적으로 많이 적용된다), 고온부 응축기는 실내에 설치되어 주변으로 열을 방출(히트싱크라 하며 공기가 일반적으로 많이 적용된다)하여 난방에 사용하게 된다.

4.4 축열(蓄熱)

4.4.1 축열의 종류

(1) 현열축열(顯熱蓄熱)

열을 고체나 액체의 온도차로 변환하여 모으는 축열 방법을 현열 축열이라고 하며, 태양열 온수기나 야간 전력을 이용하여 온수를 모아두는 급탕기 등이 이에 해당한다. 대형 건물에서는 수조에 냉수나 온수를 모아두어, 축열 온도로부터 사용온도까지의 온도차에 모아 둔 현열을 공조(空調)에 이용한다. 현열의 축열재에는 물 이외에 콘크리트나 토양 등도 이용된다. 현열에서의 축열량은 같은 물질의 다른 온도에 있어서의 열용량의 차이기 때문에, 다음 식으로 표시된다.

$$Q = M \times c_p \times \Delta t \qquad (1)$$

여기서, Q: 열량(kJ), M: 축열재의 질량(kg),
c_p: 축열재의 비열($kJ/(kg \cdot K)$), Δt: 온도차(K)

현열 축열의 특징은 다음과 같다.

① 축열 가능한 온도범위가 넓고, 축열량은 온도 폭에 비례하기 때문에 온도 제어가 용이하다.
② 대용량의 열을 모아두는 데는 열용량이 큰 축열재를 쓰든가 온도차를 크게 하는 것이 필요하다.
③ 축열을 마친 때의 온도는 높고, 축열을 시작할 때의 온도는 낮다.
④ 축열재는 물질변화가 일어나지 않는 온도범위라면 안정하게 이용할 수 있고, 종류가 풍부하고 가격이 싸다.

(2) 잠열 축열(潛熱蓄熱)

잠열 축열은 온도변화를 동반하지 않고 축열재를 액체로부터 고체로, 또는 고체로부터 액체로 변화시켜, 응고열이나 융해열을 이용하여 축열하는 방법이다. 대표적으로는 물을 얼음으로 만들어 냉열을 모아두는 빙축열(氷蓄熱)이 있다. 고체를 가열 용융시켜 온열을 모아두는 축열재에는 유산나트륨이나 파라핀 등이 있고, 상난방(床暖房) 등에 이용되고 있다.

잠열 축열에는 빙축열이 전력의 부하 평준화를 목적으로 많이 사용되고 있으며, 대표적 시스템으로서 dynamic식, static식, capsule식이 있다. 잠열 축열을 온열에 이용하는 경우는 현열 축열과 비교하여 다음의 특징이 있다.

① 잠열 축열은 응고열과 융해열을 이용하기 때문에 소용량의 축열재에 다량의 열량을 모아둘 수 있다.
② 잠열 축열은 액체로부터 고체, 고체로부터 액체로 상변화(相變化)에 의해 축열과 방열을 반복하며, 상변화 중은 온도가 거의 일정하다.
③ 잠열 축열의 최대 축열량은 축열재의 상변화를 포함하는 온도변화가 생기기 때문에 이용온도범위에 적합한 잠열 축열재의 선정이 필요하다.
④ 이용할 수 있는 상변화의 온도범위에 제약이 있기 때문에, 잠열 축열재에 이용할 수 있는 물질이 한정되어 현열 축열재보다 고가이다.

참고문헌

(사)한국신·재생에너지협회, 홈페이지, http://www.knrea.or.kr

여영구, 신·재생에너지기술, 도서출판 아진, 235P., 2012.

하상인·성낙창·오태선, 신·재생에너지공학, 도서출판 동화기술, 678p., 2014.

大高敏男, 図解よくわかる廃熱回収利用技術, 日刊工業新聞社, 170p., 2014.

西川尚南, 新エネルギーの技術, 東京電氣大学出版局, 237p., 2013.

日本(社)化学工学会 SCE Net, 図解新エネルギーのすべて, 丸善出版, 361p., 2013.

제5장 __ 신에너지 자동차

오늘날 자동차 회사들은 CO_2삭감을 향해 수많은 친환경차를 정력적으로 개발하고 있다. 그 중 대표적인 것이 hybrid차, plug-in hybrid차, 전기자동차, 연료전지 자동차, 에탄올 차, DME 자동차, 디젤차 등이다. 이들 각각의 자동차의 특징에 대하여 이하에 간략히 소개하고자 한다.

5.1 하이브리드(hybrid) 차

자동차 엔진은 차의 속도에 따라 효율이 변화한다. 가솔린차는 발진시나 저속 운전시는 효율이 낮고, 연비가 낮다. 그래서, hybrid차에서는 전지에 충전해 둔 전력을 기동시 또는 저속 운전시 사용한다. 속도 증대에 의한 엔진 효율의 상승 영역에서 엔진에 의해 발전기를 회전시켜 발전하면서 달리고, 또한 브레이크를 걸 때는 모터를 발전기로서 사용하여 자동차의 관성 에너지를 전기에너지로 변환하여 회수한다. 이렇게 하면 제어는 복잡하지만, 결과적으로는 세계 제일의 저연료비(35.5km/l, 주행방법 10·15 모드에 의함)와, 가속시에는 엔진과 전동기를 함께 사용한 강한 주행이 가능하며, CO_2 삭감에도 효과적이다. hybrid 차의 방식은 그림 5.1에 나타내듯이 series hybrid 방식, parallel hybrid 방식, series parallel 방식 등의 세 가지가 있다. hybrid 차는 주행거리 1km당의 CO_2 배출량이 가솔린차에 비해 약 35% 삭감이 가능하다. 또한, hybrid 차의 전지 용량을 크게 하여, 가정에서 야간에 전지를 충전해 두어, 다음날 이를 이용하는 plug-in hybrid 차의 개발도 진행되고 있다. 특히, plug-in hybrid 차는 hybrid 차에 비해 전동에 의한 주행거리가 증가하기 때문에, 가솔린차의 약 50%까지 CO_2를 삭감할 수 있다.

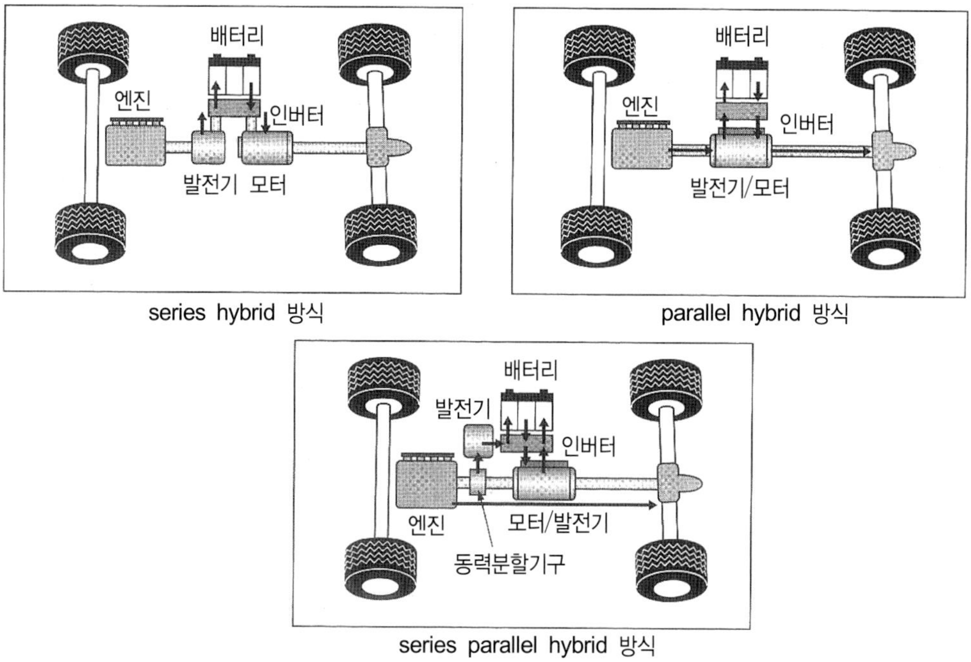

그림 5.1. hybrid차의 세 가지 방식(출처: 니시카와(西川), 2014)

5.2 전기 자동차

전기 자동차는 전지 용량(약 $16kWh$)을 크게 하여, 가솔린 엔진의 힘을 빌리지 않고 전지에 충전된 전력만으로 주행하는 자동차이다. 따라서, 전기 자동차의 주행거리는 전지의 성능에 의존하며, 에너지 밀도가 높은 리튬이온 전지가 탑재되어, 주행거리는 150~200km로 알려져 있다. 충전에 시간이 걸리기 때문에 단시간에 충전할 수 있는 장치 개발이 진행되고 있다.

전기 자동차는 주행시 CO_2를 배출하지 않지만, 충전시 필요로 하는 전기는 발전소에서 만들어지기 때문에 CO_2 발생은 피할 수 없다. 즉, 전기를 만드는 발전소에서는 CO_2가 발생한다. 전기 자동차의 CO_2 삭감효과는 전력의 배출원단위(전력회사가 $1kWh$의 전력을 발전할 때 배출되는 CO_2의 양)로서 $0.42kg-CO_2/kWh$를 사용한 결과이다. 전기 자동차의 CO_2 배출량은 가솔린차에 비해 약 75% 삭감된다.

5.3 연료전지 자동차

화석연료를 사용하지 않는 자동차로서 현재 연료전지 자동차는 최고시속 160km/h, 항

속거리 700km, 연료인 수소의 보급시간은 5~10분 정도로, 종래의 가솔린차와 크게 차이가 없는 수준에 와 있다.

연료전지 자동차는 350~700기압의 수소를 고압탱크에 저장하고, 수소와 공기를 고체고분자형 연료전지에 공급하여 발전시켜, 그 출력으로 모터를 구동해 주행한다. 또한 hybrid 차와 같이 작은 용량의 전지를 탑재하여, 발진시나 저속운전, 브레이크를 건 때의 전력회수에 이용하고 있다. 일본의 경우 연료전지 자동차는 국가 프로젝트의 하나로서, 수소공급용 station으로부터 수소를 공급받아 도로를 주행하여, 다양한 운전실적을 쌓아 왔다. 그 결과, 연료전지 자동차의 주행거리 1km당의 CO_2 배출량은 가솔린차에 비해 약 55% 삭감할 수 있다. 앞으로, 화석연료로부터 재생가능한 에너지 또는 원자력 에너지로 수소제조방법이 바뀌면, CO_2 배출이 없는 자동차가 실현될 수 있다. 연료전지 자동차는 현재 가격이 비싸고, 수소 station이 있는 도심부에서의 사용에 주로 국한되어 있는 실정이지만, 2015년도까지 상용화를 목표로 개발이 추진되고 있다.

5.4 에탄올 차

브라질에서는 사탕수수로부터, 그리고 미국에서는 옥수수로부터 수송연료 에탄올을 제조하여, 차의 연료로서 이용하고 있다. 에탄올은 식물을 바탕으로 하여 제조한 연료이기 때문에 CO_2를 배출하지 않는 carbon neutral(카본 중립)의 연료로서 취급되고 있다. 브라질에서는 무수(無水) 에탄올을 24%, 가솔린에 혼합시켜 가솔린차에 사용하고 있다. 미국에서는 무수 에탄올을 10%, 가솔린에 혼합하여 사용하고 있다. 일본에서는 에탄올의 이용은 CO_2 삭감에 기여한다는 생각에 기초하여 E3(에탄올 3%, 가솔린 혼합)와 ETBE(Ethyl Tertiary Butyl Ether의 약자)를 사용하고 있다. 현재 사용하고 있는 에탄올은 원료가 식료와 경합하기 때문에 세계적으로는 볏짚이나, 옥수수 줄기, 간벌재 등으로부터 저비용으로 에탄올을 제조하는 기술 확립을 향해 각국이 다투어 개발을 하고 있다. 한편, 에탄올뿐만 아니라 목재나 곡물로부터 제조할 수 있는 메탄올, 또는 식물유를 메틸에스테르화 한 지방산 메틸에스티르(FAME: Fatty Acid Methyl Ester) 등의 바이오 연료를 단독, 또는 가솔린이나 경유에 혼합하여 연료로 주행하는 자동차를 바이오 연료자동차라고 부른다. 예를 들면, 미국의 formula car는 메탄올 연료자동차로 유명하다.

한편, 바이오연료 자동차의 과제로서는 배기 중으로의 포름알데히드의 방산(예: 메탄올 자동차는 엔진이 식어 있을 때 시동직후, 눈을 자극하는 포름알데히드가 발생함. 반면, 에탄올 연료의 경우는 고농도 에탄올을 사용한 자동차가 연료 새는 것으로 인해 화재를 일으킨 적이 있음), 연료 보급시의 메탄올 누설, 바이오 연료 생산용의 농지확보, 일기불순시의 공급안정성, 공공용 수역에의 혼입방지책 등을 생각할 수 있다.

5.5 디젤차

디젤 엔진은 연료에 경유를 사용하여, 착화에 전기가 불필요하며, 열효율이 높기 때문에 연료비가 뛰어난 반면, 연료분사에 압축공기를 사용하는 등, 소형화와 배기가스 정화가 큰 과제였다. 이후 각종의 개량이 더하여져서 지금은 가솔린차에 비해 CO_2 배출량이 약 25% 삭감할 수 있는 디젤 엔진을 사용한 승용차가 개발되어, 유럽에서는 넓게 이용되고 있다. 그러나, 앞으로 hybrid 디젤차가 개발되면 한층 CO_2 배출량 삭감을 기대할 수 있을 것이다.

5.6 DME(DeMethyl Ether) 자동차

DME(화학식: CH_3OCH_3)는 상온에서는 가스이지만, 상압이면 −25℃에서 액체가 된다. 가솔린이나 비등점은 LPG의 주성분인 프로판(화학식: C3H8)과 매우 유사하기 때문에 기존의 공급 인프라 이용이 쉬워서, 가정 연료, 보일러 연료, 발전 연료, 연료전지용 연료 등 몇 가지 용도가 검토되고 있다. DME를 디젤 자동차용 연료에 사용하는 경우의 장점은 유황분이나 질소분을 포함하고 있지 않기 때문에 환경부하가 적고, 유통이 용이하다는 점이다. 단점은 기화하기 쉽고, 저윤활성으로, 부식성을 완화하는 첨가제가 필요하다.

그러나, DME는 세탄가(価)가 높기 때문에 녹킹(이상 연소)이 생기기 어렵고, 연소성이 좋게 때문에 흑연이 발생하기 어려운 특성이 있다. 경유보다도 높은 출력이 얻어지며, 소음이 대폭으로 경감되는데, 이유는 DME가 탄소결합이 없는 함산소(含酸素) 연료로 착화성이 좋기 때문이다.

최근 특히, 일본의 경우 DME차의 기술개발과 DME연료의 표준화를 통해, DME연료의 실용화를 향한 움직임이 활발한 것으로 생각된다.

참고문헌

여영구, 신·재생에너지기술, 도서출판 아진, 235p., 2012.
하상인·성낙창·오태선, 신·재생에너지공학, 도서출판 동화기술, 678p., 2014.
大高敏男, 図解よくわかる廃熱回収利用技術, 日刊工業新聞社, 170p., 2014.
西川尙南, 新エネルギーの技術, 東京電氣大学出版局, 237p., 2013.
日本(社)化学工学会 SCE Net, 図解新エネルギーのすべて,丸善出版, 361p., 2013.
村岡克紀 訳, 持続可能なエネルギー(数値で見るその可能性), 産業図書, 392p., 2010.

PART 2

제2부 해양에너지

개 설

세계의 에너지 정책과 해양 에너지의 위상

· 세계의 에너지 정책

각국의 에너지 정책에 대하여 선진국과 발전도상국에서는 상당한 차이가 있다. 선진국에서는 이미 전력 공급을 포함한 다양한 에너지 공급량이 확보되어 있고, 환경을 배려한 신·재생 가능 에너지에도 눈을 돌리는 나라가 늘고 있다. 한편, 발전도상국에서는 에너지 수요 확대에 대응하기 위해 자국에 대한 에너지 공급 확보가 주안점이 되어 있다.

이하에, 아시아, 오세아니아, 유럽, 북남미, 아프리카 각 지역에서의 에너지 정책에 대하여 간략히 소개한다.

① 아시아·오세아니아 지역

발전도상국이 많은 아시아 지역에서의 에너지 수급은 경제 성장에 따라 금후도 증가해 갈 것은 분명하며, 각국 모두 에너지의 수요 확대에 대응하여 에너지 공급 확보에 중점을 두고 있다. 아시아 지역에서는 특히 석유와 나란히 목재가 중요한 연료였으나, 이제는 목재 점유율은 감소하는 대신, 석유에 의한 점유물이 커지는 방향으로 변화하고 있다.

동남아시아에서는 수입 석유의존도의 감소 및 에너지원의 분산 목적과, 또한 경제적·환경적 이점을 감안하여 천연 가스의 이용을 대폭 늘리는 계획을 발표하고 있다.

② 유럽 지역

EU 각국에서는 에너지 수요의 50%를 수입에 의존하고 있어서, 적극적인 에너지 정책을 취하지 않을 경우 20~30년 후에는 의존도가 70%에 달할 것으로 예상된다. 또한, 현재 에너지 소비의 79%를 차지하는 화석연료에 대한 의존도가 2030년에는 86%가 될 것으로 예측된다. 이와 같은 상황에서, 2000년 11월 유럽위원회에서는 유럽 에너지 공급안전전략을 향한 green paper가 채택되었다. 이 중에서는 2010년도까지 에너지 수지에서 차지하는 신·재생 가능 에너지의 비율을 현재의 6%에서 12%로 배증시키는 것을 목표로 하고 있다. 그 때문에 EU 각국에서는 신·재생 가능 에너지 개발을 정책으로 정하고 환경을 배려하고 있는 나라가 늘고 있다.

③ 북남미 지역

미국은 2002년도 대통령 예산요구에서 신·재생 가능 에너지 예산을 대폭 삭감할 예정이었으나, 2001년 9월 11일의 다발 테러 사건이후, 수입원유에 대한 의존도가 문제시되어, 석유 대체 에너지 개발의 필요성이 새로이 인식되기 시작하였다. 한편, 캐나다에서는 신·재생 가능 에너지의 이용을 중요시책으로 하고 있고, 중남미에서는 안정공급에 중점을 두고 있다.

④ 아프리카 지역

아시아의 발전도상국도 마찬가지로, 에너지의 안정공급에 중점을 두고 있다. 신·재생 가능 에너지로의 움직임도 있으나, 이용에 매진하기 위해서는 경제적 측면에서 볼 때, 선진국들로부터의 원조가 필요하다.

· 해양 에너지의 위상

각국의 해양 에너지의 이용, 개발 상황 및 금후 계획에 관하여 이하에 소개한다.

① 중국

중국에서의 조석 에너지 잠재량은 약 2,000만kW 이상으로 추정하고 있다. 현재, 중국 동남쪽 연안부의 쟝샤(江厦)에 세계 제 3위의 조석 발전소가 있다. 그 밖에도 수 곳의 건설 예정지가 있으며 상업화 발전을 목표로 하고 있다. 또한, 조류 발전에 대해서도 100kW급의 연안조류 발전소가 건설되어, 시험 발전 단계에 있다.

② 인도

인도 국립 해양기술연구소는 인도양에서 5MW 규모의 해양온도차 발전 상용 플랜트의 실용화를 목적으로, 일본의 사가대학(佐賀大學) 방식의 1MW급 실증시험을 현재 실시하고 있다. 또한, 파력 발전기를 Madras 항에 설치하고 있다.

③ 필리핀

1997년, Sun Bernardio 해협, Hinatuan 해협/Gabok 해협, Bohol 섬의 Basyao 해협에 있어서의 조류 자원의 예비평가를 실시하여, Bohol 섬을 제외하고는 강한 조류가 존재하고 있다는 사실을 확인하였다. 1998년에는 해양·태양·풍력 에너지 시스템 정책에 의해 외딴섬(Calatagon, Batangan, 마하스 섬)에 에너지 공급 수단으로서 풍력 및 태양광 발전기술을 조합한 5kW의 조류 발전장치를 설치하였다.

④ 대한민국

서해안에 건설된 시화호 조력발전소는 이미 2011년 상업발전을 시작하였고, 25만 4천 kW의 전력을 생산할 수 있는 수차발전기 10기의 세계 최대규모의 설비를 갖추고 있다.

또한, 서해안 가로림만에 추가로 조력발선소를 건설하기 위한 타당성 조사가 2014년 현재 진행중이다. 한편, 남해안 울돌목에 2009년에 완공된 세계 최대규모의 조류발전소(발전용량 천kW급)가 현재 시험 가동 중이다.

⑤ 오스트레일리아

Ocean Power Technologies사가 Western Australia주의 Portland에 발전기 4기로 총 발전량 20kW의 파력 발전소를 건설하였다. Port Kembla에서는 Energetech Australia Pty Ltd에 의해 개발된 500kW의 파력 발전소가 건설되어 있다. 또한, Northern Territory주의 Apsley 수도에서는 조류 발전의 실증실험을 실시중이며, 양호한 결과가 얻어지면 상용화도 고려하고 있다.

⑥ 타이완

동해안의 소오해협(蘇澳海峽)에서 쿠로시오를 이용한 조류(해류) 발전 연구를 실시중이다.

⑦ 영국

Islay 섬에 2000년 11월 세계 최초의 상용 파력 발전소(500kW)가 건설되었고, 그 후 Islay 섬 먼바다(350kW × 2기), Shetland 섬 먼바다(400kW)에도 파력 발전소를 건설하였다. 최근에는 기후변동 대응자금 조성에 의해 조류 발전의 연구도 활발히 행하여져, Lymouth에서는 300kW의 해역실험이 실시되었다. 조석 에너지에 대해서는 잉글랜드와 웨일즈의 전력 소비의 1/5이 생산 가능하다고 하는 시험 계산에 기초하여, 연구 개발이 실시되었다. 그러나, 에너지 생산이 단속적으로 부하율은 평균하여 25%를 넘지 못하여 국내의 최적지에서 조석 발전을 실시하여도 발전 비용이 종래의 방법보다도 고가가 된다는 조사결과가 나와 정부는 1994년에 조석 에너지 계획을 중지하였다.

⑧ 이탈리아

Sicilia 해안에 가까운 Messina 해협에 130kW의 조류 발전장치를 2000년에 설치하였다.

⑨ 프랑스

1967년에 북서부에 영불 해협으로 쏟아지는 Rance 하구로부터 4km 상류에 현재 상업적으로 가동 중에 있어서는 세계 최대인 Rance 조석 발전소를 설치하였다.

⑩ 미국

i) 해양 온도차 에너지

1993년에 Hawaii주의 Keahole 갑(岬)의 개방형 온도차 에너지 전환 플랜트의 발전 실험으로 세계 제일의 50kW의 발전에 성공하였으나, 비용이 높고 대형 플랜트가 필요하며 또한 열대지방에 한정된다고 하는 이유로 현재 아직 도입될 전망은 없다.

ii) 조류 에너지

현재의 field 연구에서 보면 조류 발전은 장기적으로 확실하고 신뢰할 수 있는 기술이며, 금후 에너지 이용으로서의 전망은 좋다.

iii) 파력에너지

소규모적인 설비를 해안선과 해안 부근에 도입할 수 있으나, 파력에너지의 개발은 막 시작단계로서 이용의 전망은 낮다.

⑪ 캐나다

British Columbia의 해안에서 상용화를 목적으로 500㎾의 조류 발전 실증실험을 계획 중이다.

⑫ 케냐

조류 에너지의 조사비로서 1999년에 예산을 계상하였으나, 실현화를 위한 구체적인 계획은 없다.

그 밖에 포르투칼에서는 파력 발전이 이용되고 있다. 또한, 덴마크에서는 파력 발전, 네델란드, 노르웨이에서는 조류 발전의 연구를 현재 실시중이다.

이상과 같이 국토가 해양에 면하고 있는 중국, 프랑스 등 몇몇 나라에서는 해양 에너지를 이용한 상업 발전(주로 조력발전)이 실현되고 있다. 또한, 그 밖의 해양에 면한 나라에서도 해양 에너지의 일부 이용이나 금후의 해양 에너지 이용의 연구가 진행되고 있다.

해양 에너지는 생산이 단속적이며, 발전 비용이 높다고 하는 문제는 있다. 그러나, 지구의 약 7할을 점하는 해양 에너지 이용은 지구 규모의 환경 문제를 해소하기 위해서도 유망하다고 말할 수 있을 것이다.

우리나라의 에너지 정책과 해양 에너지의 위상

· 우리나라의 에너지 정책

우리나라의 산업통상자원부의 2014년도 현재 에너지 정책에 따르면, 안정적 에너지 시스템 구축을 위해, 에너지의 안정적 수급과 국민들이 안심하고 신뢰할 수 있는 에너지 정책 추진을 목표로 하고 있다.

먼저, 에너지의 안정적 수급을 위한 방안으로서는 다음과 같은 계획을 수립하고 있다.

① 석유 : 중동 중심의 도입선을 미주, 유럽 등으로 다변화하며, 동북아 오일허브를 구축한다.

② 가스 : 셰일가스발 국제시장 변화에 선제적으로 대응하기 위해 2017년까지 북미 셰일가스의 적기 도입을 추진한다.

③ 전력 : 발전설비를 적기에 확충하여 2027년까지 20%로 선진국 수준의 예비전력을 확보한다.

④ 원자력 : 에너지 안보, 경제성, 환경성, 사회적 수용성 등을 종합적으로 고려하여 제2차 에너지 기본계획에 중장기 원전 비중을 20135년까지 29%로 확정한다.

⑤ 신·재생 에너지 : 2035년까지 신·재생에너지 공급율 11%를 달성한다.

또한, 국민들이 안심하고 신뢰할 수 있는 에너지 정책 추진을 위해서 다음과 같은 계획을 수립하고 있다.

① 장기 가동 원전은 EU방식의 stress test를 통해 안전성을 확인하고 석유, 가스, 전기 등은 에너지원별 특성을 고려한 안정관리대책을 추진한다. 이때 사용후 핵연료 관리방안은 공론화위원회에서의 논의결과를 토대로 수립한다.

② 온실가스를 획기적으로 감축할 수 있는 기술개발에 대한 투자를 확대하고, 건물 수송부문의 에너지 효율 기준도 지속적으로 강화한다.

ㄱ) 신축건물에 LED 등 고효율 기자재 설치를 확대하고, 자동차 연비 기준도 2020년까지 일본 이상으로 설정한다.

ㄴ) smart grid(온실가스 배출 등으로 급격히 상승하고 있는 지구 온도를 낮추고 기후변화의 피해를 최소화하기 위한 최적의 대안이 바로 스마트 그리드임. 즉, 스마트 그리드의 실현 → 온실가스 배출 감소 → 지구온난화 방지 → 인류의 지속 생존이 가능하게 됨. 따라서, 스마트 그리드가 실현되면 소비자들은 지금보다 훨씬 더 합리적인 에너지 소비를 통해 에너지 효율을 크게 향상시킬 것이며, 이는 곧 불필요한 발전소 건설 및 가동을 최소화할 수 있게 됨.) 수요관리형 요금 등 요금체제 개편 및 신규 사업자 참여기반제도를 개선한다.

③ 해외자원개발 내실화를 위해 공기업은 리스크가 큰 탐사개발을 추진하고 민간은 개발생산 중심으로 역할을 분담한다.

④ 에너지 유통구조 개선 및 시장기능의 활성화 등을 통해 원가를 절감한다.

⑤ 서민 취약층의 에너지 요금 부담을 덜어주기 위해 저소득층에 대한 전기요금 할인은 현행 수준보다 20% 확대한다. 또한 가스요금 할인은 기초수급자의 경우 현재 요금의 15%에서 20% 수준으로, 차상위계층은 5%에서 10%로 각각 확대한다.

상기와 같은 안전 최우선의 에너지 정책을 통해 편리하고 안정적인 에너지 소비를 가능하게 하고 에너지 복지도 확대될 것으로 기대하고 있다.

· 해양에너지의 위상

한국해양수산개발원(2010)에 따르면, 우리나라도 해양에너지 개발기술을 미래의 해양국가 유망기술로 분류하고 기술개발 투자를 지속적으로 확대해 나가고 있으나, 아직 산업화 단계에는 이르지 못하고 있으며 유럽에 비해 기술수준도 열위에 있다. 우리나라의 해양에너지 기술수준은 2007년 기준으로 선진국을 100으로 보았을 때 평균 73.3이며, 부문별로는 조력발전 73.8~81.7, 조류발전 71.7~78.8, 파력발전 65.0~76.7, 해수온도차발전 40.0~53.02 정도로 평가되고 있다. 정부는 '해양과학기술 중장기계획(2009~2013)'에서 15개 우수 중점추진과제의 하나로 '해양에너지 실용화 및 고도화 기술개발'을 선정하고, 2013년까지 5년간 해양에너지 실용화를 위한 R&D에 약 3,600억을 투자할 예정이다.

한편, 2007년 발표된 '신·재생에너지 RD&D 전략 2030(해양)'연구는 신·재생에너지 보급목표 달성을 위해 해양에너지 자원의 적극적인 개발이 필요함에 따라 추진되었다. 여기서는 해양에너지의 중장기 연구개발 기본계획 수립을 목적으로 기술개요와 국내외 기술 및 시장동향, 기술수준을 분석하여 2030년까지의 기술개발 추진전략 및 목표를 설정하였다. 이 연구에서는 해양에너지 기술을 파력발전, 조류발전, 조력발전, 해수온도차 이용기술 등 4개로 구분하였다. 그리고 이들 대분류 기술들에서 공통적으로 활용되는 발전기 및 전력변환장치를 포함하는 발전시스템 기술은 원칙적으로 기술 분야에 관계없이 통합적으로 다루었다.

기술개발 추진전략 및 목표설정은 단기(2008~2012년), 중기(2013~2020년), 장기(2021~2030년)로 기간을 구분하여 단계별 주요 추진계획 및 로드맵을 작성하였으며, 기술개발 및 산업화 실행방안, 개발 및 보급 정책 요구사항을 정리하였다.

가장 최근에 수행된 '해양에너지 개발을 위한 세부 실행계획 수립'연구는 국내 기술 잠재력을 바탕으로 해양에너지 상용기술의 조기 확보, 국내 해양발전소의 국산화율 제고 및 수출산업화 등에 필요한 체계적이고 세부적인 R&D 실행계획 수립을 추진하기 위해 계획되었다. 계획수립 대상기술로는 조력에너지, 조류에너지, 파력에너지, 해수온도차에너지 및 해양바이오에너지이다.

또한, 2004년도 수행된 '신·재생에너지 의무비율할당제(Renewable Portfolio Standards: RPS) 국내도입시 고려사항에 관한 연구'에서는 신·재생에너지의 전망 및 계획상의 문제점과 RPS 도입에 따른 전력시장에서의 효과 등을 확인하고, 최종적으로 향후 RPS 도입을 위한 정책제언을 도출하고자 수행되었다. RPS제도는 신·재생에너지 보급이 지속가능하도록 하기 위해 시장기능을 이용하고자 하는 제도이다. 그러나, RPS제도 단독으로 신·재생에너지 시장을 활성화할 수 있다고 판단하기에는 이 제도에 대한 시행실적과 결과에 대한 평가에 부족한 점이 많다. 신·재생에너지 보급촉진은 지속 가능성 확보, 기후변화협약 대응, 에너지 안보 등의 문제에 대한 장기적인 대안 중의 하나로 인식할 수 있다. 이를 위하여 신·재생에너지 공급을 위한 경쟁체제를 도입하고, 시장의 자발적인 투자를 유발하도록 하는 정책설계가 필수적이나 여기에는 사전에 많은 준비가 필요하다.

참고문헌

한국해양수산개발원, 해양에너지 산업화 지원방안 연구, 185p., 2010.

エネルギー・産業技術総合開発機構 : 海外レポート, http://www.nedo.go.jp/kankobutsu/report/

エネルギー・産業技術総合開発機構 : 新エネルギー海外情報 http://www.nedo.go.jp/kankobutsu/foreigninfo/

エネルギー・産業技術総合開発機構 : アセアン諸国の再生可能エネルギー政策, http://www.nedo.go.jp/kankobutsu/report/860/860.html.

北陸電力 : エネルギー政策、http://www.rikuden.co.jp/kannihon/

(財)新エネルギー財団 : NEF News — 新エネルギーの普及をめざして—、NEF News, 7(3), 1999. 12., 9(2), 2001. 9.

Energetech社 : the Port Kembla Project, http://www.energetech.com.au/content/port.html#what device.

(社)日本海洋開発建設協会 : 海洋エネルギー開発技術・21世紀の海洋土木技術課題以外合同調査報告書, 2003. 3.

広瀬 学 : 海洋エネルギー利用の現状と問題点, Energy, 90-94, 2002. 3.

제1장 _ 파력 에너지

1.1 개발과 이용 현황

파력에너지의 이용 기술의 개발은 100년 이상의 역사가 있으며, 특히, 1970년대의 오일 쇼크 이후 세계적으로 자연에너지 이용에 대한 기운이 높아지고 있는 가운데, 일본, 영국, 노르웨이를 중심으로 연구가 진행되어 왔다.

파는 전 세계 모든 해역에 폭넓게 분포하므로 가용 에너지원이 풍부하고 설치 가능한 해역이 광범위한 해양에너지이며, 세계적인 부존량은 약 2 *TW*(Tera Watt)로 추정되고 있다. 현재 파력발전은 일부 상용화에 성공하였고, 연안해역 적용기술을 중심으로 활발한 연구가 이루어지고 있으며, 보다 대규모 자원 개발이 가능한 외해역 적용기술의 개발도 증가하고 있어 2015년경에는 본격적인 상용화가 시작될 전망이다.

파력에너지(또는 파랑에너지)는 해양 표면을 부는 바람에 의해 유체입자의 움직임에 따른 운동에너지와 중력에 대응하여 상하 왕복운동을 하는 위치에너지가 공존함을 알 수 있다. 파력발전은 이러한 파랑의 운동 및 위치에너지를 이용한 발전시스템으로, 터빈을 구동하거나 기계장치의 운동으로 변환하여 전기에너지를 생산하는 기술을 말한다.

우리나라 연안역에도 개발 가능한 풍부한 파력에너지 자원이 존재한다. 우리나라 연안해역의 파력에너지 부존량은 6,500 *MW*로 평가되고 있으며, 대상을 외해역까지 확장하면 50 *GW*의 막대한 파력에너지 자원이 부존하고 있다(송 외, 2004). 특히, 동해안과 제주도를 비롯한 남해안은 상대적으로 높은 파력에너지 밀도를 보유하고 있어 파력발전 적지로 평가되고 있다. 대표적인 파력발전 적지로 평가되고 있는 제주도 연안 파력에너지 부존량 1,950 *MW*의 5% 개발만으로도 약 3만5천 가구의 전력수요의 충족이 가능하다.

파가 보유한 에너지는 다음 식과 같이 개략적으로 표현할 수 있다.

$$E = 0.5 \times H_{1/3}^{2} \times T_{1/3} \quad (kW/m) \tag{1.1}$$

여기서, $H_{1/3}$은 유의파(significant wave)의 파고(m), $T_{1/3}$은 유의파의 주기(sec)를 나타낸다. 세계적으로 파력에너지의 지리적 분포는 그림 1.1과 같다.

지역적으로는 대서양, 북태평양, 남미, 남 오스트레일리아에서 30~90 kW/m, 일본 근해에 10~15 kW/m의 파력에너지가 있는 것으로 추정되고 있다.

세계에서 처음으로 파력의 이용 장치가 실용화된 것은 일본의 해상보안청이 1965년에 채용한 출력 30~60 W의 소형 항로표지 부표(사진 1.1)이며, 현재는 출력 1 kW급의 부표도 가동하고 있다. 2000년에는 세계 최초의 상업용 파력 발전소가 영국 스코틀랜드의 Islay 섬에 건설되었다(후술하는 그림 1.9).

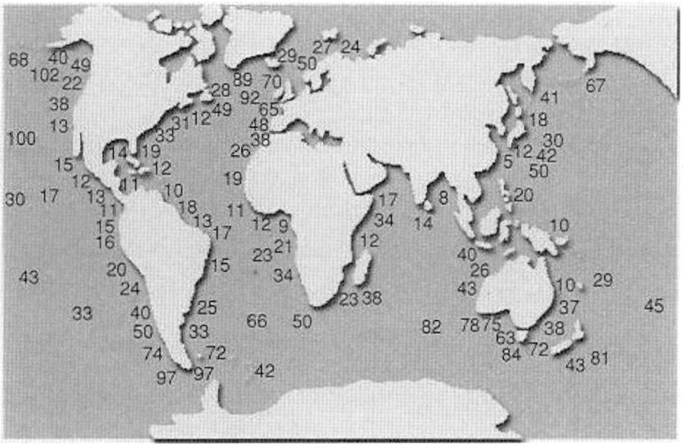

그림 1.1. 파력에너지 수준의 세계적 분포

사진 1.1. 마스다(益田)식 항로표지 부표(출처: NEDO 홈페이지)

현재, 세계적으로 파력발전 기술개발을 선도하는 국가는 영국, 덴마크, 포르투갈을 비롯한 유럽의 여러 나라와 미국, 일본, 오스트레일리아 등이며, 다양한 실해역 실증시험이 진행되고 있어서 조만간 파력에너지의 대규모 활용이 가시화될 것으로 전망된다. 이들 중 대표적인 파력발전 기술개발 동향을 살펴본다.

(1) 포르투갈

그림 1.2. 400kW급 피코 OWC 파력발전소

400kW급 피코 진동수주형(OWC) 파력 발전소(그림 1.2)는 포르투갈 아조레스 군도(Azores)의 피코(Pico)섬에 위치하고 있으며, 공기터빈인 Wells 터빈을 사용하고 있다. 피코 OWC는 1999년에 건설되었으나, 많은 기술적, 재정적 어려움 때문에 몇 년 간은 제대로 운영되지 못하였다. 그러나, 2004년 Wave Energy Centre의 운영과 더불어 보완을 거쳐 2005년부터 다시 시험운행이 시작되었다. 현재 피코 OWC는 파력발전에 관한 기술 교육과 연구 개발 활동 및 홍보의 거점이 되고 있으며, 효율 향상과 floating oscillating water column 플랜트 관련 연구에 초점이 맞춰져 연구 개발이 계속되고 있다. 또한, 포르투갈은 영국에서 개발된 가동물체형 파력발전장치인 Pelamis를 운영하기 위해 노력하고 있으며, 그 외 EU 각국에서 개발된 Wavebob, WaveRoller, Oceanlinx oscillating water column 등의 파력발전장치에 대해서도 시험운용을 계획하고 있다.

(2) 덴마크

덴마크에서 진행 중인 파력에너지 기술개발 사업 현황을 요약하면 표 1.1과 같다.

표 1.1. 현재 기술개발중인 덴마크의 파력에너지 사업 현황

Technology	Phase of development	Installed Power	Public investment [M€]	Private investment [M€]
Wave Star Energy	Prototype testing	2*25 kW-50 kW	35	60
	1:10 testing NB	5.5 kW		
Floating Power plant	Prototype testing	140 kW	-	15
Wave Dragon	1/4 scale prototype NB	20 kW	NA	
Waveplane	Prototpe built not installed	2*100 kW-200 kW	0	18
Dexa	1:10 prototype NB - completed spring 2010	0.4 kW	0	1.7
	1:4 prototype DanWEC	20 kW	5	4
Leacon	1:10 model ready to install in NB	1-2 kW	2.4	
Crestwing	Laboratory testing DHI	-	3	

(NB : Nissum Bredning)

가동물체형의 한 종류인 WaveStar(그림 1.3)는 2009년 한츠홀름의 Rosshage Pier 전면 수심 7m 지점에 설치되어, 현재 지역 전기회사인 Thy-MorsEnergi의 계통과 연계되어 시험운용 중이다. 이 파력발전 장치는 지름 5m의 두 개의 부유체로 이루어져 있다. Floating Power Plant는 부유식 파력-풍력의 복합발전 장치로서, 2009년 Vindeby시의 외곽 해역에서 첫 번째 실해역 시험을 마치고, 2010년 두 번째 시험을 수행하였다. 월파형 파력발전장치인 WaveDragon(그림 1.4)은 2009년 Nissum Bredning의 규모 테스트 장소에서 20kW의 전력을 생산할 수 있으며, 현재와 같은 설치 구조로 재설치되었다. 실해역 시험을 통해 해당 장치로부터 가능한 많은 자료를 얻고자 하였으나, 2010년 유빙으로 인하여 2010년 현재 작동을 멈추었다. WavePlane(그림 1.5) 파력발전장치는 2009년 실해역 시험 후 덴마크 한츠홀름 외각 지역에 계류 중이며, 실해역 운용의 재착수를 위한 투자를 기다리고 있다. 그 외에도 Dexa 파력발전장치가 2009년 Nissum Bredning의 수심 5m 해역에서 시험 운용되었으며, Leacon 1:10 규모의 파력발전장치는 2011년 실해역 설치를 계획하고 있다.

그림 1.3. WaveStar 싱해역 실증시험

그림 1.4. WaveDragon 실해역 실증시험

그림 1.5. WavePlane 실해역 실증시험

(3) 영국

영국은 해양 에너지의 가능성과 중요성에 대해 깊이 인식하고, 이에 대한 지원을 아끼지 않고 있다. 특히, 파력발전 부문은 강조되고 있는 분야로서, 이미 주목할 만한 파력발전장치가 개발되고 있을 뿐만 아니라 이미 운용하고 있는 EMEC 파력발전시험장(스코틀랜드 Orkney섬)에 더하여 Cornwall 해상에 세계 최대의 파력발전 시험장(Wave Hub)건설을 추진하고 있다. Wave Hub 해양 에너지 프로젝트(그림 1.6)는 영국 중앙정부와 지방정부 공동으로 건설 중인 대규모 파력발전 시험장이다. 연안으로부터 16km 외해에 그리드 접속 및 모니터링 가능한 대규모 시험장을 확보하여, 파력발전 선도자로서의 지위 확보를 목표로, 2009년 수심 55m 해저에 hub를 설치, 2010년 건설완료를 예정하고 있다. Wave Hub는 초기 최대 용량이 20MW로, 장래에 50MW까지 사용 가능하도록 설계되었으며, 첫 번째 파력 발전 장치는 2011년에 배치될 예정이다. Aquamarine사는 2009년 EME 파력발전시험장에 플립형 가동물체형 파력발전장치 Oyster 1(그림 1.7)을 배치하여 실해역 시험을 수행하고 자료를 수집하였다. 또한, 다음 세대 모델인 Oyster 2는 스코틀랜드의 Burntisland Fabrications사에 의해 제작되어 2011년 EMEC 시험장에서 운용을 계획하였다.

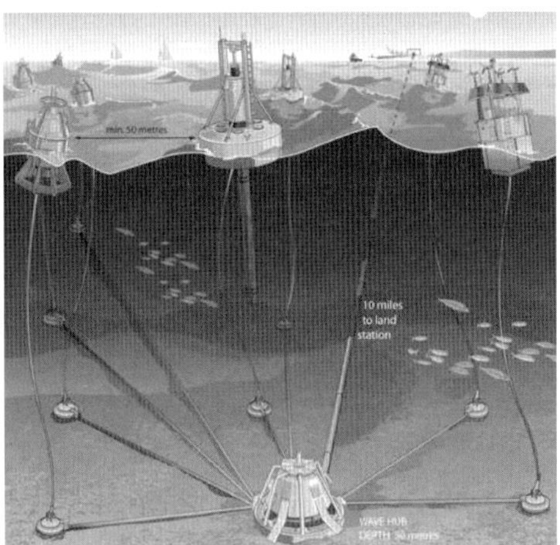

그림 1.6. Wave hub 프로젝트 개념도

그림 1.7. Wave Oyster의 실해역 시험 운용

Pelamis 파력발전장치는 제1세대의 장치(그림 1.8)에 대한 결함을 보완한 제2세대 장치로 개량되어 750kW P2 Pelamis로 명명하고 있다. 1세대 Pelamis는 E.ON사가 구입하여 2010년 계통에 성공적으로 연계되었으며, 현재 테스트 프로그램 단계를 수행하고 있다. 또한, E.ON과 ScottishPower사는 함께 P2 장치의 시험계획을 발표하였다. 두 회사는 100 MWW Pelamis프로젝트를 Orkney해변 근처에서 수행하고 있으며, 이 실험에서 수집된 정보를 이용하여 큰 상업 프로젝트의 기반으로 삼을 예정이다. 또한, 스코틀랜드 Islay섬에 위치한 Wavegen사의 진동수주형 파력발전장치 Limpet(그림 1.9)은 2000년에 세계 최초로 육전에 연결되 장치로서, 2010년까지 60,000시간 이상의 발전을 기록하고 있다. 현재는

그림 1.8. Pelamis(제1세대)의 실해역 시험

그림 1.9. 스코틀랜드 Islay섬 파력발전소
(Limpet 운용 500)

새로운 Wells 터빈 발전의 검증 시설로도 운영되고 있다.

(4) 아일랜드

2006년 Irish Marine Institute and Sustainable Energy Ireland는 해양 에너지를 위한 국가 전략을 마련하였는데, 이는 아일랜드의 해양 에너지 분야와 관련한 새로운 발전 구상을 보여주는 것으로서, 다음과 같은 단계별 추진 전략을 가지고 있다.

· 제1단계(2005~2007) : 1:4 규모의 장치에 대한 파력발전시험장 개발(Galway 만)
· 제2단계(2008~2010) : 계통 연계된 시험장 개발
· 제3단계(2011~2015) : 준 상업적 소형장치의 배치시험과 및 평가
· 제4단계(2016~계속) : 파력 발전 기술의 상업적 배치를 위한 전략 추진

그래서, 파력 및 조력 발전 장치에서 생산된 전기에 대해서는 1*kWh*당 약 360원 정도의 발전차액지원제도를 정책적으로 추진하여 2030년까지 보장하고 있으며, 해양 에너지에 관한 경제적 연구와 공급망, 인프라 관련 개발 해양 에너지 프로젝트를 이미 완료하였다.

(5) 미국

미국은 재생 에너지나 기후 변화 관련 입법을 진행하지는 않았으나, 해양 에너지의 환경적 기술적 연구는 계속해서 증가하였고, 실직적인 정부 지원도 확대하고 있다. 주요 과학 프로그램은 다양한 대학들과 국가 연구소에서 계속해서 진행되고 있으며, 상업적 파력 및 조력 에너지 프로젝트도 곧 연방 운영 자격을 취득할 것으로 보인다. 2011년 전망도 정부의 안정적이고 증가된 단계적 지원과 다양한 연구 프로젝트의 결과를 통해 긍정적으로 평가되고 있다.

Ocean Power Technologies사는 150*kW*급 PowerBuoy(그림 1.10) 시스템을 오레곤 해역에 배치하였으며, 2년 동안 세부 운영 자료를 수집할 예정이다. 이 프로젝트를 통해 미국에서 가장 발전한 파력발전기술 및 운영 자료를 얻을 계획하에 있다.

그림 1.10. PowerBuoy 실해역 실증시험

Ocean Power Technologies, Inc.는 11개 연방 주립 기관과 3개의 비정부 기관과 함께 Oregon의 실용 규모 파력 발전 프로젝트에 대한 획기적인 협정으로서, Federal Energy Regulatory Commission(FERC)에 의해 허가된 상업화 규모의 파력 발전 프로젝트이다.

(6) 노르웨이

에너지 자원에 대한 관심이 높아져 해양 에너지 분야에서의 R/D활동이 활발해지고 있다. 2009년부터 2010년간에 걸쳐서 시행하였던 파력 프로젝트를 통해 회사들이 Runde에서 테스트 사업을 진행하였으며, 2011년 테스트 장소를 건설 중이다. 노르웨이 회사인 Langlee(www.langleewavepower.com)는 부유식 파력 발전 장치를 개발하여, 덴마크의 Aalborg University에서 실시했던 대규모 시험을 성공적으로 마쳤으며(그림 1.11), 또한, 2009년 Fred Olsen사는 파력발전부이인 45kW급 BOLT를 개발하였다(그림 1.12). 현재 이 장치는 노르웨이 동남쪽 해안에서 시험 운용을 시작하여 2011년에 종료하였으며, 전력 계통과 연계하지는 않았으나, 보다 큰 출력의 장치 개발을 통해 상용화를 시도하고 있다.

그림 1.11. Langlee Wave Power

그림 1.12. Fred Olsen의 실해역 시험

(7) 스페인

그림 1.13. Mutriku 진동수주형 파력발전소의 건설

2010년 스페인 정부는 공식적으로 해양 전력 목표를 발표하였으며, 2016년 10MW를 시작으로 2020년까지 설치된 발전소에서 100MW 전력 생산을 목표로 하고 있다. Basque Country에서 추진 중인 Mutriku OWC 플랜트(그림 1.13)는 방파제에 멀티 터빈 진동 수주형 파력발전 시스템은 16개의 터빈(각각 18.5kW, 전체 추정 전력은 300kW)으로 구성되는데, 2011년 초에 터빈 설치 후 계통 연계할 계획이다.

또한, Wedge Project는 혁신적인 선형 발전기를 PTO시스템으로 하는 파력 발전 장치로서, 2012년까지 Cantabrian 해역에 설치를 목표로 하고 있다. 한편, Abencis Seapower는 2010년 시제품인 Marine Pump를 1/4 규모로 제작하였으며, 지속 가능하고 효율적인 파력 발전 플랜트의 설계 및 건설을 목표로 2011년 Atlantic Ocean에서의 시험 플랜트 건설을 위한 절차를 밟고 있다.

(8) 일본

일본에서의 주요한 파력 발전에 관한 해역 실증시험은 표 1.2에 나타낸 바와 같다. 또한, 파력발전과 관련한 일본의 기술개발 현황에 대해서는 후술하는 파력에너지 회수기술의 구조형식에서 보다 자세히 다루기로 한다.

표 1.2. 일본의 주요한 파력 발전 실증시험

구 분	사업주체	형식 · 명칭	실시기간
①	해양과학기술센터	해명(海明)	1978~1980
②	일본조선진흥재단	해양(海陽)	1984~1985
③	무로란(室蘭)공업대학	진자식 파력발전장치	1983~
④	신기술개발사업단	연안고정식 파력발전시스템 미세(三瀬)식	1983~1984
⑤	엔지니어링 진흥협회	정압화 탱크방식 파력발전시스템	1988~1995
⑥	운수성	파력발전 케이슨(방파제)	1987~
⑦	칸사이(關西)전력	하부지지형 진자식 파력발전 시스템	1989~
⑧	토후쿠(東北)전력	수변(水弁) 집약형 파력발전 시스템	1996~
⑨	해양과학기술센터	먼바다 부체식 파력발전장치 (Mighty Whale)	1998~2002

이밖에 파력발전과 관련한 세계 각국의 주요한 시설 및 개발현황을 표 1.3 및 그림 1.14~1.15에 나타내었다.

표 1.3. 세계 각국의 주요한 파력 발전시설 및 개발 계획

	국명	설치장소	발전형식	발전용도	발전출력	운전기간	비고
①-1	노르웨이	Toftstallen	고정식 진동수주	발전	500kW	1985 ~1988	폭풍으로 파괴
①-2		〃	협수로 월류	〃	350kW	1985 ~1991	휴지중
②-1	덴마크	북서해안 먼바다	선회식 부이	실증시험	45kW	1988 ~1990 1994 ~1996	
③	미국		먼바다 · 직접 역침투법	해수 담수화		1988	DELBUOY
④-1	중국	Dawanshan Island	고정식 진동수주	발전	3kW	1990	20kW로 갱신
④-2		Shanwei	"		100kW	계획중	
⑤	인디아	Madras	"	"	150kW 75kW	1990 ~1995 1996~	
⑥	스웨덴	서해안 먼바다	부체식 파력 용기	해상 시험	110kW	1991	
⑦	아일랜드	Shannon River 하구	McCabe 파랑 펌프	음료수, 발전	—	1996	휴지
⑧-1	영국	Shetland Island	부체식 파력 용기	"	400kW	2002/10	
⑨-1	포르투갈		파고차 진동 부이	실증시험	2MW	2002 ~시험	Archimedes Wave Swing
⑩-1	오스트레일리아	Port Kembla	고정식 진동수주	상업용 발전	500kW	건설중	

그림 1.14. Archimedes Wave Swing의 상상도 (상: 실증해역시험, 하: 장래 실용화 상상도)

그림 1.15. Port Kembla 발전 시설의 완성 상상도

(9) 대한민국

우리나라의 경우, 국내서 최초로 개발된 파력발전장치는 주로 한국해양과학기술원(KIOST) 선박·해양플랜트연구소(KRISO)가 중심이 되어 60kW 부유식 진동수주형 파력발전장치 개발(1993~2001) (그림 1.16), 500kW 고정식 진동수주형 파력발전시스템 개발(2003~2012) (그림 1.17), 150kW 등부표용 부유식 소형파력발전기 실해역 실증시험(2006) (그림 1.18), 월파형 파력발전 기반기술 개발(2003~2005), 250kW 나선암초형 월류파력발전 기술개발(2007~2010)이 진행되었다. 2010년 8월부터는 고효율에 파랑 내구성을 확보할 수 있는 300kW급 부유식 가동물체형 파력발전장치 개발이 시작(실해역 실증시험 2004년 계획)되어 대규모 파력발전 단지화에 이용될 단위장치가 확보될 것으로 예상된다.

그림 1.16. 60kW급 부유식 진동수주형 파력발전장치

그림 1.17. 500kW 용수 시험파력발전소 조감도

그림 1.18. 150kW급 등부표용 파력발전장치의 실해역 시험

1.2 개발·이용 기술

(1) 조사기술

파력에너지를 대상으로 한 경우의 조사 기술로서, ① 파랑자료 조사, ② 수치 풍력·파랑 모형, ③ 자료 보완, ④ 파력에너지의 자원평가와 개발에 대하여 각각 이하에 기술한다.

① 파랑자료 조사

장기간의 파랑 자료의 산정에는 두 가지의 기본적인 방법이 있다. 첫째는 관측과 추정이며, 둘째는 파랑 추산을 기본으로 한 것이다.

첫째, 목시 관측의 시계열은 장기간의 신뢰할 수 있는 측정값이나 파랑 추산결과가 없는 해역에 있어서의 파력에너지 자원의 평가, 또는 측정값의 보조자료로서 이용된다.

자원 평가를 위한 처음 단계는, 특정의 파고/주기마다 정해진 각각의 해상파 발생 빈도의 결합율 분포(JPD)로부터 그 해역에서의 파고/주기의 특성 파랑 스펙트럼을 산정하는 일이다. 이것은, 계측 완료한 스펙트럼의 대량의 개체군으로부터 평균 스펙트럼을 계산하는 것에 의해 가장 정확히 실행할 수 있다.

각각의 파고/주기마다에 이와 같은 스펙트럼을 산출할 수 있다면, 당해 해황과 관련하는 파랑은 선형파랑이론을 사용하여 계산할 수 있다. 각각의 해황에 관련한 파랑에 관하여, JPD 표에 그 발생확률을 곱하여, 그 결과를 합계하면 당해 JPD 대상 기간의 평균 파력을 유도할 수 있다. 상업 발전을 하기 위해서는 특정 해황에서 파력에너지 장치에 의해 흡수되는 파력에너지를 견적할 필요가 있다. 자원 평가를 하는 경우에 파랑 자료를 써서 판단하는 데에는 이하의 사항을 유의할 필요가 있다.

ㄱ) 연안 가까운 곳에서의 회절 및 천수 효과는 지형 조건에 따라 변동하므로, 1개소에서 수집한 자료가 반드시 그 주변 개소를 나타내는 것은 아니다.

ㄴ) 풍력 또는 조석 등의 시계열 분석은 국지적인 기상 특징이나 해양 기상의 장기 변동에 유의할 필요가 있다. 즉, 1년간의 기록이 반드시 당해 구역의 실제의 장기 기상을 나타내는 것은 아니다. 따라서, 파랑 통계의 신뢰성을 높이기 위해서는 10년 또는 적어도 5년의 기간을 기초 자료로서 사용할 필요가 있다.

i) 관측

항해하는 선박에서 실시되는 목시관측이, 해양 파랑 자료로서 이용 가능한 자료의 초기 형태라고 말할 수 있다. 목시 관측은 1850년대부터 구미의 각 기상기관이 실시하고 있으며, 현재도 세계 통일 기준에 기초하여 실시되고 있다(세계기상기관 1976년 제정). 이것은 그리니치 표준시(Greenwich Mean Time)로 0000, 0600 및 1800에 해수면 높이와 파장·주기를 목시 견적하여, 파고 및 주기를 산출, 보고한다. 목시 파랑 관측은 다양한 해역 또는 지점의 파랑(및 바람) · 해상(海象)의 비교 연구에 응용 가능하며, 측정을 보완하는 데에도 사용된다.

ii) 측정

파랑 측정 시스템은 현재, 파고계, 음향측거장치(音響測距裝置), 압력계, 부이 및 궤도 속도 센서 등 각종 시스템이 있다. 시스템은 계측 장소의 수심, 접근 및 파랑 조건, 필요한 자료 세목(細目) 등 용도에 따라 선택할 수 있다.

a) 현장 측정

현장 측정에는 해상의 파랑 기록 부이(무지향 또는 지향)가 넓게 시용되고 있다. 이 기록으로부터 파고, 주기 및 방향 매개변수를 스펙트럼 분석 또는 직접 분석하여 기초 자료인 해면 고도를 알 수 있다.

b) 원격탐사(remote sensing)

원격탐사는 단순히 한 지점의 정보만을 제공하는 일반적인 관측계기나 장비에 비해, 비교적 넓은 해역의 공간 정보를 동시에 제공할 수 있다. 현장 파랑 센서 없이 원격지로부터 파랑 상황을 측정하는 몇 가지 방법이 있다. 우선, 원격지로부터 파랑을 감지하는 가장 간단한 수단인 공중사진은 해안 부근의 파랑의 굴절 및 회절의 조사에 유효하다. 이들 조사는 파력 발전 플랜트 건설을 위한 연안역 및 해안선 위치 선정에 도움을 준다. 육상에 설치한 레이더(radar)는 파랑 에너지의 정보 수집 목적에 유망한 방법이다. 그러나, 가장 강력한 원격감지 방법은 위성을 사용하는 것이다.

② 수치 풍력·파랑 모형

풍력 · 파랑 모형은 소정 구역(통상 grid point에 의해 표시함) 및 시간 간격에 대한 파력 에너지의 집적을 나타낸다. 즉 에너지 수지 방정식을 수치적으로 종합한 것이다.

각 사상(事象)의 물리적 특성을 수치로 나타내면서 엄밀성을 더한 제3세대 파랑 모형은 WAM(WAMDI Group, 1988)이지만, 한층 더 연안역에도 대응할 수 있도록 WAM을 확장한 수치 모형인 SWAN(Simulation WAves Nearshore, Delft 공과대학, 2000) 등이 있다.

③ 자료 보완

위성은, 기본궤도를 따라 정해진 시간에 표본을 수집한다. 현지 측정장치는 정해진 지점에서 정해진 시간대에 샘플링을 하는데, 통상 삼각지점법으로 측정값을 통보한다. 또한 세계 파랑 수치 모형은 통상 6시간마다 각각 전 세계의 수 천 격자(grid)상에서 파랑 상황이 계산되고 있다. 그러나, 위성고도계의 주된 결점은 빈약한 시간 분해능이다. 가장 최선의 경우에도 기상위성 Topex/Poseidon의 분담 차이에 의해 교차 point가 5일이어서, 공간분해능이 거칠다. 이러한 측정값과 전 세계 파랑 수치모형의 결과는 상호 보완관계가 뛰어나므로, 독립해 사용하기보다 함께 이용하는 편이 좋다.

④ 파력에너지 자원평가와 개발

파랑 에너지의 자원평가 및 개발은 세 가지 단계(phase)로 나누어 진행한다. 첫째, phase I에서는 기존의 파랑 자료(목시 관측, 파랑 추산 및 가능한 경우는 측정)를 활용하여 파랑 에너지 자원 및 그 실용화에 대하여 지역 규모에서의 제 1차 평가를 실시하는 단계이다. 이것은 기존 자료의 품질 및 양, 또는 분석에 이용할 수 있는 예산에 따라 다르지만, phase I은 그 지역 에너지 자원의 지리적 분포, 파력에너지 자원의 계절변동이나 연변동을 파악하는 단계이다. 다음으로, 단계 I의 결과가 충분히 만족할 수 있는 경우에, 단계 II에서는 2~3년의 수치에 의한 파랑 추산을 위해 지역 중에서 10~20개소의 후보지를 선정하여, 장기간의 파랑 상황을 충분히 대표할 수 있는 파의 추산, 파고 · 주기를 관측한다. 단계 II에서는 기존의 파랑 측정 자료를 써서 파의 추가 산정 모형을 수정한다. 단계 II에서는 새로운 측정이 필요치는 않지만, 종합적인 파력에너지의 견적이 단계 I에 비하여 개선되기 때문에 에너지·비용 예측 신뢰성이 더욱 향상된다. 단계 II의 자료를 토대로 행하는 경제성 평가는 개발하는 기업이 후보지 부지에 1개의 파력발전 플랜트를 건설할 것인가 말 것인가를 결정하는 데 충분하다. 건설이 확정된 경우, 단계 III에서는 개발예정지(해역)에 대한 현장파랑측정 시스템의 전개 및 적어도 1년에 걸친 측정 자료의 수집이 포함된다. 현지에서 실시한 측정에 그 결과가 합치되도록 한층 더 검증하는 셈이 된다. 그후, 플랜트의 수명에 해당하는 20~30년간의 파의 추산을 실시한다. 또한, 가동이나 내용연수를 고려한 운영과 철저한 파랑통계는 이 장기간의 파의 추산으로부터 산정한다. 이러한 역할 분담으로서, 최초의 두 단계, 즉 단계 I 및 II는 특정의 지역에 관심이 있는 지자체 또는 공익기업체가 조치해야 할 것이며, 단계 III은 특정의 프로젝트 부지에서 개발하는 기업이 담당해야 할 것으로 생각된다.

(2) 회수기술

파력에너지의 회수기술은 지금까지 다수 고안되어 있다. 이들 회수 장치를 이용형태에 의해 분류하면, 기본적으로는 크게 두 종류로 나눌 수 있다. 첫째는, 파운동의 직접 이용으로 정의할 수 있는데, 여기에는 파에 의해 동요하는 가동물체, 공기실내의 수주, 수압면 등에 파가 일을 하면서 이들 가동물체나 공기실에 붙어 있는 유압 장치, 공기 터빈 등에 의해 에너지를 회수하는 방법이다. 둘째는, 파의 변형으로 정의할 수 있는데, 해안 부근의 수심이 얕은 해역에서 파의 변형에 의한 해수의 수평 흐름 또는 제방으로부터의 월파를 이용해서 수차나 저낙차 터빈을 운전하는 방법이다.

상기한 분류를 더욱 자세히 분류하면 다음과 같다. 먼저, 운동 모드(mode)에 따라 분류하면, ① 상하운동, ② 회전운동, ③ 수평운동, ④ 연성(連成)운동, ⑤ 연결부체운동 등이 있으며, 다음으로 설치 해역에 따라 분류하면, ① 먼바다 형, ② 천해형 등이 있다. 표 1.4는 운동 모드의 분류를 나타낸다.

표 1.4. 운동 모드의 분류

- 파운동의 직접이용
  - 가동물체형
    - 상하운동
    - 회전운동
    - 수평운동
    - 연성운동
    - 연결부체운동
  - 진동수주
    - 공기류
    - 수류
- 파의 변형
  - 수압면형
  - 월파형
    - 공기류
    - 수류

회수 장치의 각종 운동 모드의 예를 그림 1.19~1.22에 나타낸다.

1) 가동물체형

① 상하운동

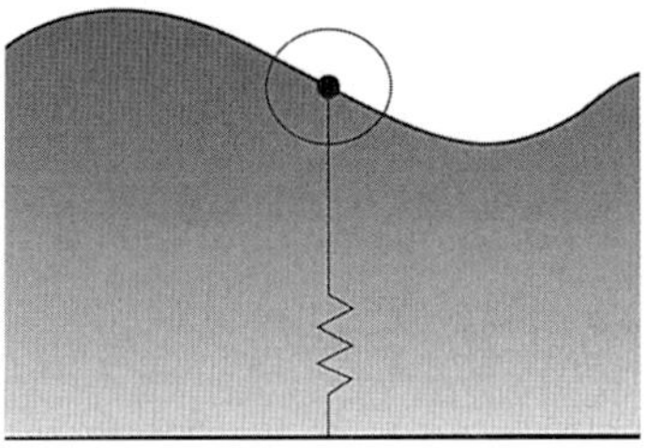

· 부체는 상하운동한다.
· 에너지는 계류계의 pump에서 흡수한다.

② 회전운동

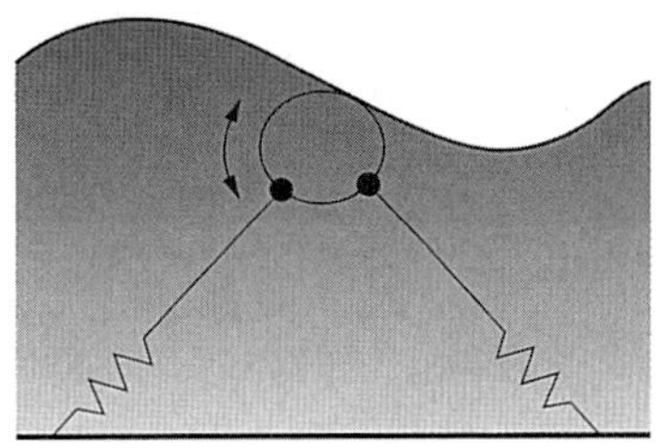

· 부체는 원궤도의 회전운동을 한다.
· 에너지는 계류계의 pump에서 흡수한다.

③ 연성운동

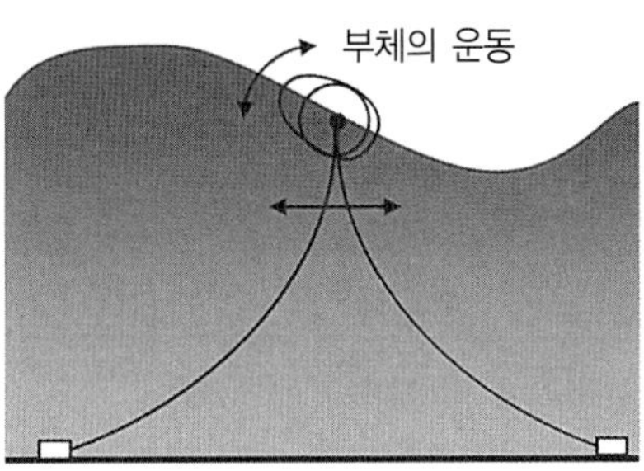

· 외측의 cam형 부체의 운동
· 에너지는 내외 부체의 상대운동으로부터 끄집어낸다.

④ 연결부체운동

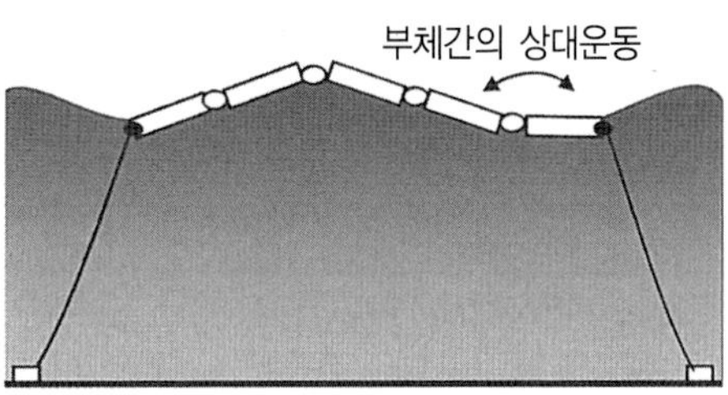

· 파를 탄 연결부체의 운동
· 에너지는 인접부체와의 상대운동으로부터 얻는다.

그림 1.19. 가동물체형의 운동 모드

2) 진동수주(振動水柱)형(공기류)

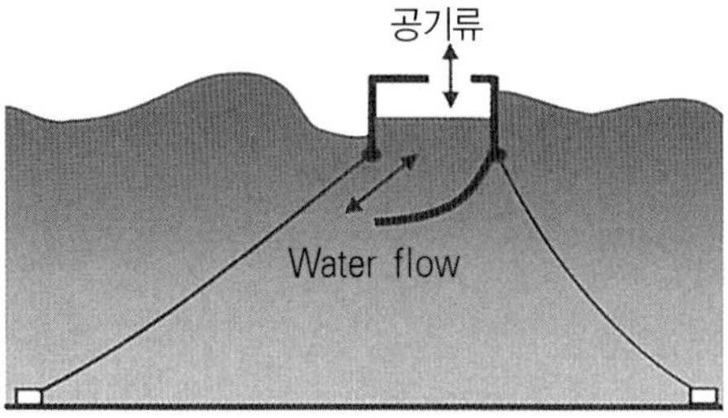

· 파에 의한 공기실내 수주의 상하운동
· 에너지는 공기류로부터 얻는다.

그림 1.20. 진동수주형(공기류)

3) 수압면(受壓面)형

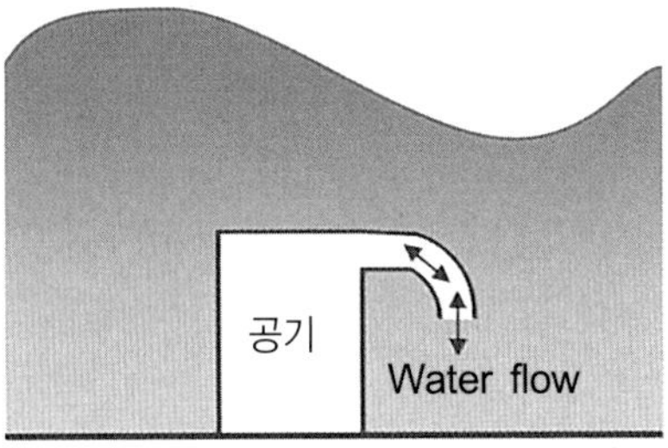

· 파의 압력을 trough내에 수압면이 느끼고 수주의 진동을 유도한다.
· 에너지는 공기류로부터 얻는다.

그림 1.21. 수압면형

4) 월파형

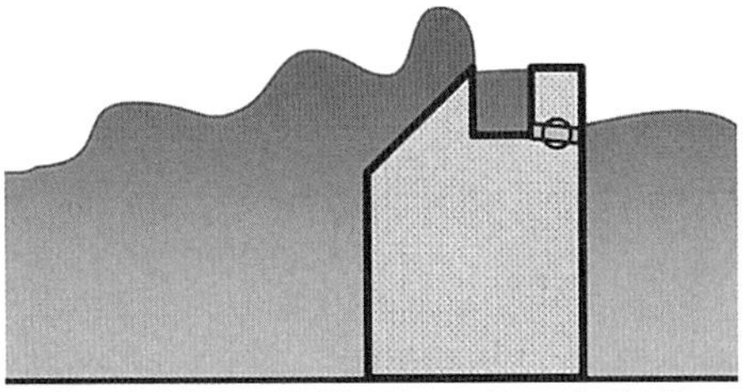

· 파는 경사제를 소상 월파하고, 저수조에 해수를 모은다.
· 수위차를 이용하여, 터빈을 운전

그림 1.22. 월파형

가동물체형은 파의 힘으로 물체를 운동시키는 장치이며, 표면 부이, 수중 부이 등이 기본 형상이다. 가동물체형 파력발전 시스템은 가동물체를 개재시켜 (사이에 새워) 파의 작용에 의한 운동을 기계적 에너지 등으로 변환하여 발전하는 시스템으로, 먼바다에 설치된 파력발전장치의 주류이다. 부유구조물로서 수면이나 수면하의 부이(buoy)를 이용하여 파의 에너지를 흡수하고 직접 에너지로 변환하는 point absorber나, 복수의 뜸 재료를 나란히 하여 서로 상대운동이 가능하도록 접속한 벌체(筏体)로 파의 에너지를 흡수하고, 회전운동으로 변환하여 발전기를 회전시키는 raft식, 진자(振子) 구조로 파의 움직임에 의해 고압수를 발생시켜 육상 수력발전 터빈으로 보내 주는 진자식 등이 개발되어 있다.

진동수주형(OWC, Oscillating Water Column)은 파에 의해 수괴가 진동하는 운동으로 생각하고, 이 운동으로부터 공기류나 수류를 만드는 장치이다. 진동수주형 파력발전 시스템은 장치내에 공기실을 만들어, 해면의 상하운동에 의해 생기는 공기실내외의 압력차에 의해 공기 터빈을 회전시키는 방식이다. 구조가 간단하며, 태풍 등의 이상파랑에 대한 구조물의 대책이 비교적 다루기 쉬워서, 파력발전 중에서는 안전한 형식으로 알려져 있다. 진동수주형 파력발전 시스템의 공기 터빈에는 파에 의해 생기는 왕복기류 중에서도 항상 한 방향으로 회전하도록 설계된 터빈으로서, 형상이나 구조가 간단한 웰즈 터빈이 주로 채용되고 있다.

수압면(受壓面)형은 수압면 자신을 물체로 생각하고, 이 운동에 의해 파랑에너지를 얻는 장치이다. 일반적으로 파랑에너지 회수 장치의 흡수 특성은 어느 특정의 파주기에 대하여 높은 값을 나타내고, 그 주기를 벗어나면 급격히 저하한다. 반면, 뛰어난 장치는 넓은 파주기에 걸쳐 높은 에너지 흡수율을 얻을 수 있다. 예를 들면 강제적으로 위상 제어운동 등을 행하여 에너지 흡수율을 높이는 방식 등이 있다.

월파형 파력발전 시스템은 파를 저수지 등에 월파시켜 저류하고, 저수면(貯水面)과 해면과의 고저차를 이용하여 바다에 배수할 때, 터빈을 돌려서 발전하는 방식이다.

파랑에너지는 자원은 방대하지만, 단위 폭 당의 에너지 밀도로 환산하면 그다지 크지 않다. 그래서 해수를 저수하는 방법이나 파 에너지를 집중시키는 것에 의해 에너지 밀도를 높이어 이용하는 방식도 있다. 두 종류로 분류한 이용 형태를 포함하여 장치, 예를 들면 파를 모은 뒤, 가동 물체를 운동하는 등의 방법도 생각할 수 있다.

(3) 변환장치

회수 장치에서 역학적 에너지로 변환된 파력에너지는 이용하기 쉬운 에너지 형태로 하기 위한 변환장치가 필요하다. 회수 장치에서 기계적 에너지로 변환된 경우의 변환장치로서는, 유압 피스톤과 유압 모터의 조합이 일반적이다.

회수 장치에서 유체적 에너지로 변환된 경우의 회수장치로서는, 통상 공기 터빈이나 수류 터빈이 이용된다. 회수 장치에 의해 변환된 역학적 에너지의 형태는 일반적으로 왕복류나 왕복운동을 하고 있으며, 이것을 일방향 운동으로 정류하기 위한 정류 밸브가 필요하다. 웰즈 터빈(Wells turbine)은 정류와 원동기 기능을 동시에 행하는 특성을 가진 공기 터빈으로서, 왕복 공기류 중에 항상 한 방향으로 회전하는 장치이다. 공기 터빈, 유압 모터,

수차(풍차)에 발전기를 연결하면 전기를, 또한 발열기를 연결하면 열에너지를 각각 얻을 수 있다. 변환 기술에서 터빈·발전기를 이용하여 전력을 사용하는 방법이 일반적으로 많다. 이것은 전력 변환에 의해 다방면에서의 이용이 가능하기 때문이다.

(4) 저장 및 평활(平滑)기술

파력에너지는 단기적으로나 장기적으로 변동하기 때문에, 이용면에서 문제가 되는 경우가 많다. 그래서 출력 에너지를 일정하도록 하기 위해서는 전술한 회수 기술·변환 기술에 저장 기능이나 평활 기능을 갖출 필요가 있다. 기능적인 방법으로서 플라이휠, 유압(액체) accumulator가 있으며, 기체의 경우는 압력 탱크 등이 있다.

플라이휠은 일부의 진동수주(OWC: Oscillating Wave Column)에 이용되고 있다. 이 경우는 프로펠러, 발전기 shaft 및 플라이휠의 관성을 회전 운동 에너지 형태로 일부 저장한다. 일부 장치는 진공에 플라이휠을 가두어(또는 저마찰 정압축(靜壓軸) 받이를 사용하여), 이 loss를 극복하고자 하였으나, 시스템 비용 및 복잡성을 더하는 결과가 되었다.

가스 · accumulator는 유압 시스템에 에너지를 저장하는 일반적인 방법이다. 이 경우에 불활성 가스를 steel · accumulator에 봉입한다. 불활성 가스는 고압 및 낮은 양으로 에너지를 저장하여 보다 저압에서 체적이 팽창하는 데 따라 에너지를 방출한다. 가스가 작동액에 용해하지 않도록 다이어프램(diaphragm) 또는 고무가 이 두개의 물체를 밀폐하고 있다. 그러나, 대규모적인 accumulator의 비용은 현재 꽤 고가이다. 파력 발전의 실용화가 촉진되는 데 따라 이 장치의 수요를 대량으로 만들어 낼 경우는 앞으로 비용이 낮아질 가능성은 있다.

기체의 경우는 압력 탱크 등이 생각된다. 가스 accumulator의 대체안의 하나이며, 몇 개의 장치로부터의 에너지의 저장용에 공기 저장으로서 육상의 대형 챔버(chamber, 정압화 탱크)를 이용하는 것이다. 이것은 일본의 쿠쥬쿠리(九十九里)의 실증실험 플랜트의 장치로서 실증되어 있다.

작은 출력의 발전기인 경우는, 현재 축전지와의 조합이 있으나 큰 출력의 경우는 축전지로는 고가가 되어, 실용적이지 못하다. 대출력의 경우는, 기존 기술과의 조합으로서 양수발전과의 조합도 제안되어 있다.

저장과 평활 기능을 가지게 하는 방법으로서, 파고를 증폭하여 월파한 해수를 높은 곳에 있는 저수지에 저장하여, 저낙차 터빈을 운전하는 방법(Tapchan 방식)도 있다. 이 경우, 안정 출력의 공급에는 대규모적인 저수지를 필요로 한다.

신기술 이용으로서는 고온 초전도 기술 등의 이용이 생각된다. 이 기술은 회수 장치에도 응용할 가능성이 있다. 저장 면에서는, 초전도 자석과의 조합으로 에너지 저장과 출력의 평활화에 이용할 수 있다. 이 때문에 금후 고온 초전도 기술 개발의 동향에 주목할 필요가 있다. 이상에 기술한 저장, 평활 기능의 방법, 또는 설비 용량의 선택은 사용할 전력량 등 최종 단계까지의 수요에 맞는 방법의 채용이 중요하다.

(5) 회수시설의 구조형식

구조 형식은 고정식과 부체식의 크게 두 가지로 분류할 수 있고, 설치 해역에 따른 분류로는 먼바다 형과 천해(연안) 형이 있다. 여기서는 일본에서 행한 파력 발전 실증실험 중에 대표적인 사례를 바탕으로, 먼바다 및 천해의 설치 해역에 따른 분류와 구조 형식 등에 대하여 이하에 소개한다.

1) 먼바다 형

i) 먼바다 고정식

a) 파력 발전 케이슨(caisson)

파력 발전 케이슨은 고정 OWC 형의 파랑에너지 회수·변환기술이다. 이것을 먼바다에 설치하고 그 배후에 정온 해역을 만드는 한편, 파로부터 에너지를 추출, 전력으로 변환해서 주변 해역이나 육상에 송전하는 시스템이다.

일본 운수성 항만국은 사카다(酒田) 항에서 1987년부터 1994년에 걸쳐 실증실험을 실시하였다. 파력 발전 케이슨(試驗提)은 그림 1.23에 나타낸 바와 같이 공기실과 그것을 고정하는 통상의 케이슨부, 그리고 기계실로 구성되어 있다. 이 케이슨은 통상 철근 콘크리트제로, 사석 마운드(mound) 상에 설치되어, 파랑에 대해서는 그 중량으로 대항하는 중력식 구조물이다. 기계실에는 터빈이나 발전기 등을 보호한다든지, 공기류를 조정하는 각종의 밸브가 설치되어 있다. 이 구조의 개요를 그림 1.24에 나타낸다. 이 시스템은 수심 10~30m에서 비교적 파가 큰 해역에 설치되는 것을 가정하고 있다.

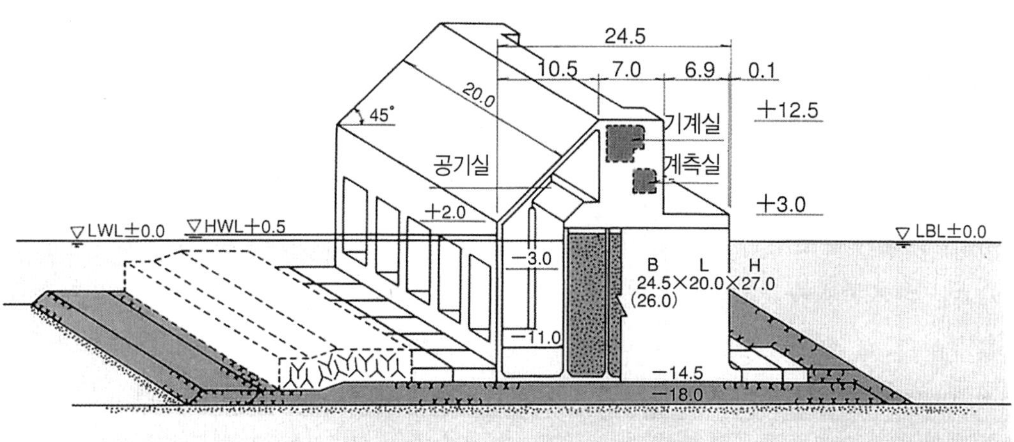

그림 1.23. 파력 발전 케이슨

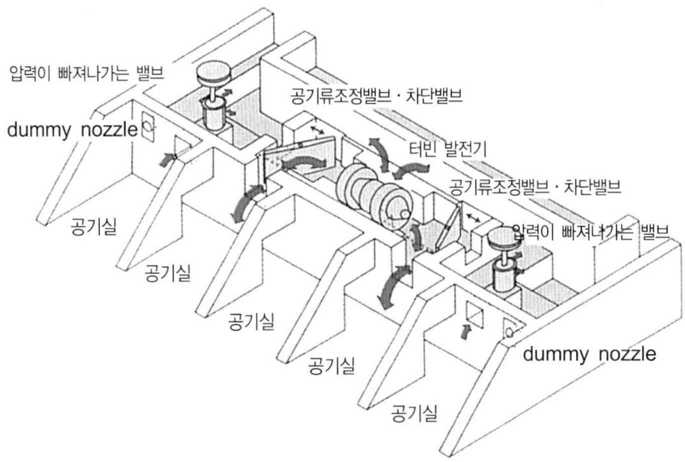

그림 1.24. 기계실 구조개요

시험 제방의 발전 케이슨은 폭 20m, 만 안쪽 방향으로의 길이 24.5m, 높이 27m의 콘크리트제로, 방파제 기능과 발전기 기능을 동시에 가지고 있다. 출력 60kW의 tandem형 Wells 터빈을 사용하고 있다. 시험 제방의 설계조건을 표 1.5에 나타낸다. 시공시부터 완공 시까지의 사진을 사진 1.2~1.6에 나타낸다.

표 1.5. 시험 제방의 설계 조건

설계조건	
설계파고	H_{max} 15.3m
	$H_{1/3}$ 10.2m
설계주기	$T_{1/3}$ 14.5s
입사각	25°

사진 1.2. 형틀 설치

사진 1.3. Turbine 설치

사진 1.4. 시공상황(1)

사진 1.5. 사공상황(2)

사진 1.6. 완성

최신 장치로서는 오스트레일리아의 Port Cambla에서는 케이슨의 양측에 날개를 붙이어 파고를 증폭하여, 발전효율을 높이는 방법이 취해지고 있다.

b) 수변집약식(水弁集約式) 파력발전 시스템

수변 집약식 발전 시스템은 방파제 등의 임해시설에 조합한 파력 공기실에 의해, 파랑 에너지를 왕복하는 공기의 운동 에너지로 변환하여, 유체역학적으로 설계된 수변(水弁, air valve)을 써서 공기류의 정류·집약화를 꾀한 것이다. 일본의 토후쿠(東北) 전력 주식회사가 하라노마찌(原町) 발전소 방파제에 1996년에 실증시험시설을 설치하여, 2000년까지 실증 시험을 실시하였으며, 최대 발전출력은 130kW이었다.

실증시험에 사용된 케이슨 형식은, 상부 사면제(斜面堤) 형의 공기실을 조합한 것이다. 그 규모는 폭 24m, 만 안쪽 방향으로의 길이 20.85m, 높이 24m의 것을 2기 연결한 것이다. 그 조감도를 그림 1.25에 나타낸다. 설계조건은 설계파고가 $H_{max}=11.2$m, $H_{1/3}=7.3$m, 설계 주기 $T_{1/3}=16$s이다. 두 종류의 수변(水弁) (정압(正壓) 및 부압(負壓) 수변)을 설치하는 것에 의해 입사파와 반사파에 대한 대응이 가능하다. 이 수변(水弁)의 원리를 그림

1.26 및 그림 1.27에 나타낸다.

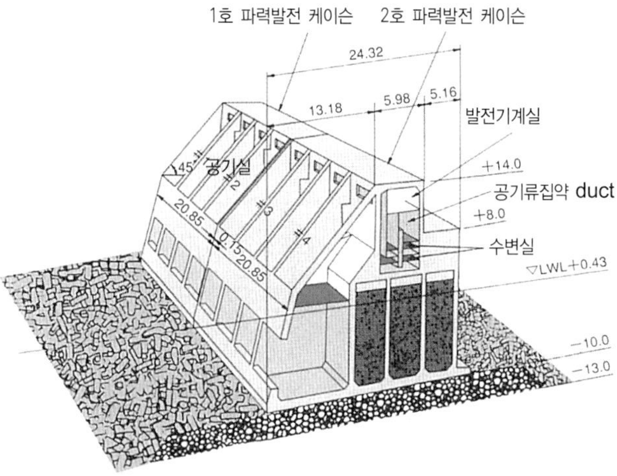

그림 1.25. 수변 집약식 파력발전 케이슨 조감도

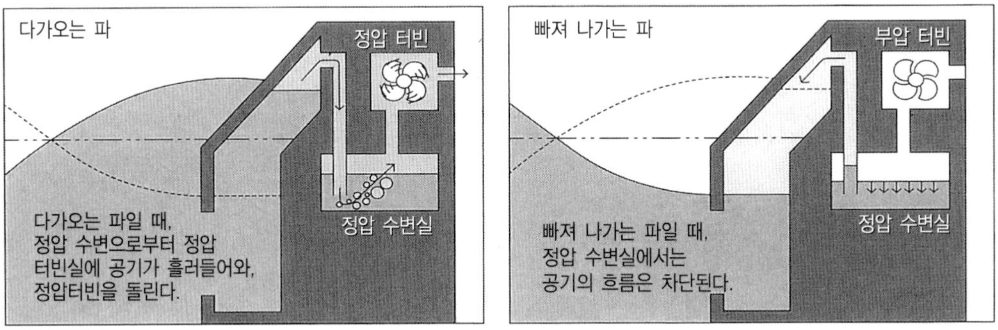

그림 1.26. 수변의 원리(정압)

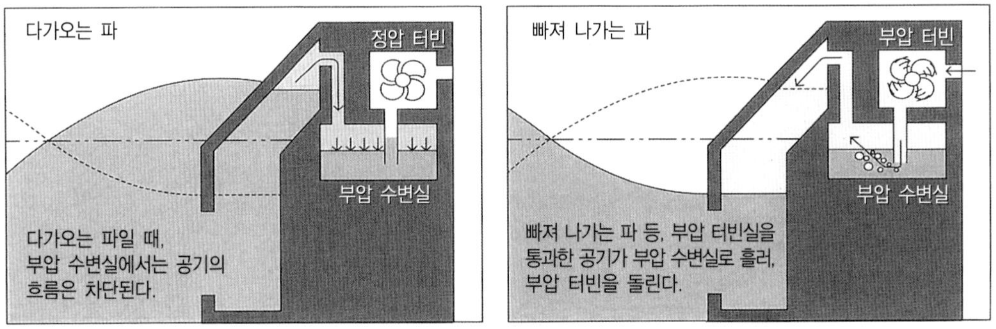

그림 1.27. 수변의 원리(부압)

ii) 먼바다 부체식

a) 먼바다 부체식 파력장치 Mighty Whale

파력발전 기능과 소파기능을 동시에 가진, 먼바다 해역에 계류설치가 가능한 부체식 파력장치이다. 일본 미에(三重)현 난세이쬬(南勢町) 고카쇼(五ケ所)만의 만구부 수심 40m 해역에 실물 크기(proto type)의 실증실험기기가 설치되어, 해양과학기술센터에 의해 해역실험이 1998년부터 2002년 6월까지 이루어졌다. 실물 크기 부체(浮体)는 길이 50m, 폭 30m, 깊이 12m, 흘수 8m, 배수량 4,380톤, 경하중량(輕荷重量)이 1,290톤이다. 공기실 3실을 가지고 있고, tandem형 Wells 터빈 발전기를 사용하고 있으며, 최대발전 출력은 110 *kW*이다.

그림 1.28에 Mighty Whale의 전체 그림을, 표 1.6에 설치조건을, 그리고 사진 1.7에 개관 사진을 각각 나타낸다. 또한, 부체이기 때문에 계류 시스템의 제원을 표 1.7에 나타낸다.

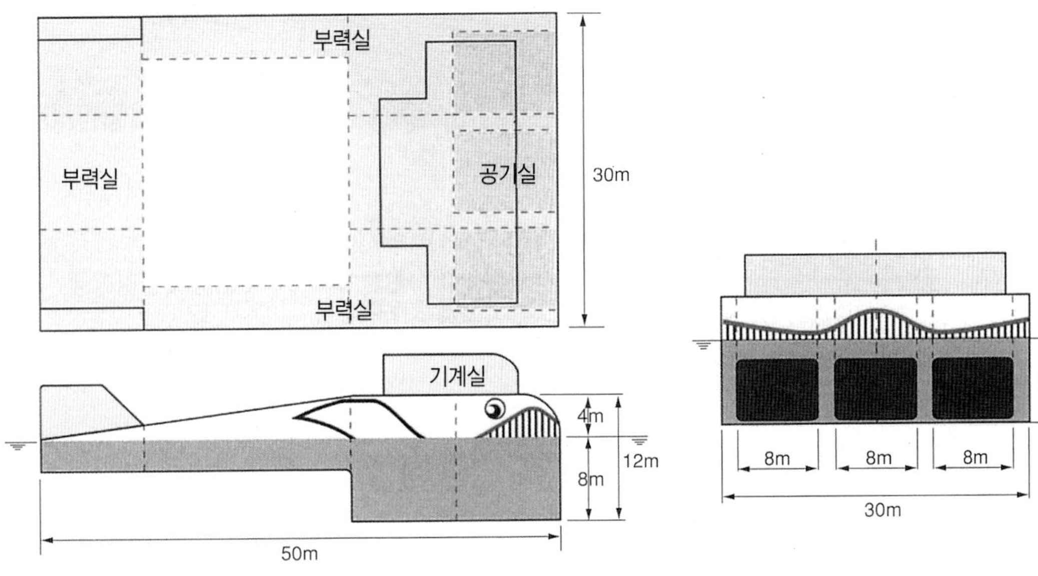

그림 1.28. Mighty Whale의 개관

표 1.6. 설계 조건

설계조건 항목	설계값
정상 풍속 (10분간 평균 풍속) (1분간 평균 풍속) (1시간 평균 풍속)	 36.4m/s 42.2m/s 34.2m/s
조류	1.2m/s
파랑 유의파고 $H_{1/3}$	8.0m
유의파 주기 $T_{1/3}$	10∼15s
설치 수심	40.0m
조위 HWL	1.859m
LWL	0.029m

사진 1.7. Mighty Whale의 개관

표 1.7. 계류 시스템의 제원

먼바다측 계류 line (4줄)	
계류 chain	
본체측	Φ160mm (제2종)×165m (파단강도 816.3톤)
anchor측	Φ130mm (제2종)×100m (파단강도 795.9톤)
중간 weight	14톤 (수중 중량)×2개 (각 line)
anchor	165톤 (수중 중량)×1개 (붙드는 것)
육지측 계류 line (2줄)	
본체측	Φ81mm (제3종)×207m (파단강도 491.8톤)
중간 weight	14톤 (수중 중량)×2개 (각 line)
anchor	125톤 (수중 중량)×1개 (붙드는 것)

2) 천해형

i) 연안고정식

a) 정압화 탱크 방식 파력발전 시스템

시스템을 구성하는 주요 요소는 그림 1.29에 나타낸 바와 같이 에너지 흡수장치, 송기관(送氣管), 정압화 탱크, 공기 터빈(air turbine)·발전기, 송전설비이다. 이 시스템은 우선 파랑에너지를 복수의 에너지 흡수장치에 의해 공기압으로 변환하여 흡수하고, 이 공기를 송기관을 통하여 정압화 탱크에 모아, 파랑에 의해 변동하는 공기압을 이 탱크내에서 일정압력으로 하여, 정압화된 공기를 공기 터빈 · 발전기에 보내어 발전하는 것이다.

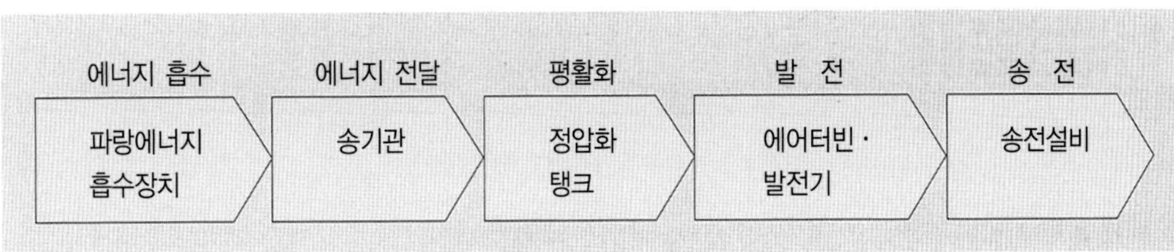

그림 1.29. 시스템 흐름도

이 시스템에서 화수장치에 해당하는 것이, 파랑에너지 흡수장치이다. 해안선, 제방, 호안이나 방파제 전면에 무리를 이루도록 설치하는 것에 의해, 소파공(消波工)으로서의 기능도 가지고 있다. 일본 (재)엔지니어링 진흥협회가 치바(千葉)현 쿠쥬쿠리쬬(九十九里町) 가타가이(片貝)어항에서 1988년부터 1995년까지 실증시험을 실시하였고, 현재는 철거한 상태이다.

실증 플랜트를 바탕으로 장치를 해설한다. 수면하 개구부를 가진 통 모양의 구조체(강제, 직경 2.1m × 10기)에, 공기류를 제어하는 밸브를 설치하여, 파의 하강시에는 흡기변(吸氣弁)이 열려 공기실에 바깥 공기가 유입하고, 파의 상승시에는 흡기변이 닫히어 공기실의 공기를 압축, 송기관 내의 압력보다 높아지면 배기변(排氣弁)이 열려 송기관 내에 공기가 유입하는 장치로 되어 있다. 사진 1.8에 실증 플랜트 전경을 나타낸다.

사진 1.8. 실증 플랜트 전경(일본 쿠쥬쿠리(九十九里) 가타가이(片貝) 어항)

그림 1.30에 파랑에너지 흡수장치의 기구도를, 또한 사진 1.9에 파랑 에너지 흡수장치를 나타낸다.

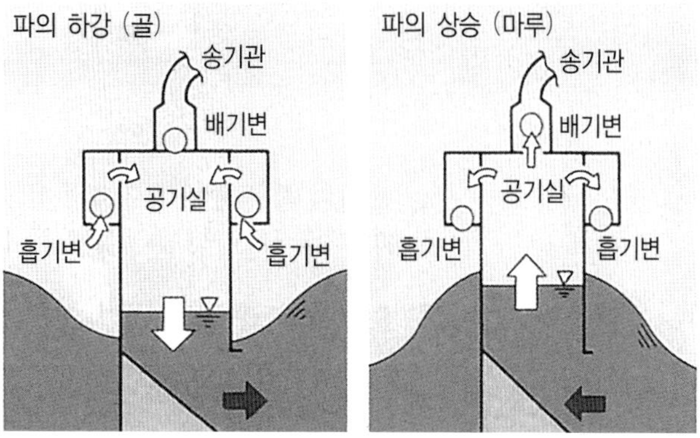

그림 1.30. 파랑에너지 흡수장치의 기구

사진 1.9. 파랑에너지 흡수장치

(6) 운영 및 유지 보수 기술

가장 일반적인 OWC형 파력 발전 시스템에서 방파제 케이슨 이용형을 그림 1.31에 나타내는데, 주요한 구성 요소는 다음과 같다.

- 공기실 : 파 에너지를 공기 에너지로 변환하기 위해 아래에 기술하는 구조물 중에 설치되는 빈 공간(open space)으로서 바다 속에서 파 취입구를 가진다.
- 공기 터빈 : 공기 에너지를 기계 회전 에너지로 변환하기 위한 기계장치이며, 이 장치의 입력 측에 상기한 공기실로부터 공기가 공급된다.
- 발전기 : 공기 터빈에 직결하여 설치되며, 회전 에너지를 전기 에너지로 변환하여 출력하는 전기장치

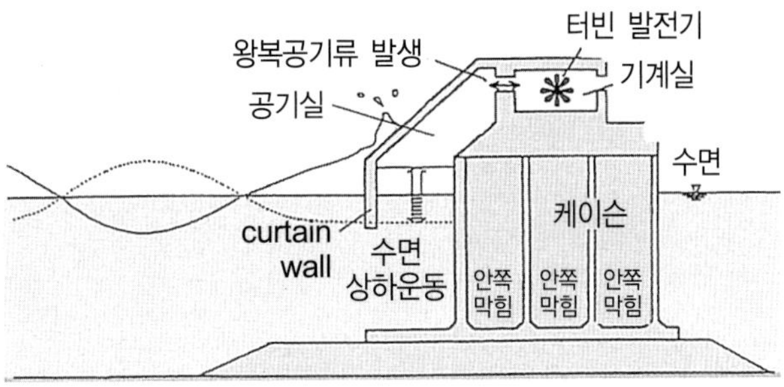

그림 1.31. 파력 발전 케이슨 방파제의 발전 원리

· 콘크리트/강제 구조물 : 상기의 공기실 공간을 확보하여, 기계나 전기 기기를 탑재한 상태에서 해저에 고정 또한 착저 상태에서 설치되는 구조물 또는 해저에 계류되는 부체 구조물

· 운전제어 시스템 : 파력 발전장치는 해상에 설치되기 때문에, 운전은 육상으로부터 상시 접근(access)이 가능한 장소로부터, 유선 또는 무선으로 원격자동 또는 반자동으로 운전된다. 이 때문에 필요한 일련의 장치

이상이 파력 발전장치의 내용이며, 운영 및 유지보수에 있어서는 주로 기계류가 대상이 되지만, 종래의 연안 해양구조물 및 해양환경에서 사용되는 기기, 장치의 사용시 적용되어 온 현재의 기술로 충분히 대응이 가능하다.

덧붙이어, 이하에 몇 가지 유의점을 기술한다.

① 내부기기·장치에 대한 접근

파력 발전방치를 포함하여 자연 에너지 이용장치는 일단 가동하기 시작하면 입력 에너지가 자연에 맡겨진 식이 되기 때문에 입력 에너지는 멈추고 싶어도 멈추어지지 않는 특징이 있다. 또한, 공기실에 연결되는 개구부에서는 언제나 태풍 정도의 공기류가 발생하고 있어서 접근하는 것은 대단히 곤란하다. 따라서, 유지보수를 목적으로, 구조물 내부에 설치된 터빈, 발전기 등의 기계류에 대하여 접근하기 위해서는 입력 에너지를 기계실 밖으로 도망가게 하여, 공기류를 차단하기 위한 장치가 필요하다. 여기서는, 일반적인 우회(bypass) 밸브 방식을 참고로 그림 1.32에 나타낸다.

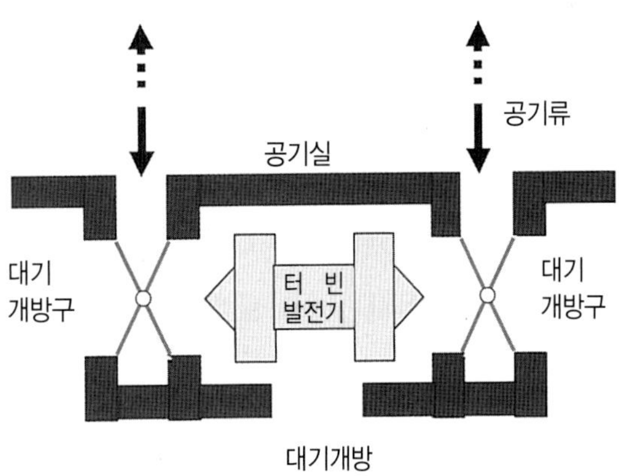

그림 1.32. 터빈 발전기와 우회(bypass) 밸브와의 관계

② 기기의 유지 관리

파력 발전장치는 보통 방파제 등의 속에 짜 넣어져 있기 때문에 기기류의 환경조건으로서는 반드시 양호한 상태라고는 말하기 어렵고, 특히 전기 기기류에 대해서는 높은 습도, 염해(鹽害)에서의 절연 불량, 녹의 발생에 의한 접촉 불량/방식(防食) 불량, 회전부의 고착 상태 등이 염려된다. 이들의 고장은 장치의 작동 불량이나 제어 불량이 되고, 정상적인 운전을 확보할 수 없게 될 염려도 있다. 이 때문에, 제작시부터 대책을 세워두어야 함은 물론, 현장 해방(解放), 조정을 목적으로 한 정기 검사(유지)를 실시할 필요가 있다.

③ 장치의 인터록(interlock)

보통은 무인원격 운전이 되기 때문에, 기기류가 고장일 때는 안전장치(fail safe)에서 발전정지를 할 수 있는 제어 시스템이 필요하다. 안전장치 기구로서, 터빈 발전기의 과회전, 과전류, 축수(軸受) 온도 상승 등이 발생한 때, 우회 밸브 또는 차단 밸브가 작동하여 공기류를 차단하고 터빈 발전기를 정지하는 자동 제어가 채용되어 있으며, 용이하게 접근하기 어려운 해상조건하에서의 고장시의 안전대책으로 삼고 있다.

④ 구조물의 유지 관리

구조물에 대하여는, 구조 강도, 안전성, 활동 대책, 계류 방법 등 종래의 해양구조물과 크게 다르지 않아서, 특별한 유지, 보수는 필요하지 않다고 생각된다. 그러나, 구조물의 손상 상태나, 강제부의 부식 상황, 그리고 부체 구조물의 계류 상태 등에 대하여 적의한 조사가 필요하게 되는데, 어느 것이나 종래의 기술로 대응 가능하다.

(7) 철거기술

철거에 대하여는 아래의 두 경우가 생각되는데, 종래 기술로 대응 가능하다.

1) case 1 : 중력식 케이슨 또는 고정 구조물

i) 구조물의 철거

본 case의 구조물은 일반적으로 철거하기 쉽지만, 철거를 고려하는 경우는 중력식에 있어서는 재부상 방식, 또한 고정 방식에 있어서는 분할 방식 등을 사전에 계획해 두는 것이 필요하다.

작업 내용적으로는 아래 기술한 기계, 장치 철거도 포함하여 종래의 해양토목기술과 조선 기술에 의해 대응 가능하다.

ii) 기계, 장치만의 철거

이 경우는, 계획단계부터 구조물에 반송용의 개구(開口)를 만들어 둘 필요가 있다. 이 개구로부터 기계, 장치를 구조물내에서 반출 가능한 치수 중량까지 해체한 후, 해상 기중기선 등으로 반출을 행하고, 가장 가까운 육양(陸揚)항까지 태선상(台船上)에 탑재하여 운반한다.

기본적으로는 해상 양중기(揚重機) 작업 및 태선 예항식 작업이다. 또한 구조물을 그대로, 사용하는 경우는 콘크리트 믹서(mixer) 선 등에서 개구부로의 콘크리트 타설 등의 작업이 필요하게 된다.

철거작업 내용을 아래에 나타낸다.

a) 파력 발전설비의 철거

① 터빈·발전기

② 전기반류(電氣盤類)

③ 부속장치

④ 조명설비, 부속 밸브·배관류

케이블 · 전선류, 강제(鋼製) 문짝 · 책(柵)

b) 육상관측소 설비기기의 철거

① 전기반류(電氣盤類)

② 수전설비(受電設備)

③ 비품, 준비품, 집기류(什器類)

c) 부대공사

① 각 실의 강제 사절벽(仕切壁) 및 철거기기 반출구의 개구 공사

② 필요한 개소에 대한 콘크리트 타설, 틈 메우기 등

③ 기기 철거 및 개구 공사에 따른 방식(防食) 공사

2) case 2 : 부체 구조물

i) 구조물의 철거

엥커(anchor)나 체인(chain) 등 계류 장치를 해상 크레인 등에 의해 철거하고, 부체 구조물을 완전히 자유롭게 한 뒤, 가장 가까운 항만까지 예인선 등으로 예항하여 안벽에 계류한다. 그 다음 아래와 같은 기기장치의 철거작업을 행한 뒤, 그 후의 처리에 대하여는 개조 재사용, 스크랩(scrap) 처리 등 필요에 따라 조선소에 운반하여 필요한 공사를 실시한다. 본 작업은 보통의 해양토목 및 조선기술로 대응이 가능하다.

ii) 기계, 장치의 철거

안벽에 계류된 부체 구조물로부터, 주로 육상 크레인에 의해 선내 기계, 장치는 갑판상의 해치(hatch), 문짝 등의 개구로부터 반출한다. 필요에 따라서는 갑판을 절개하여 반출한다. 본 작업은 일반적인 조선기술로 대응이 가능하다.

1.3 환경에 미치는 영향

종래의 화석연료기술과는 달리, 파력에너지는 온실효과 가스나 그 외의 대기오염물질을 만들어 내지 않고 발전할 수 있다고 하는 이점이 있다. 파력에너지를 대체 에너지로서 이용한 경우의 환경부하 저감효과를 유럽의 예에서 살펴본다.

스칸디나비아를 제외한 유럽 서해안의 해안선은 4,800km로서, 가령 그 파력에너지 부존량의 10%가 이용가능하다고 하면 그 전력량은 연간 420 TWh가 된다. 그것은 화석연료로 93.3Mtoe(석유환산 100만톤)에 상당한다. 93.3Mtoe의 화석연료 소비량 삭감은 석탄화력 발전으로 연간 CO_2, SO_2 각각의 방출량 440×10^6톤, 1.2×10^6톤이 삭감된다.

이 CO_2 삭감량은 일본의 연간 발전량의 약 40%에 상당하는 4.5×10^{11} kWh의 전력량을, 석탄 화력발전소에서 발전할 때에 배출되는 CO_2 양과 같다. 그 밖의 이점으로서, 파력에너지 장치를 작은 섬을 포함한 멀리 떨어진 해안 지역에 설치하는 것에 의해, 보조(디젤) 발전소에 대한 의존을 줄일 수 있다(스코틀랜드 Islay 섬의 예).

또한, 먼바다에 설치되는 파력에너지 장치는 어초 효과에 의해 대량의 어군을 불러들이는 것은 물론, 그 표면의 부착생물을 먹이로 하는 생물을 끌어들이게 된다.

한편, 파력에너지 장치를 설치하는 데 있어서 검토해야 할 환경에 대한 영향은 다음과 같다.

(1) 시각적 영향

해안선 및 연안 지역의 파력에너지 장치는 멀리서도 보인다. 현재 가동하고 있는 Pico 섬, Islay 섬의 파력 발전소는 멀리 떨어진 해안지역이기 때문에 시스템의 설비 외관은 두드러지지는 않다.

(2) 소음

육상의 Wells turbine 및 연안지역 OWC는 불쾌한 수준의 소음을 낸다. 인도의 출력 150kW의 발전 플랜트 예에서는 플랜트 위치에서 90dB의 소음 수준이, 100m 떨어진 지점에서는 충분히 허용할 수 있는 수준의 60dB로 저하한다.

(3) 해안퇴적 및 침식

파랑 및 해류는 해저 및 해안선의 작은 고형물, 특히 토사의 이동에 중요한 영향을 준다. 플랜트의 장소, 특히 연안지역, 캐이슨 장치의 설치장소 선택에는 신중을 기하지 않으면 안된다.

(4) 생태계에 대한 영향

먼바다에서의 건설은 해저를 교란시키기 때문에 특히 저생생물에 대한 영향이 커진다.

(5) 해상 교통에 대한 영향

해상 교통의 장애가 되는 경우는, 안전지대의 설정, 항해등(航海燈)의 사용, 나아가 레이더(radar) 반사장치를 설정하여 충돌의 위험을 회피할 필요가 있다.

1.4 장래의 기술개발 동향과 전망

현재 파력에너지 이용은 극히 개발 초기단계의 기술이다. 그러나, 특정의 장소나 시장에 있어서의 파력에너지 이용은 상업적인 경쟁력을 가지고 있다. 예를 들면, 항행 부이, 담수화 플랜트를 위한 전력 공급, 나아가 디젤 발전에 의한 이도(離島) 등에서의 고 비용 전력 공급의 대체를 들 수 있다. 그러나, 일반 에너지 시장을 위한 대규모적인 파력에너지의 활용을 하기 전에 보다 더 기술혁신 및 기술개발이 필요하다.

경험의 축적과 생산 방식의 개선에 의해, 생산물의 단가는 생산량의 증가에 따라 보통 저하하게 되는 원리가 있다. 전형적인 경향으로서, 누적생산량이 배증할 때마다 인플레이션 수정이 끝난 가격의 20~25% 저하가 생긴다고 일컬어지고 있다(Fischer, 1974). 이 원리를 근거로 생각하면, 현시점에 있어서의 최선의 파력 발전장치의 에너지 비용은 시장상장(上場)에 비교하여 그다지 높지 않기 때문에, 장래 파랑에너지의 대규모 활용에 큰 희망을 가질 수 있다(Falnes, 1995).

이 원리는 파랑 조건의 혜택을 누리고 있는 유럽에서는 적용 가능하지만, 우리나라나 일본에서는 파랑 조건이 다르고, 에너지 비용은 높은 것이 현재 상황이다. 인간이 어린애로부터 어른이 되듯이, 새로운 에너지 생산 방식도 아이디어 단계로부터 성숙한 기술단계로 성장한다. 그래서, 확립된 종래형 에너지 기술과의 시장 경쟁에 있어서는 신에너지 기술은 초기 단계에서부터 핸디캡이 있다는 것을 인식하고, 경험 및 혁신에 의한 비용 삭감을 이루어나가는 개발을 행할 필요가 있다.

과거 파력에너지 이용계획(특히 1980년대의 영국)에 있어서는 설치예정의 장치가 해안선에 부딪치는 파력에너지의 가능한 한 대부분을 전력으로 변환하는 것이 설계목표가 되어 있었다. 그러나, 파력에너지는 시시각각으로 변화하기 때문에, 이 목표는 반드시 최선의 경제적 설계전략이 되지는 않았다. 그래서 장래는 대상 해역에 있어서의 발전전력을 그 해역으로부터의 광범위한 파력에너지 출력에 대응시킬 수 있는 경제 최적화의 원리를 따른 시스템이 경제 전략이 될 것이다. 이 전략은 발전량의 저하를 초래할지도 모르지만, 발전 효율의 향상, 또한 경제성의 개선에 연결이 된다. 이 전략에 따르면, 파랑변동성을 평활화하기 위한 에너지 저장용량의 규모에 관한 요구 성능이 완화되고, 보다 슬림(slim)형의 구조물이 되어, 비용 저감에도 기여하게 된다.

과거 해역에서 실증 시험된 파랑에너지 회수 · 변환기술의 설계시, 이와 같은 관점은 중요한 전략이 되지는 않았다. 그 때문에, 장치의 다수는 에너지 생산과 투자와의 비율의 최대화를 추구한 나머지, 과대한 구조물이 되었다. 이 비율을 최대로 하고자 하는 생각을 계속하면, 장래에도 정밀한 설계가 요구되어, 비용의 저감은 꾀할 수 없다. 노동력이 높지 않는 개발도상국에서 건설하는 경우, 간단한 형태의 파랑에너지 회수 · 변환장치의 설치가 경제성에 있어서 뛰어나다고 생각된다. 이 결과, 파력에너지는 선진국보다도 오히려 개발도상국에서 가장 빨리 상업화될 가능성이 있다.

더욱 선진적인 파력에너지 기술로의 진화에 따라, 새로운 부품, 특히 전자 및 기계부품, 예를 들면 전자 하드웨어(hardware) 및 소프트웨어(software), 펌프(pump), 밸브(valve), 터빈(turbine) 및 그 외의 공기 및 유압 모터(motor) 등의 개발이 필요하다. 대규모적인 먼바다 또는 천해역의 파력에너지·플랜트는 각각이 $100kW \sim 1MW$ 범위의 발전용량을 가진 많은 파랑에너지 회수·변환장치의 집합체로 생각된다. 이들 장치의 생산을 계열(series)화, 대량생산화 하는 것에 의해 비용의 저감이 이루어질 수 있을 것이다.

1.5 장래 계획

(1) 건설 계획과 그 검토

파력에너지 이용은 사회적 또는 정치적인 의미를 가지고 있다. 즉, 청정한 파력에너지가 현재의 에너지원(화석연료)으로 대체될 수 있다면, 사회에 이익을 야기하게 된다. 더욱이, 보다 정기적인 파랑에너지의 개발은 지구온난화의 심각한 염려에 대응하기 위한 일익을 담당하게 될 것이다.

Hagerman(1995)에 따르면, 파력에너지 이용은, 해안 등의 국지적 수요를 만족시키는 분산형 발전에 의해 그 존재가치를 실증한 후, 비로소 대량의 전력을 전력망으로 송전할 수 있는 시스템이 검토되게 될 것이라고 언급하고 있다. 또한, 같은 논문에서 소규모 발전소의 경제적 존재 이유는, 가정용이나 가축용의 산수(散水), 나아가 곡물 관개용의 담수 생산도 포함하면 발전에 의해 야기되는 부산물에 의해 높아질 것으로 보고 있다.

1) 용도 목적과 그 계획 대상

i) 발전으로서의 이용

파력에너지는 그 해안을 따라 적절한 파고를 가지는 나라에서는, 전국적인 전력 공급에 크게 공헌할 가능성이 있다. 예를 들면, 지역개발을 촉진하기 위해 유럽위원회로부터 자금 제공을 받고 있는 북 아일랜드, 아일랜드의 서쪽, 스코틀랜드 및 포르투갈 등은 대규모적인 파력에너지 자원을 가지고 있어서, 파력 발전 플랜트의 계획이 진행되고 있다. 해안선을 가진 많은 발전도상국의 경우, 파력에너지 변환에 의해 지역 발전 및 생활수준의 향상이 추진되고 있다. 파력에너지의 이용은 이와 같은 지역사회(community)에 큰 가능성을 야기한다. 즉, 디젤 오일과 같이 고가의 연료를 수입하여 발전한다고 하는 제약조건을 해소하게 되어, 이들 지역사회에 큰 부를 야기하게 된다. 또한, 설치공사 시, 일상 보수·점검이나 관광 등 지역에 대한 고용 기회를 증가시킨다.

ii) 담수의 공급

파력에너지를 광범하게 이용하는 것은 도서 지역 등의 자급체제의 확립으로 이어진다. 많은 원격지 도서 지역이나 해안 지역의 경우, 물 및 에너지의 부족이 언제나 존재하고 있다. 10만명 이상이 거주하는 세계의 도서에서 충분한 급수 또는 에너지원의 입수가 용이한 개소는 매우 드물다. 이들 도서의 상당수는 음용수에는 빗물 또는 역침투막(이하 RO(Reverse Osmosis) 라고 표기) 탈염장치(脫鹽裝置)에 의존하고 있으며, 에너지도 화석연료에 의존하고 있다. 열대지역에서는 건기(乾期) 6개월은 거의 갈수(渴水)상태이고, RO 탈염장치의 경우에는 그 가동에 상당한 전력이 필요하게 되어, 그 결과 RO 탈염장치에 의해 생산되는 음용수는 고가(高價)가 된다. 예를 들면, 일부 도서 지역의 경우, 음용수의 가격은 주로 1,000원/*kWh*를 넘는 에너지 비용이 들고, 1 gallon(=3.785 ℓ)당 최고 4,000원에 달하는 경우도 있다.

발전도상국의 인구 증가나 생활수준의 향상에 따라, 물 수요가 상당히 증가하여, 그 결과로서 이용가능한 자원에 대한 수요가 높아지게 된다. 이것은 담수화 플랜트의 매상이 증가하고 있는 것으로부터도 분명하다(국제탈염협회, 1998; Wangwick, 1998). 유엔 환경계획에 의하면, 21세기에 세계가 직면하는 가장 큰 과제중의 하나는 충분한 물을 확보하기 위한 투쟁이라고 기술하고 있다. 파력에너지는 건조지역 또는 반 건조지역에 해안선을 가진 각국이 이 과제를 해결할 때에 중요한 역할을 하게 된다. 해수의 담수화는 작동유체에 해수를 사용하여, 5.5~6.9MPa의 압력을 만들어낼 수 있는 파력에너지 장치에 의해 그 실현이 가능하다.

iii) 그 밖의 용도

Hagerman이 제창하는 파력에너지 변환의 두 가지 부산물로서, 항만의 방파제와 수산양식을 위한 해수재생이 거론된다. 이것은 파력에너지 회수·변환장치 자체가 항만의 방파제로서의 기능을 가지고 있다는 점, 또한 회수할 때의 운동 모드에 의해 해수교환 또는 순환이 일어나 해수의 재생이 이루어진다는 점이다. 군사적 전략 거점에서는, 물 및 에너지 공급의 필요성은 말할 필요가 없다. 예를 들면 인도양(印度洋)상의 Diego Garcia의 미국 해군기지가 그것이다. 이 공급 비용도 중요하지만, 전략 가치 쪽이 훨씬 더 중요하며, 에너지 공급 라인의 장애가 군사적 사명의 위기에 이어질 우려도 있다. 따라서, 대체 에너지 이용의 필요성은 분명하다.

해외에는 파력에너지 장치의 이용으로서 정체 저층수의 직접 교환 및 에어레이션(aeration, 폭기)에 적용가능한 장소가 있는데, 예를 들면, 스칸디나비아, 발트 해 및 흑해의 북동 연안부의 피요르드(Fjord)가 그것이다. 그 해역은 염분이 적은 해수나 담수가 비중이 무거운 찬 해수 위에 놓이는 것에 의해 산소결핍(酸素缺乏) 상태가 되어, 생명이 존재하지 않는 해저가 되어 있는데, 이것은 파력에너지 장치의 적용에 의해 해결할 수 있는 가능성이 있다.

2) 극복해야 할 과제

i) 대량 생산, 대량 전개 기능의 충실

파랑에너지 장치 등은 콘크리트, 금속 등과 같이 세계 중에 널리 입수 가능한 자료로 구성된다. 일반 공사와 같이 파력에너지의 하부구조(infrastructure)는 현지 생산(공사)이 가능하다. 그러나, 파력에너지에 광범한 장래성을 가지게 하기 위해서는 이용하는 개념(concept)에 대량 생산 또는 대량 전개 기능이 필요하며, 이것은 천해형, 먼바다 형의 장치에 한정된다. 왜냐 하면 Tapchan 방식의 장치와 같이 입지가 특수한 환경조건에 의존하는 것은 대규모적인 생산 방식에는 부적하다고 생각되기 때문이다.

ii) 법률상의 문제

파랑에너지를 공해(公海)상에서 경제적으로 이용하는 경우는 그 전에 해상의 파력에너지 소유자가 누구이든지 소유권을 해결하는 국제협정 및 규칙이 필요하다. 어느 나라 해안의 너울은 수 천 km앞의 폭풍이 그 원인이다. 그래서, 너울이 영해의 파력 발전 플랜트에 도달하기 전에 다른 나라가 공해상에서 그 파랑에너지를 이용하려고 한다면 분쟁이 생길 우려가 있기 때문이다.

참고문헌

송무석·김도영·김민·홍기용·전기천, 장기 수치모사 파랑자료를 바탕으로 한 한국해역의 파랑에너지 밀도 분석, 한국해양환경공학회지, 7(3), 152-157, 2004.

홍기용 외, 나선암초형 월류파력발전 기술개발, 지식경제부 신·재생에너지기술개발사업 보고서, 2010.

홍기용 외, 파력에너지 실용화 기술 개발, 해양수산부 해양수산연구개발사업 보고서, 2005.

AEA Energy & Environment, Review and Analysis of Oceans Energy Systems Development and Supporting Policies, IEA-OES Report, 2006.

Callaghan, J., Future Marine Energy, Carbon Trust Report, 2006.

Center for Renewable Energy Sources, Ocean Energy Conversion in Europe, European Commission Report, 2006.

http://www.oceanpd.com/

http://www.cdit.or.jp/magzine/vol 1/p 01.html

http://www.sciencenews.org/20010414

http://www.emu-consult.dk/wavedragon_e.shtml

http://www.oceanpd.com/

http://www.waveswing.com

http://www.nedo.go.jp/nedo-info/caddet/

(社)国際海洋科学技術協会 : 沖合浮体式波力装置, 「マイティーホエール」の実用化における 国際展開に関する調査研究報告書, 2000. 3.

(社)土木学会エネルギー土木委員会新エネルギー技術小委員会 : 波エネルギー利用技術の現状と将来展望, 1990. 1.

運輸省第一港湾建設局 : パンフレット一無限の力を秘めた海に向って一, 波エネルギー利用型防波堤[波力発電防波堤].

東北電力(株) : パンフレット一環境にやさしいテクノロジー—, 「波力発電システム」.

海洋科学技術センター : パンフレット一「沖合浮体式装置マイティーフエールの研究開発」

(株)竹中工務店, (株)竹中土木 : パンフレット「波力発電システム—定圧化タンク方式—」.

芋野秀則, 西原潔 他 : 定圧化タンク方式波力発電システム実証試験, エネルギー・資源, 14(4), 79-85, 1993.

White : The European programme to develop the Wells air turbine for applications in wave energy, renew energy, 1207-1212, 1996.

Raju, Ravindran, Koola : Experiences on a 150kW wave energy pilot plant, European Wave Energy Symposium, 277-282, 1994.

Fischer, J. C. : Energy crisis in perspective, New York, NY, John Wiley, 1974.

Falnes, J. : A crude estimate of benefit-cost ratio for utilization of the wave energy of the world's ocean, In proceedings of the Second European Wave Power Conference, Lisbon, Portugal, 102-104, Nov., 8~10, 1995.

Hagerman, G. : Wave power, In Encyclopedia of Energy Technology and the Environment, John Wiley & Sons Inc., 2859-2907, 1995.

International Desalination Association, 1998, International Desalination Association Report, No. 15.

Wangwick, K. : 55% higher sales and dramatic changes in market, Desalination & Water Reuse, 8/2, pp. 11-13, 1998.

NAVFCCO : Natural resources development at NSF Diego Garcia (Advertisement), Sea Technology, 38(4), pp. 148-148, 1997.

Claeson, L., Sjostorm, B. O. : Syresattning av bottenvatten med vagenerrgi (Aeration of bottom water with wave power), Report, pp. 134-134, Goteborg, Sweden, 1988.

Ross, D. : Power from the waves, Oxford, UK, Oxford University Press (ISBN 0-19-856511-9), 1995.

제2장 __ 조석(또는 조력) 에너지

조력발전(또는 조석력 발전)은 조석에 동반한 조차를 이용하여 터빈을 가동하고, 발전하는 방식이며, 수력발전의 응용이기 때문에 오래 전부터 실용화되어 있는 기술이다. 수력발전과 같은 원리를 이용하여 조차가 큰 만이나 하구의 입구 등에 댐과 수문을 건설하여, 수위차에 의해 발전한다. 기본적으로는 만조시에 저수하고, 간조시에 수문을 열어 물을 방출하는 것에 의해 발전기를 돌려 발전한다. 주로 간조시의 한 방향의 흐름만으로 발전하는 방식과, 터빈이 양방향의 흐름에 대하여 회전하고, 교대로 발전할 수 있는 이방향 방식이 있다. 또한, 펌프 양수도 병행하여 행하고, 가동률을 향상시키는 방식도 실시되고 있다.

2.1 개발·이용의 현황

(1) 가동상황

해외에서는 프랑스의 Rance 조석발전소, 캐나다의 Annapolis Royal 조석발전소, 중국의 원링(溫嶺) 쟝샤(江厦) 시험발전소 및 러시아의 Kislaya Guba pilot plant가 각각 가동 중이다(표 2.1 및 그림 2.1).

표 2.1. 해외의 주요 조력발전소

번호 / 국명	① 프랑스	② 캐나다	③ 중국	④ 러시아
발전소명	Rance 발전소	Annapolis Royal 발전소	쟝샤(江厦) 발전소	Kislaya 실험용 발전소
최대조차(m)	13.0	15.8	8.39	9
평균조차(m)	8.5	6.4	5	5.7
댐의 길이(m)	750	—	670	465
수차 형식	kaplan 밸브형	밸브형 7.6m, 날개 4개	밸브형 runner 직경 2.5m	밸브형
발전기 정격(MW)	10	20	0.5	0.4
대수	24	1	6	2

번호	①	②	③	④
국명	프랑스	캐나다	중국	러시아
최대출력(MW)	240	20	3	0.4
연발전량(GWh)	540	50	10	1.2
운전개시일	1967. 12	1984	1981	1968
이용율(%)	95	—	—	—
수력에너지(TWh/y)	3.1	6.7	—	126.0

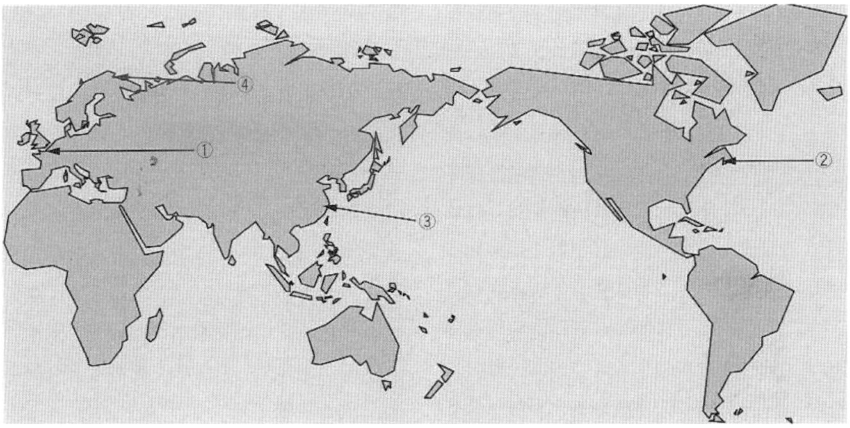

그림 2.1. 주요한 조석 발전소의 위치

한편, 우리나라에서는 그림 2.2에서 보는 바와 같이, 서해 시화호에 위치한 시화호 조력발전소가 2011년부터 상업적인 가동을 시작하여, 2013년말 현재 전력공급량 10억kWh를 달성하였다. 이 시화호 조력발전소는 밀물 때 바닷물을 시화호로 유입하여 발전을 하고, 유입된 바닷물은 썰물 때 수문으로 배수하는 방식인 이른 바 1일 2회의 단류식 창조발전을 하고 있다. 시설용량은 254MW(수차발전기 10기, 수문 8개)로, 세계 최대 규모이며, 수차는 횡축 카플란 밸브형 수차이며, 사용수량은 482.13m^3/s, 최대낙차 7.5m, 정격낙차 5.82m, 최소낙차 1.0m이다(http://tlight.kwater.or.kr).

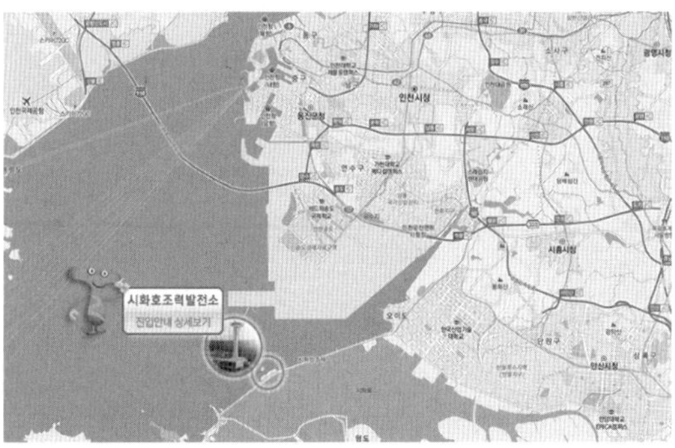

그림 2.2. 서해 시화호 조력발전소의 위치

그림 2.3. 시화호 조력발전소 전경

그림 2.4. 시화호 조력발전소 수문부와 수차부

그림 2.5. 단류식 창조 발전

한편, 시화호 조력발전소의 2013년말 현재 연간발전량은 그림 2.6에 나타낸 바와 같이, 1967년에 운전을 개시한 프랑스의 랑스 조력발전소의 544 *GWh* 보다 더 많은 552.7 *GWh* 의 전력을 생산하고 있다.

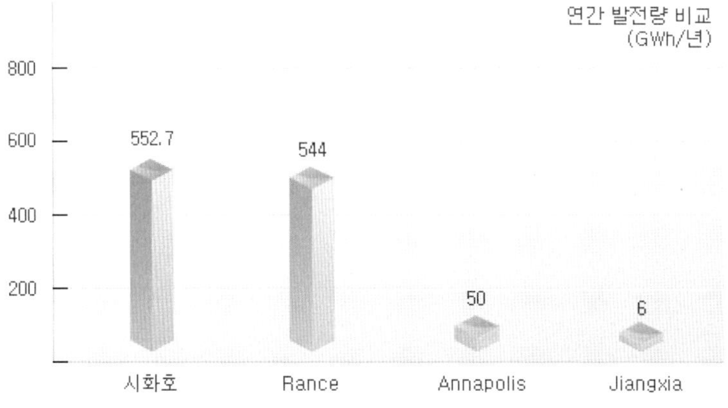

그림 2.6. 시화호 조력발전소의 연간발전량 비교

(2) 필요한 조차

조석 발전은 기본적으로 조차가 큰 지점일수록 적용성이 있고, 일반적으로는 5m 정도 이상의 조차가 필요하게 된다. 이와 같이 큰 조차가 있고, 또한 체절하기 위한 토목공사 비용이 최소가 되는 지점에서 적용성이 있다.

세계의 조차 일람은 표 2.2에 나타내듯이 캐나다 동쪽 해안, 유럽, 중국, 한국 등에서 조차가 현저한 것을 알 수 있다. 이에 대하여, 일본에서 조차가 최대가 되는 지점은 아라아케 해(有明海)이지만, 그 최대 조차는 5m 미만이다.

표 2.2. 세계 각국의 최대 조차

지명	국명	최대조차 (m)
Moncton	캐나다	16.0
Severn	영국	15.5
Jordan	캐나다	15.4
Fizroy	오스트렐리아	14.7
Granvill	프랑스	14.5
Rance	프랑스	13.5
Rio Gagllegos	아르헨티나	13.3
Incheon	대한민국	13.2
Bhaunagar	인디아	12.0
Anchorage	미국	12.0
Anadory	러시아	11.0
스미노에 (아리아케해)	일본	4.9

2.2 개발·이용 기술의 현황과 동향

(1) 이용 기술

조석 발전소는 조석에 따른 수위차를 이용하여 발전하는 것으로, 저수지의 수, 발전에 이용하는 조류 방식에 따라, 1저수지 1방향 발전 방식, 1저수지 양방향 발전 방식 및 2저수지 방식의 세 가지로 분류된다(표 2.3 및 그림 2.7~2.9 참조).

표 2.3. 조석 발전 방식

방 식	원 리	특징 · 문제점	이용사례
1저수지 1방향 발전방식 (**그림** 2.2)	만조시 수문을 열어서 저수하고, 간조시 이 물을 방출하여 발전하는 썰물시 발전과, 역으로 간조시 댐 내의 물을 방출하여 두었다가 만조시 댐내에 유입하는 조류로 발전하는 밀물시 발전 방식이 있음.	구조가 가장 간단하지만, 1일의 절반 이상 (약 65%)이 대기시간이 되어, 운전시간이 짧음.	Annapolis Royal 발전소
1저수지 2방향 발전방식 (**그림** 2.3)	터빈이 양방향의 흐름에 대하여 회전할 수 있도록 되어 있어 썰물시, 밀물시의 2방향에서 발전함.	1일중 2회 발전이 가능하지만, 발전시간의 제어는 할 수 없다. 대기시간은 50%정도로, 1방향 방식보다 다소 개선된다. 또한, 이 방식은 발전시의 낙차를 크게 하기 위해 발전종료후 외부로부터의 잉여전력에 의해 만조시에는 댐측에 양수하고, 간조시에는 바다측에 배수하는 것에 의해 발전전력량을 증가시킬 수 있음.	쟝샤 발전소 Rance 발전소
2저수지 방식 (**그림** 2.4)	바다를 두 개의 저수지로 분할하여, 한쪽을 고조위로 다른 쪽을 저조위로 유지하여, 저수지 사이에서 발전함.	이 방식은 거의 연속적으로 출력을 끄집어낼 수 있으나, 유효한 조석 에너지의 절반이 쓸 데 없이 되고 말아, 건설 비용도 높아짐.	

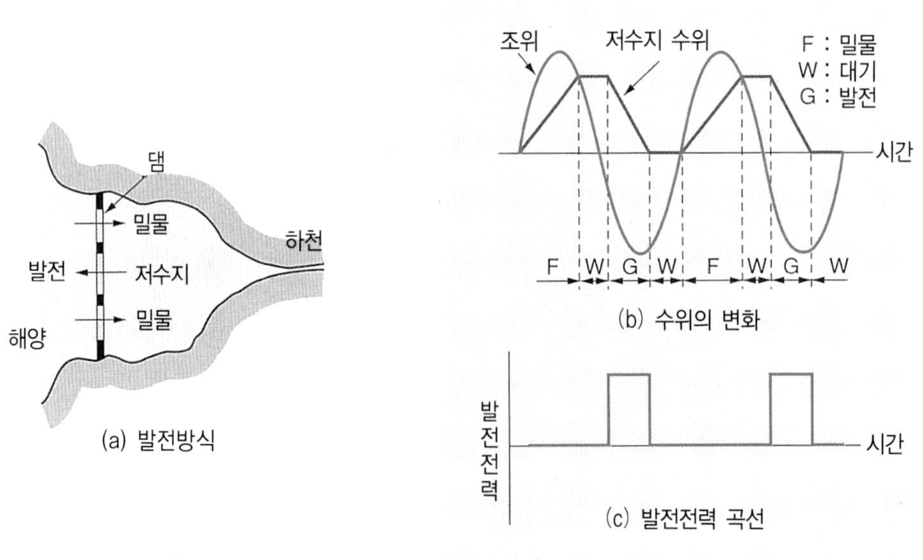

그림 2.7. 1저수지 1방향 발전 방식

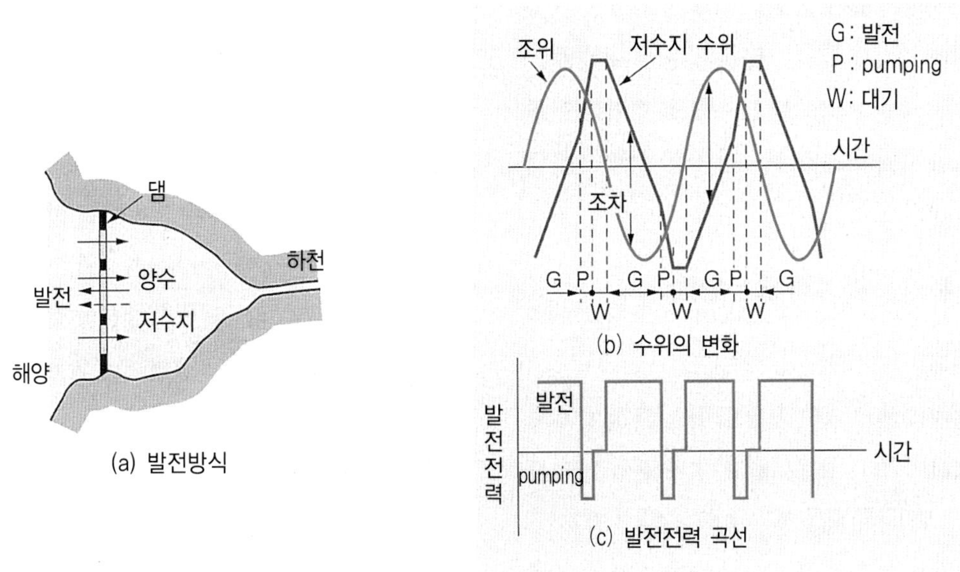

그림 2.8. 1저수지 2방향 발전 방식

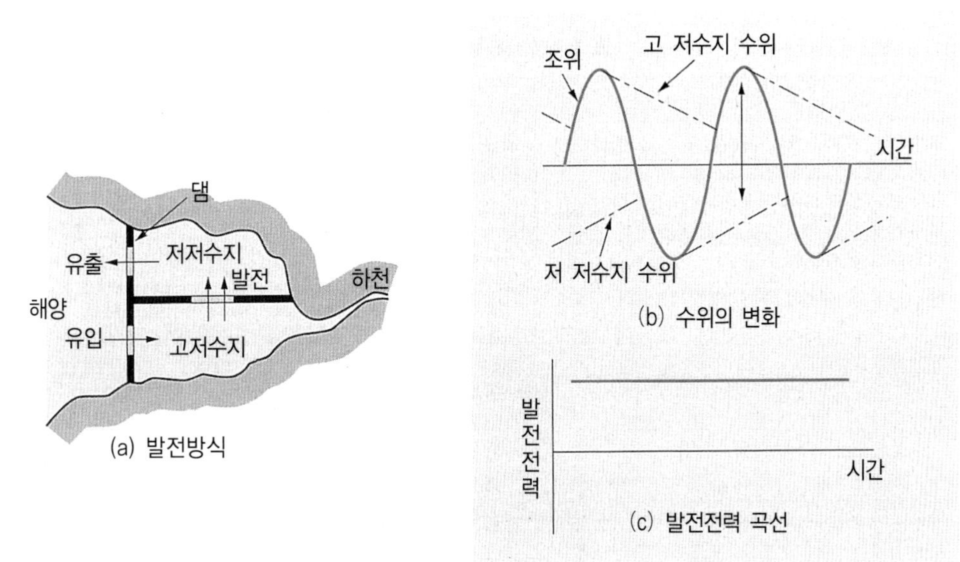

그림 2.9. 2저수지 방식

(2) 주요 발전소의 개요

1) 원링 쟝샤(溫嶺 江厦) 조석 시험 발전소(중국)

i) 시설 개요

중국은 긴 얽혀 복잡한 해안선을 가지고 있기 때문에 잠재적인 에너지는 대단히 풍부하다. 1982년의 조사에 의하면, 500kW 이상의 조석 발전소의 건설이 가능한 지역은 191개소, 발전 규모는 약 2,200만kW가 될 것이라는 보고가 있다. 장샤 발전소는 그 제1호이며, 출력은 세계 제3위이다. 중국에는 금후 푸진성(福建省)이나 쩌장성(浙江省), 랴오닝성(遼寧省) 등 3개소에서 건설 계획이 진행될 예정이다.

건설 위치는 동해(東海) 라칭만(樂清湾)의 북쪽의 장샤 항으로, 최대 조차가 8.4m, 평균 조차가 5.1m로 조석 발전소로서는 우위의 조건을 가지고 있다. 그러나, 만의 안쪽 방향으로의 길이는 길지만, 폭이 좁고, 수심도 얕아서, 충분한 수역면적을 확보할 수 없기 때문에, 지형적으로는 반드시 조석 발전의 적지라고 말하기 어렵다(그림 2.10).

그림 2.10. 건설 위치(쩌장성(浙江省) 원링시(溫嶺市) 장샤(江厦))

건설 경위는, 1966년에 농지조성을 목적으로 한 매립사업으로서 시작되어, 이미 제방공사의 반 이상이 완성된 1972년에 시험 발전소를 짜 넣는 종합개발계획으로 변경, 발전소를 위한 매립공사가 개시되었다. 1975년에는 발전소의 건설이 개시되어, 1980년에 1호기의 발전을 개시, 1985년에 5호기까지 완성하였다. 건설비는 1985년의 계산으로 약 20억 정도이며, 전액이 쩌장성(浙江省) 전력공업국이 부담하였다. 그 후 1999년 말까지 합계 약 35억원 정도의 자금이 투입되었다.

발전 방식은 만조시, 간조시의 양방향에서 발전 가능한 1저수지 2방향 발전 방식이 채용되어 있다.

ii) 발전소의 구성

발전소는 그림 2.6에 나타내듯이 제방, 발전 수로, 설비 건물, 수위 조절 수문, 발전 설비 등으로 구성된다. 발전 규모는 전체 (5기)로 3,200kW, 6기째의 증설에도 대응 가능하다. 이하에 각각에 대하여 설명한다.

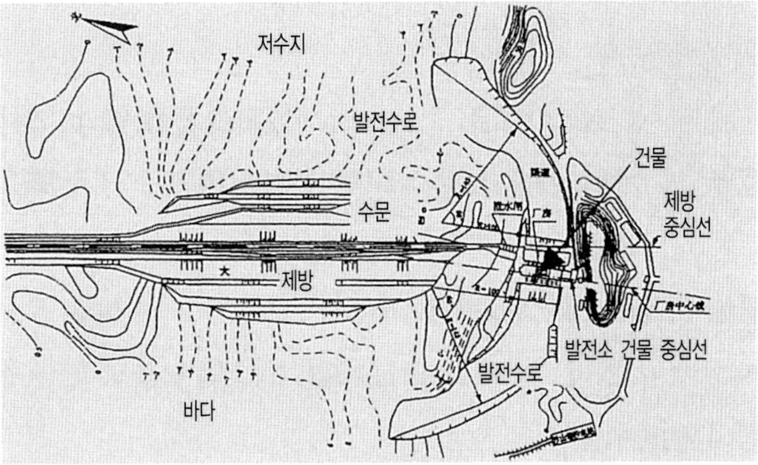

그림 2.11. 전체 평면도

① 제방

제방은 최대 수심 9.88m의 해성(海成) 퇴적층 위에 건설되어, 점토의 차수벽의 양측에 돌을 쌓아 올린 구조이다. 연장 670m, 제방 꼭대기 높이 5.62m, 제방 꼭대기 폭 5.5m, 제방 하부 최대폭 182m이며, 초기 침하가 컸으나, 그 후 침하는 안정되어 있다(그림 2.12).

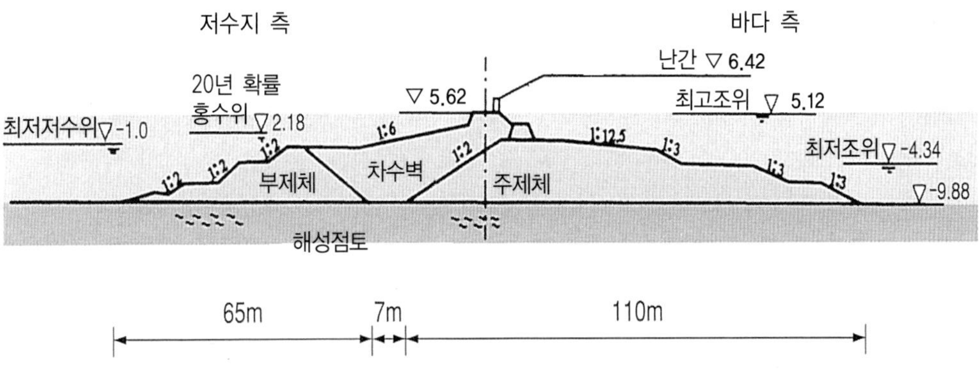

그림 2.12. 제방단면도

② 발전 수로

발전 수로는 우측 해안의 산쪽에 건설되어 있으며, 그 평면형상은 원호상으로, 축심(軸心)의 반경은 약 122.5m, 저부 폭 45m이다. 수로 길이는 바다쪽 길이 157.28m, 저수지쪽 길이 101m, 발전 설비 부근(압력전지(壓力前池), 소력지(消力池)를 포함)의 길이 80.77m를 합쳐서 전장 339m이며, 바다쪽의 저부(底部) 높이는 해면하 4.5 m, 저수지쪽의 저부 높이는 해면하 2.0m이다.

③ 설비 건물

설비 건물은 철근 콘크리트 구조로, 길이 56.9m, 폭 25.5m, 높이 25.2m의 하상식(河床式) 방수 건축물이다. 주요 시설내에는 순(純) 폭 8m, 설치간격 7.5m 피치(pitch)의 6개소의 발전 설비용 터널을 만들었다. 발전기와 터빈은 각각 저수지측과 바다측에 설치하여, 터빈의 축심 설치 높이는 해면하 6.72m이다(사진 2.1, 그림 2.13).

사진 2.1. 설비 건물 전경(바다쪽)

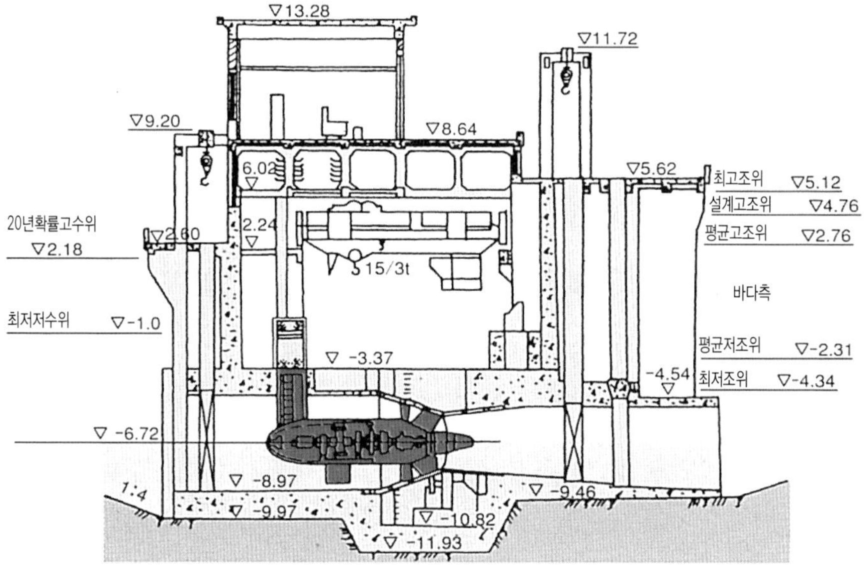

그림 2.13. 설비 건물 단면도

④ 수위 조절 수문

2방향 발전을 효율적으로 수행하기 위해서는 저수지 수위의 조절이 필요하며, 발전을 행하는 설비 건물에 인접한 내측에, 수위 조절 수문이 건설되어 있다. 구조는 철근 콘크리트로, 길이 3m × 폭 4m의 구멍이 5개소 설치되어, 액압(液壓)으로 제어되고 있다. 발전 정지시에, 수위 조정 곡선에 의해 수문 조작을 행할 필요가 있어서, 수문 조작이 빈번히 행해지고 있다(사진 2.2 수위 조절 수문(바다쪽)).

⑤ 발전 설비

발전기는 당초 6기 설치될 예정이었으나, 실제 운전시에 5기로 출력 3,200kW를 확보하여, 목표출력 3,000kW를 달성하였기 때문에, 6기째는 설치용 공간을 남겨 두고 있다.

사진 2.2. 수위 조절 수문(바다쪽)

설비 제원

· 터빈의 직경 : 2.5m
· 발전기 출력 : (500 + 600 + 700 × 3 = 3,200kW)
· 설계 유량 : 약 30 m^3/s
· 발전 방식 : 2방향 발전 (낙조류시, 창조류시 모두 발전 가능)
· 발전 효율 : 계획시의 60~70%
· 가동율 : 약 100%
· 그 외의 특징 : 1,2호기는 증속기(增速機) 부착, 자동화율 향상, 디젤 발전 설비(100kW)

iii) 설비의 유지 관리

스테인레스(stainless)제 터빈 이외는 각 설비에 보통 탄소강을 쓰고 있기 때문에, 당초는 부식에 의한 성능 저하가 발생하였다(0.1~0.15 mm/년). 그 때문에 중국(中國)제의 부식 방지 도료에 의해 방식과 생물부착 방지대책을 세워, 3~5년에 한번 씩 유지 관리로 계속적으로 사용하고 있다. 이 결과, 약 20년간 큰 고장은 발생하지 않고 있다. 또한, 태풍 내습시에는 3일 전에 운전을 정지하는 등의 대책을 강구하고 있다.

iv) 비용과 경제 효과

당 발전소의 년간 발전량은 600만kWh로, 1999년말까지의 누적 발전량은 9,000만kWh가 된다. 현재, 발전 비용은 약 70원/kWh로, 중국으로서는 높고(세계적으로는 싼 편이다), 발전소 단체로서는 매년 적자를 계상하고 있다. 이것은 시험 발전소이기 때문에, 각종 시험 비용이 비용에 포함되어 있기 때문이며, 순수한 발전 비용으로서는 저감이 가능하다. 원래는 조석 에너지 이용의 가능성을 평가하기 위해 건설된 시험적인 시설이지만, 현재는 상업적 전력으로서 공급되어, 만성적인 전력 부족에 고민하고 있는 이 지역의 경제 활성화에 기여하고 있다.

한편, 제방의 건설과 발전소의 운용에 의한 저수지 수위가 제어되는 것에 의해, 새로이 3.7km^2의 농지가 생겨, 감귤류(柑橘類) 재배나 벼 농사에 이용되고 있다. 또한 1.3km^2의 내수면에서는 수산양식을 위한 이용이 기대되고 있는 외에, 관광에도 기여하며, 이들의 경제 효과가 발전에 의한 이익을 크게 앞지르고 있어서, 저수지를 비롯한 종합적 이용계획에 의해 발전의 개발 비용의 저감으로 이어질 수 있다.

중국은 잠재적으로 조석 에너지가 풍부하여, 절강성(浙江省) 전력공업국에서는 장샤(江厦) 시험발전소의 10수년간의 자료나 경험을 장래의 대규모 개발에 연결하고 싶은 의향을 가지고 있다. 구체적인 개발계획도 있기 때문에 장래가 크게 기대된다.

사진 2.3. 발전소 바다쪽 해면

2) Rance 조석발전소(프랑스)

Rance 조석발전소는 프랑스, 북서부의 영불해협으로 흐르는 Rance 하구로부터 4km 상류에 위치하며, 조차가 최대 13.5m, 평균 8.5m로 조석 발전에 알맞은 지점에 있다(그림 2.14 참조). 현재 가동 중인 발전소 가운데에서는 세계 최대의 1저수지 2방향 발전 방식의 조석발전소이다.

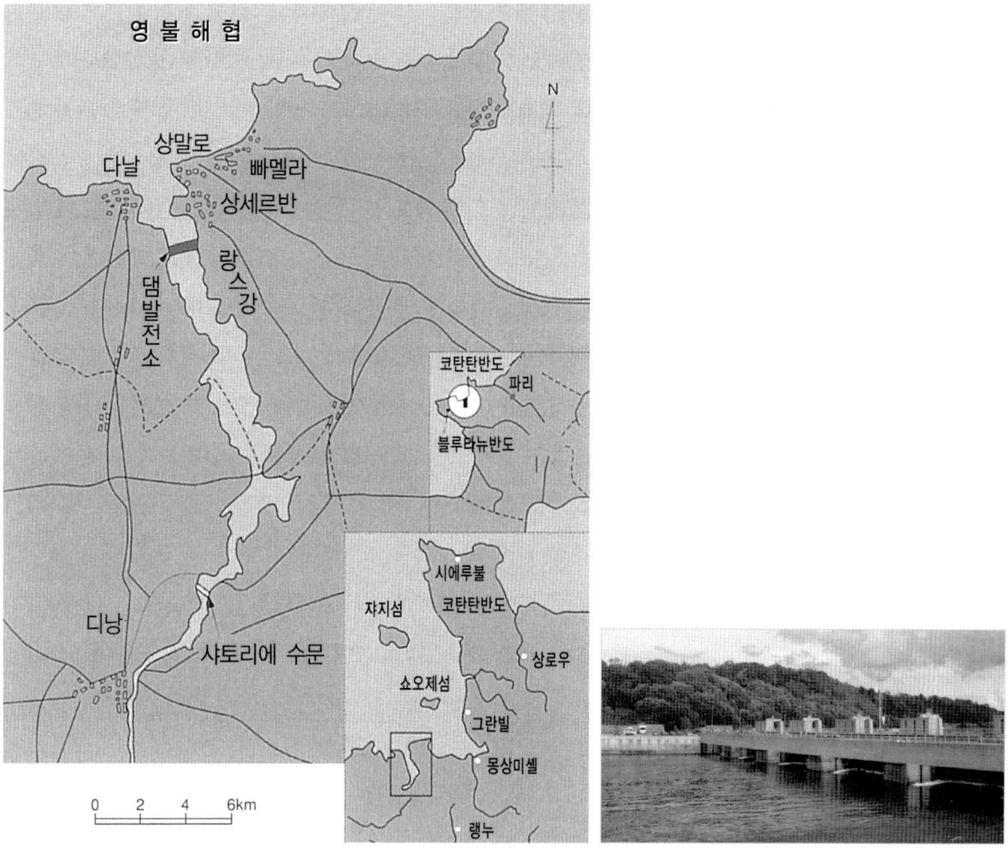

그림 2.14. Rance 조석 발전소 위치도 및 전경 사진

저수지의 규모는 둑 제체(堤体) 길이 약 750m, 높이 약 25m, 저수면적 22km^2, 유효저수량 1.84억m^3(작은 하천내의 댐에 상당), 출력은 24만kW이다. 1966년에 발전을 개시하여, 현재는 년간 6억kWh의 전기를 10만 가구에 배전하고 있으며, Bretagne 지방의 발전량의 약 3.5%를 점하고 있다.

발전소는 그림 2.15에 나타내듯이, 좌측 해안으로부터 갑문, 발전기실, rockfill 댐, 가동둑으로 구성되어 있다. 발전기실은 길이 390m, 폭 33m의 RC 구조물이며, 내부는 28 블록으로 나누어져 있다. 내부에는 24기의 발전기(1만kW), 3기의 변압기, 82톤급 문 모양의 crane 4기가 설치되어 있다(그림 2.16). 또한 발전기는 낙조류시나 창조류시 모두 발전 가능하다.

30년간의 운전상황은, 당초의 가동율 90%에서 최근은 97%까지 높아졌다. 시스템의 고장 발생율은 0.04%이며, 이 값은 다른 수력 발전소와 비교하여 1/10 정도로 작다. 또한, 전력의 생산 비용은 수력 발전의 생산 비용의 평균치 정도이다. 유지 관리 항목은 수력 발전소와 마찬가지이지만, 발전 터빈이 24기로 많기 때문에 약간 경제성이 떨어지는 면이 있다. 유지 관리비는 약 10원/kWh(운전을 포함한 유지 관리 비용) 정도이다. 현재까지 바다로부터의 영향에 의한 토목시설, 터빈 등의 교환의 필요는 생기지 않고 있다. 조개류의 부착에 대하여는 터빈의 외측에 부착이 있어서, 2년에 1회 정도 떼어 내는 것으로 대처하고 있다.

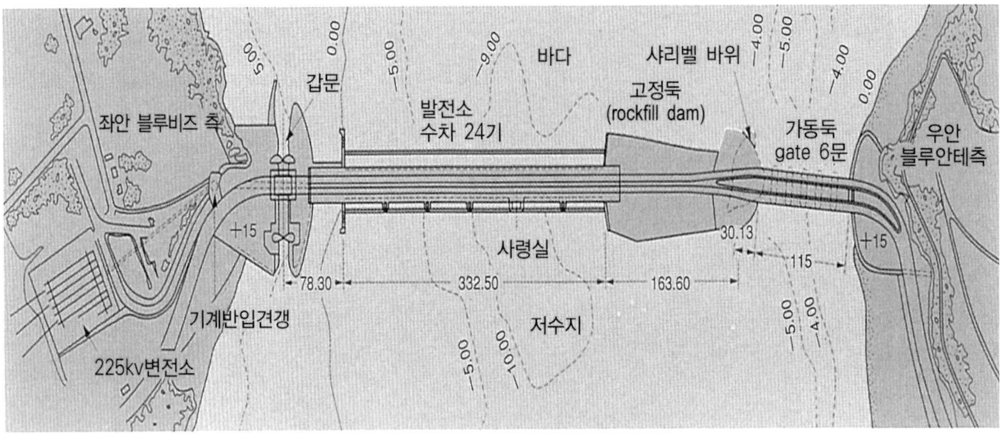

그림 2.15. Rance 조석 발전소 전체 평면도

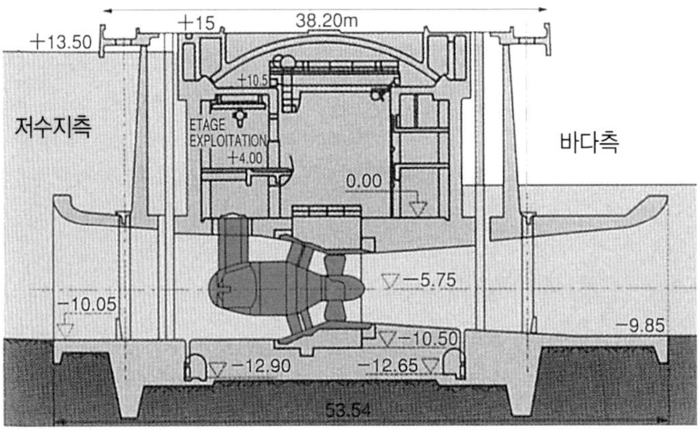

그림 2.16. 발전기실 단면도

3) Annapolis Royal 조석 발전소(캐나다)

Annapolis Loyal 조석 발전소는 전술한 1저수지 1방향 발전 방식에 의한 조석 발전소이다.

이 발전소는 세계 최대의 조차(약 16m)를 가진 캐나다 동부의 Fundy 만에 위치하여, Fundy 만 발전개발계획의 실증 플랜트로서 1980년부터 건설되어, 1984년부터 운용을 개시하고 있다. 그림 2.17에 건설위치를 나타낸다.

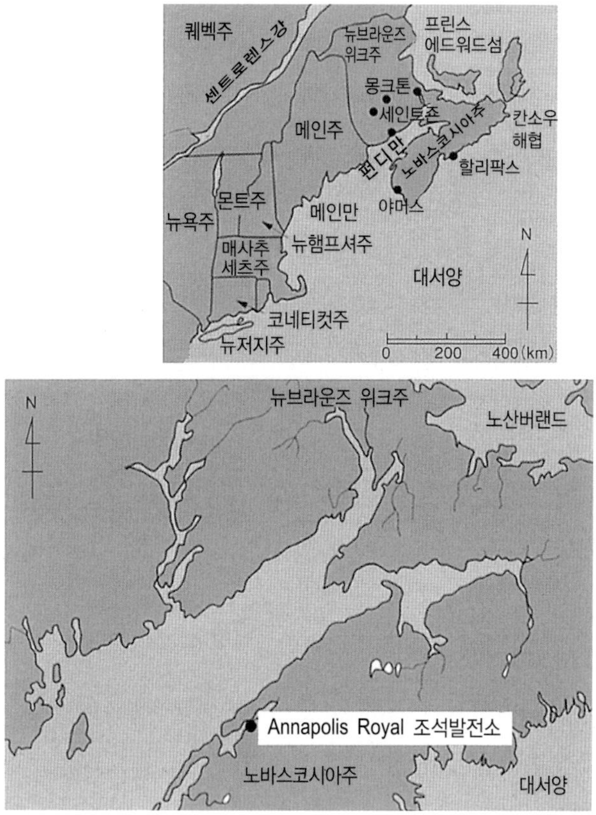

그림 2.17. 건설위치

발전 플랜트의 주요 시설은 터빈을 짜 넣은 컨트롤 센터, 수위조절용 수문, 어도(魚道) 및 송전시설로 이루어져 있다. 그림 2.18에 발전소 전체 평면도를, 발전 플랜트의 사양을 표 2.4에 나타낸다. 전기 에너지로의 변환 방식으로서는, 조차에 의해 발생하는 수류로 터빈을 돌려서, 전기 에너지로 변환하는 방식이다. 당해 발전소에서는 터빈으로서 스탈라플로 터빈을 사용하고 있다.

그림 2.18. 발전 플랜트 전체 평면도

표 2.4. 발전 플랜트 사양

수위 조절용 수문	1개소
터빈 기수	1기
컨트롤 센터 깊이	30.5m
〃 길이	46.5m
최대 출력	$20MW$
연간 발전전력량	$50GWh/y$
유량	$408m^3/s$

이 터빈은 직경 7.6m, 4개의 프로펠러를 장비하고 있고, 중량은 148톤이다. rotor에는 전자석을 장비하고 있고, 프로펠러의 바깥 frame에 세트되어 있다. 한편, stator(固定子)는 rotor를 둘러싸고 있는 wire coil이 내장된 고정 ring(중량 91톤)이며, 프로펠러가 회전하면, stator의 wire coil을 rotor의 자석이 물리치는 것에 의해 전력을 발생하는 기구이다. 컨트롤 센터에서 발전된 전기는, 매설 duct에 부설된 cable에 의해 80m 떨어진 substation에 운반되어, 또 다시 4km 떨어진 Annapolis 지구에 있는 기존의 변압 line을 통하여 고압 송전 시스템으로 지방으로 송전된다. 설비의 유지관리에 관해서는 방식(防食)이 제일의 과제이다. 당해 발전소에서는 수문 부분에는 에폭시수지(樹脂) 도장(塗裝)에 의한 방식(防食)이 이루어지고 있으나, 해수, 바람 및 조류 등에 의해 방식(防食) 환경은 나쁘기 때문에 정기적인 보수를 행할 필요가 있다. 한편, 터빈에 관해서는 전기 방식(防食)이 이루어지고 있어서, 부식은 거의 보이지 않는다.

(3) 그 외의 개발 동향

조석 발전에 적합한 지역이란, 전술한 바와 같이 조차가 큰 것이 가장 중요한 점이다. 또한 발전소 건설 중에, 저수지의 건설비가 상당한 부분을 차지하기 때문에 저수지 건설이 비교적 용이한 지형을 가진 지역인 것도 적지로서 중요한 요소이다. 표 2.5에는 세계에 있어서의 조석 발전 가능한 지점을 나타낸다.

표 2.5. 조석 발전의 개발 가능 지점 (1990년)

		평균조차(m)	해분역(海盆域)(km^2)	개산 발전용량(MW)	연간 출력(TWh/y)
아르헨티나	산호세 만	5.9	—	6,800	20.0
오스트렐리아	세클레 만 1	10.9	—	—	2.4
	세클레 만 2	10.9	—	—	5.4
캐나다	코벡잇드	12.4	240	5,338	14.0
	칸바랜드	10.9	90	1,400	3.4
	쉐포디	10.0	115	1,800	4.8
인디아	캇치만	5.0	170	900	1.7
	칸베이만	7.0	1970	7,000	15.0
대한민국	가로림만	4.8	100	480	0.53
	천수만	4.5	—	—	1.2
멕시코	리오콜로라도	6~7	—	—	5.4
	티플론섬		—	—	—

		평균조차(m)	해분역(海盆域)(km^2)	개산 발전용량(MW)	연간 출력(TWh/y)
영국	Severn	7	520	8,640	17.0
	Merge	6.5	61	700	1.5
	Wire	6.0	5.8	47	0.09
	Conwy	5.2	5.5	33	0.06
미국	파사마쿼디	5.5	—	—	—
	닉크암	7.5	—	2,900	7.4
	타아나게인암	7.5	—	6,500	16.6
러시아	메젠	9.1	2300	15,000	50.0
	토우구루	—	—	10,000	27.0
	펜지나	—	—	20,000	79.0

2.3 환경에 대한 영향

조석 발전에서는 해안의 소내만이나 하구의 일부를 체절하게 되므로 수질이나 생물 등에 대한 영향이 염려된다. 우선, 이미 가동하고 있는 Rance 조력 발전소(프랑스) 및 Annapolis Royal(캐나다) 조력발전소에서 보고된 내용을 중심으로 살펴본다.

(1) Rance 조력 발전소

발전소 건설 개시로부터 3년간은 체절에 의해 폐쇄 수역이 생겼기 때문에, 생태계에 대한 영향은 있었다. 그러나, 운전 개시 후 새로운 생태계가 안정하고, 수년 지나 어류가 돌아 왔다. 생태계가 돌아올 때까지, 15~20년을 요한다는 보고가 있다.

(2) Annapolis Royal 조력 발전소

이 발전소가 있는 Fundy 만은 연어, 송어 등의 호어장이기 때문에 건설 당초부터 수산자원에 주는 영향에 대하여 조사가 이루어졌다. 발전소 건설에 의해, 가장 영향이 크다고 생각되는 것은, 수위 상승에 의한 생태계에의 영향이다. 당해 지역은 원래 댐으로 체절을 하고 있었기 때문에 발전소 건설에 의해 오히려 물의 순환이 이루어져, 수질은 개선되고 있다.

따라서, 앞으로 조력 발전소에 있어서는, 상기한 바와 같은 문제는 그렇게 크지 않을 것으로 보인다. 그러나, 건설 당시의 환경에 대한 대처는, 현재와는 크게 달랐다고 생각된다. 건설 전의 자연 환경의 파악이 어느 정도 이루어져 있었는가에 따라, 현재 상황의 평가도 크게 다를 것으로 생각되기 때문이다. 현재, 일반적으로 제방의 건설에 의한 영향은 다음과 같이 생각된다.

ㄱ) 저수지내의 수위가 상승하기 때문에 간석이나 사주(砂洲)가 변화하고, 부유 실트의

거동에도 변화를 야기한다.

ㄴ) 해수의 염분농도나, 환경 오염물질의 확산에도 영향을 준다.

ㄷ) 그 지역의 동식물에도 영향을 미치고, 경우에 따라서는 간석 등에서 먹이를 얻고 있는 조류(鳥類)에도 영향을 준다.

2.4 장래 계획과 전망

조석은, 태양광 · 풍력 등의 자연 에너지와 다르며, 날씨에 관계없이 일정 주기로 언제나 정기적으로 나타나는 성질이 있기 때문에 미리 정확한 예측이 얻어진다고 하는 에너지 회수 면에서 큰 이점을 가지고 있다. 그러나, 발전량의 예측이 가능하다고 하는 이점을 살리더라도 1저수지 2방향 발전 방식에 있어서 하루의 절반은 대기 시간이며, 발전 효율이 낮다. 또한, 건설비가 막대하게 드는 것과 동시에 건설에 장기간을 요한다. 그래서, 발전 비용이 높아져 버린다고 하는 치명적인 결점을 가지고 있다.

이러한 비용의 문제와 환경에 대한 영향을 무시할 수 없다는 점에서, 영국에서는 Severn Estuary에서의 대규모 조력 발전소 건설계획을 1994년에 동결하고, 재개할 계획은 현재서 있지 않다. 금후 비용의 문제를 해결하기 위해서는, 조력 발전이라고 하는 단독 기능만이 아니라, 방조제나 도로 등, 복합 기능을 가진 시설로서의 계획이 가능한 지점에 정비하는 것이 하나의 방법이 될 수 있을 것이다. 그럼에도 불구하고, 여전히 환경에 대한 영향은 피할 수 없는 과제로 남는다.

참고문헌

송무석·김도영·김민·홍기용·전기천, “장기 수치모사 파랑자료를 바탕으로 한 한국해역의 파랑에너지 밀도 분석”, 한국해양환경공학회지, 7(3), 152-157, 2004.

홍기용 외, 나선암초형 월류파력발전 기술개발, 지식경제부 신·재생에너지기술개발사업 보고서, 2010.

홍기용 외, 파력에너지 실용화 기술 개발, 해양수산부 해양수산연구개발사업 보고서, 2005.

http:// www.energy.org.uk/EFTidal.htm

http://www.motie.go.kr

http://www.nedo.go.jp

AEA Energy & Environment, Review and Analysis of Oceans Energy Systems Development and Supporting Policies, IEA-OES Report, 2006.

Callaghan, J., Future Marine Energy, Carbon Trust Report, 2006.

Center for Renewable Energy Sources, Ocean Energy Conversion in Europe, European Commission

Report, 2006
木方晴二 : 潮汐発電システムの現状と動向, 電氣設備学会誌, Vol. 16, 1996. 10.
押田勇雄 : 自然エネルギーの利用, コロナ社, 23-23.
浙江省電力公司 : 江厦潮汐発電所, 河海大学出版社, 154-154, 2001.
(社)日本海洋開発建設協会 : 世界の海洋土木技術, 山海堂, 178-278, 2001.
パンフレット : Annapolis Tidal Genearting Station.
Dominion Bridge-Sulzer Inc. : The Annapolis Tidal Power Project.

제3장__조류 및 해류 에너지

3.1 개발 및 이용 현황

해수 흐름에는 해류와 조류가 있다. 해류는 태양열과 바람(무역풍, 편서풍)에 의해 생기는 수평 방향의 흐름으로서, 지구 자전과 지형에 의해 영향을 받아 거의 일정 방향으로 흐른다. 세계의 주요한 해류를 그림 3.1에 나타낸다. 그 유로(流路), 유속, 유량은 계절이나 해에 따라 변화하지만, 해류 운동은 크게 변하지 않기 때문에 발전량을 안정하게 얻을 수 있다. 그러나, 해류의 유로는 육지로부터 상당히 떨어져 있고 수심이 깊기 때문에, 기기 설비나 유지 관리에 곤란을 동반하게 되고 송전거리도 길어지는 결점을 가지고 있다.

반면, 조류는 달과 태양의 인력으로 주기적인 해면운동(조석)에 의해 생기는 흐름으로서, 해협이나 수로 등, 유로 폭이 좁은 곳에서는 유속이 빨라진다. 조류의 흐름 방향은 대개 1일 4회(지역에 따라서는 1일 2회) 반전하고, 유속이 시간적으로도 변동하지만, 규칙적이기 때문에 그 예측은 가능하다. 또한, 이용가능한 지점도 육지에 가까워서, 비교적 이용이 쉬운 에너지라고 말할 수 있다.

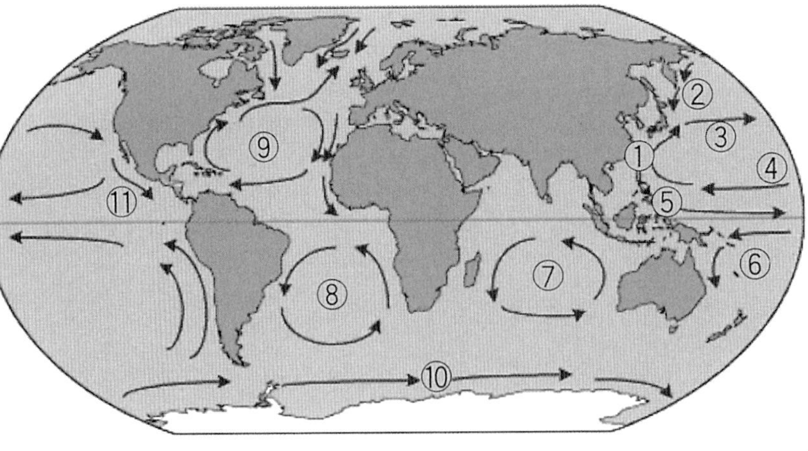

그림 3.1. 세계의 주요 해류

(1) 에너지 부존량

1) 해류 에너지

예를 들면, 세계 2대 해류 중의 하나인 쿠로시오(Kuroshio)는 일본과 대만 등의 근해를 흐르고 있는데, 이 쿠로시오가 가진 에너지 부존량은 평균 출력 1,900만kW(연간 1,700억 kWh)로 추정되고 있다.

2) 조류 에너지

해류의 경우에는 이용할 수 있는 해역이 한정되어 있는 데 대하여, 조류는 연안부의 해협이나 수로 등, 대상해역이 많다.

(2) 개발 상황

해류와 조류 모두 에너지 부존량은 크지만, 기기의 경제성, 내구성, 설치기술 및 이용기술 면에 있어서 아직도 해명하지 못한 사항이 많이 남아 있기 때문에, 지금까지는 제안이나 성능확인 등의 기초실험 수준에 머무르고 있었다.

처음으로 실해역 실험이 행해진 것은 1978년, 중국으로 알려져 있다. 그 후는 1980년대에 캐나다에서 한 예, 일본에서 두 가지 예가 있을 뿐, 눈에 띄는 개발동향은 없었다(표 3.1).

표 3.1. 초기의 실해역 실험예

실시기관	실시년	장소	방식	최대출력
중국	1978	초오샨 해(海)	propeller식 (2기)	5.7 kW
일본 니혼(日本)대학	1983~1987	쿠루시마(来島) 해협	다리우스 수차	3 kW
캐나다 Nova Energy Ltd.	1980~1984	플로리다 만 (해류)	데이비스수차 (다리우스 수차의 개량형)	4 kW
일본 토쿠시마(德島)대학	1986	나루토(鳴門) 해협	cross flow 수차	800 W

그러나, 최근 들어 지구환경의 악화에 따라, 재생가능 에너지 개발이 급속히 진전되어, 1990년대 말부터, 세계 각국에서 활발한 개발이 이루어지고 있다. 여기에는 지구온난화에 대책의 하나로서, 태양열, 풍력 등 대체 에너지 시장이 발전하고 있다는 것이 큰 이유이지만, 다음과 같은 해류 및 조류 발전의 이점이 주목받기 시작했기 때문이라고 생각된다.

① 다른 대체 에너지보다도 에너지 밀도가 높다(표 3.2 참조).

② 해중 기술이 현저히 발달하여, 보다 좋고, 싸게 발전할 수 있는 방법을 제시할 수 있게 되었다. 즉, 해저 통신 케이블이나 시버스(sea berth) 분야의 공통 기술을 이 시장에 이용할 수 있게 되었다.

③ 경관을 포함한 환경에 대한 영향이 적다.

④ 해류는 계절변동이 있으나, 일정 방향으로 흐르고 있어서 발전량을 안정하게 얻을 수 있다.

⑤ 조류는 1일 주기를 가지고 있고 또한 에너지도 규칙성이 있어서, 장기간에 걸친 발전량 예측이 가능하다.

그러나, 현재의 기술 개발은 조류 에너지 이용을 중심으로 진행되고 있어서, 해류 에너지를 대상으로 한 예는 적다. 이것은 앞서 기술한 바와 같이 해류가 연안부를 따라 흐르고 있는 지역이 한정되어 있어서 조류에 비해 해결해야 할 과제가 그만큼 많기 때문이라고 생각된다.

한편, 우리나라에서는 지금까지 조사된 바에 따르면, 울돌목(50MW), 장죽수도(150MW), 맹골수도(250MW) 등 서남해안을 중심으로 1,000MW 규모의 조류에너지가 개발 가능한 것으로 전망하고 있다(현, 2012).

표 3.2. 해류 및 조류에너지와 기타 대체 에너지의 이용 효율 비교

구 분	이용 효율 (에너지 밀도)	비 고
해류 · 조류	1.89 kW/m^2 (유속 1.5 m/s) 35.9 kW/m^2 (유속 4.1 m/s)	해수밀도를 1,030 kg/m^3로 설정
태양열 (영국)	0.23~0.17 kW/m^2 (6월) 0.025~0.017 kW/m^2 (1월)	수평면의 24시간에서의 평균값
풍력	1.2 kW/m^2 (풍속 10 m/s)	최대값으로서 설정한 풍속이상의 것은 보통 모이지 않음
파력 (영국)	62~72 kW/m (연평균)	입사 에너지의 일부밖에 이용할 수 없음

이중에 현재 시험 운전중인 것은 남해안 진도군의 명량수도에는 세계 최대 규모의 울돌목 시험조류발전소이다(그림 3.2 및 3.3). 이곳은 당초 2003년 한국해양연구원(KORDI, 현 한국해양과학기술원(KIOST))이 2003년에 소형 헬리칼 수차방식의 조류발전 시스템을 설치한 것이 그 시초이다. 이곳의 조류는 최대 11.5노트에 달하는데, 현재의 울돌목 시험발전소는 2005년도 착공하여 2009년에 완성하였다. 그러나, 2011년 사업의 경제성이 낮다는 이유로 동서발전(東西發電)이 손을 뗐고, 또한 2013년에는 지자체인 진도군에서 해상안전사고 위험과 관광지의 경관 저해 등을 이유로 철거 논의가 있었다. 현재는 시험 운용상태로 발전량은 1,000kW(500kW급 발전기 2기)급이며, 가까운 장래에 맹골수도에도 조류발전소를 건설할 계획이다.

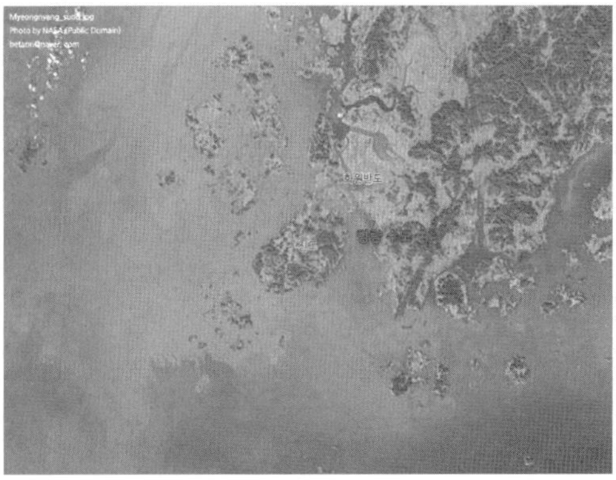

그림 3.2. 울돌목 조류발전소의 위치(명량수도)

그림 3.3. 울돌목 시험 조류발전소 전경

3.2 개발 및 이용기술의 현황

(1) 기술 개요

조류발전 시스템은 현재 다양하게 연구되고 있는데, 대표적인 발전 방식으로는 그림 3.4에서 보는 바와 같이, 풍력발전의 개념과 유사한 수평축 터빈(Horizontal Axis Turbine, HAT)과 수직축 터빈(Vertical Axis Turbine, VAT) 방식이 많이 사용되고 있다.

(a) (b)

그림 3.4. 수평축 터빈(a) 및 수직축 터빈(b)(출처: 현, 2012)

수평축 방식은 터빈의 구동축과 흐름의 방향이 수평인 기존의 풍력터빈과 원리가 동일한데, 일 방향 흐름을 유지하는 경우에 유리한 방식이다. 현재, 세계적으로 rotor 1기당 500~600kW정도의 발전용량으로 설계되고 있다. 반면, 수직축 방식은 터빈 구동축과 흐름이 수직으로 놓인 경우이며, 수직축 풍력발전기와 원리는 동일하다. 이 방식은 흐름 방향에 관계없이 항상 한 방향으로 rotor가 회전하기 때문에 흐름이 불규칙한 경우에 유리하나, 터빈의 구조 진동적 특성 때문에 대형화가 어렵고 주로 100kW급 혹은 그 이하의 중소형 발전에 많이 활용되고 있다.

일반적으로 조류발전은 유속이 1m/s 내외인 곳에서도 가능하지만, 경제성을 고려하면 최소한 유속이 2m/s 이상인 곳을 후보지로 선정하는 것이 바람직하다. 또한, 발전 출력은 조류 유속의 세제곱에 비례하기 때문에 조류가 빠를수록 발전에는 유리하지만 그만큼 발전시스템의 설치가 어려운 점이 있다.

조류발전 시스템에 관한 연구개발은 영국이 가장 활발하며, 그밖에 독일, 캐나다, 미국, 노르웨이 등에서도 다양한 방식의 발전시스템을 개발하여 실해역 실증시험이 진행 중이다.

한편, 조류 발전에 필요한 기술은 발전기술, 송전기술, 건설기술, 운전 및 유지관리기술, 철거기술 등을 들 수 있는데, 그 중에 가장 중요한 것은 발전기술이다. 여기서는 가장 중요한 기술인 발전장치에 착안하여, 지금까지 제안된 아래의 열 가지 방식의 개요를 표 3.3에 나타낸다.

① 프로펠러 방식
② 사보니우스 수차 방식
③ 다리우스 수차 방식
④ 축류 터빈 방식
⑤ 포이트 슈나이더 프로펠러 방식
⑥ Sail Canopy 방식
⑦ 쿠라가케(倉掛) 방식
⑧ cross flow 방식
⑨ 전자(電磁) 방식
⑩ 수중익(水中翼) 방식

여기에 나타낸 방식 중 몇 가지는 실해역 실험을 실시하여, 현재 상업 발전을 목표로 개발이 진행되고 있다.

표 3.3. 발전 장치의 일람

개 요		개발동향
① propeller방식 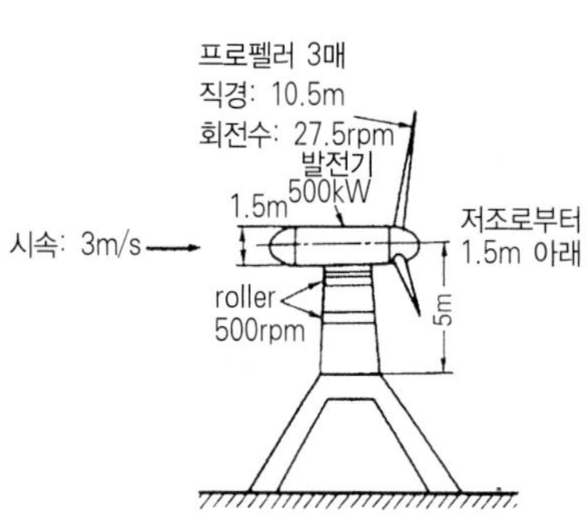 	기술적으로 거의 완성된 이용방식이라고 말할 수 있으나, 해류 (조류도 포함)의 유속이 느려 설비 대형화와 증속장치가 필요함. 또한, 프로펠러 회전면을 해류/조류의 유축방향에 대해 직각을 유지하기 위해 유향 변화에 대응할 수 있는 대책을 강구할 필요가 있음. 일반적으로 이 방식은 고유속의 해역에 적합함.	중국: 1978년, 실해역에 프로펠러식 발전장치를 2기 설치하여, 최대유속 $3m/s$에서 5.7kW를 달성하였음. 영국: MCT사가 2002년 실해역 실험을 실시(300kW). 노르웨이: HS사가 2003년부터 실해역 실험을 실시하고 있음(300kW). 오스트레일리아: 실해역에 시험기를 설치하여 자료 수집중.

개 요		개발동향
② 사보니우스 수차방식 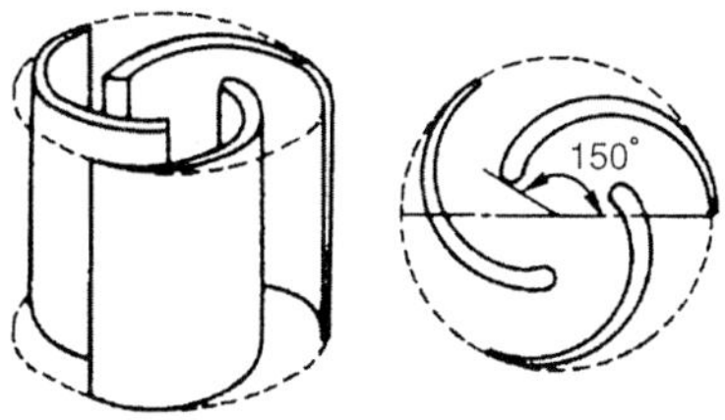	사보니우스형 수차는 풍력계, 유속계로서 이용되어 왔음. 반원호상의 판을 편심시켜서 조합한 것으로, 일반적으로 날개 수는 2~4매임. 이 수차는 전방향 흐름에 대하여 항상 1방향의 회전을 함. 또한, 기동 토크가 커서, 저속 흐름에서도 자기 기동하므로 특히 느린 유속의 해류/조류발전에 적합함. 이 방식의 발전효율은 20~30%임.	일본: 과학기술청(현 문부과학성) 자원조사소가 타당성 조사를 실시하였음. 히로사키(弘前)대학교가 쯔가루(津輕)해협에서 기초실험을 실시중임.
③ 다리우스 수차방식 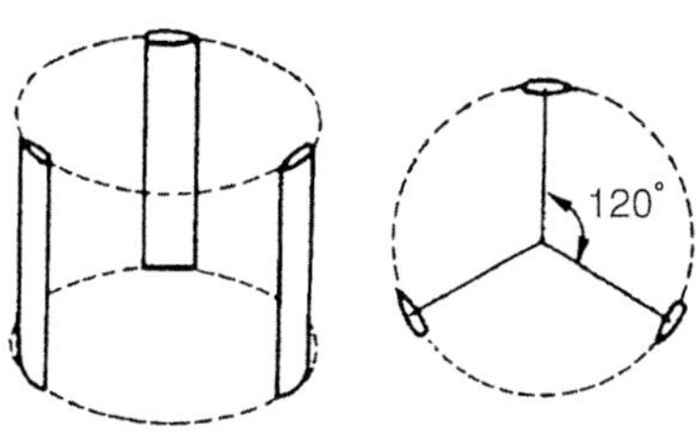	다리우스 수차는 풍력발전용의 동력원(풍차)으로서 연구개발이 진행되었으며, 풍향(유향)에 무관하게 1방향으로 회전함. 항력형이 아닌 양력형이기 때문에 회전의 주속도가 풍속(유속) 이상(보통 2~3배로 설계됨)이 되어, 회전속도를 빠르게 할 수 있고, 시스템도 비교적 간단하지만, 기동 토크가 작아 유속이 비교적 빠른 해류/조류발전에 적합함.	일본: 니혼대학이 1983년에 실해역 실험을 쿠루시마(來島)해협에서 실시하였음(3kW). 일본: 해상보안청이 등부표용으로 개발하여, 2002년에 아카시(明石)해협에 설치(35W). 캐나다: Nova Energy Ltd.가 1984년 플로리다 만에서 실해역 실험을 실시(4kW). 그후 Blue Energy Canada로 회사명을 바꾸어 개발을 계속하고 있음. 이탈리아: ENERMAR 시스템을 2000년에 건설하여, 실해역에 설치(130kkW).
④ 축류 터빈방식 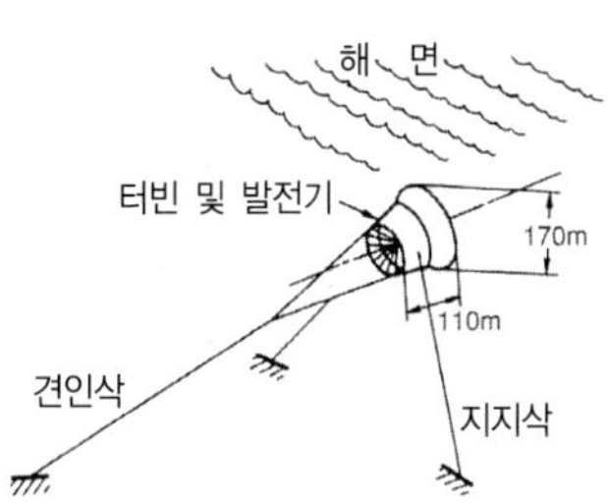	본 방식은 종래 관모양의 터빈 방식을 이용하여, 입구유속을 올리기 위해 입구를 나팔 모양으로 하였음. 또는 미국의 Coriolis Project와 같이 출구 직경 170m의 거대한 duct의 중심에 해류력에 의해 구동되는 큰 터빈을 설치하여, 이 터빈의 외연과 접촉하여 역회전하는 발전용 rotor를 duct 외벽에 설치한 것도 있음.	미국: UEK사가 90kW의 실용화 개발완료. 네델란드: Tocardo사가 최대출력 1.4kW의 소규모 발전시스템 Tocardo Aqua-75를 개발하였음.
⑤ 포이트 슈나이드 프로펠러 방식 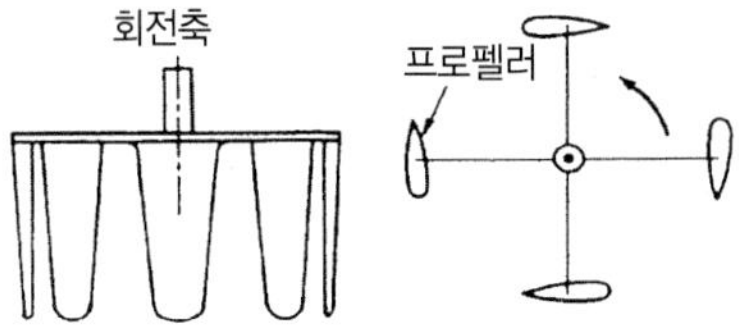	포이트 슈나이드 프로펠러 방식은 본래, 배의 타를 겸한 추진용 프로펠러로서 개발된 것임. 이것을 이용하여 역으로 해류/조류로부터 회전력을 이끌어낸 방식으로, 다리우스형 수차와 같은 양력형 수차임. 이 방식의 특징은 모든 날개가 회전력에 기여하며, 날개의 핏치를 바꾸는 것에 의해 일정 회전속도가 얻어진다는 점임. 단, 변화하는 해류에 대응하여 날개의 영각(迎角)을 변화시키는 등 자동조절기구가 필요하여 대형화하기 어려운 면이 있음.	실해역에서의 실시예는 없음.

개 요		개발동향
⑥ 세일 카노피(sail canopy) 방식 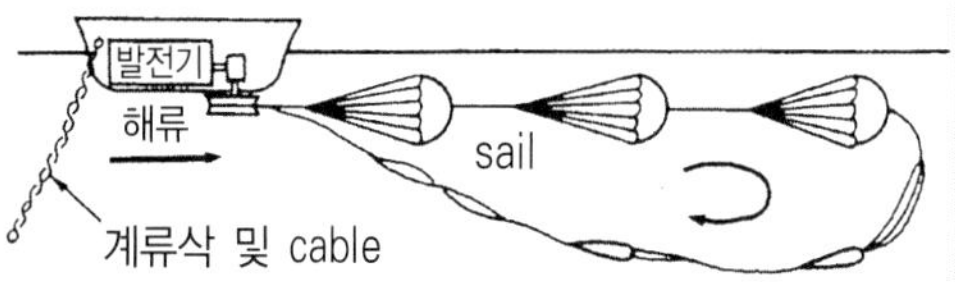 	세일 카노피 방식은 고리모양의 로프에 낙하산을 연결하여, 왕로(往路)에서는 낙하산이 열려 항력을 받고, 귀로(歸路)에서는 낙하산이 쭈그러들어 저항이 작아져 그 저항차로 회전력을 얻는 방식임. 이 방식의 특징은 다른 방식에 비해 회전속도를 크게 할 수 있다는 점에 있음. 또한, 이 방식은 저비용이며 흐름 변화에 대한 적응성도 높으나, 실제 해역에 있어서는 복잡한 흐름 변화나 와류의 영향 등을 받기 쉬운 점이 과제임.	실해역에서의 실시예는 없음.
⑦ 쿠라가케(倉掛)방식 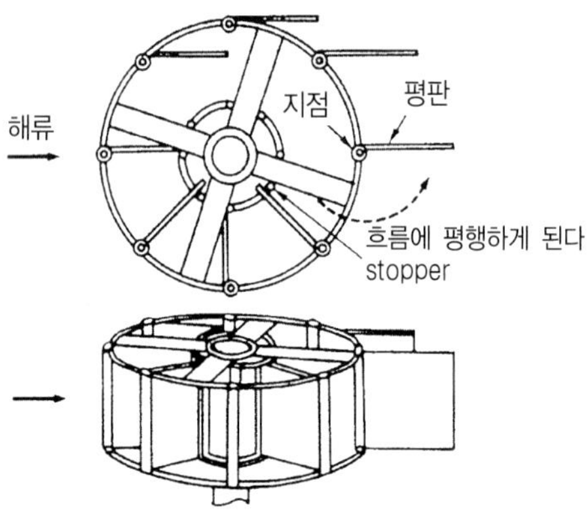 	쿠라가케 방식은 흐름 방향에 무관하게 1방향으로 회전하기 때문에, 전유향형 종축수차로도 불리어짐. 이 방식은 항력형 수차로, 각 수차의 날개는 순방향으로 움직일 때는 흐름을 받고, 역방향으로 움직일 때는 자유롭게 되어, 흐름에 평행하게 되고, 항력이 최소가 됨. 이 방식에서는 수차의 절반이 회전력에 기여하며, 회전 주속도는 유속과 거의 같음.	실해역에서의 실시예는 없음.
⑧ 크로스 플로(cross flow) 수차방식 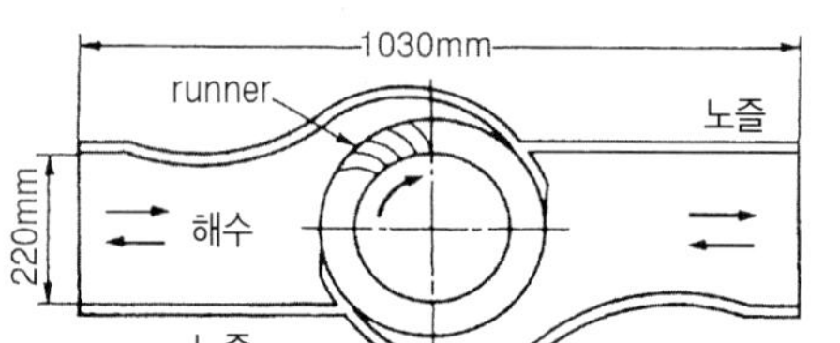 	크로스 플로 수차는 중소 수력용 수차로서 연구개발되어 왔으나, 이것을 조류용으로서 왕복류에도 대응가능할 수 있도록 형상 개선을 행한 실험이 토쿠시마(德島)대학을 중심으로 실시되었음.	일본: 토쿠시마대학이 1986년에 나루토해협에서 실해역 시험을 실시하였음(800 *W*).
⑨ 전자(電磁) 방식 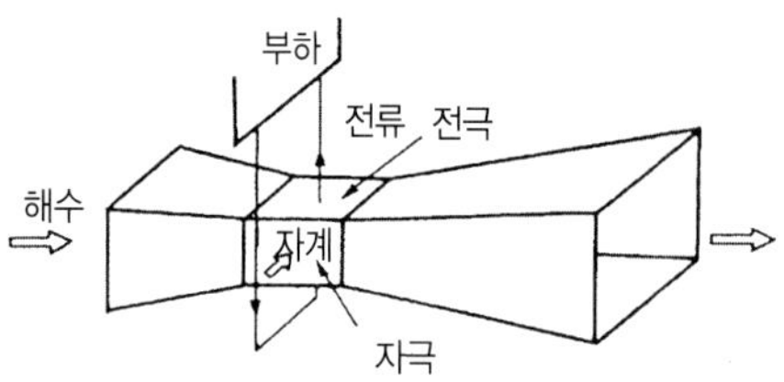 	전자방식은 MHD발전과 같은 원리이며, 해수를 도전매체로서 사용하여, 패러디의 전자유도법칙에 의해 발전하는 방식임. 이 방식은 발전부에 가동부가 없고, 구조가 간단하다는 점 등의 이점이 있으나, 대형 초전도자석을 이용하기 때문에 해수중에 전해 생성물이 발생하는 등의 문제가 남아 있음.	실해역에서의 실시예는 없음.

	개 요		개발동향
⑩ 수중익 방식	AWCG (Active Water Column Generation) 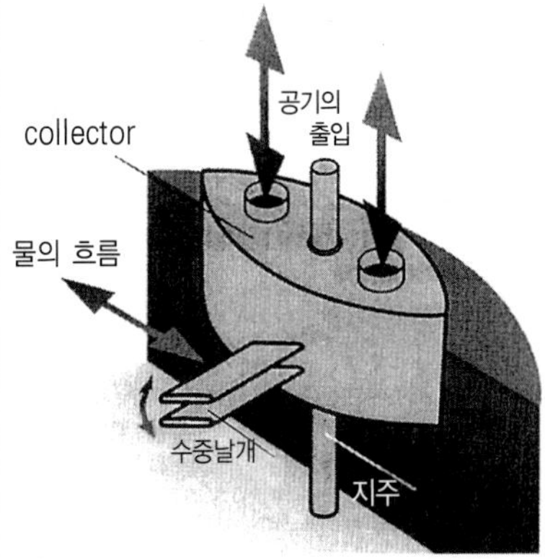	반전가능한 중익(中翼)을 사용하여, 수평방향의 수류를 연직방향의 흐름으로 변환하고, 반몰수식의 collector(集電子)를 상하진동시켜 공기 터빈을 운전함. 이 장치는 파력발전에 사용하는 OWC와 매우 비슷함. collector가 수면에 있기 때문에 파의 영향을 받는 것이 약점임.	영국: EB사가 1999년에 dry dock내에서 모형실험을 실시하여, 발전능력을 확인하였음. 실해역에서의 실시예는 없음.
	Stingray 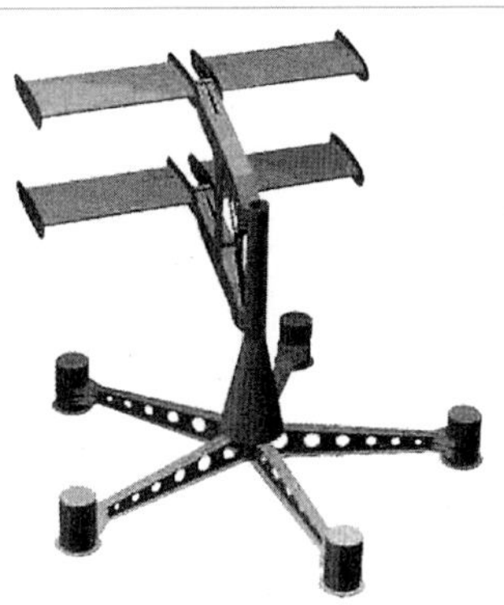	Stingray는 AWCG와 다르며, 물의 속도 에너지를 유압으로 변환하여, 유압 모터로 발전기를 회전시키는 방식임. 조류에 의해 수중날개의 지지 팔이 동요하고, 유압 실린더를 신축시켜 발생한 고유압에 의해 발전기를 운전하는 시스템임. 장치 전체가 완전히 수중에 잠겨 있기 때문에 파의 영향을 받기 어렵다는 점과 항행 선박의 장해가 되지 않는다는 점 등의 이점이 있음.	영국: EB사가 2002년에 Shetland섬 먼바다에서 실해역 실험을 실시하였음(150㎾).

(2) 주요한 기술 개발 동향

기술면에서 해결해야 할 문제로서는 내구성, 경제성(발전효율, 건설 비용 등), 송전기술, 축전 기술 등을 들 수 있다. 이들 기술의 발전에 따라, 가까운 장래, 지역 진흥형 local energy의 하나로 이용할 수 있는 가능성은 충분하다. 현재는 영국, 캐나다, 미국 등이 적극적으로 기술 개발에 진력하고 있으며, 상업 발전도 시작되고 있는 것으로 생각된다. 이하에 지금까지의 대표적 기술 개발 사례를 소개한다.

1) 영국의 개발 사례

i) Marine Current Turbines사

Rotor 방식의 조류 발전 시스템을 현재 개발하고 있는 기업의 하나로, 영국에 있는 Marine Current Turbines사가 있다(이하, MCT사). MCT사가 조류 발전에 주목하여, 기술 개발을 시작한 경위는 조류 에너지가 다른 재생 에너지에 비해, 이하에 들고 있는 장점이 있기 때문이다.

ㄱ) 조류 밀도는 공기의 800배 이상(해수 1.025g/cm^3, 공기 0.0012g/cm^3)이며, 날개면적(翼面積) 당의 발전 능력은 풍력 발전에 비해 크다.

ㄴ) 시설을 조밀하게 배치할 수 있어서 소요 발전량에 대한 공간을 작게 할 수 있다.

ㄷ) 바람이나 파와 같이 기상조건에 의한 에너지양의 변동이 없다.

ㄹ) 해상에 돌출하는 구조물이 작아(또는 완전히 수몰 상태), 경관상 지장이 적다.

그림 3.5. 조류 발전과 풍력 발전과의 space 비교

현재 개발하고 있는 MCT 사의 조류 발전 시스템과 풍력 발전과를 비교해 보면, 1MW의 전력을 얻는 데 풍력 발전에서는 rotor 직경 55m, 지주 간격 400~500m가 필요하지만, 조류 발전에서는 rotor 직경이 16m×2기, 지주 간격 50~100m로 고밀도로 배치할 수 있어서, 해상 발전 farm의 점용 면적의 축소화와 경관상의 이점을 들 수 있다(그림 3.5).

발전 시스템 중 심장부에 해당하는 터빈 주변의 상세를 그림 3.6에 나타낸다. 조류 발전의 경우, 조류의 방향은 정해져 있지만, 하루에 4회 흐름 방향이 변한다. 이 발전 시스템에서는 조류의 흐름 방향에 맞추어서 상류측으로 rotor의 방향을 변경하는 것은 아니고, 날개의 핏치(pitch) 각도를 원격 조작하여 수정할 수 있는 시스템에 의해 2 방향의 조류에 대하여 언제나 rotor가 회전할 수 있도록 되어 있다. rotor 회전 속도는 8회/min(직경 16m로서 날개 선단속도 7.5m/s)로 제어되어 있다. 이것은 회전속도가 어느 한계에 달하면 캐비테이션(cavitation)이 발생하기 때문이다. 그러나, 조류 속도가 1m/s이하가 되면, 발전 효율은 극단적으로 저하한다.

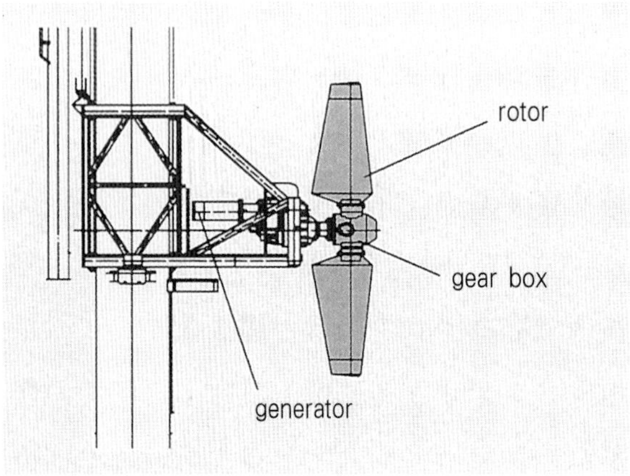

그림 3.6. 터빈 주위 상세도

현재 개발하고 있는 twin rotor 방식은 single rotor 방식 2기분의 에너지를 얻으나, 건설비는 1.6배 정도 상승한다. 또한, 설비를 50m 간격으로 설치가능하기

때문에 1km^{2}당 발전 능력은 풍력 발전의 10~20MW에 대하여, 조류 발전은 50~100MW가 되어, 화력발전(150MW)과 같은 정도의 발전도 가능하다.

현재의 연구성과에서는 최적의 rotor 직경은 18m이다. 또한, 해상조건으로서는 조류의 평균 유속은 2.5m/s, 수심 30m 정도가 적당하다. 설치에 있어서는 간조시에 rotor가 해상에 노출하지 않는 범위, 기초구조가 대형화하지 않는 수심, 여기에 송전을 위한 해저 케이블 부설비가 들지 않는 전력 소비지에 가까운 해역 등이 적지가 된다.

rotor식 조류 발전시스템은 유체력이 풍력에 비해 크기 때문에, 기초 형식의 선정이 건설 비용에 크게 영향을 미친다. 그림 3.7에 수심별 기초 형식을 나타낸다. 이중에서 부체방식이 유리하고 장래 가능성은 높으나, 현시점에서는 기술 개발의 단계이다. 반면, mono pile 방식은 양상(洋上) 풍력 발전에 있어서 시공실적도 있고, 설치 수심 20~40m에 있어서의 기초 형식으로서는 가장 경제적이다.

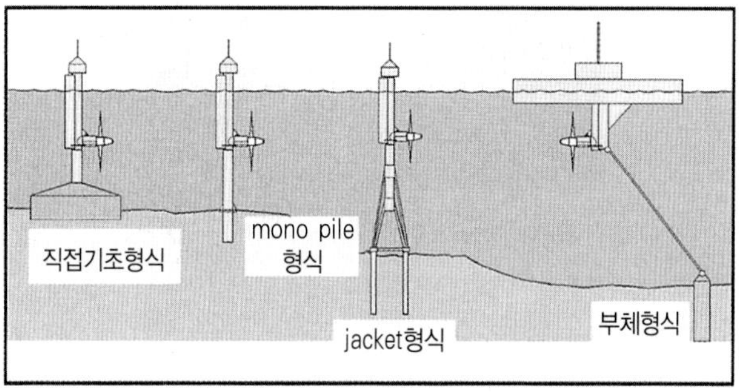

그림 3.7. 수심별 기초 형식

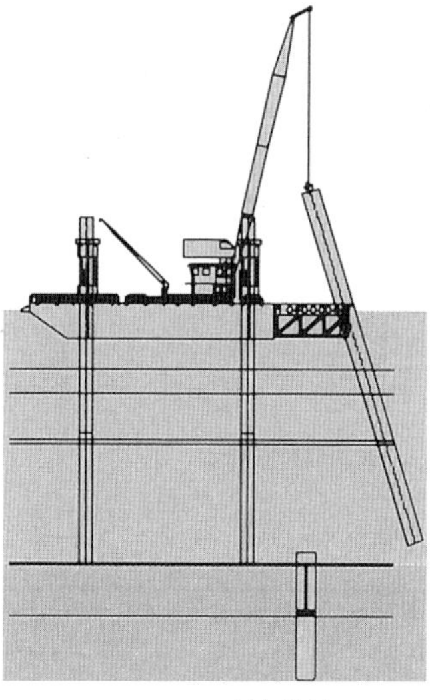

mono pile 타설 상상도

풍력발전설비시공상황

그림 3.8. mono pile 방식의 발전 설비 건설
(상: mono pile 타설 상상도, 하: 풍력발전설비 시공 상황)

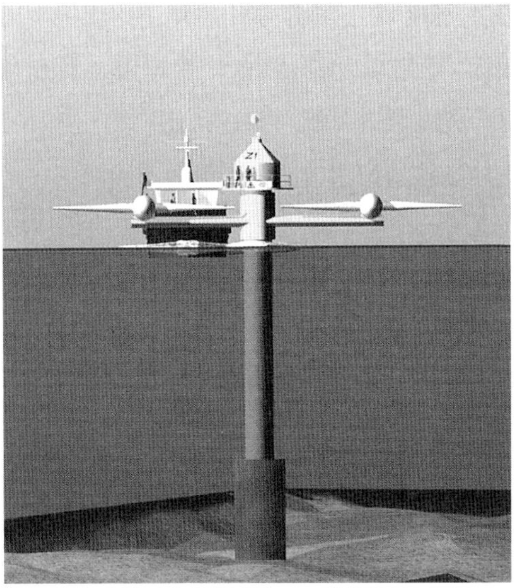

그림 3.9. 기기 유지·관리시의 상황 (상상도)

mono pile 방식 조류 발전 시설의 흐름도(flow chart)는 해저지반 삭공(削孔), sleeve 삽입, 지주 세워 넣기, 콘크리트 채우기, rotor 및 터빈 순으로 설치된다. 또한, 해상 작업시에는 platform을 필요로 한다. 조류가 격심한 해역에서 공사를 하기 때문에 고도한 시공기술을 요하지만, 양상 풍력 발전 시설에서의 시공실적(Horns Rev 양상 풍력 발전소, 덴마크)이 있으며, 설치 기술은 확립되어 있다(그림 3.8).

설비의 유지, 관리에 있어서는 수중 작업을 없애기 위해 rotor 부분을 해상에 끌어올리는 기능을 갖추고 있다(그림 3.9). 또한, 기기를 module화하여 부품수를 가능한 한 적게 하고 있다. rotor의 재질은 당초, 값이 싼 강제(鋼製)를 생각하고 있었으나, 내피로성(耐疲勞性)이 높은 carbon fiber나 glass fiber를 사용하고 있다. 연구 개발 프로그램의 현재 상황 및 금후의 계획을 이하에 나타낸다(그림 3.10 참조).

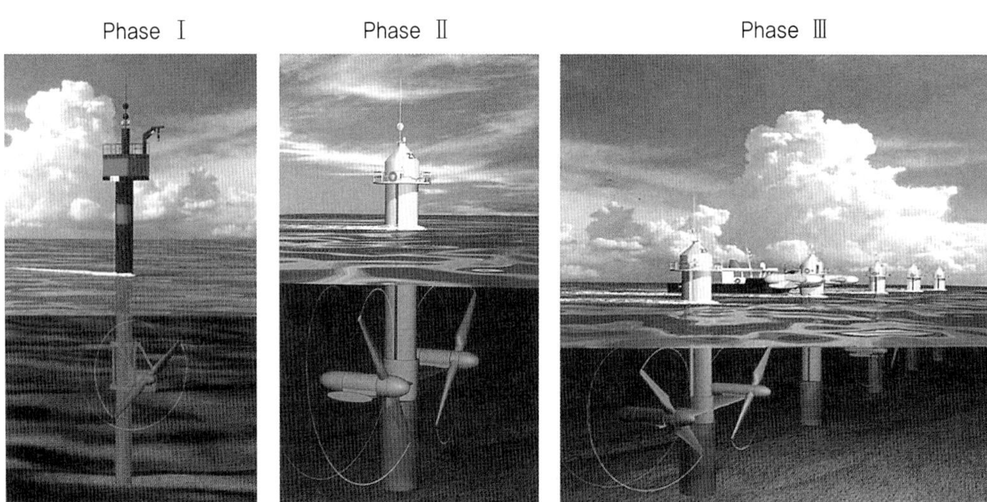

그림 3.10. 개발 단계마다의 상상도

ii) Engineering Business 사

근년 개발되고 있는 조류 발전장치는 수평 또는 연직의 축류 터빈이 주류이지만, 영국의 "Engineering Business"라고 하는 회사(이하 EB라고 한다)는 새로운 개념의 장치를 몇 개인가 개발하고 있다. 그 어느 것도 수류에 의해 생기는 진동 운동으로 수중 날개를 상하로 회전시키는 기구가 base로 되어 있다. 여기서는 그 중의 두 가지 type을 소개한다.

a) AWCG

AWCG는 Active Water Column Generator의 약자로서, 그림 3.11에 나타낸 바와 같은 기구를 가지고 있다. 수류에 따라 수중 날개가 움직이는 것에 의해, 두부(頭部)가 닫히고, 저부(底部)가 개방되어 있는 반몰수식(半沒水式)의 collector가 상하로 진동한다. collector의 상하운동에 따라, 상부에 탑재한 터빈을 통해서 가운데의 공기가 출입한다. 유수의 속도나 장치 크기에 따라 다르지만, 이 공기의 속도는 물의 20~30배가 된다. 따라서, 터빈은 공기 중에서 대단히 높은 회전속도로 작동하기 때문에 gear box를 두지 않고 직접 발전기에 접속된다. 이것은 OWC (Oscillating Water Column) 파력발전장치와 매우 유사한 것이다.

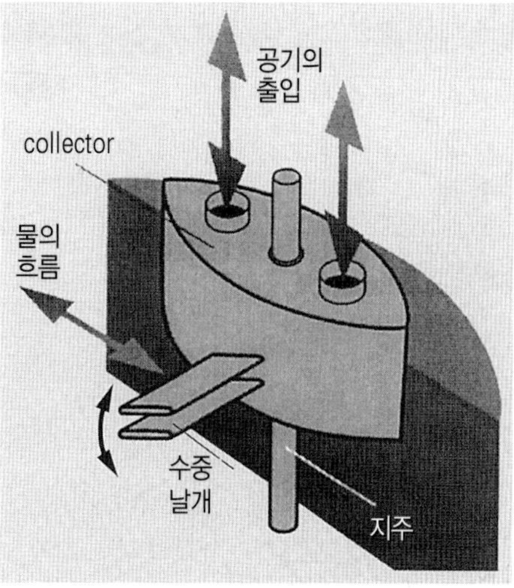

그림 3.11. AWCG 개념도

EB는 소형 AWCG를 제작하여, 영국 북동부 Blyth의 dry dock에서 1999년에 시험을 실시하였다. 그 결과, 공기의 유속은 물의 유속의 15~20배로 증가하여, 수류 에너지의 22%가 공기의 흐름으로 변환되는 것을 확인하였다.

b) Stingray

Stingray는 AWCG와는 달리, 물의 속도 에너지를 유압으로 변환하여, 유압 motor로 발전기를 회전시키는 방식이다. 이 장치는 The Stingray (빨간 가오리)로 명명되어 있다. 갑옷 창(鎧窓) 모양의 날개판을 움직이는 구조로 되어 있어 다양한 방향으로부터의 흐름에 맞추어 수중 날개의 각도를 변화시킬 수 있다. 이런 방법으로, 수중 날개의 지지 팔이 동요하고, 유압 실린더를 신축시켜 발생한 고유압(高油壓)에 의해 발전기를 운전하는 시스템이다. 또한, 장치 전체가 완전히 수중에 들어가 해저에 고정되기 때문에 파

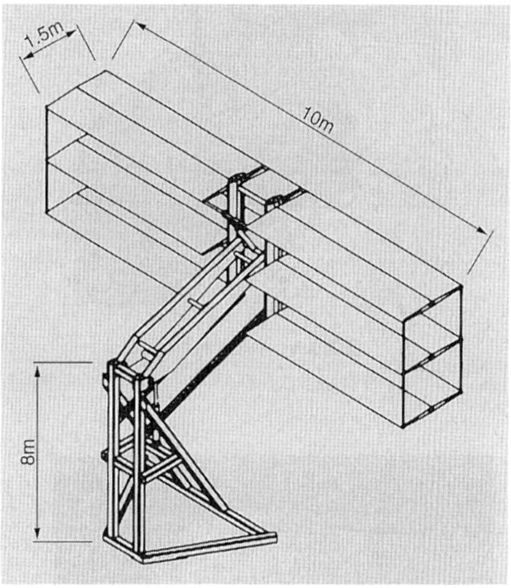

유속	3knot
발전량	150kW
날개 길이	10m
날개 폭	1.5m
날개 수	3매
지주 높이	8m
가동각	50°
실린더 구경	160mm

그림 3.12. Stingray의 예비 설계 사양

의 영향을 받기 어렵다는 점과, 항행 선박에 지장을 주지 않는다는 이점을 가지고 있다. 예비 설계 단계의 Stingray를 그림 3.12에 나타낸다.

Stingray의 개발은 2000년부터 개시되어, 2001년에는 영국 통상산업성(DTI)의 신재생 가능 에너지 프로그램에 의한 조성금으로 타당성 조사(feasibility study)를 실시하였다(그림 3.13 참조). 그후 DTI의 조성금을 받아, 2002년 9월에 스코틀랜드의 Shetland섬 먼바다에 Stingray 1호기(150kW)를 36m의 수심에 설치하여, 시험 운전을 실시하였다. 조립 상황을 사진 3.1에 나타내는데, 그 결과를 EB 사는 이하와 같이 보고하고 있다.

ㄱ) 수동 운전에 의해 1.5m/s의 유속에서, 최대 250kW, 시간 평균 90kW의 출력을 얻었다.

ㄴ) 자동 운전에서는 연속하여 45kW의 출력을 달성하였다.

ㄷ) 환경에 대한 영향조사에서는 현저한 문제는 확인되지 않았다.

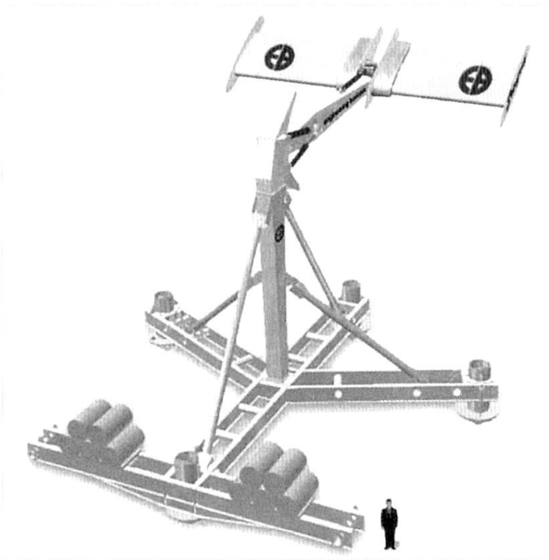

그림 3.13. Stingray(150kW)

사진 3.1. Stingray(150kW) 조립상황

EB 사에서는 2003년에 다시 Stingray를 설치하여, 운전 방법의 개선 시험, 장기간의 지속성 확인 시험을 실시할 예정이다.

2) 캐나다의 개발 사례

캐나다에서는 다리우스 수차를 개량한 Davis Hydro Turbine(그림 3.14)이라고 불리는 장치를 사용한 조류발전기술을 개발하고 있다. 1981년부터 캐나다 국가연구회의(National Research Council of Canada)의 오타와에 있는 수리실험실에서 연구가 개시되어, 1983년에는 온타리오 호수의 항로에 20kW의 장치를 설치하여, Nagara 전력회사의 송전망에 접속하여 2개 시즌에 걸쳐서 시험을 행하였다. 또한, 1984년에는 100kW의 장치를 Nova Scotia

주의 대서양에 면한 Sheet Harbor에 설치하여, Nova Scotia 전력사의 송전망에 접속하여 시험을 행하였다.

이 장치를 써서, space shuttle의 연료에 의한 수소와 산소를(전기분해에 의해) 생산하기 위한 전력을 플로리다 만류(灣流)에서 발전하기 위해, Nova Energy Ltd.라는 벤처기업이 1984년에 설립되었다. Nova Energy Ltd.는 4kW의 Davis Hydro Turbine을 플로리다만의 약 60m 수심에 설치하여, 1985년 4월 처음으로 발전을 행하였다. 현재는 Nova Energy Ltd.를 연이어 Blue Energy Canada Inc.(이하 BEC) 회사가 이하의 두 개 모형을 중심으로 연구개발을 진행하고 있다.

i) MIDRANGE 250

이 모형은 원격지의 중소 규모의 지역을 target로 개발하고 있다. 설비는 그림 3.15에 나타내듯이 125kW의 Davis Hydro Turbine을 두 줄로 unit화 한 것으로, 발전기 등 전장품(電裝品)은 모두 해면상의 방에 수납되어 있다. 3 노트(약 1.5m/s)에서 45kW, 7노트(약 3.5m/s)에서 250kW의 발전 능력을 가지는 설비로, 10m 이상의 수심에 설치가능하다.

ii) Tidal Fence

다수의 Davis Hydro Turbine을 격자상으로 조합하여 구성한 것을 tidal fence또는 tidal bridge(그림 3.16 참조)라고 부른다. 수차를 탑재한 콘크리트 케이슨(caisson)이 주된 구조이기 때문에 특히 새로운 기술을 필요로 하지 않는다. 또한, 송전 기술도 수많이 있는 수력 발전소와 거의 유사하다. 수차 이외의 장치는 모두 수면상에 설치하여 천단(天端) 위를 갠트리 크레인(gantry crane)이 주행할 수 있도록 되어 있기 때문에 유지 관리는 용이하다. 또한, 이 구조물은

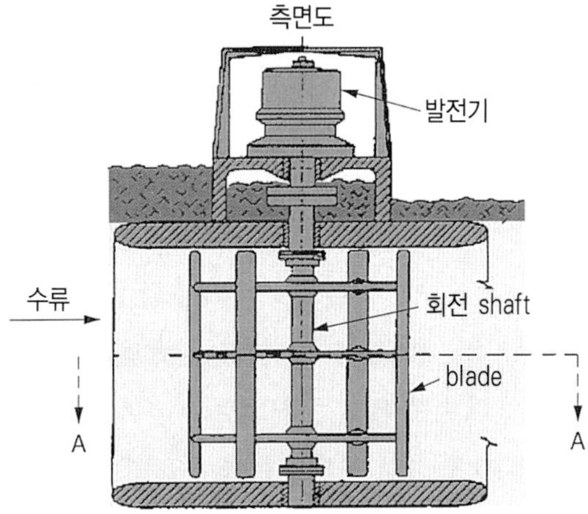

평면도 (A-A)

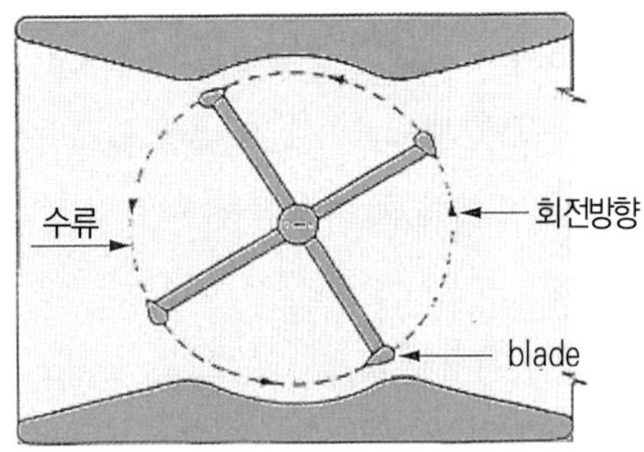

그림 3.14. Davis Hydro Turbine

그림 3.15. Davis Hydro Turbine사의 MIDRANGE 250 unit

그림 3.16. tidal fence의 상상도

도로교(道路橋) 또는 양상 풍력발전의 플랫폼 등에 이용할 수 있다. 필리핀의 Dalupiri 해협에서는 7～14*MW*/unit의 발전 능력을 가지는 tidal fence를 제안하고 있다. 이밖에 수소연료전지를 조합한 통합 해양 에너지 시스템을 실증하는 계획도 진행하고 있다. 이것은 피크(peak)시에 Davis Hydro Turbine으로 발전된 잉여전력으로 수소를 생산하는 것이다.

3) 일본

카고시마(鹿兒島)현 아쿠네(阿久根)시의 쿠루노하마(黑之浜) 어업협동조합이 쿠루노세토(黑之瀨戶)의 조류를 이용한(냉장고·활어장치의 전력을 받는다) 자가발전소의 계획을 진행하고 있다. 직경 약 4m, 12매의 날개를 가진 수차를 전후로 4기씩 갖춘 쌍동선(双胴船) (폭 약 10m, 길이 약 25m)을 닻으로 계류하여 발전하는 방식이다. 정격 출력은 700*kW*로, 하루에 약 10시간 발전이 가능하다고 예상하고 있으며, 일단 신개발의 고성능 축전지에 모아서, 수요에 따라 송전할 수 있도록 하는 계획이다. 현재, 나가사키(長崎)대학 지역공동연구센터와 키사키(木崎)엔지니어링사가 공동으로 연구를 진행하고 있다. 또한, 발전 능력이 35*kW*로 대단히 소규모이긴 하지만, 해상보안청이 등부표용(燈浮漂用)의 시스템을 2002년에 실용화하였다(사진 3.2).

사진 3.2. 발전기를 부착하고 있는 등부표

아카시(明石) 해협(海峽) 대교(大橋) 중앙부 바로 밑의 서쪽 해상에 설치한 등부표에 다리우스 수차(직경 60cm, 높이 45cm, 사진 3.3)를 부착·설치하고, 전기는 배터리에 축적하여 표지 선단의 발광 다이오드(diode)로 보내는 시스템이다. 히로사키(弘前) 대학에서는 난죠(南條) 교수를 중심으로 한 그룹이 쯔가루(津輕) 해협에 있어서의 해류발전의 연구를 하고 있다. 쯔가루 해협은 동진(東進)하는 해류가 조류를 상회하고 있어서, 해류발전이 경제적으로 성립한다고 보고 있다. 현재 사보니우스형 수차를 사용한 유수로(流水路) 실험을 실시하고 있으며, 수년 후에 실증 단계에 들어갈 예정이다. 실험과 평행하여 발전장치의 설치 방법이나 공급 시스템에 대해서도 검토를 개시하고 있다.

4) 미국

Underwater Electric Corp.(이하 UEK)는 실용 기기를 최초로 제작한 회사이다. 이 회사가 개발한 UEK 터빈은, 적당한 부력을 가진 터빈과 발전기를 내장한 기계를, 돛처럼 조류중에 부유시키는 형식을 하고 있다. 전자 제어의 계류 케이블에 의해, 위치를 자동적으로 제어하기 때문에, 조류가 반전해도 같은 능력으로 운전할 수 있다. 또한, 해저에 닻으로 고정되어 있는데, 유지 관리시에는 용이하게 개방할 수 있도록 되어 있다. 현재의 표준 기기는 직경 3m의 twin 터빈으로 5 노트의 흐름에서 90*kW*의 발전이 가능하지만, 500*kW*~1*MW*의 발전을 할 수 있는 장치를 에너지국 등의 보조를 얻어 개발중이다(사진 3.4).

사진 3.4. UEK 터빈

5) 노르웨이

Hammerfest STORM AS사가 The Blue Concept라고 하는 프로젝트에서 프로펠러식 발전장치를 개발하였다(그림 3.17). 이것은 해저면에 설치하는 완전몰수식(完全沒水式)의 장치로서, 300*kW*의 발전능력을 가지고 있다. 노르웨이 북단의 Kvalsundet 해협에 있어서 시운전을 개시하고 있고, 2003년 1월부터 송전망에 접속하고 있다. 이것이 성공하면, 2004년까지에 19기를 추가할 예정이며, 약 1,000 가구분의 전력을 공급할 수 있는 세계에서 최초의 조류 에너지를 이용한 상업발전으로서 기대되고 있다.

그림 3.17. 발전장치의 설치 상상도

6) 이탈리아

세 개의 날개를 가진 다리우스 수차를 사용하여, 직경 10m의 원통형의 태선상(台船上)에 터빈을 탑재한 ENERMAR 시스템을 2000년에 건설하여, 시실리아 해안에서 가까운 Messina 해협에 설치하였다(사진 3.5). 현지는 수심 20m, 평균 유속 1.5m/s로 130*kW*의 발전능력을 가지고 있다.

7) 오스트레일리아

Northern Territory주의 전력 · 상하수도 공단(Power and Water Authority, PAWA)과

Northern Territory 대학이 공동 프로젝트로 1993년에 개발을 개시하였다. Bathurst 섬과 Melville 섬 사이의 Upsley 수도(水道)에 네 개의 날개를 가진 2~3kW의 시험기기(사진 3.6)를 설치하여, 자료를 수집하고 1999년에 완료하였다. 프로젝트의 다음 단계는, 상업화의 가능성을 타진하는 것이다. 좋은 결과가 얻어지면, 10~50 kW의 발전을 계획한다. 현재 디젤발전에 의존하고 있는 오스트레일리아 연안부의 많은 소규모 촌락에 있어서, 조류발전기술은 이상적일 뿐만 아니라 이 프로젝트가 성공하면 해외로의 수출도 기대할 수 있다고 보고 있다.

사진 3.5. ENERMAR 시스템

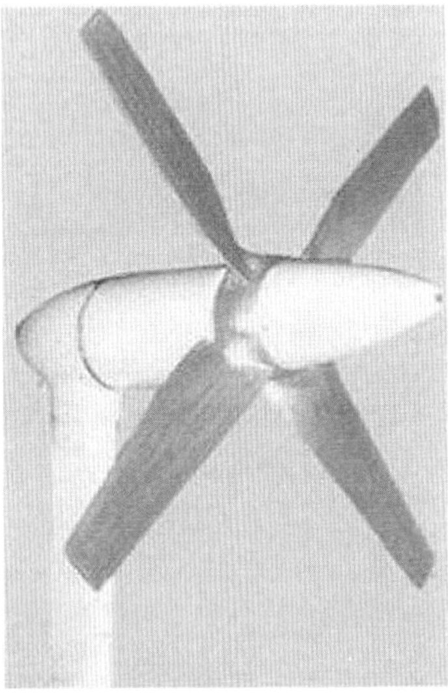

사진 3.6. 네 개의 날개를 가진 시험기기

그림 3.18. Tocardo Aqua-75

8) 네델란드

Tocardo사가 Tocardo Aqua-75라고 하는 최대출력 1.4 kW의 소규모 발전 시스템을 개발하였다(그림 3.18). 유속이 완만한 하천에 적용할 수 있기 때문에, 발전 비용은 동 규모의 디젤·solar panel·풍력 등에 비해 낮다. 이것은 rotor 주위를 덮고 있는 덮개(mantle)가 저속의 흐름을 모으도록 고안되어 있기 때문이다. 금후 20년 이내에 300~500kW 규모의 시스템을 개발할 계획이다.

9) 필리핀

1998년에 에너지 장관은 금후 25년간 사이에, 필리핀은 화석연료의 수입국에서 에너지 수출국으로 발전할 것이라고 표명하고 있어서, 해양·태양·바람(Ocean, Solar and Wind, OSW) 에너지 시스템은 에너지국(DOE)의 중요한 정책이 되어 있다. OSW는 6~8kW의 풍력 터빈발전기·풍차 pump, 5kW의 조류발전장치(Tidevolt), 10kW의 풍력발전장치(Aerovolt), 1.2kW의 태양광발전을 가능하게 하여, 32 세대의 전력을 받을 수가 있다. 멀리 떨어진 섬의 에너지 시스템으로서 1998년에 처음으로 카라타간, 바탄가스, 마하스 섬에 설치되었다.

10) 타이완

타이완에서는 쿠로시오가 가장 해류발전의 잠재력을

가지고 있다. 조사 자료에 의하면, 쿠로시오는 타이완의 동해안의 북위 23° 부근에서 가장 해안에 접근하여, 해안선에서 평균 60~66km 떨어진 곳을 0.3~1.6m/s(평균 0.9m/s)의 속도로 흐르고 있다. 쿠로시오 발전계획은, 발전 터빈을 내장한 케이슨(길이 200m, 폭 40m)을 수심 약 200m의 지점에 설치하는 방식을 기본으로 하고 있다. 1기 당 15~20*MW*의 발전능력이 있는 unit를 복수 배치하는데, 난류의 영향을 피하기 위해 서로 적어도 200~250m 떨어지게 하지 않으면 안된다. 쿠로시오 발전은 이론적으로 가능하며, 기존의 발전장치는 여러 가지 있지만, 대수심에 적용할 수 있는 것은 아직 개발되어 있지 않다.

11) 중국

1978년에 쵸오산 해에서 기초연구를 위한 실험을 실시하였다. 프로펠러식의 발전장치를 2기 설치하여, 최대 유속 3m/s로 5.7*kW*를 달성하였다. 최근은 다른 시스템의 연구개발이 칭따오(靑島)와 하얼빈에서 진행되고 있으나, 상세한 것은 불명하다. 또한, EC의 원조하에 이탈리아와 공동으로 75*kW*급의 장치 건설이 계획되어 있다.

3.3 환경에 대한 영향

해류 및 조류 발전은 배출(排出)이나 방사(放射)가 없기 때문에, 대기오염이나 기후변동 등의 지구규모에서의 환경문제는 없다. 오히려 조류발전이 보급되면, 기존의 화석연료를 사용하는 전력에 대한 의존도가 낮아져, 환경개선에 공헌한다. 환경에 대한 영향은 기본적으로는 지역적, 국부적인 것에 한정되는데, 사용하는 기술이나 현지 조건에 따라 영향 정도가 달라진다. 따라서, 개개의 경우에 따라 조사할 필요가 있지만, 일반론으로서는 다음과 같은 해양환경에의 영향이 예상된다.

첫째, 해저에 발전장치를 설치한다든가 케이블을 부설하면, 어류를 비롯한 바다표범이나 돌고래 등 해양 생물에 대한 영향이나 저서 생물의 감소로 이어질 위험이 있다. 그러나, 발전 적지에 희소 생물이 서식하는 경우는 드물고, 건설 시기를 적절히 선택하면 그 영향을 경감할 수 있고, 또한 건설 중에 일단 감소하여도 건설 후에는 재생(再生)될 것으로 생각된다.

둘째, 운전 중 어류 등이 터빈에 휘말려 들어가는 것도 생각된다. 그러나, 회전 날개의 속도가 늦어서 그 위험성은 매우 작다고 생각된다.

셋째, 발전 장치의 형태에 따라 다르지만, 완전 몰수식(沒水式)은 경관에 대한 영향은 전혀 없다. 장치 일부가 수면 밖으로 나오는 형태의 경우도 양상(洋上) 풍력발전과 비교하면, 그 영향은 압도적으로 적고, 소음 발생도 거의 없다고 말할 수 있다. 다만, 관련하는 육상 시설이나 송전선은 경관에 영향을 미치기 때문에, 제한을 받게 된다.

넷째, 선박의 항행, 어업 등 경제활동에 대한 영향이 예상되므로, 설치 위치나, 수심, 방법에 제한을 받게 된다.

3.4 장래 계획 및 전망

(1) 조류 발전

조류 발전기술의 개발은, 파력에 비해 1~3년, 풍력에 비해 5~8년 정도 뒤떨어져 있고, 아직 초기단계에 머무르고 있다. 따라서, 현재 상업 발전시설은 존재하지 않는다. 그러나, 이하에 나타내듯이 조류발전은 파력이나 풍력 등, 다른 대체 에너지에 비하여 많은 이점을 가지고 있어서, 금후는 급속히 발전할 것으로 생각된다. 그 이유로는 전술한 바와 같이,

첫째, 조류는 1일 주기를 가지고 있기 때문에, 그 에너지도 규칙성이 있어서, 장기간에 걸쳐 예측 가능하며,

둘째, 흐름 에너지는 유체 밀도와 유속의 3배에 비례한다. 풍력과 비교하면, 해수 밀도는 공기의 828배(20℃에서)이기 때문에, 2 노트의 유속에서도 10m/s의 풍속과 동등한 에너지를 얻을 수 있고,

셋째, 조류의 피크(peak)는 시간, 장소에 따라 다르기 때문에, 복수의 지점을 network화 하는 것에 의해 안정 공급 조정이 가능하다는 점 등을 들 수 있다. 한편, 캐나다 British Columbia의 전력회사(BC Hydro)가 실시한 사례 연구에서는 최대 유속을 3.5m/s, 평균 출력을 정격 출력의 20%로 설정하였을 때, 수년 내에 약 50원/*kWh*가 달성 가능할 것으로 예측한 바 있다.

최근 풍력 발전에 있어서의 급속한 발달은, 예를 들면 덴마크 정부가 연구개발에 직접 투자를 행한 결과인 것을 생각하면, 조류 발전도 공적인 조성금의 유무가 발전의 중요한 열쇠를 쥐고 있다고 생각된다. 일본에서도, 1980년대에는 세계에서도 몇 안 되는 해역실험을 실시한 적이 있었으나, 공적인 조성금을 얻지 못하여 이후의 발전이 없었다. 그러나, 지구온난화에 적극적으로 대처하면서 서구의 여러 나라가 이 분야의 기술발전을 리드하고 있기 때문에, 앞으로 수 년 내에 상업발전이 개시될 것으로 예상된다.

(2) 해류 발전

해류 발전에 대해서는 전술한 타이완의 쿠로시오 발전계획을 비롯하여, 몇 개의 추진 실적이 보고되고 있다. 미국에서는 북대서양 해류의 일부로 세계 2대 해류의 하나인 플로리다 만류(灣流, Gulf Stream)를 이용한 발전에 뛰어들고 있고, 실제 2001년 6월에 해역 실험을 실시한 바 있다. 일본에서도 히로사키(弘前) 대학의 연구 그룹이 쯔가루 해협에 있어서 쯔가루 난류를 이용한 해류 발전의 연구에 뛰어들고 있으며, 2003년 1월에 소형의 해역 실험을 실시하였다. 현시점에 있어서는 조류 발전만큼 활발한 움직임은 없으나, 해류를 이용한 발전 기술 그 자체는 조류와 마찬가지이기 때문에, 조류 발전의 발전(發展)이 해류 발전개발의 실마리가 될 것으로 기대된다.

참고문헌

현범수, 신·재생에너지 융합원천기술개발사업 최종보고서, 한국에너지기술평가원, 411p., 2012.

(財)電力中央研究所：電力中央研究所報告調査報告, Vol. U86033, 海・潮流エネルギーに関する調査, 1987. 6.

中国工業技術試験所 ： 中国工業技術試験所報告, No. 26, "日本沿岸の潮流エネルギー賦存量", 1986.

近藤俶郎・木方晴二・谷野賢二・上原春男・宮崎武晃 ： 海洋エネルギー利用技術, 森北出版, 1996. 4.

木方晴二：電氣設備学会誌, Vol. 16, No. 10, "潮力発電システムの現状と動向", (社)電氣設備学会, 1996. 10.

(社)日本海洋開発建設協会：海洋エネルギー開発技術・21世紀の海洋土木技術海外合同調査報告書, 2003. 3.

平本敏弥 ： 潮流発電に関する研究, 海上保安研究センター, 2001.

BC Hydro Engineering & Triton Consultants Ltd. : Green energy study for British Columbia Phase 2 : Mainland, Tidal current energy, 2002. 10.

Engineering Business Ltd. : EB development of tidal stream energy, 2001. 2

Engineering Business Ltd. : Tidal stream renewable offshore power generation, 2000. 7.

M.T. Pontes & A. Falcao : Ocean energies : Resources and utilization, World Energy Council, 18th Congress, 2001. 10.

http://www.kobe-jma.go.jp/kaiyo/kairyu/sekai_kairyu.html

http://www.engb.com/

http://www.blueenergy.com/

http://www.joho-nagasaki.or.jp/kizaki/hatsuden.html

http://www.uekus.com/

http://www.e-tidevannsenergy.com/

http://www.energy.wa.gov.au/html/bulletins/body_7.2.12.html

http://www.sustdev.org/energy/articles/energy/edition1/01.113.pdf

http://www.sarcs.org/documents/imee.pdf

http://duck2.oc.ntu.edu.tw/iris/apecmrc2/d41.html

http://www.newenergy.org.cn/english/ocean/overview/status.htm

제4장 __ 해양심층수와 해양온도차 발전

4.1 해양심층수의 정의

해양심층수(deep ocean water)는 일반적으로 태양광이 도달하지 않는 대략 200m보다 깊은 수심의 해수로 정의하고 있으나, 과학적 근거에 기초한 엄밀한 정의는 아니다. 일본에서는 해양심층수를 연구기관에 따라 다음과 같이 정의하고 있다.

(1) 해양과학기술센터

해양심층수란 자원 이용을 의도한 호칭으로서, 보상심도(補償深度)보다 깊은 곳의 자원성이 높은 해수를 말한다. 보상심도란 식물플랑크톤 등의 해조류(海藻類)가 광합성에 의해 증식할 수 있는 하한심도(下限深度)를 의미한다.

(2) 수산심층수협의회

해양심층수란 광합성에 의한 유기물 생산이 이루어지지 않고, 분해가 탁월하며, 게다가 겨울철의 연직혼합 도달심도보다 더 깊은 곳의 해양수를 말한다.

(3) 해양심층수이용연구회

해양심층수란 자원이용을 의도한 호칭으로서, 해양학적으로 심해의 일반적인 정의를 적용시켜, 대략 200m보다 더 깊은 곳의 해수 전체에 대하여 심해에 있는 해수라고 하는 의미에서 이 호칭을 선택하였다.

이와 같이 해양심층수에 대한 정의는 통일되어 있지 않다. 그러나, 해수는 지구상에 있어서 빠져 나가는 양이 많은 물질로서, 그중에 약 95%가 해양심층수이기 때문에, 특히, 일본에서는 1980년대 후반부터 해양심층수의 자원성을 이용한 연구 개발과 실용화가 왕성하게 이루어지고 있다. 최근에는 해양심층수를 사용한 음료수, 식품, 화장품 등의 상품이 시장에 나와 있고, 일반 시민들의 인지도도 향상하고 있다.

해양심층수의 자원으로서의 성질은 현재 아래의 다섯 가지 항목으로 크게 분류할 수 있다.

① 저온성

태양광이 도달하지 않기 때문에 연간을 통해서 해면표층 부근에 비하여 저온으로 안정하다(그림 4.1).

② 부영양성

식물의 성장에 필요한 질산염이나 인산염 등의 무기영양염류가 풍부하게 함유되어 있다(그림 4.2).

③ 청정성

인공 오염물이 적고 세균이나 유기물이 매우 적다(그림 4.3).

④ 미네랄(금속) 특성

다양한 미네랄이 균형 있게 함유되어 있다(표 4.1).

⑤ 숙성성(熟成性)

고압하에서 장기간에 거쳐 숙성되었기 때문에 극히 세세하고, 맛이 순해진다고 일컬어지고 있다(과학적으로는 미검증). 이들 중, 저온성, 부영양성, 청정성을 해양심층수의 3대 특성이라고 한다. 또한, 이들 해양심층수의 자원성은, 사용해도 없어지지 않고, 자연적인 작용에 의해 하루하루 재생되는 것으로 알려져 있다.

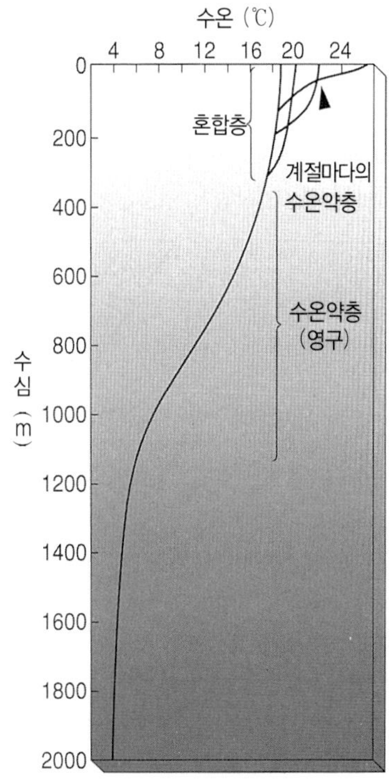

그림 4.1. 저온성

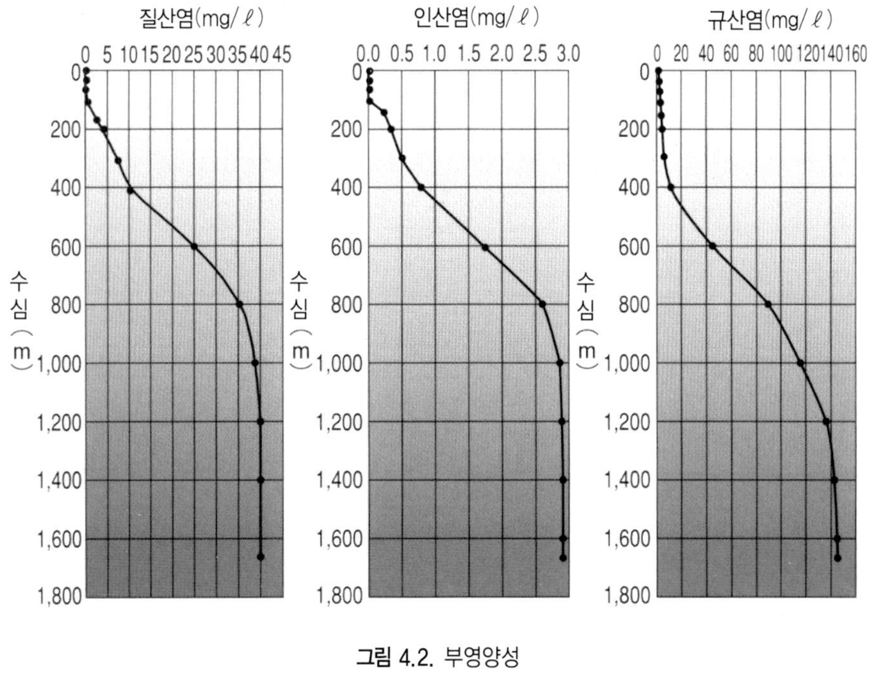

그림 4.2. 부영양성

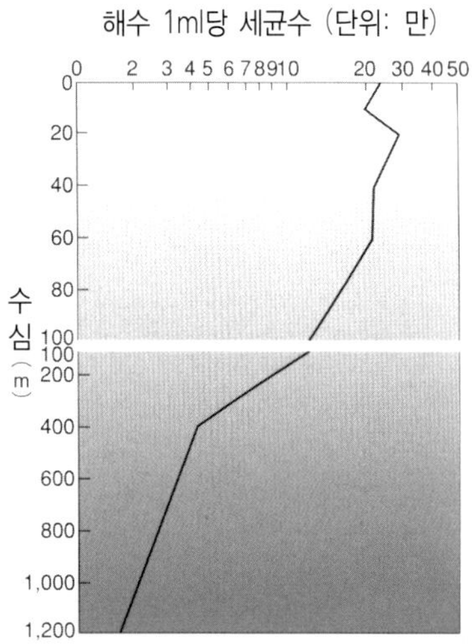

그림 4.3. 청정성

해양심층수는 언제나 재생하는 자원이며, 고갈하지 않는 자원이라고 하는 의미에서, 새로운 에너지원으로서 주목받고 있다. 여기서는, 화장품이나 비닐제조 등으로 최근 일본 국내에서도 급격히 그 존재가 알려지게 된 해양심층수에 대하여 온도차 발전이나 냉각 등 에너지 분야의 이용기술도 포함하여 소개한다.

표 4.1. 미네랄 특성

	해수중의 농도 ($\mu g/l$)	해수중의 총량 (백만톤)	B 육상의 추정매장량 (백만톤)	A 생산량 (백만톤/년)	B/A 고갈까지의 시간 (년)
철	0.04	50	88,000	290	303
알루미늄	0.3	400	3,200	10	320
니켈	0.5	700	68	0.61	111
주석	0.0005	0.7	4.2	0.23	18
구리	0.2	300	280	6.3	44
철	0.3	400	110	5.1	21
아연	0.00003	4	93	3.4	27
금	0.003	0.04	0.032	0.0015	21
은	0.00003	4	0.177	0.0096	18
수은	170	0.04	0.183	0.01	18
리튬	3	238,000			
우라늄		4,000			
석유			$14,378 \times 10^3$ kl	$35.6 \times 10^3 kl$/년	40
석탄			$10,754 \times 10^3$	39.2×10^3/년	274

4.2 개발 및 이용 현황

(1) 해양심층수

해양심층수는 다양한 자원성을 가지고 있다는 것이 해명되어 있기 때문에 그것을 유효 이용하기 위한 연구 개발이 이루어져 왔다. 그림 4.4는 해양심층수의 유효 이용기술에 관한 기초적인 연구 과제와 응용분야를 나타낸 그림이다.

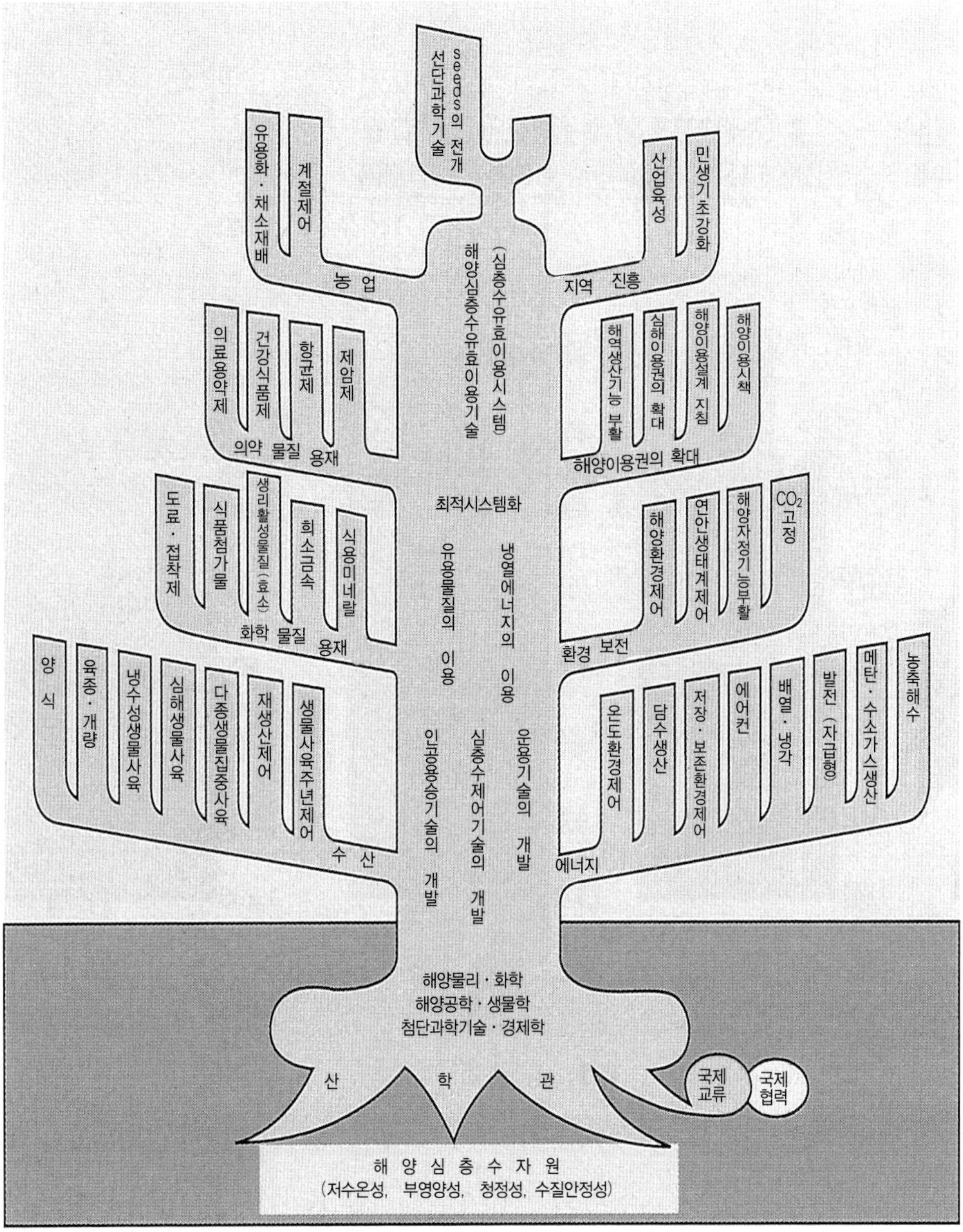

그림 4.4. 해양심층수의 과제와 응용분야

표 4.2는 현재 가동 중인 국내외의 해양심층수 이용 및 연구시설의 개요를 나타낸다. 이 표에서 알 수 있듯이, 해양심층수는 아래와 같은 분야에서 이용이 기대되며, 현재 개발 및 실용화가 진행되고 있다.

ㄱ) 에너지 분야

ㄴ) 수산분야

ㄷ) 농업분야

ㄹ) 식품분야

ㅁ) 건강, 미용 및 의료분야

이하에서는 이들 각각에 대하여 보다 자세히 기술한다.

표 4.2. 해양심층수 이용 및 연구시설

Plant명		NELHA	토야마현 수산시험장	토야마현 뉴우젠쵸(入善町) 해양심층수 이용시설	코치현 해양심층수 연구소
장 소		하와이섬	토야마현 나메리카와(滑川)	토야마현 뉴우젠쵸(入善町)	코치현 무로토시 미쯔(三津)지구
사업주체		NELHA, Host Park	토야마현	토야마현 뉴우젠쵸(入善町)	코치현 해양과학기술센터
실시시간		1993～	1995～	2001～	1986～
개 요		· 관경 1,400mm (4호관) · 연장 3,124m · 재질: 경질 PE관 · 수심 약 900m에서 취수 · 취수량: 144,000톤/일 · 취수온도: 4℃ · 취수관의 내 300m는 마이크로 터널 형식 · 과거에 부설된 취수관 (관경 1,000mm, 450mm)도 가동 중	· 관내경 250mm · 연장 2,630m · 재질: 철선개장(鐵線鎧裝) 경질 PE관 · 수심 321m에서 취수 · 취수량: 3,000톤/일	· 관내경 250mm · 연장 3,308m · 재질: 철선개장(鐵線鎧裝)경질 PE관 · 수심 384m에서 취수 · 취수량: 2,400톤/일 · 수심 50m 이하는 2m의 trench내에 부설후 다시 메우고, 그 보다 깊은 곳은 해저면에 부설	· 관내경 125mm×2조 · 연장 2,650m×2조 · 재질: 철선개장(鐵線鎧裝) 경질 PE관 · 수심 320m, 344m에서 취수 · 취수량: 920톤/일 · 수심 50m 이하는 trench 내에서 콘크리트 방호하고, 그보다 깊은 곳은 자연 착저
심층수 이용상황	식품분야		음료수, 맥주 등	음료수의 생산, 식품 생산	음료수, 주류, 식품 등
	건강 · 미용 · 의료분야	헤마트콧커스 (아스터크산틴의 추출)등	thalasso therapy시설, shampoo 등	자연건강식품, 아토피 치료, thalasso therapy, 화장	화장품, 입욕제 등, 피부염 치료 등
	수산분야	양식(lobster 등), 신선도 향상	꽃게, 패류, 새우류, 참송어 등의 종묘생산에의 응용, 생태해명	어개류의 양식, 종묘생산, 해조류의 양식	참다시마 등의 해조류, 돔 등의 어류, 새우 등의 갑각류 양식
	농업분야	출하억제 재배, 토양냉각		출하억제재배, 수경재배	
	에너지 · 자원분야	냉방 · 냉각수, OTEC, 담수생산		시설내 냉방	냉방, 담수생산
	환경보전 분야			백화현상대책, 해수정화, CO_2의 고정화	

		무로토 해양심층수 aqua farm	오키나와현 해양심층수 연구소 (쿠메지마(久米島))	스루가(駿河)만 해양심층수 이용시설	미우라해양심층수 미우라(三浦)DSW(주)
Plant명		무로토 해양심층수 aqua farm	오키나와현 해양심층수 연구소 (쿠메지마(久米島))	스루가(駿河)만 해양심층수 이용시설	미우라해양심층수 미우라(三浦)DSW(주)
장 소		코치현 무로토시 무로토미사키쵸(室戸岬町) 다카오카(高岡)어항	오키나와현 시마지리(島尻)군 쿠메지마쵸(久米島町)	시즈오카현 야이즈(焼津)시	카나가와현 미우라시
사업주체		무로토시	쿠메지마(久米島) 해양심층수개발(주)	시즈오카현 야이즈(焼津)어항 관리사무소	미우라DSW(주)
실시시간		1999~	2001~	2001~	2001~
개 요		· 취수관경 270mm · 연장 3,125m · 재질: 철선개장(鐵線鎧裝) 경질 PE관 · 수심 374m에서 취수 · 취수량: 4,000톤/일 · 취수온도: 8.1~9.8℃ · 수심 0.8~25.6m trench 내에서 콘크리트 방호, 25.6~60m 사질층내 흙덮기 1.5m 매설, 60m 이상에서 자연착저	· 관경 280mm · 연장 2,527m · 재질: 철선개장(鐵線鎧裝)경질 PE관 (심해부), 동대개장(銅帶鎧裝) 경질 PE관 (천해부) · 수심 600m에서 취수 · 취수량: 13,000톤/일 · 취수온도: 9℃	· 관내경 270mm · 연장 7,350m · 재질: 철선개장(鐵線鎧裝)경질 PE관 · 수심 674m에서 취수 · 취수량: 2,000톤/일 (예정)	· 관내경 198mm (일부 148mm) · 연장 5,840m · 재질: 철선개장(鐵線鎧裝)경질 PE관 · 수심 330m에서 취수 · 취수량: 1,000톤/일
심층수 이용상황	식품분야	음료수, 주류, 발효식품 등	담수화심층수의 생산, 심층수염의 생산	건강식품, 식품첨가물	음료수, 주류, 식료품, 제빙, 발효촉진제, 제염, 제과, 조미료
	건강 · 미용 · 의료분야	화장품, 입욕제 등, 해양 요법, 피부염 치료 등	아토피 피부염의 care 제품개발, thalasso therapy시설	의료용약제, 해양 요법, 아토피 치료, thalasso therapy, 화장품, 약제	화장품, 보수액(保水液), 온욕, 첨가제 등
	수산분야	양식, 축양	보리새우의 어미새우 양성, 고급어개류의 종묘생산시험, 해조류의 생산시험	양식, 종묘생산, 어장환경개선, 수산유통, 수산가공	수산가공, 활어, 신선도 유지, 양식, 세정
	농업분야	온도제어시설 재배, 양액(養液)재배	수경재배, 저온농업의 연구	저온이용	비료, 식물공장, 재배액, 토양개량
	에너지 · 자원분야	냉방, 담수생산	시설내 냉방	냉방이용	
	환경보전 분야			모니터링, 해역환경	

(2) 해양온도차 발전

1) 해양온도차 발전의 원리

태양 에너지의 일부는 해양 표층에 열로서 축적되어 있다. 위도 20℃ 이하의 저위도 지역에서는 이 표층 해수는 거의 연간 26~30℃ 정도를 유지하고 있다. 한편, 극지역에서

냉각된 해수는 해양대순환에 의해 저위도 지역으로 순환하고 있으며, 밀도가 커서 심층으로 가라앉게 된다. 저위도 지역에서는 해양 표층의 온해수(溫海水)와 심층부의 냉해수(冷海水, 즉 심층수)와는 10~25℃의 온도차가 있는데, 이를 해양온도차 에너지라고 한다(그림 4.5 참조). 그리고 이 해양온도차 에너지를 전기 에너지로 변환하는 발전 시스템을 해양온도차 발전(OTEC, Ocean Thermal Energy Conversion)이라고 한다.

해양온도차 발전의 기본 원리는 표층부로부터 얻어진 온해수에 의해 암모니아 등의 액체를 증발시켜(온해수를 직접 증발시키는 시스템도 있다. 자세한 것은 후술하는 이용기술을 참조), 이것에 의해 터빈을 구동하여 발전하는 것이다. 터빈을 구동한 뒤의 증기는 심층에서 퍼 올린 냉해수에 의해 냉각되어 다시 액체로 되돌아가는 방식의 사이클이다. 온해수 및 냉해수 온도는 거의 안정하기 때문에 해양온도차 발전은 파력발전이나 풍력발전에 비해 안정성이 높다. 또한, CO_2 등의 배출량은 다른 발전방식에 비하여 극히 낮아, 청정한 발전방식이라고 말할 수 있다. 더욱이, 심층으로부터 취수한 냉해수를 다목적으로 이용하는 것도 가능하다.

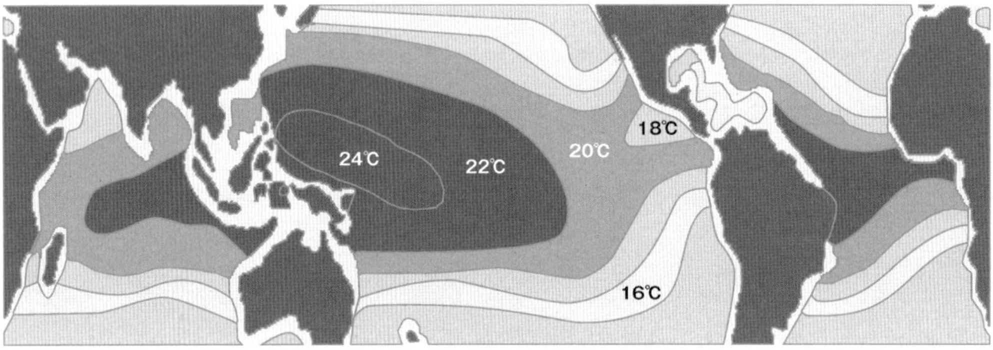

그림 4.5. 표층과 심층(수심 1,000m)의 해수온도차 분포

2) 해양온도차 발전의 역사

해양온도차 발전의 원리는 1세기 이상 이전의 1881년에, 프랑스 과학자 달손발(J. D'Arsonval)에 의해 최초로 고안되었다. 그후 1970년대의 석유 위기를 계기로, 주로 일본과 미국에 있어서 본격적인 연구가 이루어지게 되었다. 특히, 일본의 사가(佐賀)대학에서는 1973년에 해양온도차 발전 연구에 착수한 이래, 수많은 실험 플랜트를 건설하여, 해양온도차 발전의 상용화를 실현하기 위한 기술적 축적을 확립하여 왔다. 그리고 현재 더욱 대형 발전의 실용화를 목표로, 사가대학의 기술지원하에 인도 국립해양기술연구소(NIOT, National Institute of Ocean Technology)가 양상형(洋上型) 실증 플랜트(closed Rankine cycle 방식 1,000kW)를 건설 중에 있다. 표 4.3에 해양온도차 발전의 역사를 나타낸다.

표 4.3. 해양온도차 발전의 역사

연도	기 사
1881년	D'Arsonval (프랑스) 해양온도차 발전을 고안
1926년	Claude (프랑스), 실용화를 향한 연구개시
1927년	Claude (프랑스), 쿠바에서 실증실험 (22kW)
1964년	Anderson (미국), 해중발전소를 제안 (특허)
1970년	신발전방식조사회 (일본)에서 해양온도차 발전의 연구성과를 조사
1974년	sunshine 계획 (일본: 통산성 공업기술원)에서 해양온도차 발전의 연구개시(~1978년)
	ERDA 계획 (미국)에서 연구개시
	제1회 OTEC회의 개최 (미국)
1977년	사가대학 (일본)에서 1kW의 발전에 성공
1979년	Mini-OTEC (미국) 50kW의 발전에 성공
1980년	사가대학 (일본), 시마네(島根)현 먼바다에서 양상실험을 행하다
1981년	(일본) 토오쿄전력, 토후쿠전력, 나울 공화국에서 100kW의 발전에 성공
1982년	(일본) 큐우슈전력, 토쿠노시마(德之島)에서 50kW의 발전에 성공
1985년	사가대학 (일본)에 75kW의 발전 plant 완성
1988년	"해양온도차발전연구회" 발족 (~1993년: 다목적 이용 1,000kW급 발전 plant의 FS 실시)
1989년	토야마 만에서 세계 최초의 양상형 심층수이용실험
1990년	IOA (International OTEC Association)가 설립
1993년	NELHA (미국)에 open cycle을 사용한 실증 plant 완성 (210kW)
1994년	사가대학 (일본)의 신 cycle plant 건설 (Kalina cycle)
1996년	사가대학 (일본)의 신 cycle plant 실험 (Uehara cycle)
1997년	인디아에서 사가대학의 기술제휴로 1,000kW급 OTEC를 건설중 (2002년경부터 실험개시 예정)

3) 개발 및 이용 현황

해양온도차 발전의 실용화를 목표로, 지금까지 수많은 실증 플랜트가 건설되어, 많은 성과가 남아 있다. 우선 1970년대 후반부터 1980년대에 걸쳐 미국과 일본에 있어서 closed cycle 방식을 사용한 100kW급의 실증 플랜트가 건설되었다. 1990년대에 들어와서는 미국에서 open cycle 방식을 사용한 실증 플랜트가 건설되었고, 일본의 사가대학에서는 closed cycle 방식의 발전효율을 높이기 위한 시스템(Kalina cycle, Uehara cycle)의 실험이 이루어졌다. 더욱이 1997년부터는 인도에서 1,000kW 이상의 상용화 발전시설을 목표로 한 실증 실험이 사가대학의 기술제휴 하에 이루어졌다. 이들의 발전 방식에 대하여는 다음 항에서 그 원리와 특징을 기술한다. 표 4.4에 이들의 실증 플랜트의 주요한 시설에 대하여 그 개요를 나타낸다.

표 4.4. 해양온도차 발전의 주요한 실증 플랜트

실시기관	NELHA 록히드사 등	토오쿄오전력 (東電)설계	큐우슈전력	사가대학	NELHA	인디아국립 해양기술연구소 (NIOT) 사가대학 기술지원
장소	하와이 섬 (양상)	나울 섬	토쿠노시마(徳之島)	이마리(伊万里)	하와이 섬	인디아 남동부 (양상)
실험시기	1978~1979	1982~1983	1982~1984	1985~	1993~1998	1997~
발전출력 (kW)	50 (실질적 17)	100 (실질적 11)	50 (실질적 32)	9	210 (실질적 50)	closed cycle (양상)
발전방식	closed cycle (양상)	closed cycle (육상)	closed cycle (육상)	closed cycle (육상)	open cycle (육상)	closed cycle (양상)
개요	·세계최초의 양상형 plant, 통상 mini-OTEC ·냉수관 내경 610mm ·연장 645m ·재질 : 경질 PE관 ·온해수 26.1℃ ·냉해수 5.6℃ (취수량 75톤/h)	·약 1년간 발전 실시 ·냉수관 내경 750mm, 732mm ·연장 932m, 161m ·재질 : 경질 PE관, 염화비닐관 ·온해수 29.8℃ ·냉해수 7.8℃ (취수량 1,410톤/h)	·디젤발전의 배열(排熱)도 이용 ·냉수관 내경 500mm ·연장 2,400m ·재질 : 경질 PE관 ·온해수 28.5℃ ·냉해수 12.0℃ (취수량 500톤/h)	·현재의 주요 plant는 9kW (Uehara cycle) ·인공적으로 냉수를 제조하고 있으며, 냉해수의 취수시설은 없다.	·1999년에 실험시설 철거 ·냉수관 내경 1,000mm ·연장 1,829m ·재질 : 경질 PE관 ·온해수 26.0℃ ·냉해수 6.0℃ ·심층수의 이용도 실시	·냉수관 내경 880mm ·연장 1,000m ·재질 : 경질 PE관

4.3 개발 및 이용기술의 현황과 과제

(1) 조사기술

1) 취수의 적지

심층수 취수시설의 입지조건은 취수 심도 200m 이상으로 해안에서 10km 이내를 한계로 하여, 취수 가능한 해저지형을 가지고 있어야 한다는 것이 조건이다. 따라서, 입지 특성의 요인으로서 이하의 항목을 들 수 있다.

ㄱ) 지상조건(地象條件) : 해저 경사, 해저기복, 지질·지반성층, 표사, 정선(汀線, shoreline) 부근 상황 등

ㄴ) 해상조건(海象條件) : 파고 · 파향, 유향과 유속, 조석 등
ㄷ) 사회환경조건 : 해역이용상황, 항행선박, 어업활동 등
ㄹ) 기타 : 기상조건, 작업가동율 등

2) 조사 및 측량기술

취수의 사전 조사에 필요한 항목과 조사 방법을 나타내면 표 4.5와 같다.

표 4.5. 조사 항목 일람표

사전조사	현지조사
기상 (氣象) 해상 (海象)	수온, 염분, 밀도
	수질 (현탁물, 침강입자, 영양염, 미립원소)
	미생물
	유향유속
	해저 측심
	해저형상조사
	해저표면 토질
	지층 탐사
	해저 측위
	해저 토질

i) 기상(氣象)

해상에서는 전선 통과나 저기압 통과에 의한 변화가 격심하기 때문에 소형 선박의 항행이나 해상작업 시에는 그 지방의 기상측후소나 해양자료센터 등의 기상변동자료를 입수하여, 기상변화를 예측하여 해상작업 시 충분히 안전성을 확보할 필요가 있다.

ii) 해상(海象)

기상 변화나 계절 변동에 의해 작업해역은 지형 형상 등에 따라 파고나 조류가 변동하기 때문에 기상 변동과 마찬가지로 해상(海象)의 변화를 예측하여, 해상 작업의 안전을 꾀할 필요가 있다.

iii) 수질

심층수 취수에 있어서는 취수 해역의 수질을 사전에 조사하여, 해수 특성을 파악할 필요가 있다. 해수의 수질 특성을 파악하기 위한 조사 항목 및 관측기기는 표 4.6과 같다.

표 4.6. 수질 조사항목과 관측기기

조사항목	조사기기	측정방법
해수밀도	채수기, CTD	염분, 온도, 압력을 함수로 하여 구한다
염분농도	채수기, CTD	전기전도도, 온도, 압력을 함수로 하여 구한다
수온	수온계, CTD	
현탁물, 침강입자	sediment trap, 여과장치	침강입자를 일정시간간격으로 포집함. 해수중에 포함된 현탁고형물질을 여과함
미생물	무오염 채수기	감균(減菌)처리된 채수포대에 오염을 방지하면서 채수함
영양염류	채수기	채수된 해수를 화학적으로 분석
미량원소	채수기	상동

iv) 해중·해저작업

취수 관로를 부설하는 경우, 취수지점으로부터 해안까지의 해중, 해저, 해저면하의 조사가 필요한데, 이들 조사 방법의 개요는 표 4.7과 같다.

표 4.7. 해중 및 해저의 조사항목

조사지점	조사항목	주요한 조사기기	조사의 목적
해수중	유향유속	음향도플러형 유향유속계 rotor형 유향유속계 전자유향유속계	취수관 부설 방법 검토 부설작업 정도 향상
해저	채수	무오염 채수기	취수 해수의 사전조사
	유향유속	음향도플러형 유향유속계 rotor형 유향유속계 전자유향유속계	취수구의 위치측정
	침강물 량	sediment trap	취수 해수의 사전조사
	수온변동	수온계	상동
	해저측심 형상탐사	정밀음향측심기 multi-beam 음향측심기 side scan sonar 심해 카메라	취수관 부설 방법 검토 취수관 부설 후의 확인
	해저표면 토질	dredge 채니기 grab 채니기 주상(柱狀) 채니기 multi-beam 음향측심기 side scan sonar	취수관 부설 방법 검토
	해저측위	LBL 음향 측위 장치 SBL 음향 측위 장치 SSBL 음향 측위 장치	취수관 부설시 위치확인
해저면하	지층탐사	지층탐사기	취수관 부설 방법 검토
	해저 토질	주상 채니기 해저 진좌형(鎭座型) 굴삭장치	취수관 부설 사전정보

a) 해중의 유향 유속

부설 작업 및 작업중의 해류 정보를 조사하여 작업의 안전성을 확보한다. 이때 필요한 조사 및 기기류는 아래와 같다.

ㄱ) 장기해류조사

연주기 변동의 해류조사는 부설시기의 결정 및 취수관 형상의 설계에 필요

ㄴ) 부설시 해류조사

취수관의 해중 예항에 필요하며, 부설완료시까지 조사를 실시

ㄷ) 유향 유속 조사기기

ⓐ 음향 도플러형 유속계(ADCP, Acoustic Doppler Current Profiler)

음향 도플러형 유속계는 해저 또는 해면으로부터 단일 주파수를 발사하여 반사파의 doppler shift의 양에 따라 해수의 유향 유속을 계측한다.

ⓑ rotor형 유향 유속계

해류에서 rotor를 가동시켜, 장치 전체를 해류 방향으로 향하게 하여 내장의 자기(磁氣) 센서로 유향을 계측한다.

ⓒ 전자(電磁) 유속계

해수의 유속에 비례하는 기전력에 의해 유속을 계측하고, 내장의 자방위(磁方位) 센서로 유향을 계측한다.

b) 해저 조사

취수 장소 부근의 심층수의 화학적 특성을 파악하여, 심층수의 이용 목적에 적합한가 아닌가를 판정하기 위해, 해수, 침강물의 분석이나 유향 유속 등의 조사가 필요하다.

ㄱ) 취수해역 해수분석

취수 전 취수 해역의 해수의 미생물 조사나 화학 분석을 행하여, 심층수의 안전성을 확인하고, 기초 자료로 한다. 채수기는 clean 채수기, sediment trap 채수기 등을 사용한다.

ㄴ) 유향 유속

취수역의 해류를 장기간 관측하고, 해류의 방향을 예측한다든지, 하천 등의 영향의 유무를 확인한다.

c) 해저면 및 해저면하의 조사

저면의 형상, 해저면하의 토질 정보는 취수관의 부설, 사전의 route 공사 등에 중요한 정보이다. 조사에 필요한 기기류는 정밀음향탐색기, multi-beam 음향측심기, 지층탐사기, side scan sonar, 해저음향화상 작성 장치, 심해 카메라, VTR, dredge 채니기, grab 채니기, 주상(柱狀) 채니기, 해저 진좌(鎭座)형 굴삭장치 등이다.

v) 착수로부터 부설완료까지의 조사

공사 착수로부터 완성까지의 조사는 표 4.8과 같은 순서로 행한다. 해외의 예에서는 스와스 조사(미국 Seafloor Surveys International, SSI 사)가 있다. 이 시스템은 선상장치, 예항기(曳航機), 예항용 케이블 등으로 구성되어 있어서, 시스템이 운반 가능하고, 어떤 배에도 탑재가 가능하다. 취수관 부설을 위한 해양부와 육상부의 조사항목은 표 4.9와 같다.

표 4.8. 조사 순서의 예

step 1	1일당의 취수량, 관경, 조수(條數), 양수・설치방식, 부설방법의 선정
step 2	해역의 책상조사에 의해 해저상황, 해상, 기상, 어업활동 등을 파악하고, 부설 루트를 선정
step 3	step 2의 루트를 중심으로 조사선에 의한 해양조사를 행하여, 조사결과의 해석에 의한 부설 루트를 결정
step 4	루트 길이를 기준으로 취수관 길이의 산정, 시스템의 설계와 시스템 구성의 결정
step 5	취수관, 취수구 등의 해중설비, 취수 pit설비의 발주, 제조, 검사
step 6	부설, 매설 공사의 실시
step 7	통수 시험

표 4.9. 해양부와 육상부의 조사 항목

	해양부	육상부
조사 항목	해양부 조사	육상부 조사
	측위 (선위 측정)	사전 조사
	측심	양육 후보지의 선정
	해저면 조사	기준점 측량
	음파 조사	지형 측량
	채니	
	해저 사진촬영	
	측온	
	매설 조사	
	기존 취수관 조사	

(2) 취수 기술

해양심층수나 온도차 발전용 냉해수의 취수 시설은 심도 300m 이상의 대수심으로부터 취수하기 때문에, 취수관의 재료나 취수 방법, 관의 부설 방법 등은 현지의 해저 지형이나 해상(海象), 기상, 해역의 이용 상황, 더욱이 경제성 등을 고려한 구조 및 시공기술의 검토가 필요하다. 여기서는 해양심층수의 취수기술에 대하여, 연구단계인 것도 포함하여, 지금

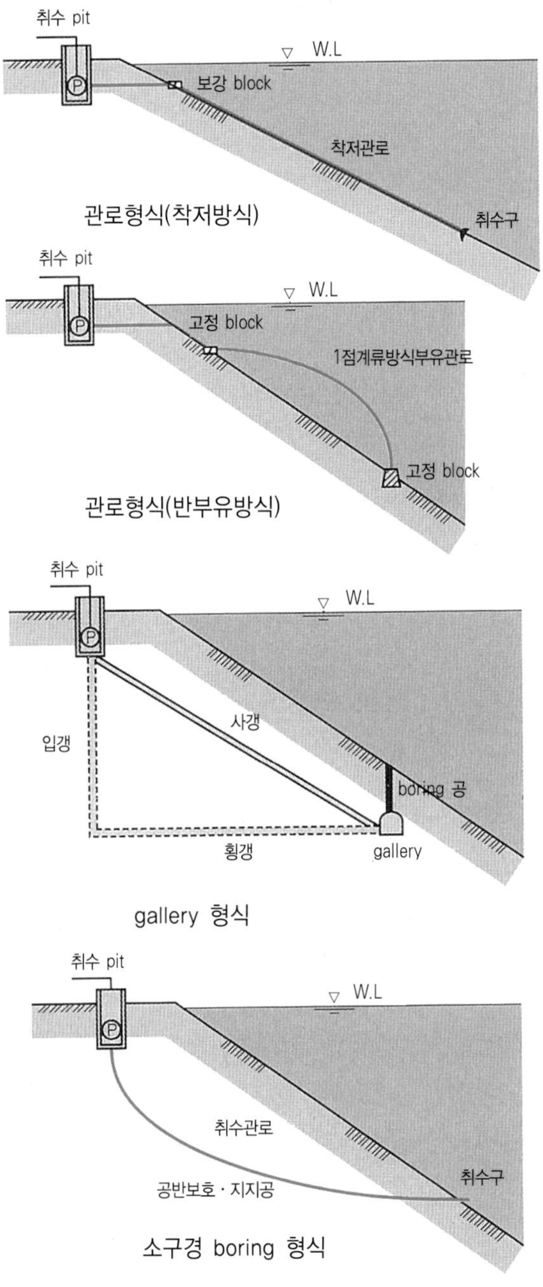

그림 4.6. 수로 방식의 개념도

까지 어떤 기술이 채용되고 있는가를, NELHA(미국 하와이 자연에너지 연구기구) 및 일본 국내 등 해외 사례도 포함하여 조사를 실시하였다. 아래에 그 결과를 나타낸다.

1) 취수 방식

심층수나 냉해수를 대수심으로부터 퍼올리는 경우, 선박으로부터 퍼올리기, 플랫폼으로부터의 퍼올리기, 수로에 의한 퍼올리기 등이 거론되지만, 심층수의 공급능력, 저온성의 면에서 볼 때, 수로방식에 의한 퍼올리기가 유리하다고 보고 있다.

수로방식에는, 관로형식, gallery 형식, 소구경 boring 형식을 들 수 있다. 어떤 형식을 채용하는가는 지상(地象), 해상(海象), 해역이용 등의 조건을 고려한 구조와, 시공기술면에서의 적응성이나 경제성을 고려하여 결정되지만, 일본 국내에서는 관로형식이 가장 유리한 것으로 알려져 있다. 그림 4.6에는 각 형식의 개념도, 표 4.10에는 각 형식의 비교를 나타낸다. 또한, 관로형식은 착저(着底) 방식, 반부유(半浮遊) 방식 모두 일본 국내의 지상(地象), 해상(海象) 조건에 대하여 충분히 대응가능하다는 것이 확인되어 있다.

2) 취수관 재료

해양심층수나 해양온도차 발전에 사용하는 취수관의 선정조건으로서 아래의 조건을 들 수 있다.

a. 단열성이 뛰어날 것
b. 가소성(可燒性)이 풍부할 것
c. 충격에 강할 것
d. 시공성이 좋을 것
e. 내구성이 좋을 것
f. 경제성이 좋을 것

취수관의 성질로서는, 강관, FRP관, 경질(硬質) 염화비닐관, 경질 폴리에틸렌관(경질 PE관), 복합관 등을 들 수 있으며, 표 4.11에 이들 재질의 비교를 나타낸다.

표 4.10. 수로 방식의 비교표

	관로형식	gallery 형식	소구경 boring 형식
개요	취수구와 취수 pit사이를 비교적 구경이 큰 관로로 접속하여 심층수를 취수하는 형식. 관로의 부설방법으로서 해저에 관로를 부설하는 착저방식과 관로를 부유시키는 반부유방식이 있음.	취수구 지역에 gallery를 설치하여, 구경이 작은 취수관으로 취수된 심층수를 gallery에서 집약하여, 사갱수로 또는 (횡갱+입갱)으로 취수pit까지 송수하는 형식	호상(弧狀) 추진 등으로 비교적 작은 구경의 취수관을 부설하여 심층수를 취수 pit까지 취수하는 형식
지상(地象), 해상(海象) 등의 입지조건에 대한 적응성	관로설치 구조형식이나 관재료를 조합시키는 것에 의해 적응성이 높음.	CH~CM이상의 양질의 지질에 더하여, 갱구부가 급준 지형인 것이 불가결함.	굴삭공 torque의 관계로 인해, 일반토에 대한 적응도가 높고, 또한 급준 지형에 적당함.
해역 이용 등의 제약조건에 대한 적응성	부유관로 등, 관로설치 구조형식에 따라서는 해역 이용에 대한 영향이 생김.	기본적으로는 전혀 영향이 없음.	기본적으로 전혀 영향이 없음.

표 4.11. 취수관 재질의 비교

	강관	FRP관	경질 염화비닐관	경질 PE관	복합관
단열성	△	○	○	○	◎
가소성	×	△	○	○	△
내충격	◎	○	△	○	◎
시공성	△ 중량 대	○ 취급 용이	○ 취급 용이	○ 취급 용이	△ 중량 대
내구성	△ 부식방지 요	◎	△ 장기적 열화 있음	○	
장점	강도 대 저 가격	단열성 좋음 대구경 가능	단열성 좋음 가소성 있음	단열성 좋음 가소성 풍부함	단열성 좋음 강도 대
단점	단열성 나쁨 부식을 당함	고 가격 가소성 결핍	충격에 약함 장기적 열화 있음	대구경이 없음	
수중 배관의 실적	많음	적음	적음	소구경에서는 실적 있음	적음

최근에는 냉해수 취수에 있어서 염화비닐관이나 폴리에틸렌관 등에 개장(鎧裝, 갑옷을 입힌 것)을 한 복합관도 검토되고 있다. 그 일례로서, 경질 폴리에틸렌관에 관의 축방향을 아라미드(aramid) 섬유로, 관 주위를 ring 모양의 철선으로 보강하여, 가장 바깥쪽을 경질 폴리에틸렌으로 방식(防食)처리를 한 관이 있다(그림 4.7 참조).

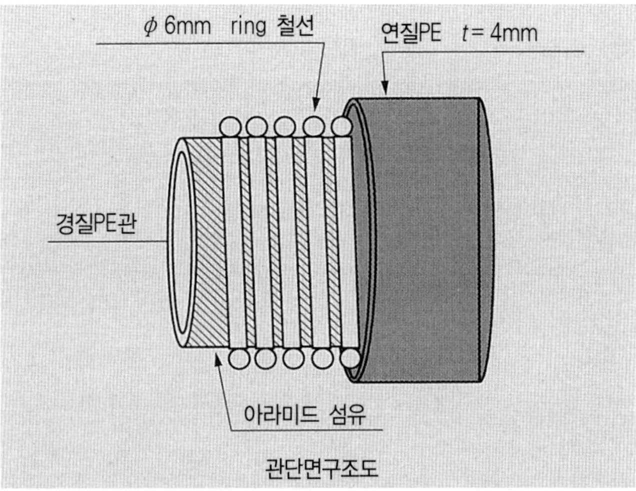

그림 4.7. 복합관(경질 폴리에틸렌관)의 구조

이 복합관은 Φ2m급 관으로서의 적용을 검토하고 있으며, 비용면에서도 적응성이 높다는 연구결과가 있어서, 앞으로의 진전에 기대가 된다.

3) 부설 기술

일반적으로 관로 부설방법에는 block 공법, 연속공법이 있는데, 이들을 분류하면 그림 4.8과 같다.

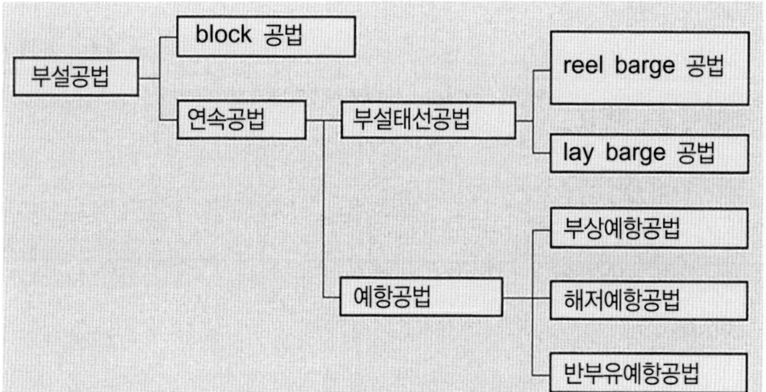

그림 4.8. 취수관 부설공법의 분류

이들 각 공법의 개념을 그림 4.9에, 그리고 공법의 특징을 표 4.12에 나타낸다. block 공법은 분할한 pipe를 현장까지 운송하여 설치용 crane 등에 의해 해저에 침설하여, 수중 접속하는 방법이며, 소구경으로부터 대구경(ф5m)까지 실적이 있으나, 수심 50m보다 더 깊은 곳에서는 풀어야 할 과제가 많다. 한편, 연속공법은 부설태선공법(敷設台船工法)과 예항공법(曳航工法)으로 대별되는데, ф2.0m급의 대구경관을 부설할 경우는 반부유식 해저 예항공법이 유효하다고 생각된다. 부상(浮上) 예항공법에 의한 심층수 집수관의 부설예로서는 2001년 10월 NELHA에서의 시공예를 들 수 있다. 하와이섬의 서쪽단에 위치하는 NELHA에서, HOST(Hawaii Ocean Science and Technology) Park 지역에 있는 상업 입주자에게 심층수(약 4℃)를 공급하는 것을 목표로 한 것이다.

취수관의 상세는 이하와 같다.

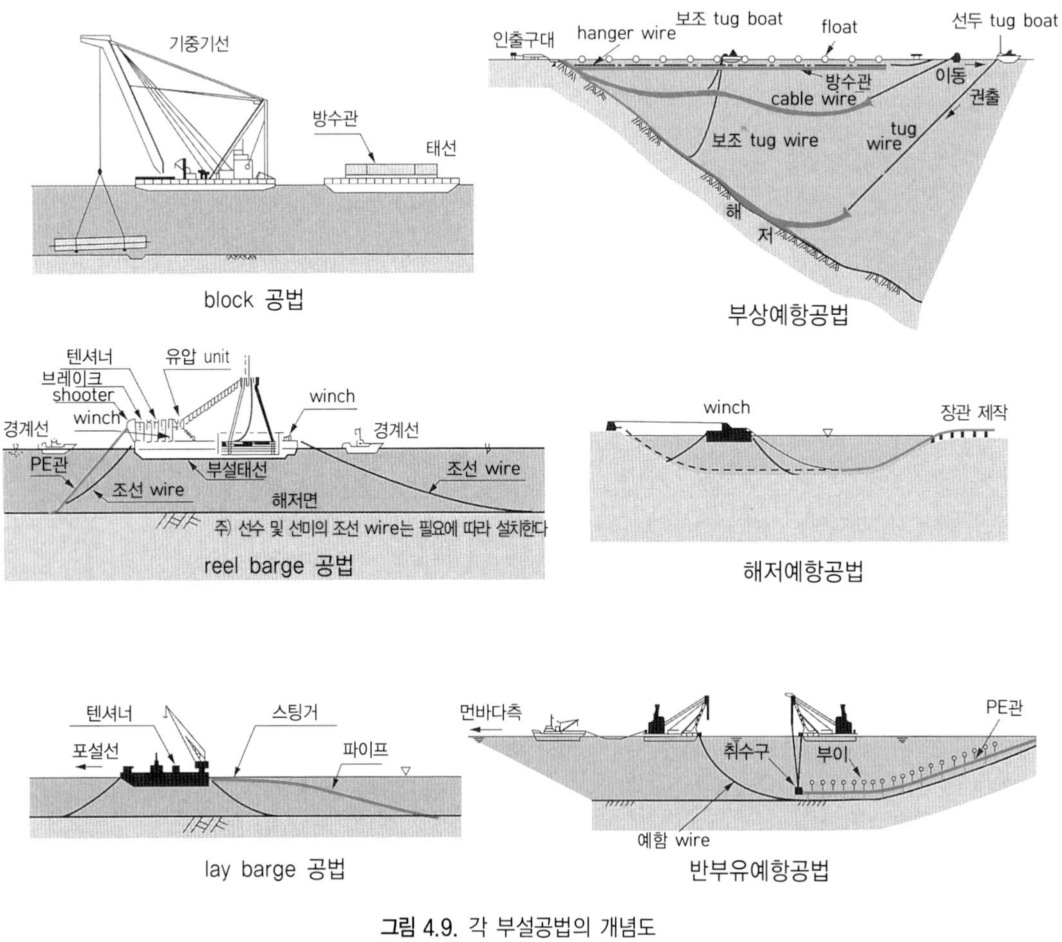

그림 4.9. 각 부설공법의 개념도

표 4.12. 각 부설공법의 개요와 특징

부설공법	block 공법	부설 태선(台船) 공법		예항(曳航) 공법		
		reel barge 공법	lay barge 공법	부상 예항공법	해저 예항 공법	반부유 예항 공법
공법의 개요	분할한 pipe를 부설장소까지 태선 운송하여 설치용 crane 등으로 해저에 침설한 후 수중 접합하는 방법	취수관을 감아붙인 reel을 부설태선에 적재하고, 그 reel로부터 취수관을 보내면서 태선을 먼바다 이동시켜 대수심의 해저에 취수관을 부설하는 방법	부설 태선상에서 접합된 취수관을 선상에 배치된 roller나 스팅거에 의해 지지하고, 태선의 이동에 의해 취수관을 해저에 부설하는 방법	육상에서 제작한 긴 관을 뜨게 한 상태로 부설 위치까지 예항하여, 크레인 선 및 접합 barge를 사용하여 해상 접합한 후 침설하는 방법	육상의 제작장에서 접합된 긴 관을, 먼바다에 고정된 예항용 barge나 대안의 winch 등으로 해저에 부설하는 방법	취수관에 부표나 예항용 wire를 set하여, 취수관을 해저면에서 부유시킨 상태로 예항 침설하는 방법
특징	잠수부에 의한 수중접합이 필요하게 되므로 수중 50m 이상에서는 작업의 안전성, 접합부의 품질관리 등 많은 과제가 남아 있음.	다른 부설공법과 비교하여 급속시공이 가능. 취수관의 over bend부의 강도, 대구경의 취수관에 대한 대응 등이 과제임.	부설 태선을 반잠수식으로 하면 황천에 대한 가동율을 향상할 수 있다. 취수관의 over bend부의 약점 극복을 위해, 보다 수직에 가까운 각도로 부설하는 공법 (J-Lay 공법)도 개발되어 있음. 그러나, reel barge공법과 마찬가지로 대구경 취수관에 대한 대응이 과제임.	해상의 영향을 받기 쉽고, 특히 조류가 빠른 해역에서는 예항하는 취수관의 위치 제어가 곤란하기 때문에, 적용할 수 없다. 특별한 작업선이나 잠수작업을 필요로 하지 않아, 일반적으로 경제적임.	부상 예항공법에 비해 해상의 영향은 적으나, 해저면과 취수관의 마찰이 있기 때문에, 취수관의 관경이나 부설 연장에 따라서는 다대한 부설 설비가 필요함.	예항용 wire를 통해 취수관을 끌어내기 때문에, 관 자체에 대한 작업상의 부하가 적다. 또한, 해상의 영향도 해저 예항공법과 마찬가지로 적음.
적용실적	수도, 석유 등의 관로에서는 수심 30m 이내에서의 시공실적이 다수 있음.	· 코치현 심층수 실험 plant · 토야마현 심층수 취수관 · 쿠메지마(久米島) 심층수 취수시설 · 무로토시 심층수 취수시설 · 스루가(駿河)만 심층수 취수관	수도, 석유 등의 관로에서는 수심 50m이내에서 시공실적 있음.	· 나울 OTEC (suspension식) · 하와이 55, 40, 18인치 취수 파이프라인 · 긴끼(近畿)대학 수산과학연구소 토야마(富山)시험장	수도, 석유 등의 관로에서는 수심 30m이내에서 시공실적 있음.	· 토쿠노시마(德之島) OTEC

(3) 방호(防護) 기술

해중에 부설한 취수관은 해수 염분이나 조류의 영향을 받게 된다. 그래서 이들의 영향을 극력 회피하는 조치로서, 취수관 성상의 변질에 대한 방호나 취수관 형상의 변형에 대한 방호가 필요하다.

i) 성상(性狀)의 변질에 대한 방호

취수관은 내용년수 50년 정도로 예상되는데, 취수관이 강관일 경우, 도장(塗裝)·전기 방식(防食) 등을 단일 또는 병용한 방식법(防食法)이 채용되고 있다.

ii) 형상의 변형에 대한 방호

취수관에 작용하는 외력은, 자중, 내압, 수압, 토압, 부력, 조력(潮力), 파력, 풍력 등이 있는데, 시공시의 단기하중이나 충격력 등도 고려할 필요가 있다. 설계 단계로부터 이들 외력에 대한 안정성을 고려하여 재질이나 두께를 결정하게 되는데, 외력 상태에 따라, 부설후 취수관의 안정성을 확보하기 위해 다양한 방호를 행한다. 표 4.13은 방호 공법의 개요를 나타낸다.

표 4.13. 방호 공법

매설 공법	매설 방법	선행 굴삭법	관 부설에 앞서 굴삭을 행하고, 그 고랑 속으로 관을 부설한 후 다시 메운다.
		수중 굴삭법	관을 해저면에 부설후, 관의 하부를 특수한 굴삭기로 굴삭하면서 관을 가라앉힌다.
	다시 메우기 방법	Grader	폭이 넓은 grader(整地機)를 crane선으로 견인하여, 관의 양측에 임시로 놓인 토사를 긁어 모아 다시 메운다.
		토운선(土運船)	굴삭선상에 토운선을 유도하여, 토사를 직접 투하한다.
		트레미	고랑의 직상까지 트레미 관을 늘여서, 토사를 투입한다.
비매설 공법	balance mattress		모래나 채석을 채운 포대 모양의 mat를 덮는다.
	concrete mattress		콘크리트를 채운 포대 모양의 mat를 덮는다.
	암석 피복		쇄석으로 피복 후, 큰 돌로 더욱 피복한다.

취수관을 매설하는 경우, 그 깊이는 투묘(投錨)·주묘(走錨)나 파랑에 의한 세굴 등을 고려하여 결정하지만, 일반적으로 3~4m의 흙덮기가 채용되고 있다. 더욱이 부력 조정이 필요한 ϕ304.8mm 이상의 관에서는 50~100mm 두께로 콘크리트 피복이 되어 있는 경우가 많다. 수심 30m 보다 얕은 곳에서는 trench 매설, 기계매설, jet 매설이 가능하지만, 해저조건이나 지질조건, 시공조건 등을 고려하여, 비용이 싼 방호 방법을 검토할 필요가 있다. 한편, 수심 50m보다 깊은 곳에서는

ㄱ) 기상(氣象) 해상(海象)의 영향이 적다.

ㄴ) 투묘(投錨)의 빈도가 적다.

ㄷ) 매설 시공이 곤란하다.

등의 이유로 많은 취수관은 노출된 상태가 많다.

(4) 이용 기술

1) 에너지 분야(해양온도차 발전)

해양온도차를 이용한 에너지 이용기술로서, 해양온도차 발전을 들 수 있다.

i) 발전 방식

해양온도차 발전은 그림 4.10에 나타내듯이 Rankine 수법 등을 이용하는 터빈 방식과

직접 변환인 열전(熱傳)방식의 두 가지로 대별된다. 일반적으로는 전자의 터빈 방식이 발전방식으로서 많이 사용되고 있다.

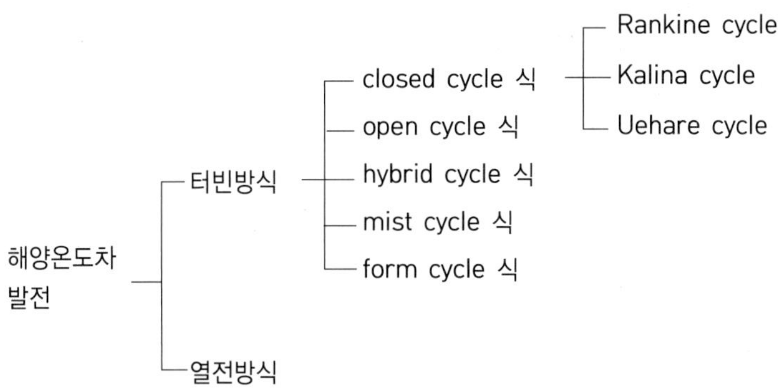

그림 4.10. 해양온도차 발전방식의 분류

여기서는 해양온도차 발전방식 중, 주된 방식(터빈방식)인 closed cycle식 (Rankine, Kalina, Uehara), 하와이에서 실증 검증된 open cycle식, 그리고 양 cycle을 융합시킨 hybrid cycle식의 기본 원리 및 특징에 대하여 기술한다.

a) Closed cycle식

Closed cycle식에는 Rankine, Kalina, Uehara cycle 등이 있으며, 이들 방식의 특징은 다음과 같다.

ㄱ) 임의로 증기압력의 작용 매체를 선정할 수 있어서, 체적당의 에너지 밀도를 올릴 수 있다.
ㄴ) 발전 시스템을 compact화하는 것이 가능하다.
ㄷ) 한 플랜트 당의 규모를 크게 할 수 있다.
ㄹ) 기존 기술의 이용부분이 많아, 신뢰성이 높다.
ㅁ) 해수로부터 작동매체에 대한 열전달이 필요하게 되어 증발기, 응축기 등 대형의 열교환이 필요하다.
ㅂ) 증발기, 응축기의 소형화 때문에 열전달의 효율화 촉진이 필요하다.
ㅅ) 온해수 측의 생물오손대책이 불가결하다.

㉠ Rankine cycle

그림 4.11은 Rankine cycle의 기본 원리를 나타내는데, 이 방식에서는 온해수에 의해 암모니아 등 낮은 비등점을 가진 액체(작동매체)에 열을 가해 증발시키고, 팽창한 증기에 의해 터빈을 돌려 발전한다. 그 후 터빈을 통과한 암모니아 증기는 냉해수(해양심층수)에 의해 냉각되어, 액체로 되돌아간다.

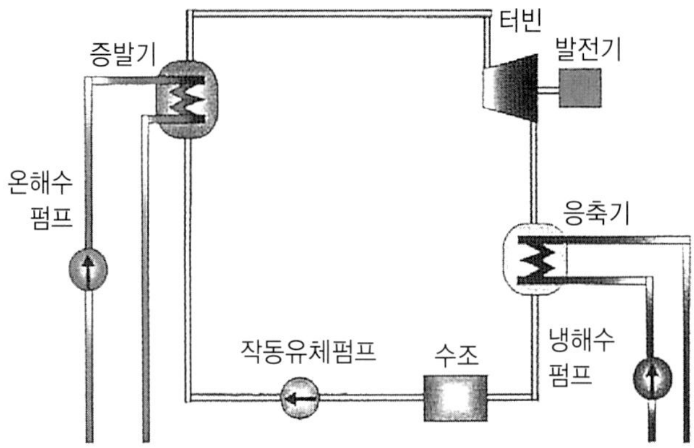

그림 4.11. Rankine cycle의 기본 원리

㉡ Kalina cycle

그림 4.12는 Kalina cycle의 기본원리를 나타내는데, 이 방식에서는 작동유체로서 암모니아 또는 물을 이용하며, Rankine cycle의 1.5~2배 이상의 열효율을 달성하고 있다. 작동유체 pump로 증발기에 보내어진 암모니아(또는 물)는 온해수에 의해 암모니아(또는 물)의 혼합증기가 된다. 이 혼합증기는 기체 분리기에서 암모니아수와 혼합증기로 분리된다. 암모니아수는 재생기, 흡수기로 이동하여, 여기서 응축기로부터 보내져 온 찬 암모니아수에 의해 냉각된다.

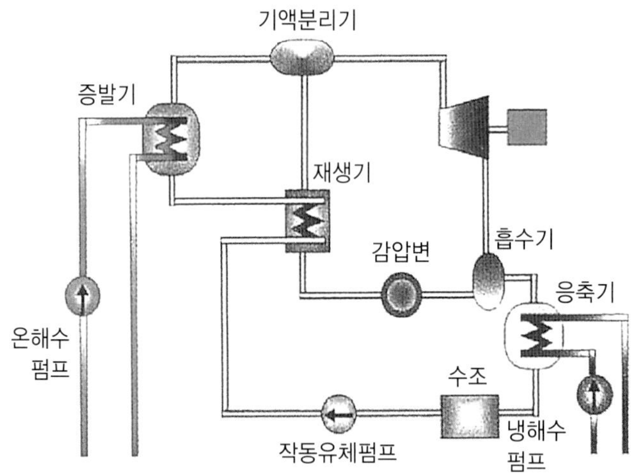

그림 4.12. Kalina cycle의 기본 원리

한편, 기액분리기(氣液分離器)에서 분리된 혼합증기는 터빈에 들어가 발전기를 돌려 발전시키고, 흡수기로 이동한다. 흡수기에서는 재생기, 감압변(減壓弁)을 통해 보내어진 암모니아수에 터빈으로부터 나온 혼합증기가 흡수된다. 이것에 의해 터빈 출구의 암모니아(또

는 물)의 혼합증기온도가 저하하여, 터빈 출입구의 온도차가 커진다(cycle 이론 열효율은 Rankine cycle의 경우보다 높아진다). 흡수기를 나온 혼합증기는 응축기로 들어가, 냉해수에 의해 냉각되어 액체가 된다. 액화된 암모니아수는 작동 pump에 의해 증발기로 보내어진다.

㉢ Uehara(上原) cycle

그림 4.13은 Uehara cycle의 기본원리를 나타내는데, 이 cycle은 Kalina cycle을 개량한 것이며, Rankine cycle이나 Kalina cycle에 비해 이론적인 열효율은 향상되어 있다(Rankine cycle의 두 배). Kalina cycle이 1단 터빈인 것에 대해, 이 cycle은 2단의 터빈을 필요로 한다. 작동유체 pump 2에서 보내어진 암모니아수는 증발기에서 온해수에 의해 가열되어 암모니아(또는 물)의 혼합증기가 된다. 혼합증기는 기액분리기(氣液分離器)에서 암모니아수와 혼합증기로 분리된다. 이후 암모니아수는 재생기를 통과하여, 감압변에서 감압된 후 흡수기에 들어간다. 한편, 암모니아(또는 물)의 혼합증기는 터빈 1에 들어가 발전기 1을 가동시키고, 터빈 1을 나온다. 그 후 일부는 가열기로 이동하지만, 나머지는 터빈 2에 들어가 발전기 2를 가동시킨다. 터빈 2를 나온 혼합증기는 흡수기로 들어가 분리기로부터 보내어져 온 암모니아수에 일부 흡수된다. 따라서 터빈 2의 출구온도는 상당히 낮아지게 된다(Uehara(上原)에 따르면 터빈 1의 입구온도는 약 26℃, 터빈 2의 출구온도는 3.75℃로 시산(試算)되어 있다).

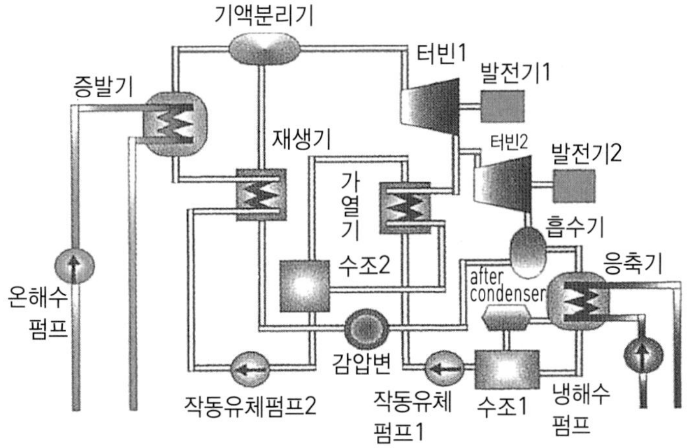

그림 4.13. Uehara cycle의 기본 원리

더욱이, 흡수기에서 흡수되지 않은 혼합증기는 응축기에 들어가 냉각기에 의해 냉각되어 암모니아수가 된다. 이 암모니아수는 작동유체 pump 1에 의해 가열기로 보내어진다. 가열기에서는 터빈 1로부터 보내어지고 있는 혼합증기를 암모니아수로 만든다. 이 암모니아수와 작동유체 pump 1에서 보내어져 온 암모니아수는 혼합되어 작동유체 pump 2에 의해 재생기로 보내어진다. 표 4.14는 이들 closed cycle의 비교를 나타낸다.

표 4.14. Closed cycle 시스템 종류

항 목	Rankine Cycle (종래 cycle)	Kalina Cycle (혼합 매체 cycle)	Uehara Cycle (최신 혼합 매체 cycle)
역 사	1850년대	1987년	1994년
발명자	Rankine (영국)	Kalina (미국)	우에하라 하루오(上原春男) (일본 : 사가(佐賀)대학)
원리도	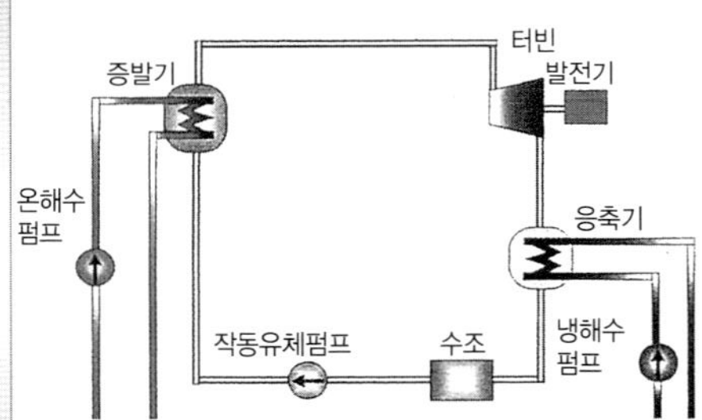	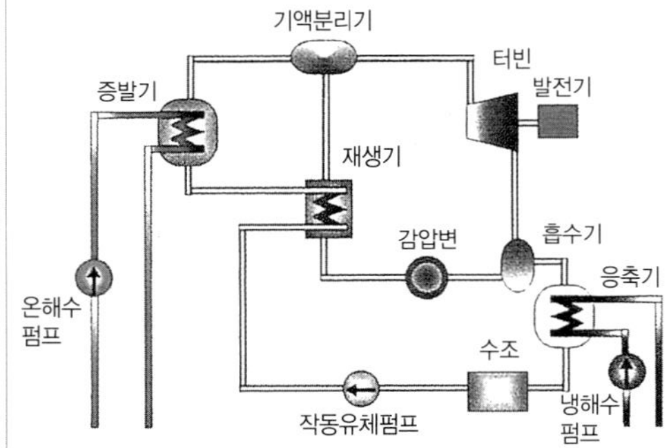	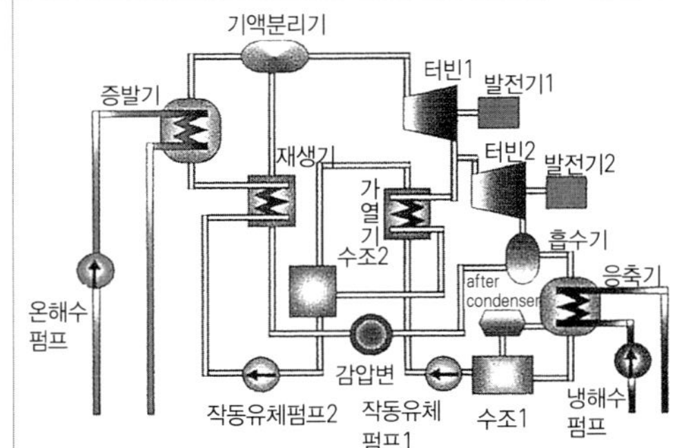
작동 유체	암모니아	암모니아/물의 혼합 물질	
상태도	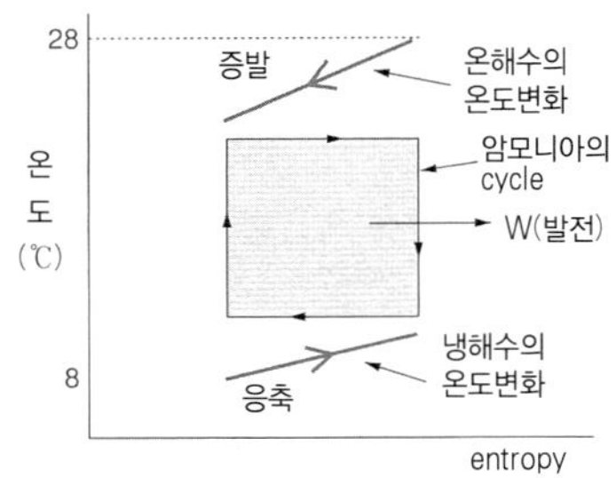		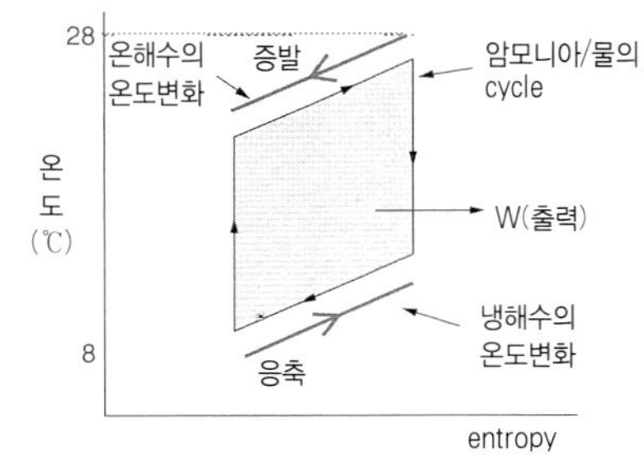
열효율	열효율은 3%	열효율은 5% (Rankine cycle의 1.5~2배)	열효율은 약 6% (Rankine cycle의 2배), Kalina cycle보다 1~2% 높다 (온해수 28℃, 냉해수 4℃때)
실질 출력*	약 55%	65~75%	80~85%
필요 해수량	—	Rankine의 60%	Rankine의 50% 정도
설비비	—	Rankine의 70%	Rankine의 60~70% 정도

* 발전단 출력으로부터 해수 펌프와 작동유체 펌프의 동력을 제외한 이용 가능한 전력을 말한다.

b) Open cycle식

그림 4.14는 open cycle식의 원리도를 나타낸다. 진공 pump에서 약 3.4 kPa로 하여 약 28℃의 온해수를 증발기에 넣는다. 그러면 온해수의 일부가 증발기에 설치된 상향 spot로부터 분출되어 수증기가 되는데, 그 수증기가 발전기 내에 들어와 터빈을 회전시키는 것에 의해 발전기가 가동하여 발전하는 시스템으로 이루어져 있다. 터빈을 나온 수증기는 응축기에서 순수(純水, pure water 또는 desalinated water)가 되어 회수된다.

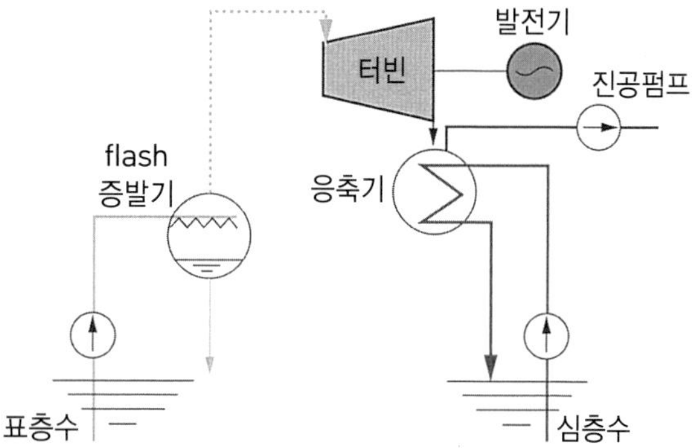

그림 4.14. open cycle의 기본 원리

이 cycle의 특징은 이하와 같다.

ㄱ) 증발기나 응축기에 고가인 전열면(電熱面)이 불필요하다.

ㄴ) 온도차를 closed cycle에 비해 유효하게 활용할 수 있다.

ㄷ) 체적당의 밀도가 작기 때문에 작동매체의 배관, 터빈이 대구경으로 되어, 1 unit당의 대출력에 부적당하다.

ㄹ) 큰 공간을 약 1kPa의 감압·기밀(氣密)상태로 유지시키는 구조가 필요하다.

ㅁ) 온해수 중에 응축하지 않은 가스가 혼입하여, 회전을 불규칙하게 한다.

c) Hybrid cycle식

이 방식은 closed cycle식과 open cycle식을 조합한 것이다(그림 4.15). 발전과 동시에 해수로부터 순수(純水, desalinated water)를 추출할 수 있으며, 작동매체인 암모니아도 직접 해수에 접촉하지 않기 때문에 암모니아 증발기가 해수에 의해 더러워지지 않는다. 그러나, 단체(單体) 시스템에 비해 부속기기가 많아져, 비용 면에서 문제가 많다.

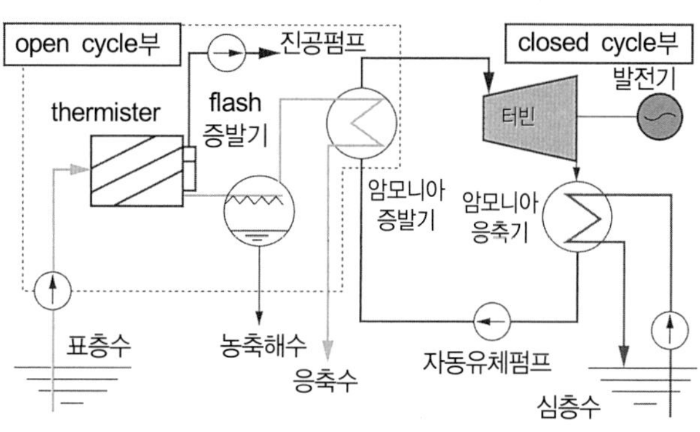

그림 4.15. Hybrid cycle의 기본 원리

i) 플랜트 설치형식

해양온도차 발전 플랜트는 육상 설치방식과 양상 설치방식으로 분류된다.

a) 육상 설치방식(그림 4.16)

육상에서의 온도차 발전은 플랜트를 해안 등의 육상에 설치(고정)하여 행한다. 이 방식에서는 심해로부터 냉해수를 퍼올리는 긴 관을 필요로 하기 때문에 냉해수 pump의 취수효율이 저하하고, 더불어 경제성도 악화한다. 일반적으로 대출력(5,000kW 이상)이 되면, 부적당하지만, 태풍에 의한 파랑 등의 영향을 쉽게 받지 않는 등의 이점이 있다.

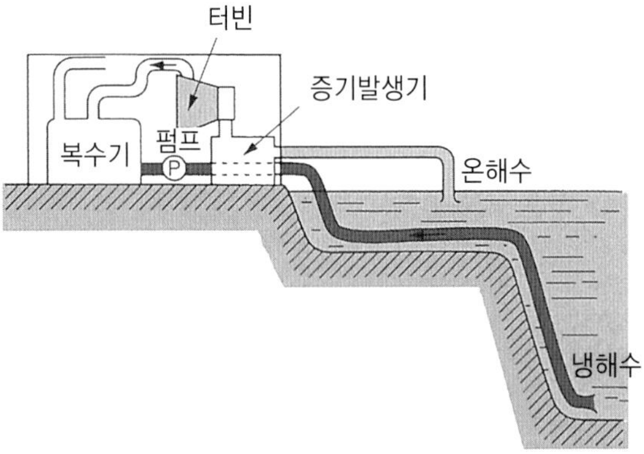

그림 4.16. 육상 설치의 예

b) 양상 설치방식

양상 설치방식은 부유형, 반잠수형, 잠수형 등의 세 가지의 플랜트 방식(그림 4.17)으로 분류된다.

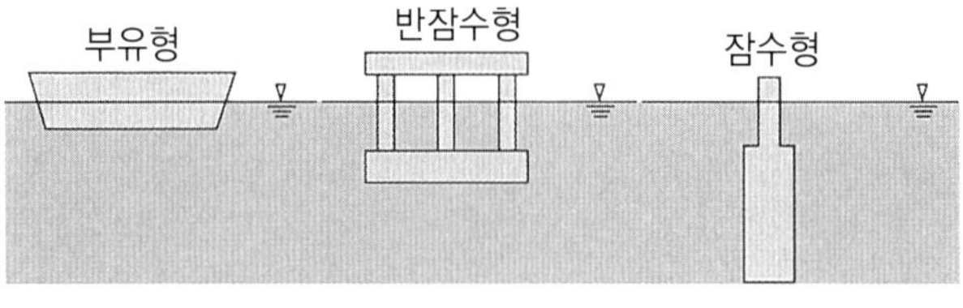

그림 4.17. 각종 양상 설치방식의 구조적 개념도

ㄱ) 부유형(浮遊型)

양상에서의 온도차 발전은 플랜트를 양상의 정위치에 설치하여 행한다. 따라서, 해상을 이동하지 않기 때문에 선박과 같은 형상으로 할 필요는 없으나, 부유형에서는 양상(洋上) 표면에서 파력의 영향을 가장 받기 쉽기 때문에 선박과 같은 형으로 하여 계류하는 것에 의해 항상 선수(船首)로부터 파력 등을 받게 한다. 또한, 이 부유형 양상 플랜트는 풍파의 영향을 적게 하기 위해 그림 4.18에 나타내는 것과 같은 일점계류방식(一点係留方式)으

로 하는 것이 바람직하다. 계류에는 삭(索) 또는 chain을 사용하는 것이 일반적이지만(그 밖에 폴리에스테르 섬유 등의 긴장계류(緊張係留, taut)가 있다), 이들은 한 개당의 강도에 한계가 있기 때문에, 많은 수의 계류삭을 쓸 필요가 있다. 또한 부식하기 쉬운 결점도 있다. 이들 문제에 대응하여 충분한 강도를 가지는 강제(鋼製) 부재를 연결하여 합친 방식이 고안되어 있으며, 중량은 부재에 적당한 부력을 주는 것에 의해 수중 중량을 0에 가깝게 구성할 수 있고, 한 개로 계류하는 것도 가능하다. 단, 계류점을 중심으로 하여 부유체가 자유로 이동하기 때문에, 넓은 해역이 필요하며, 또한 계류장치에 걸리지 않도록 취수관의 설비를 고려하지 않으면 안된다.

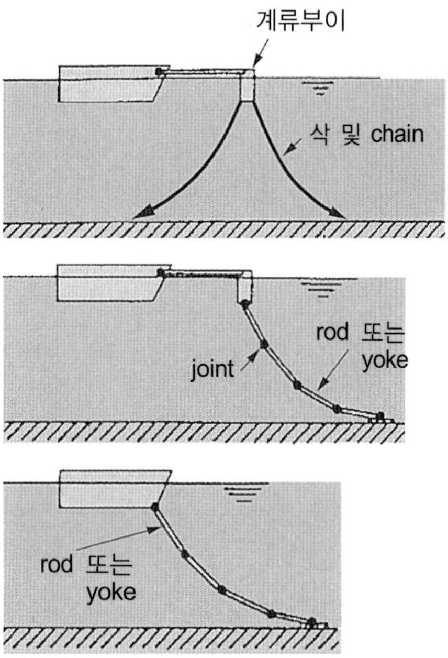

그림 4.18. 각종 일점계류방식

ㄴ) 반잠수형(半潛水型)

반잠수형은 그림 4.19와 같이, 다수의 계류삭으로 고정된다. 이 type와 잠수형은 부유형보다도 풍파의 영향을 덜 받기 때문에 부유체를 고정계류하는 것이 유리하다. 계류삭의 끝 부분에는 damper의 역할도 겸하여 중량물의 chain 등이 이용되고 있다. 그림 4.20에 반잠수형 플랜트를 나타낸다.

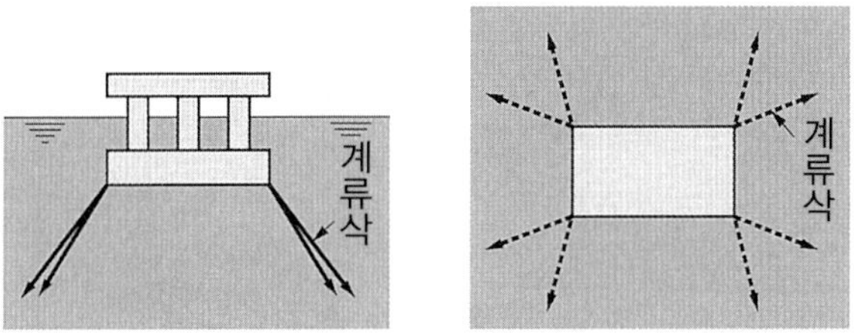

그림 4.19. 반잠수형의 계류

그림 4.20. 반잠수형 플랜트 상상도

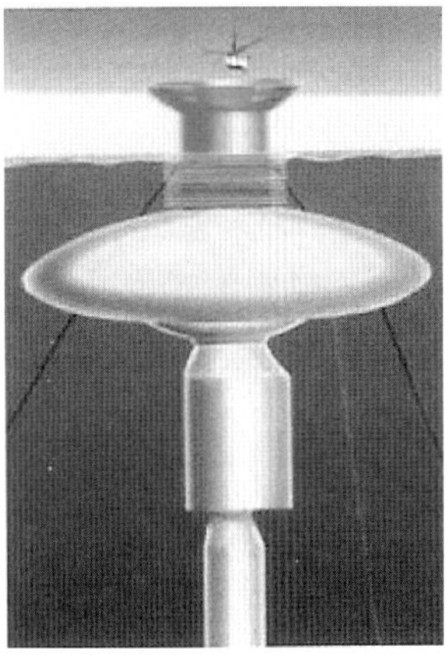
그림 4.21. 잠수형 플랜트 개념도

ㄷ) 잠수형(潛水型)

이것은 발전소의 대부분을 해중에 가라앉힌 플랜트 방식이다. 대부분이 해중에 있기 때문에, 파랑 등의 영향을 거의 받지 않고 태풍에 대해서도 안전하지만, 다른 발전 플랜트에 비해 공사비가 비싸지게 되며, 또한 유지 관리 등도 곤란하게 된다. 어디까지나 미래적인 방식이라고 말할 수 있다(그림 4.21).

ii) 발전 설비

여기서는 해양온도차 발전의 주된 방식으로 되어 있는 closed cycle식의 발전 설비(열교환기, 터빈, pump 등)에 대하여 기술한다.

a) 열교환기

열교환기는 증발기와 응축기로 구성되며, 발전 설비의 중요한 기기이다. 열교환기에는 cell/tube형을 개량한 형식과 plate형을 개량한 형식이 있다. 현재 열교환기는 ① 전열(傳熱) 특성 향상, ② 장기간에 있어서의 초기 전열 특성 유지에 중점을 두고 개발이 진행되고 있다. cell/tube형 열교환기에서는 관의 외면 형상을 연구하고, 또한 plate형 열교환기에서는 plate의 형상을 연구하여 ①의 문제에 대응하고 있다. 또한 열교환기의 전열 특성이 저하하는 원인으로서 해수가 통과하는 관 내면에 해중의 미생물에 의한 오물이 부착하는 것(즉, 생물에 의한 오염, biofouling이라고 함)을 들 수 있다. 이것을 방지하는 수단으로서 수 ppm의 염소를 냉각 해수에 더하는 방법과, 관보다 근소하게 큰 직경의 sponge ball 또는 brush를 수류와 함께 때때로 지나가게 하는 방법이 사용되고 있다. 이들 방법은 ②의 문제에 대응하고 있는데, 일본 국내에서는 발전소에서의 사용 경험이 있는 sponge ball에 의한 세정(洗淨)이 주류를 이루고 있다. 최근에는 오존을 사용한 방오(防汚) 기술의 연구도 이루어지고 있다.

b) 터빈

해양온도차 발전용 터빈은 화력발전소 터빈에 비하여 열낙차(熱落差)가 극히 작다. 그러나, 작동유체의 순환유량은 커져서, 암모니아를 작동유체로 한 경우에는 비용적(比容積)이 증기에 비해 수백분의 일 정도이기 때문에 터빈이 비교적 소형이 된다. 터빈은 발전 설비의 가격 구성요소로서 작기 때문에, 다소 비용이 높아져도 터빈 계통의 효율을 올리는 것이 바람직하다. 또한, 작동 유체에 암모니아나 프레온을 사용하는 경우, 환경오염방지 및 경제성 등의 이유로, 운전시나 정지시 축 seal로부터의 누출(leakage) 방지를 중시하고 있다(mechanical seal의 고안으로 거의 해결하고 있음). 해양온도차 발전에서는 터빈 자체를 크게 하는 것은 작동유체 순환량의 증가로 이어지기 때문에 불리하다. 그 때문에, 100MW급의 발전 설비에서는 25MW × 4기와 같은 module화가 바람직한 것으로 생각된다.

c) pump

냉해수(해양심층수) 및 온해수(표층수)를 취수하는 pump는 취수 규모나 상황에 따라 적의하게 선정(와권형(渦卷型), 종형(縱型), 횡형(橫型) 등)되고 있다. 예를 들면, 일본이 추진 중인 인도의 $1MW$ 실증 실험 프로젝트의 온도차 발전 플랜트에서는 심층수 취수에 297 kW pump로 양수량(揚水量) 5,364톤/h을 계획하고 있으며(냉수 취수관 : 내경 880mm, 관길이 1,000m), 표층수 취수에는 192kW pump로 양수량 7,560톤/h를 각각 계획하고 있다.

2) 에너지 분야(냉각(冷却), 냉방(冷房), 공조(空調) 등)

(사)일본해양개발산업협회(JOLA)에서는, 해양심층수가 가진 저온 안정성, 청정성, 부영양성 등의 특성을 살린 심층수의 자원 및 에너지 이용에 대하여 타당성 조사(feasibility study) 등을 실시하여 그 효과를 확인하고 있으며, 이하에 그 개요를 서술한다.

i) 발전소 복수기(復水器)에 대한 적용

일본 국내의 대부분의 화력 및 원자력 발전소에서는 증기 터빈의 냉각에 해수를 사용하고 있다. 그러나, 해수는 부유 쓰레기, 조류(藻類, algae)나 패류 등의 포자(胞子)나 유충(幼蟲)이 많이 섞이어 있어서, 취수관, 열교환기(복수기), 방수관 등의 내면에 이들 생물이 부착·성장하여, 관로의 유동 저항 증대나 전열(傳熱) 성능 저하 등의 원인이 되고 있다. 발전소에서는 이 부착 방지·제거·처분에 다대한 비용이 들고 있기 때문에, 냉각수로서 조류(藻類)나 패류 등의 혼입이 적은 해양심층수를 사용하는 연구가 진행되고 있다. 게다가 해양심층수를 사용하는 것에 의해, 발전효율 저하 등의 방지나 에너지 절약 효과의 향상도 기대된다.

ii) 순수(純水) 제조기술

해양심층수로부터의 순수 제조(담수화)에 관해서도 검토되고 있다. 대부분 가압수형(加壓水型) 원자력발전소에서는 대량의 순수(純水)가 필요하여, 1일 생산 1,000~4,000톤 규모의 해수 담수화 장치를 가지고 있다. 해양심층수는 청정성이 높기 때문에 청정도(淸淨度) 처리 공정이 크게 간소화되어, 1일 생산 3,000톤의 담수화 장치의 경우, 약 35%의 비용 삭감이 가능하다는 시산결과가 나와 있다.

iii) 가스 터빈 흡기 냉각에 대한 적용 연구

가스 터빈의 출력은 하계에 흡기 온도가 높아질수록 저하한다. 그래서, 해양심층수의 저온성을 이용하여 흡기온도를 저하시켜, 출력 저하를 억제하는 연구(試設計)가 진행되고 있다. 그 결과, 에너지 절약과 현저한 경제적 장점이 있다는 사실이 알려져, 장래 가스 터빈 발전설비에 있어서의 해양심층수 이용 가능성이 확인되고 있다. 단, 시산(試算)조건으로서 취수설비는 최종적으로 양식어업이나 의약품의 제조에 이용되기 때문에, 그 비용은 들어있지 않다.

iv) 공조(空調)의 냉열원

해양심층수의 저온성을 이용한 냉방 및 공조시설이 있다. NELHA(하와이 자연 에너지 연구기구), 토야마(富山)현의 수산시험장, 무로토(室戶)의 Aqua-farm의 공조(空調) 실용화 등을 사례로 들 수 있다.

v) 고효율 냉동 시스템과 저온 저장기술

해양심층수를 저온고(低溫庫) 등으로 활용하기 위한 저온 저장기술에 관한 연구가 진행되고 있는데, 저온고의 냉각에는 심층수의 냉열을 직접 이용하는 방식이 취해지고 있다. 또한, 이 방식에는 a) 심층수 냉열을 직접 이용하는 방식과, b) 그것을 순수(純水)로 옮겨서 이용하는 방식이 있다. 그러나, 여기서 a) 방식은 단순하지만, 열교환기의 방식(防食)이 곤란하다고 하는 관점에서 실증 사례가 없고, 비용면에서도 과제가 남아 있다. 반면, b) 방식은 열효율이 약간 떨어지지만, 방식(防食)이라고 하는 과제는 해결되기 때문에, 국내외를 막론하고 해양심층수를 이용한 공조(空調)에서는 이 방식이 채용되고 있다.

3) 수산분야

심층수의 특성을 이용한 수산 분야에 대한 적용 사례는 다음과 같다.

i) 심층수 얼음

심층수는 염분농도에 따라 응고점이 내려가기 때문에 이것을 이용한 수산물의 냉각 연구가 이루어져 있고, 샤벳(sherbet) 모양의 해수 얼음의 제조기술에 관해서도 그 제조과정의 사양 검토가 이루어지고 있다. 또한, 이것을 이용한 저온저장기술로서, 온도 특성이 조사되어 있다. 심층수를 흡수하는 축열(蓄熱) 냉재(冷材)의 개발이나 위생평가, 어개류(魚介類)의 선도유지효과에 관한 연구도 이루어지고 있다.

ii) 해수 담수화 및 염분 농축·미네랄 조정기술 개발

담수화·염분 농축·미네랄 조정은 막여과(膜濾過) 기술이라고 하는 점에서는 동일한 기술 범주에 들어간다. 역침투막법(逆浸透膜法)에 의한 농축 심층수와 탈염(脫鹽) 심층수의 제조에 관하여, ① 순수(純水)만이 아니라 농축해수도 제조한다. ② 농축해수 농도를 종래의 5% 정도에서 20% 정도로 끌어 올린다. ③ 약품을 사용하지 않는다. 라는 조건 하에 설비시산(試算)을 하는 등의 연구가 이루어지고 있다. 여기서 얻어진 농축해수를 써서 순수에 비해 융점이 낮은 해수 얼음의 제조 실험도 이루어지고 있다. 또한, mineral water 등의 제조에 관계하는 심층수의 미네랄 조정기술로서, 막여과(膜濾過) 장치와 전기침투법(電氣浸透法)에 의한 미네랄 조정의 기술적 동향에 관해서도 조사가 이루어지고 있다.

iii) 해역의 비옥화(肥沃化)

심층수를 환류(還流)시키는 것에 의해 해조류장(海藻類場)의 변화나 이미 해조류장이 형성되어 있는 지역에서 심층수의 효과 확인이 이루어지고 있는 외에, 식물 플랑크톤 증식에 관해서는 심층수와 표층수의 혼합에 의한 성장속도 차이를 검토하여 심층수 효과의 확인

을 하고 있다.

4) 농업분야

심층수의 농업 분야에 대한 이용방법으로서 출하 억제 재배와 수경(水耕, 용액) 재배를 들 수 있다. 전자는 심층수의 저온 특성에 의해 재배 시설내, 또는 재배 토양의 온도를 제어하는 것에 의해 저온 식물의 재배를 가능하게 하는 이용방법이다. 후자는 심층수의 부영양성과 미네랄 특성을 식물의 재배 비료로 하는 이용방법이다. 구체적 예로서, NELHA(하와이)에서는 6℃의 심층수에 의해 지표하(地表下)의 온도를 10℃(지표면 온도는 약 33℃)로 하여, 배추, 아스파라거스, 파 등의 채소를 키우는 실증 실험을 행하고 있다.

5) 식품분야

해양심층수의 식품 분야에 대한 이용은, 표 4.15에 나타내듯이, 해양심층수의 다양한 특성 중, 부영양성, 청정성에 주목한 연구 개발이 이루어지고 있다.

표 4.15. 해양심층수의 자원성과 그 이용목적 (식품분야)

자원성	용도	이용 목적
부영양성 · 청정성 (안전성)	재 료	염제품
		음료수 (mineral water), 청량음료 등
		양조제품 (술 등)
	첨가재	수산가공품
		발효제품 (된장, 간장 등)
		면제품, 두부, 빵 등

한편, 식품 분야에서 주목하는 심층수 이용은 해수로부터의 담수제조를 들 수 있다. 담수 제조법에는 증발법, 막분리법, 냉동법 등이 있는데, 일본의 코치(高知)현 무로토(室戸)시에 있는 해양심층수이용실험시설(KAUL)에서 실시된 실증 연구에서는 ① 증발법의 침투방식 및 ② 막분리법에 의한 역침투막 방식이 검토되었다.

6) 건강 · 미용 · 의료분야

해양심층수의 이용은, 한마디로 해양심층수 비즈니스라고 하는 새로운 해양산업의 창출을 위한 도전이라고도 말할 수 있게 되었고, 건강·미용·의료분야에 있어서도, 다음과 같은 제품과 사업이 개발되었다.

ㄱ) 기초화장품(화장수(化粧水))

ㄴ) 비누류(샴푸, 린스)

ㄷ) 위생용품(wet tissue, 입욕제(入浴劑))

ㄹ) 의료(피부염 치료 등)

ㅁ) 건강 증진(thalasso-therapy 시설)

(5) 유지·보수기술

1) 심층수의 특성

심층수를 이용한 경우, 심층수 중에 존재하는 해양 생물이 적기 때문에 사진 4.1에 나타내는 바와 같이 취수관 내벽의 생물 부착이 적다는 보고가 있다.

(표층수 취수관 내벽(좌), 심층수 취수관 내벽(우))

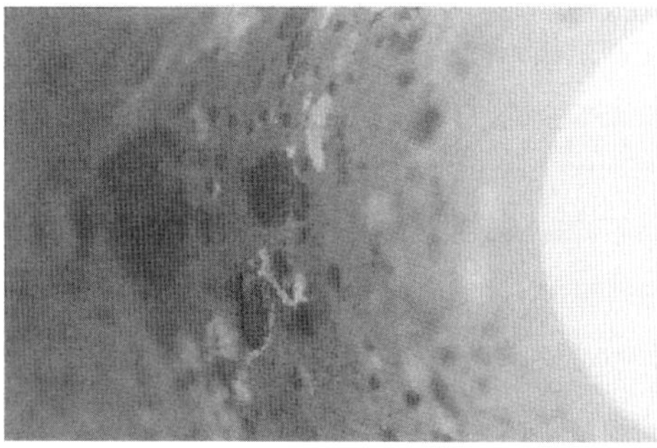

(표층수 취수관 내벽(확대))

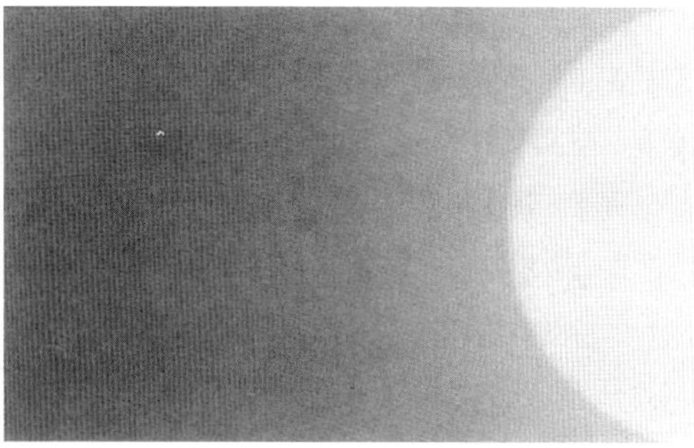

심층수 취수관 내벽 (확대)

사진 4.1. 취수관 내벽의 생물오손 상황(가동 개시 2년후)

2) 모니터링 및 유지·관리

발전용 해수의 취수설비, 수산관계의 취수설비에서는 일반적으로 이하의 항목에 대하여 모니터링을 행하고 있다.

ㄱ) 취수 수량(水量) (유량계, pump 부하, 연속관측)

ㄴ) 취수 손실(압력계, pitot 수위, 연속관측)

ㄷ) 수온, 염분(연속관측)

심층수 취수관의 경우, 취수관로에 문제가 발생한 때 조속한 복구가 곤란하다는 점 때문에 전술한 항목 이외에 잠수부, 자립형 수중 로봇 등을 사용하여 다음과 같은 항목의 모니터링을 할 필요가 있다.

ㄱ) 취수관로 내 : 관로내의 부착 상황, 관의 변형, 누수 및 파손 상황의 확인

ㄴ) 취수관로 밖 : 관로의 방호 상황, 관로의 변형 및 이동, 관로의 차손 상황의 확인

특히, 수심 300m 이상의 심해역에 부설되는 냉해수 취수관의 경우, 점검은 잠수정이나 대기압 잠수기구(潛水器具)에 의한 유인목시(有人目視), 또는 ROV(Remotely Operated Vehicle)이나 AUV(Autonomous Underwater Vehicle) 등 로봇에 의한 비디오 촬영 등이 가능하다. 취수관의 유지·관리 항목으로서는 아래와 같은 항목을 들 수 있다.

a) 관내의 부착물, 퇴적물의 제거

b) lining 등의 보수

c) 누수 개소의 보수

d) 관 단면 변형부의 보수

e) 방호공(防護工)의 보수

f) 파손 부분의 보수

g) 관로 이동에 대한 보수

전술한 유지 관리(maintenance) 항목에 있어서, 그 보수 개소의 수심이 50m 이하라면 기본적으로 잠수부 또는 작업 선박, 로봇 등에 의한 보수가 가능하다. 해외에서는 해저석유 pipeline 등의 복원작업에 있어서 그림 4.22에 나타내는 것과 같은 시스템을 사용하여 수심 100m 보다 깊은 곳에서 파손된 관로의 보수공사 실적이 있다.

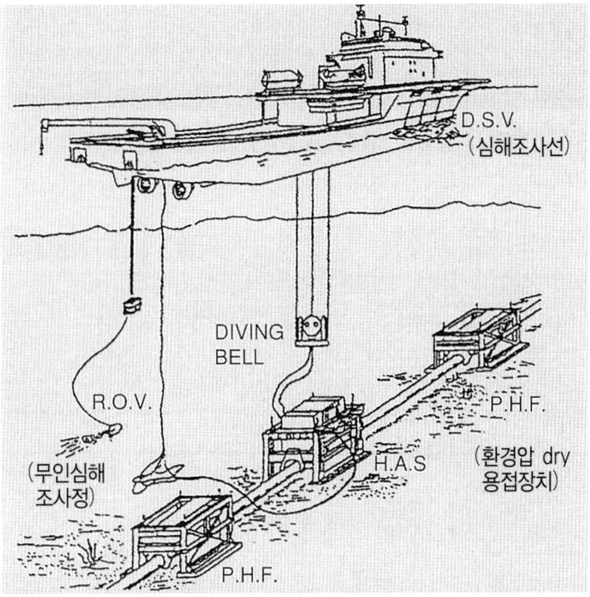

그림 4.22. 수심 100m 이상인 곳에서의 관로 보수공사의 예

(6) 시설철거 기술

취수시설의 철거실적은 현재까지는 거의 없고, 근소하나마, 일본 토쿠노시마(德之島)의 사례를 들 수 있다. 토쿠노시마(德之島)의 해양온도차 발전 플랜트는 실험 설비였지만, 2년간의 실험 종료후 8년 지나 철거되었다. 취수관 철거는 해중 로봇에 의해 상황을 확인한 후, 사진 4.2에 나타내듯이 해중 작업선 Hakuyou(白洋) 2000에 의해 취수관 예항시에 사용한 wire를 잡고, 해상 선박에서 끌어 올리는 방법으로 이루어졌다.

사진 4.2. 폴리에틸렌 관의 회수 상황

4.4 환경에 미치는 영향

지금까지 해양심층수 이용은, 수산양식이나 식품가공 등을 대상으로 한 비교적 소규모적이며 개별적인 이용에 관한 것이 일반적이었다. 그러나, 최근에는 심층수의 특성(저온안정성, 청정성, 부영양성 등)을 충분히 살려, 대량 취수에 의한 다목적·다단계 이용에 의해 경제성 향상을 꾀하는 것이, 심층수 이용의 타개책으로서 거론되고 있다. 이들 중 실용화의 열쇠가 되는 것은, 경제적 장점이 큰 심층수의 저온 안정성을 최대한 이용한 고효율 에너지의 이용으로서, 화력·원자력 발전소의 복수기에 대한 적용이나, 가스 터빈 흡기냉각에 대한 이용 등을 들 수 있다. 더욱이, 사용한 심층수를 해역에 환류(還流)하여 심층수의 특성인 부영양성을 이용한 해역 비옥화에 관한 검토도 이루어지고 있다. 이와 같이 심층수를 대량으로 환류(취수 · 방수)한 경우에는 지역 환경에 대한 영향이 예상되므로, 표 4.16에 그 예상되는 환경인자를 나타내었다.

표 4.16. 심층수의 대량 취수 및 방수가 환경에 미치는 영향 요소

<table>
<tr><th colspan="4">항 목</th><th>영향의 내용</th></tr>
<tr><td rowspan="4">취수</td><td colspan="3">취수 배관에 의한 어장의 감소</td><td>저예망 어업 등의 어업범위를 좁힌다.</td></tr>
<tr><td colspan="3">공사중의 영향</td><td>배관 매설공사 등에 의해 혼탁물, 수중 소음 등이 발생한다.</td></tr>
<tr><td colspan="3">취수 생물 연행</td><td>취수하는 것에 의해 유용생물이나 그 치자어가 대량으로 연행되어, 해역 자원에 악영향을 미친다.</td></tr>
<tr><td>심층수 생식(휴면)미생물 군집의 거동</td><td colspan="2">환류 미생물 군집</td><td>지금까지 미생물군집은 빈약하다고 생각되어 왔으나, 최근 연구에서는 존재가치가 시사되고 있다.</td></tr>
<tr><td rowspan="7">방수</td><td colspan="3">CO_2 수지</td><td>수심이 깊은 해수 중에는 대량의 탄산이 용존되어 있어, 취수에 의해 수중의 탄산이 대기 중에 방출되어 지구온난화의 요인이 된다.</td></tr>
<tr><td rowspan="6">영양염류 환류・온도 변화</td><td rowspan="3">식물 플랑크톤 군집</td><td>1차생산의 증대</td><td>해역의 1차 생산을 증대할 수 있어, 그 결과 해역의 생물 생산력이 증대한다.</td></tr>
<tr><td>부영양화</td><td>대량의 심층수를 방류한 경우에는 해역의 부영양화를 일으킬 가능성도 있다.</td></tr>
<tr><td>적조 발생</td><td>심층수의 대량 방류에 의해 방류 해역에서 적조가 발생할 가능성이 있다.</td></tr>
<tr><td colspan="2">해조류 군락의 형성 변화</td><td>영양염이 풍부한 심층수의 방류에 의해 해조류의 성장 촉진을 기대할 수 있다. 한편, 발전소에서 이용후의 방류에서는 승온 등에 의해 해조류의 성장이 억제될 가능성도 있다.</td></tr>
<tr><td colspan="2">정착성 동물에 대한 영향</td><td>온도변화와 고영양염에 의해 방수역의 생물군집의 구성이 달라질 가능성이 있다.</td></tr>
<tr><td colspan="2">유영 동물</td><td>발전에서 이용한 심층수를 방류한 경우의 영향에는 고온성과 저온성의 양면이 있으며, 유영 동물의 회유경로가 변화할 가능성이 있다.</td></tr>
</table>

그림 4.23은 심층수의 대량 취수 및 방수가 환경에 미치는 영향을 검토하는 방법의 개요를 나타낸다.

한편, 그림 4.24는 심해로부터 퍼올린 해양심층수의 복합이용의 개요를 나타내는데, 발전 이외에도 다양한 용도로 활용할 수 있다. 구체적으로는 해수담수화, 해양심층수에 의한 어장조성, 냉열이용, 리튬 등의 금속회수 등을 들 수 있다.

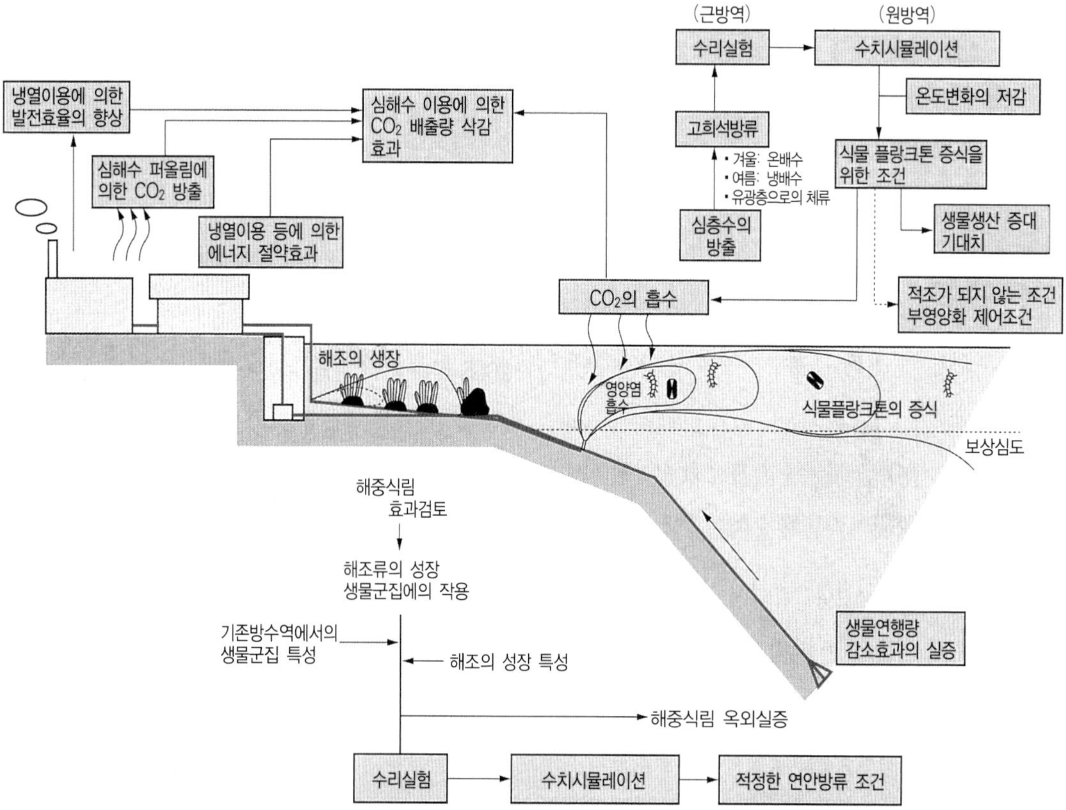

그림 4.23. 심층수의 대량 취수·방수에 의한 환경에 대한 영향 검토

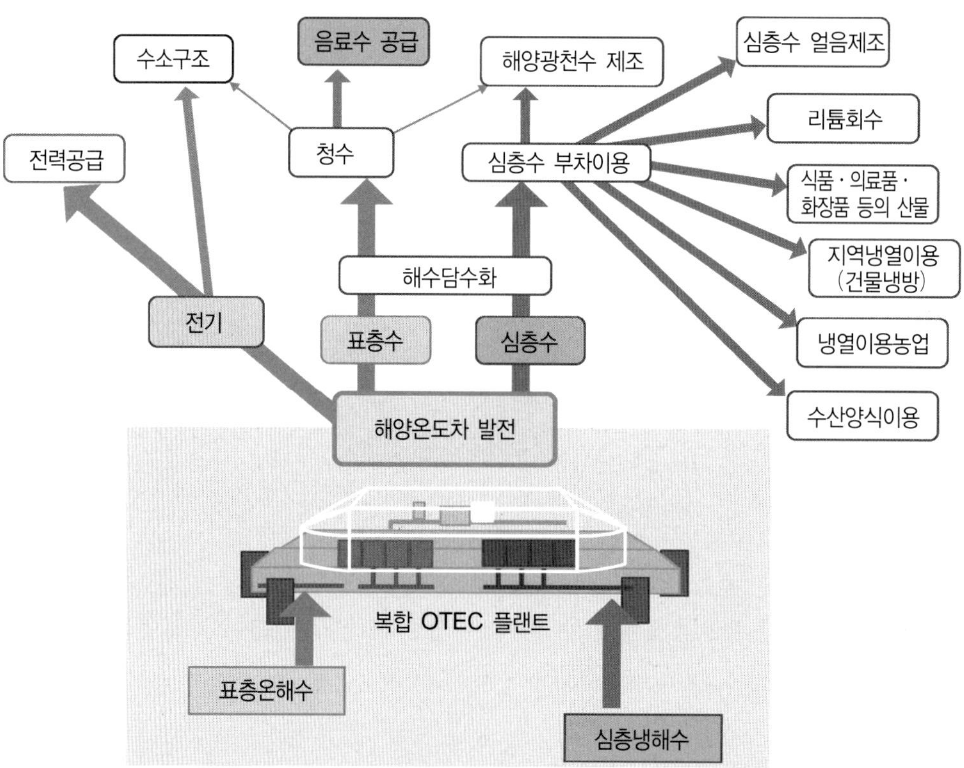

그림 4.24. 해양온도차발전의 복합이용 (출처: NEDO 홈페이지, http://www.nedo.go.jp)

(1) 생물 연행(連行)

일본 코치(高知)현과 토야마(富山)현에 있는 각 심층수 시설의 취수구 및 표층 취수시설에 있어서의 플랑크톤의 연행량을 조사한 결과, 두 지역 모두 심층수 중의 연행 생물량은 표층수에 비해 적고, 심층수 취수는 표층 취수에 비해 환경에 미치는 영향이 적다는 사실을 확인하였다.

(2) CO_2 수지(收支)

심층수의 대량 방수에 의해 심층수 중의 CO_2가 대기 중으로 방출되는데, 이 심층수를 발전소 냉각수로 이용하는 것에 의해 발전 효율이 향상되기 때문에 결과적으로는 발전소로부터 방출되는 CO_2의 삭감에 기여할 가능성이 있다.

(3) 심층수의 방수(放水) 기술

발전소에서 승온(昇溫)한 심층수를 환경부하를 최소로 하여 방류하는 방법으로서는 먼바다에 분류(噴流)로 방출시키는 방법이 적절하다. 또한 방류한 심층수를 사용하여 해역의 식물 플랑크톤의 증식을 촉진시키기 위해서는 심층수를 유광층(有光層)보다 얕은 곳에 방류시킬 필요가 있다. 이들 효과는 수리실험 및 수치해석에 의해 확인되었다.

(4) 심층수의 방류와 식물플랑크톤의 증식

심층수와 표층수의 혼합과정에 있어서의 증식속도를 실내실험에 의해 추정하였다. 그 결과 심층수의 비율이 높아짐에 따라 식물플랑크톤의 증식속도는 커지는 경향이 인정되었다.

(5) 심층수 방류역의 생물 군집

현장조사결과 방류 연수가 10년 이상인 지구에서는 심층수 방류 근방에 모자반 종류가 분포하고 있어서, 심층수의 방류효과가 확인되었다.

(6) 심층수의 방류와 해조류(海藻類)의 성장

수온을 일정하게 한 조건하에서, 해조류의 성장과 영양염 농도와의 관계를 조사한 결과, 심층수의 비율이 높을수록 성장속도가 높아지는 것이 인정되었다. 그러나, 심층수의 비율이 너무 커지면 성장속도가 저하하는 경향도 나타났다. 이것은 고영양염에 의한 성장저해, 또는 표층수 중에 존재하는 유기물의 효과로 추정된다.

이상과 같이, 해양심층수를 대량으로 취수 및 방수하는 경우에는 지구환경에 대한 영향을 검토할 필요가 있다.

4.5 기술개발의 과제와 장래 전망

(1) 기술개발의 과제

1) 취수 기술

해양심층수 이용에 있어서, 비용의 상당히 큰 요소를 점하고 있는 것이 취수관 부설에 관한 것이다. 따라서, 적절한 취수관 재료의 개발을 포함하여 취수관 부설에 관한 비용 절감을 위한 기술개발이 극히 중요하다. 이 점에 대해서는 유지관리 수법이나 비용을 포함한 life cycle cost에 기초하여 생각할 필요가 있다. 최근에는 가소성(可燒性) joint를 가진 강관의 개발도 실시되고 있으며, 경질 폴리에틸렌관의 비용 절감 기술 개발도 포함하여 취수관의 비용 절감이 절실히 요구된다. 또한 대규모 취수를 향한 기술개발이, (사)일본해양산업개발협회(JOIA) 등에서 진행되고 있다. 그밖에 취수관의 유지·관리나 감시 등의 운용기술의 개발도 금후의 개발과제로 들 수 있다.

2) 에너지 분야

에너지 분야의 기술개발과제는 크게 나누어 해양온도차 발전에 관한 것과 화력 발전소 등의 냉각수에 대한 응용을 염두에 둔 대규모 취수 및 방수에 관한 것이다. 해양온도차 발전은 해수 퍼올리기에 소비하는 전력이 크게 효율이 나쁘다고 하여, 1982년 일본 토쿠노시마(德之島)에서 실시된 실험을 최후로 실용화에는 이르지 못하였다. 그러나, 1990년대의 일본 사가(佐賀)대학 Uehara(上原) 교수에 의해 개발된 새로운 시스템(Uehara cycle)의 등장으로, 열교환기의 효율의 향상이나 심층수의 퍼올리기에 대한 소비전력이 크게 줄어들 수 있다는 것이 알려져, 실용화를 향한 새로운 단계에 들어와 있다. 한편, 인도 정부는 사가(佐賀)대학이나 일본의 기업의 협력을 받아 1,000kW급의 전용선에 의한 플랜트를 건조중이며, 2005년 중에는 실증실험을 개시할 예정이다. 또한, 파라오 정부는 일본의 기업의 협력을 받아 3,000kW급의 실용 플랜트 건설을 계획하고 있다. 이들 실증실험이나 실용 플랜트의 가동개시에 따라 해양온도차 발전의 실용화가 비약적으로 진전할 것으로 기대된다.

해양온도차 발전에 관한 기술개발의 금후의 과제로서는

① 본격적인 실용화·상업화를 향한 기술개발과 실험 등에 의한 성능확인

② 대규모 발전설비의 최적설계·제어기술개발 등을 들 수 있다.

한편, 대규모 취수·방수기술의 개발에 관한 과제로서는

① 대구경 취수관 부설, 유지관리에 관한 비용절감 기술의 개발

② 주변 환경에 대한 영향평가

③ 다단계 이용에 관한 기술개발

등이 있다. 또한, 그밖에 에너지 분야의 기술개발과제로서는 이하와 같은 사항을 들 수

있다.

① 심층수를 이용한 건물의 냉방

② 심층수 냉열에 의한 저온 저장

3) 수산분야

수산분야에서의 해양심층수 이용은 수산물 양식이나 주년(周年) 사육에 관한 것이 주체이며, 기술개발 과제로서는

① 지역 특성을 바탕으로 한 고급 수산물, 희소 수산물의 양식에 관한 연구

② 외양성의 새로운 먹이(餌料) 개발

③ 해조류 배양에 관한 연구

④ 심층수에 의한 수세(水洗)나 제빙(製氷)을 이용한 어개류(魚介類)의 위생관리에 관한 연구

⑤ 방수(放水)에 의한 해역 비옥화 기술 개발

4) 농업분야

농업분야에 대한 적용에 관한 기술개발과제로서는

① 아열대 지역에서의 여름 동안의 채소, 화훼(花卉), 과일 등의 안정 생산을 위한 기술개발

② 종묘, 구근(球根) 등의 발아시기 제어의 연구

③ 채소 보존용 선도액(鮮度液)에 관한 연구

등이 있다.

5) 식품분야

식품분야에서는 심층수를 이용한 음료수를 포함하여 심층수가 상용으로 널리 이용되고 있다. 이용 상품으로서는, 건강음료, 발효식품, 빵, 과자, 김치 종류, 술, 맥주, 된장, 간장, 소금, 연제품, 두부 등이 있다. 이 분야의 이용에 있어서는 기능 해명을 위한 연구가 이루어지고 있다.

6) 건강·미용·의료분야

건강 · 미용분야에서는 심층수를 사용한 목욕(沐浴)에 있어서 건강 증진효과 해명, 환경오염물질에 관한 청정성 평가, 화장품 분야에 대한 응용에 있어서의 보습·항균기능의 해명 등이 있다. 또한 의료·약학 분야에서는 심층수 유래의 미생물로부터의 항암억제 등의 신항생물질의 추출, 아토피성 피부염의 치료에 관한 연구, 심층수로부터 채취·배양한 미세조류(微細藻類)로부터 항알레르기 작용이 있는 물질의 추출 등을 들 수 있다.

7) 기타

기타 기술개발과제로서는 복합 시스템의 연구개발을 들 수 있다. 담수화, 심층수로부터의 리튬 등의 금속 추출, 수소 제조·저장, 그밖에 심층수 이용(양식, 상품으로서의 심층수 이용) 등, 다단계에 해양심층수를 이용하는 기술의 개발이다. 한편, 상품화는 진행되고 있으나, 심층수의 기초적 특성 파악에 대하여는 충분하다고는 말할 수 없다. 예를 들면 내재하고 있다고 알려져 있는 강한 산화력(酸化力)에 관한 과학기술적인 해명이나 그밖에 다양한 효과의 과학적 실증 등은 금후의 과제라고 말할 수 있다. 더욱이, 기술개발적인 과제는 아니지만, network에 의한 정보 공유화나 지역 특성을 바탕으로 한 차별화, 자금조달, 해양심층수에 관한 법 정비 등 사회적인 과제에 대해서도 대응해 갈 필요가 있다.

(2) 장래 전망

해양심층수의 이용은 현재 지구상의 사람들이 직면하고 있는 중요과제인

① 지구온난화 문제

② 에너지 문제

③ 물 문제

④ 인구·식료 문제

등을 해결할 수 있는 유효한 수단의 하나로서 그 위상을 정할 수 있다.

1) 지구온난화 문제

지구온난화 문제는 석탄, 석유, 천연가스 등의 소위 화석연료를 태워서 에너지를 얻어온 것에 기인한다. 해양온도차 발전은 화력발전이나 태양전지에 비교하여 CO_2 배출량이 적다. Uehara(上原)는 1kW의 발전량에 대하여 해양온도차 발전에 의한 CO_2 배출량은 LNG의 경우의 불과 2.5%에 지나지 않는다(LNG : 0.563kg-CO_2/kWh, 해양온도차 발전 : 0.014563kg-CO_2/kWh)는 계산결과를 제시한 바 있다. 더욱이 퍼올린 다량의 영양염을 함유한 해양심층수를 해표면에 뿌리면 산호나 해조류(海藻類) 증식에 의해 해수 1kg당 30μmol의 CO_2를 대기로부터 흡수할 수 있는 것으로 알려져 있어서, 이들로부터 해양심층수의 이용은 지구온난화 문제에 극히 유효하다고 말할 수 있다.

2) 에너지 문제

해양온도차 발전은 청정하며, 재생 가능한 해수만을 에너지원으로 하고 있어서, 건설가능한 나라는 약 100개국, 1조kW의 발전이 가능하다고 보고 있다. 게다가 풍력발전이나 태양광 발전 등의 다른 자연 에너지를 이용한 발전과 같이 일기에 좌우되어 연속 운전에 지장을 주는 일이 없는 극히 안정한 에너지이다. 또한, 해양온도차 발전에서는 해수로부터 얻은 진수(眞水)와 전력을 사용하여 수소를 제조할 수 있을 뿐만 아니라 심층해수로부터 다량의 우라늄이나 리튬의 회수가 기대되고 있어서 에너지 문제의 해결에 다방면으로 기

여할 수 있다.

3) 물 문제

물의 압력을 낮추면 낮은 온도에서 비등한다고 하는 성질을 이용하여, 해수를 증발시켜 진수(眞水)를 얻을 수 있는데, 이것이 해수 담수화 원리의 하나이다. 따라서, 해양온도차 발전에서 이용하는 다량의 온해수와 심층 냉해수를 이용하여 다량의 진수(眞水)와 mineral water를 제조할 수 있다. 또한, 해양심층수 중에는 인간의 몸의 성분과 거의 같은 성분이 들어 있어서, 이 해양심층수로부터 mineral water를 만들 수 있다. 이것은 이미 상품화되어 있고, boom을 일으키고 있을 정도이다.

4) 인구·식료 문제

21세기는 인구 폭발의 시대를 맞는다고 예상되고 있다. 2000년에 인구가 60억을 넘은 세계는 2050년에는 인구가 90억이 될 것으로 일컬어지고 있다. 이 방대한 인간의 생명을 키우고 지속적 성장을 수행하기 위해서는 방대한 식료가 필요하게 된다. 지금까지는 식료의 대부분은 육지의 곡물에 의존해 왔지만, 곡물 재배 면적이 감소하고 있는 것 등을 고려하면, 금후는 바다에서의 식료 생산에 의존할 부분이 필요불가결하게 되어 있다. 퍼올린 심층수를 해표면에 뿌리는 것에 의해 어장을 육성하고 양식 사업 등에 의한 식료 증산에도 기여할 수 있다.

상기한 지구상의 중요과제해결에 대한 기여 외에 일본 국내에서는 호소(湖沼)의 표층과 심층의 온도차를 이용한 발전에 의해 호소의 물 순환을 일으켜, 호소 물의 산소결핍 해소에 이용할 계획도 있으며, 해양심층수 이용기술은 21세기 인류를 구할 극히 부가가치가 높은 기술로서의 위상을 가지고 있다. 해양심층수는 자원 문제나 환경 문제에 대응할 수 있고, 순환형 사회의 형성에 유용한 자원이며, 금후 발생할 것으로 생각되는 에너지, 수자원, 식료 등의 부족이나, 건강촉진이나 환경보전 등의 수요에도 유력한 자원재료를 제공하는 잠재력을 가지고 있다. 게다가 그 양이 많고 지하자원에 비하여 비교적 짧은 시간에 재생 순환하는 환경부하가 극히 적은 자원이다.

해양심층수는 20세기의 지하자원의 대량소비와 폐기물에 의한 환경파괴라고 하는 반성을 바탕으로, 21세기의 자연과 공생하는 지속적 개발(Sustainable development)을 실현할 가능성이 있는 자원으로서의 위상을 가지고 있다. 종합적인 이용법을 생각하여, 그 잠재력을 유효하게 활용하는 것에 의해, 재생 순환하는 방대한 자원을 손에 넣을 수 있을 것으로 기대된다.

참고문헌

高橋正征・吉田秀樹 : よくわかる海洋深層水, コスモトウーワン, 2000. 8.

中島敏光 : — 21世紀の循環資源 — 海洋深層水の利用, (株)緑書房, 2002. 5.

(株)ゼネシス　homepage http://www.xenesys.com/

海洋科学技術センター : 全国深層水取水敵地図, 1988.

(社)日本海洋開発産業協会 : 平成12年度エネルギー使用合理化海洋資源活用システム開発 — モデル実証研究及び基礎研究—成果報告書, 2001. 5.

(社)日本海洋開発産業協会 : 平成13年度エネルギー使用合理化海洋資源活用システム開発 — モデル実証研究及び基礎研究 — 成果報告書, 2002. 3.

海洋温度差発電実証試験プラントの建設について, 電力土木, No. 181, 1982. 11.

海洋土木大事典, 産業調査会

土木工法事典, 産業調査会

IOA Newsletter, Vol. 13, No. 1, 2002.

芋 陽一 監修, 新エネルギー大事典, 工業調査会, 2002. 2.

佐賀大学理工学部 : 海洋温度差エネルギー実証施設設備概要.

佐賀大學 : 海洋エネルギー研究センター homepage http://www.otec.saga-u.ac.jp/index.html

IOA Newsletter, Vol. 12, No. 4, 2001.

新太陽エネルギー利用ハンドブック, 日本太陽エネルギー学会, 2000. 1.

上原春南 : 海洋温度差発電の現状と将来展望, エネルギー・資源, Vol. 23, No. 2, 2002. 3.

日本新エネルギー·産業技術総合開発機構 homepage http://www.nedo.go.jp

제5장 _ 풍력 에너지

바람은 태양과 마찬가지로 무진장한 자연에너지로 밤에도 사용할 수 있고, 폐기물을 내지 않는 청정에너지로서, 지역 전력의 확보에 유효하다. 풍력은 수천년 전부터 직접 동력으로서 범선 등에 이용되고 있으며, 생활 중에는 풍차를 돌려서 용수(用水)나 제분(製粉) 등에도 사용되어 중요한 역할을 담당하고 있다.

풍력 발전은 바람의 힘으로 발전기를 돌려 전기를 만드는 시스템으로, 풍력 에너지의 약 40%를 전기 에너지로 변환할 수 있는 비교적 효율이 좋은 전력원으로 알려져 있다. 그러나, 큰 전력을 만드는 데에는 많은 풍차가 필요한데, 이러한 풍차가 삼림처럼 서 있는 발전소를 wind farm 또는 wind park라 한다(그림 5.1 참조).

그림 5.1. wind farm (좌: 경북 영덕 wind park(출처: 에너지관리공단 신·재생에너지센터 홈페이지), 우: 덴마크 Nysted 해상풍력발전소(출처: 이와모토(岩本), 2012))

5.1 풍력 에너지의 특징

풍력 발전은 자연에너지인 풍력 에너지를 풍차를 이용하여 회전에너지로 변환하고 이것으로 발전기를 돌려 전기에너지를 얻는 것이다. 일반적으로 바람은 지상에서 높을수록 강해지므로 풍차는 가능한 한 높게 설치하는 것이 풍력 에너지를 얻는 데 유리하다. 또한, 풍차가 얻는 에너지는 풍차의 수풍(受風) 면적에 비례한다. 단위면적당의 풍력 에너지를 풍력 에너지밀도라고 하는데, 이는 다음 식 (1)과 같이 표현된다.

$$p = \frac{1}{2}\rho V^3 \qquad (1)$$

여기서, p는 풍력 에너지밀도, ρ는 공기 밀도, V는 풍속을 각각 나타낸다.

이 식에 따르면, 풍력 에너지밀도는 풍속의 3승에 비례하므로 풍속이 2배가 되면 풍력 에너지밀도는 8배가 된다. 정격출력(定格出力, rated power; 기기가 어떤 규정된 조건하에서 운전이 보장된 최대출력) 2MW 기종의 경우, 타워의 높이는 약 60m, 풍차의 직경은 약 66m 정도이다.

풍력 발전은 청정한 에너지자원인 바람을 거의 무한정으로 이용할 수 있는 이점이 있는 반면, 풍향이나 풍속이 끊임없이 변동하기 때문에 안정적인 발전출력을 얻기 힘들 뿐만 아니라 에너지밀도가 낮다는 점이 단점을 가지고 있다. 따라서, 풍력발전에서는 이러한 단점을 보완하기 위하여 발전소 최적 후보지의 확보, 대형풍차 또는 복수의 풍차 설치 등에 의해 발전출력의 증대와 안정화를 도모하고 있다. 또한, 풍력발전 시스템에서는 풍차가 항상 바람의 방향을 향하도록 하는 요(yaw) 제어, 또는 출력을 제어하는 피치(pitch) 제어기능 등이 갖추어져 있다. 더욱이, 저풍 속에서도 발전이 가능하도록 풍속에 따라 발전기를 전환하여 광범위한 풍속 영역에서 발전할 수 있는 발전시스템이나 풍속에 변화에 추종하는 가변속 방식의 풍차도 실용화되고 있다.

5.2 풍력 발전시스템의 구조

풍차 구조로서, 대표적인 프로펠러형 풍력 발전시스템의 개념도를 그림 5.2에 나타내었다. 풍력 발전시스템은 풍력에너지를 기계적 에너지로 변환하는 rotor부(blade, hub, rotor), rotor에서 발전기로 동력을 전달하는 전달계통부(동력전달축, 증속기), 발전기(generator) 등의 전기계통부(발전기, 전력변환장치, 트랜스, 계통연계 보호장치), 시스템을 운전 및 제어하는 제어계통부(출력제어, yaw, 제어, 브레이크) 및 타워(tower) 등의 지지·구조계통부(nacelle, tower, 기초)로 구성되어 있다.

5.3 개발 및 이용 현황

원자력이나 화력으로부터의 탈출을 목표로 하는 각국 정부의 지구온난화 방지방침에 따라, 세계의 풍력 발전 도입량은 1997년부터 급격히 늘어나고 있다. 미국 풍력에너지협회(AWEA)과 유럽 풍력에너지협회(EWEA)에 의한 2003년 3월의 합동발표에 의하면, 2002년의 세계의 풍력 발전 신규도입량은 6,868MW를 기록하여, 총 발전용량은 28%의 신장

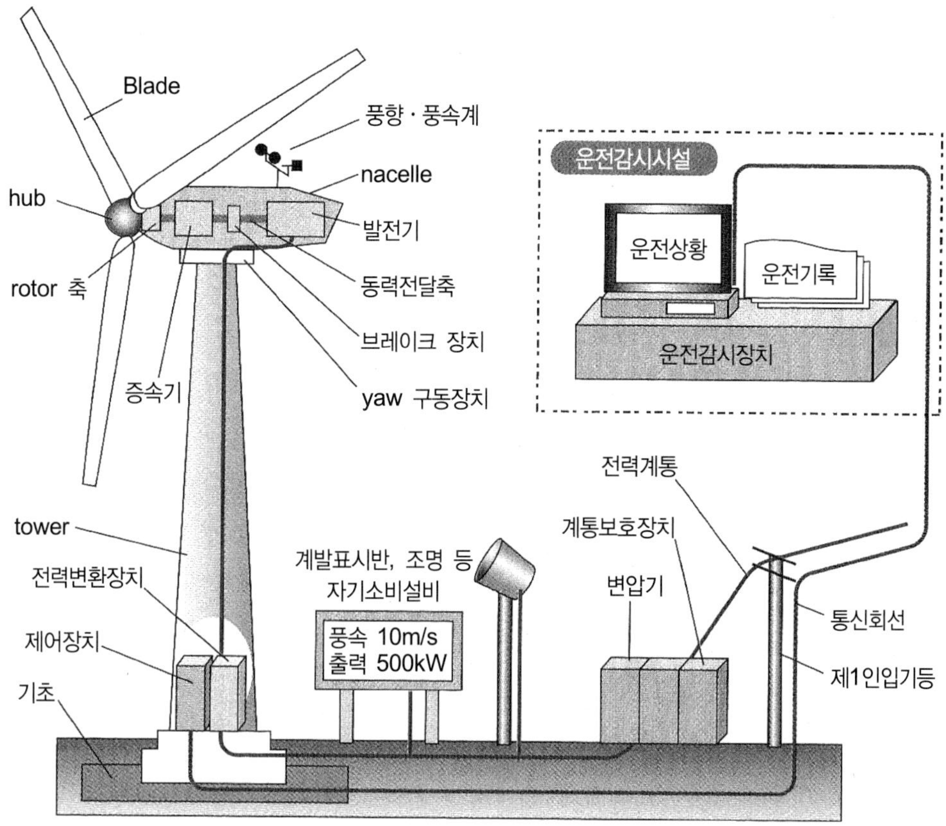

그림 5.2. 프로펠러형 풍력발전시스템의 개념도(출처: NEDO 홈페이지)

율을 나타내었고, 전 세계의 풍력 발전 설비용량은 2003년말까지 40,300*MW* 이상에 달했다. 즉, 세계의 풍력 발전용량은 1998～2002년의 5년 동안 네 배가 되어, 연간 평균 32% 증가하고 있는 세계에서 가장 급성장하고 있는 에너지원이라고 말할 수 있다. 2003년말의 나라별 도입용량에서는 독일이 14,612*MW*로 1위, 스페인이 6,420*MW*로 2위였고, 이하 미국 (6,361*MW*), 덴마크 (3,076*MW*), 인디아 (2,125*MW*)로 이어지며, 일본은 761*MW*로 8위였다. 독일은 풍력 발전 선두국가로서, 현재 5*MW*급의 풍력 발전시스템을 개발 중인데, 2004년 현재 세계 설비용량의 35%를 보급하였다. 또한, 미국은 1990년대 초부터 NREL (National Renewable Energy Lab)과 산업체 공동으로 대형화 기술을 개발하고 있는데, NASA(미항공우주국)에서 blade 개발을 지원하고 있다. 한편, 일본의 풍력 발전용량은 2004년 3월말 현재 68만*kW*였으나, 정부의 온난화대책추진 대강(大綱)에서는 2010년도 말까지 300만*kW*를 목표로 정하고 있다. 일본의 경제산업성(經濟産業省)에서는 1976년 이후 2000년까지 sunshine 계획(1993년도부터 new sunshine 계획)에 있어서, 이하와 같은 풍력 발전 시스템의 기술개발을 실시하고 있다.

① 1981～1990년 : 100*kW*급 풍력 발전 플랜트의 연구

② 1990~1998년 : 대형 발전시스템의 기술개발

③ 1999년 이후 : 멀리 떨어진 섬(離島)의 풍력 발전 시스템의 기술개발

아오모리(靑森)현 탓비미사키(龍飛岬)나 오키나와(沖繩)현의 미야코시마(宮古島) 등의 이도(離島)에서 400~500kW급의 풍력 발전 시스템의 실증 시험 및 이도(離島)나 벽지에 있어서의 디젤 발전에 대체할 발전 시스템의 실증 실험이 진행되고 있으며, 실용화에 기대가 모아지고 있다.

한편, 그림 5.3은 blade, 주기기 등의 풍력 발전시스템의 세계시장 규모를 나타내는데, 2010년경 그 규모는 약 40GW가 될 것으로 예상하고 있다.

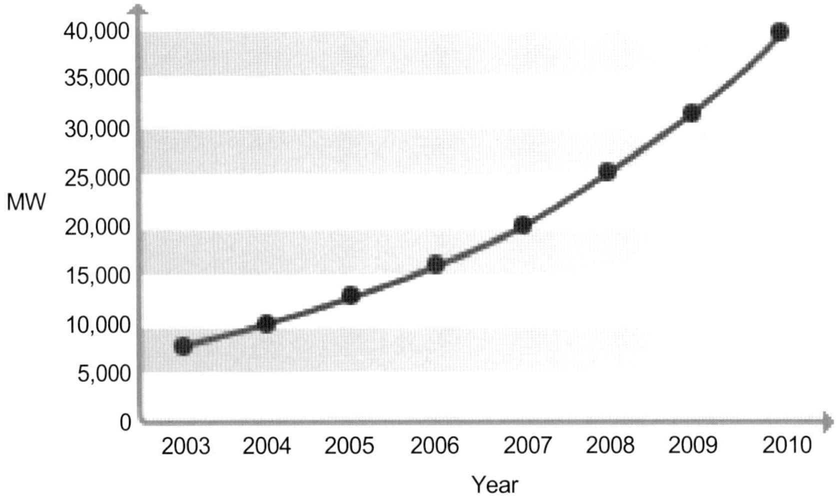

그림 5.3. 세계 각국의 풍력발전 도입 실적((사)한국신·재생에너지협회 홈페이지, 2014)

유럽에 있어서는 이미 해상(海上) 풍력 발전이 본격화하고 있다. 해상 풍력 발전의 조사 연구는 1980년대에 개시하여, 덴마크, 네델란드, 영국, 스웨덴 등에서는 대규모적인 해상 풍력 발전 도입계획이 추진되고 있다. 특히, 북해연안은 연안에서 멀리까지 수심이 얕은 해역이 발달해 있어서 풍력 발전장치의 해상 설치가 비교적 용이하다는 이점 때문에, 육상에 적지가 적은 독일이나 덴마크에 있어서는 금후 해상 풍력 발전이 주가 될 것으로 보인다. 특히, 덴마크는 2030년까지 총 전력소비량의 절반이 넘는 550만kW를 풍력 발전으로 충당할 목표를 정하고 있는데, 그중에 약 70%인 400만kW를 해상풍력발전이 담당하도록 계획하고 있다. 덴마크는 2000년말 코펜하겐 항의 먼바다 2~3km에 2MW×20기를 설치한 Middlegrunden 발전소를 시작으로, 2003년 1월에는 덴마크 유틀랜드 반도 서쪽 먼바다에 2MW×80기를 설치하여 총 용량 160MW의 세계 최대의 해상 wind farm Horns Rev 발전소가 운전을 개시하였다. 사진 5.1은 코펜하겐 항의 먼바다에 위치한 Middlegrunden 발전소의 전경을 보여준다.

덴마크는 현재 풍력 발전 설비시장의 점유율이 세계 1위(세계 설비시장의 41.7%, 세계 2위는 독일로 21.5%임)로서, 풍력 발전의 대형화, 해상풍력 등에서 국제적으로 선도적인 역할을 하고 있다.

현재, 국제에너지협회(IEA)에서는 풍력발전에 관한 국제규정을 마련하고 있는 단계이다.

사진 5.1. 덴마크 코펜하겐 먼바다의 Middlegrunden Wind farm

우리나라에서는 1990년대 초 대학과 연구원을 중심으로 기초연구 및 소형풍력시스템 연구를 시작한 이래 1990년대 중반부터 본격적인 기술개발이 시작되었으며, 이를 위한 단계별 추진전략은 아래와 같다.

① 1단계(1988~1991)사업: 국가사업으로 전국 64개 기상청 산하 기상관측소, 일부 지역의 도서 및 내륙 일부 지역에서 관측된 풍속과 풍향자료를 이용한 풍력 자원의 특성 분석. 이 1단계 사업기간에 한국과학기술원이 20*kW*급 소형 수평축 풍력 발전기를 국산화하기 위한 연구개발을 시도하였음.

② 2단계(1992~1996)사업: 복합재료 분야의 전문업체인 한국화이바가 한국형 중형급 수직축 300*kW*급 풍력 발전기를 개발하였음.

이후, 2001년 한국화이바에서 중대형급(750*kW*급) gearless type(direct drive generation) 수평축 풍력 발전기(blade) 개발을 완료하였으며, 또한, 3대 중점기술개발과제로 기어드타입(geared type) 및 기어리스타입(gearless type)의 750*kW*급 풍력 발전기의 개발 및 시제품에 대해 실증 연구를 수행하였음(실증기간: 2004~2006)

또한, 1~2*MW*급 중대형 풍력발전 시스템 개발(2004년 이후)과 해상풍력 실증연구단지 조성연구를 수행중임(실증기간: 2005~2009).

장래 풍력 발전 관련기술 개발계획은 다음과 같다.

① 풍력 발전 시스템 구성에 필요한 요소기술개발
  가) 국산화 차원의 기술개발
  나) 풍력 발전 패턴별(예: gearless type, geared type 등) 부문별 기술개발 추진
    ㄱ) geared type(증속기) 기준의 풍력 발전시스템 제어 및 계통연계장치 개발
    ㄴ) gearless type의 기준에 적용되는 동기발전기 개발
  다) 관련 요소 기술 간의 System Integration 기술개발 및 확보
② 풍력 단지 용량별 계통연계기술 및 설비 표준화
③ 국내 풍력 발전 시스템 표준성능시험 기술개발
④ *MW*급 해상용 대용량 풍력 발전 시스템 개발

가) 3MW급 해상용 시스템 개념설계 착수(2004~2006)

나) 외해(먼바다, offshore): 해상풍력 최적 후보지에 3MW급 해상풍력 발전시스템 개발(2006년)

한편, 표 5.1은 2014년 현재 우리나라 국내의 연도별 풍력설비용량 및 발전량을 나타낸다.

표 5.1. 우리나라 국내 연도별 풍력 설비용량 및 발전량(출처: 한국풍력산업협회(KWEIA) 홈페이지)

년도	설비용량(kW)		발전량(MWh)
	신규	누계	
~1999	3,345	3,345	5,839
2000	1,500	4,845	16,685
2001	1,980	6,825	12,590
2002	3,750	10,575	14,881
2003	3,480	14,055	24,865
2004	23,390	37,445	47,442
2005	28,000	65,445	129,888
2006	109,350	174,795	238,911
2007	21,150	195,945	375,641
2008	105,250	301,195	436,034
2009	50,900	352,095	680,228
2010	21,250	373,345	812,356
2011	33,000	406,345	857,235
2012	76,300	482,645	911,463
2013	78,650	561,295	1,139,025
2014	30,000	591,300	-

그러면, 여기서 한번 짚고 넘어가야 할 사항이 있다. 그것은 앞으로 우리나라는 물론 세계적 추세는 육상풍력발전에서 해상풍력발전이 주류가 되고 있다는 사실이다. 왜일까? 그것은 첫째, 해상은 강하고 안정된 바람이 분다는 점, 둘째, 대형풍차의 설치 및 운반이 가능하다는 점, 셋째, 시설의 건설과 철거가 용이하다는 점, 넷째, 소음 등 환경문제가 적다는 점 등을 이유로 들 수 있다.

5.4 개발 및 이용기술의 현황과 과제

(1) 조사기술

해상 풍력발전설비의 설치를 계획하는 데 있어서 필요한 입지면에서의 조사항목으로서는 ① 바람 상황(風況), ② 수심, ③ 연안으로부터의 거리, ④ 해저의 지형·지질, ⑤ 해류·파랑, ⑥ 부빙(浮氷), 등이 생각된다. ② 이외의 조사항목에 대하여는 풍력에 한한 문제만은 아니며, 다른 해양개발에서도 일반적인 항목으로 생각된다. 그러나, 해상 입지의 경우는 육상 입지에 비교하여 조사비용이 높아지는 것은 피할 수가 없고, 각 장소의 기존 축적자료의 공유화 등이 필요하다고 생각된다.

풍력조사에서 반드시 필요한 풍황(風況) 관측은 기술적으로는 큰 문제는 없다고 생각되지만, 비용면에서는 육상에 비해 고가가 될 것으로 생각된다. 해상에 있어서의 풍황은 기복이 있는 육상보다도 균질한 것이 알려져 있기 때문에, 풍황 시뮬레이션 기술의 활용·진전에 의해 관측설비의 총 수를 감소시키는 것이 가능할 것으로도 예상된다.

(2) 생산·재료·변환기술

해상 풍력발전은, 이미 유럽에서는 유행이 되고 있다. 그 때문에, 발전기 및 그 외의 기계·구조물에 대하여의 생산기술, 재료 등은 방식(防食) 대책이나 염해(鹽害) 대책을 포함하여, 특히 문제는 없다고 생각된다.

한편, 해상 풍력발전의 건설비용의 내부 및 하부 구조(뒤에 기술함)와 병행하여 큰 비율을 차지하는 것은 계통 연계(送電) 비용이다. 해저 케이블의 부설 등은 기술적으로는 문제는 없다고 생각되지만, 연안으로부터의 거리에 따라서는 그 비용이 큰 부담이 될 수도 있다. 따라서, 금후 해저 케이블 자체의 비용 저감, 또는 해저 케이블 이외의 수단에 의한 송전(에너지의 운반) 수단의 연구개발이 중요하게 될 것으로 생각된다. 전체적인 비용 저감을 위해 풍력발전기의 대형화도 금후 더욱 진전될 것으로 예상되는데, 해저 케이블의 부설비용은 wind farm의 규모에 비례하지 않기 때문에 발전기의 대형화와 병행하여, wind farm 자체의 대규모화를 꾀하는 것에 의해 전체적인 비용 저감이 가능하다.

(3) 저장 및 안정화 기술

풍력발전에 있어서, 발전이 전적으로 바람에 맡겨져 있다(즉, 바람에 달려 있다)는 것은 하나의 결점이다. 그 때문에 저비용의 축전기술의 개발은 해상 풍력에 한하지 않고 풍력발전의 더 나은 발전을 촉진할 것으로 생각된다. 저비용의 축전기술과 풍력발전 설비를 조합하는 것에 의해 공급안정화도 달성할 수 있으며, 보다 고품질의 전력공급이 가능하다.

해상발전에 있어서는 계통까지의 거리도 길어지는 것이 예상되므로, 송전 손실의 저감 등의 기술개발도 유효하다고 생각된다.

(4) 구조 및 설비기술

하부구조에 대해서는 이미 유럽에서 여러 가지의 검토가 행하여지고 있으나, 더욱 어초효과를 고려한 연구 등도 이루어지고 있다. 현시점에서 일반적인 기초구조로서는 이하에 거론된다.

1) 콘크리트 caisson 공법

덴마크에 이미 설치되어 있는 해상풍력발전시설(Vindeby와 Tuno Knob)의 기초에 이용되고 있으며, 사이트 가까이의 연안에서 제작한 기초부(원통형)를 설치기지까지 회항하여 모래, 자갈(약 10,000kN)을 채워서 가라앉혀 tower를 세우는 공법이다.

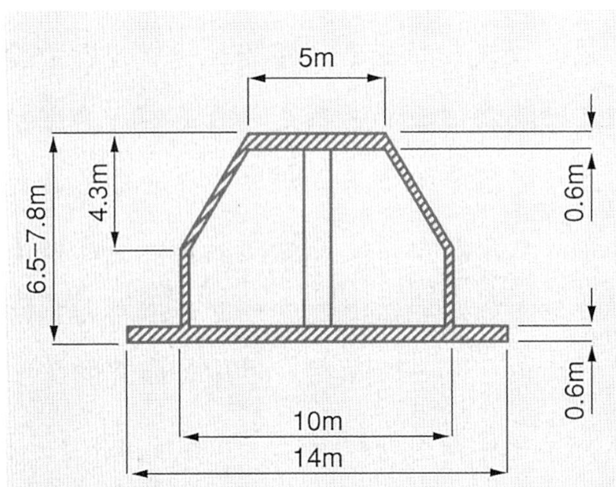

그림 5.4. Tuno Knob 상자형의 caisson

2) Solid Concrete Plate 공법

덴마크에 기설(旣設)된 해상풍력발전시설(Middlegrunden)의 기초(1기 약 15,000kN)에 채용된 공법인데, 이 공법을 채용한 이유는 다음의 두 가지로 전해진다.

① 비교 검토된 강제 caisson 침설공법보다 10~20%, mono pile 공법보다도 20~40% 비용이 낮았다.

② 지반의 제약으로 항력식(抗力式)에 문제가 있었다.

콘크리트 공법에 의한 기초는 바람, 파랑, 부빙(浮氷)에 대하여 안정하지만, 수심이 큰 해역에서는 비용이 높아지는 경향이 있다. 그래서 대수심 해역을 대상으로 하여, 이하와 같은 강제 기초의 검토가 이루어지고 있다.

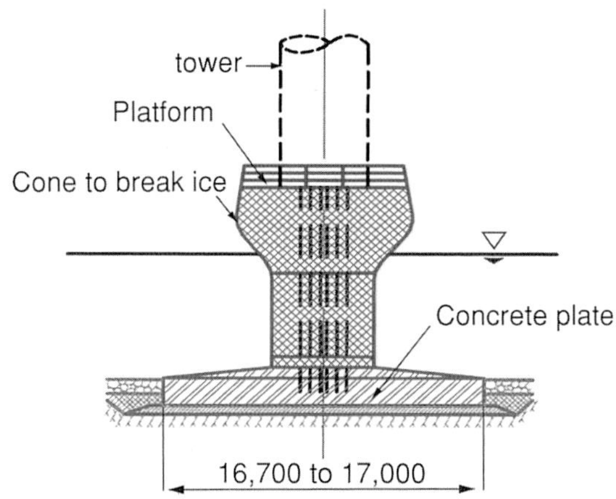

그림 5.5. Middlegrunden Solid Concrete Plate

3) Gravity(중력) 공법

원통형의 철관을 해저면의 강제 평판기반에 접속하여, 그것에 풍차의 pole을 연결하여 설치하는 공법이다. 하부의 강관은 비교적 경량이기 때문에 운반, 설치가 용이하다.

그림 5.6. Gravity(중력) 공법

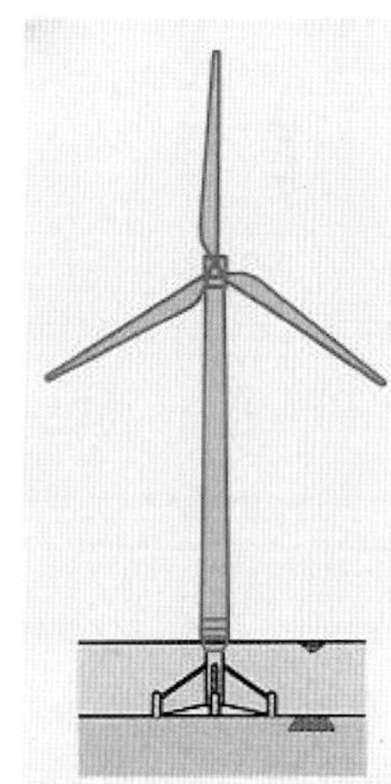

그림 5.7. Tripod(삼각) 공법

4) Tripod(삼각) 공법

석유 rig(굴착장치)와 같은 세 개의 다리를 가진 강제를 해저 아래에 쳐 넣어서 그것을 기초로 하여 풍차의 pole을 세워 설치하는 공법이다. 본 공법은 비교적 수심이 깊은 장소에 적합하며, 역으로 6~7m 이하의 얕은 해역에서는 삼각(三脚)이 방해가 되어 선박을 옆으로 댈 수가 없다.

5) Mono Pile 공법

강제 말뚝(鋼杭)을 해저 밑으로 쳐 넣어 그것에 풍차의 pole을 연결하여 설치하는 공법이다. 세 개의 강제 공법 중에서는 가장 저비용이며, 네델란드, 스웨덴의 해상 풍력발전에서 채용되고 있다.

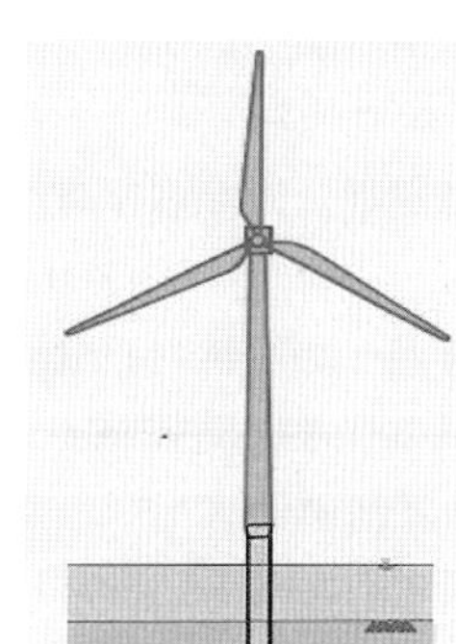

그림 5.8. Mono Pile 공법

6) 기타

부체식 구조물에 대한 연구가 연구기관, 건설단체 등에 있어서 행하여지고 있다. 해상에 있어서의 풍력발전기의 설치에 대하여는 일반적으로는 거룻배(barge) 등으로 구조물을 운반하여 부체식 기중기(floating crane)를 써서 육상과 마찬가지로 건설하는 것이 생각된다. 그러나, 이러한 공법에서는 육상에 비교하여 비용 상승은 피할 수 없다.

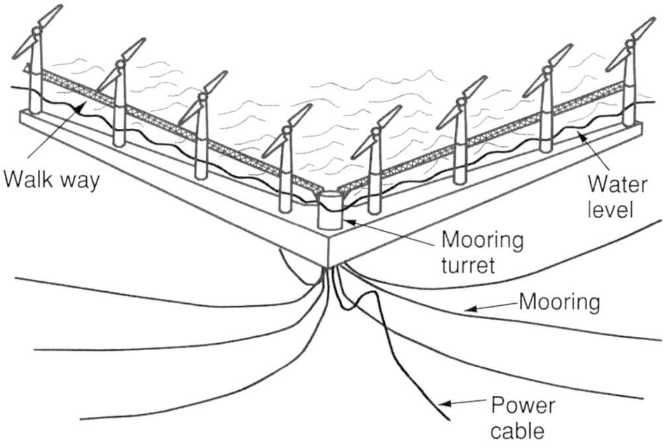

그림 5.9. 부체식 구조물의 일례

(5) 운반 및 유지보수기술

해상 설치이기 때문에 운영이나 유지수리에 있어서도 선박이용 비용이나, 주요한 유지 관리시의 중기의 운반 등, 육상에 비해 비용 증가가 우려된다. 지역 어민과의 연계나 전용 유지 기기의 개발 등이 필요하다고 생각된다.

(6) 철거기술

해양오염 등이 없는 철거기술(특히 하부구조의 철거)에 대한 연구가 필요하다.

5.5 환경에 미치는 영향

(1) 자연환경에 미치는 영향

1) 소음

각 회사가 나타내는 대형의 발전기의 소음 수준(level)을 표 5.2에 나타낸다. 풍차로부터 200m 떨어진 장소에서의 소음 수준은 60dB 정도로 생각되어, 해상에서의 소음은 육상으로부터는 문제가 되지 않는다고 생각된다.

표 5.2. 제조사별 사양(각 제조사 catalog 인용)

	Vestas	Micon	Enercon	Nordex
출력	1,650	1,500	1,500	1,300
풍차 직경	66	64	66	60
dB	102.8	102.2	103.3	103.8

2) 전자파 전파장해

해안으로부터 떨어지면 떨어질수록 그 영향은 적고 근방에 전파시설이 있는 경우를 제외하고는 문제가 없다.

3) 조류(鳥類)의 충돌

계획구역이 철새 도래지의 루트 상에 있는 경우에는 문제가 되지만, 육상의 경우에 비해 문제가 되는 희소종 등에 대한 영향은 적다.

4) 수중생물

Tower가 착저방식인 경우는 시초설치장소가 차지하는 범위가 작기 때문에 수중생물에 큰 영향을 주지 않는다고 생각된다. 입지구역에 따라서는 어초효과를 기대할 수 있는 경우도 있다고 생각된다. 대형 부체구조물의 경우에는 넓은 범위에 걸쳐서 햇빛을 차단하기 때문에 식물의 생육과 그들을 식물원(食物源)으로 하는 생물 연쇄의 영향이 우려되기 때문에, 금후의 조사연구가 필요하다.

5) 에너지 페이 백 타임(Energy Pay Back Time)

이것은 어떤 에너지 생산시스템의 생의 주기(life cycle time)를 통해서 투입된 에너지가 생산되는 에너지에 의해 회수될 때까지의 시간으로 정의된다. 아마노(天野) 등(2001)에 의하면 1,500*kW*급의 풍력발전설비의 에너지 페이 백 타임은 0.56년이며, 풍력발전설비의 내용년수 등에서 생각해 볼 때 환경부하는 적다고 말할 수 있다.

(2) 해양에서의 건설에 관련한 법적규제

해양에서의 에너지 시설건설에 관한 법적규제와 건설장소에 관계하는 법률상의 유의점은 이하와 같다.

1) 해변이나 연안에서의 건설

소비지에 대한 에너지 수송, 시설관리 및 건설공사의 어려운 정도의 점에서 볼 때, 해변이나 연안(해안, 작은 섬, 2~3km 이내의 연안)에서의 건설이 현실적이다. 일반적인 육상에서의 신고에 관한 법령은 건축기준법, 도로법, 전파법, 항공법, 소방법, 소음규제법, 삼림법, 자연환경보전법, 자연공원법 등이 있으나, 해상에서의 건설에 있어서는 규제는 감소한다.

2) 어업권과의 조화

육지에 가까운 해양(연안에서부터 2~3km 내외)에서의 에너지 시설의 건설에서는 얕은 바다에서의 연안생물에 대한 영향과, 그것에 의한 어업권의 문제에 주의가 필요하다. 풍력발전사업 중, 건설공사, 건설물 자체, 발전중의 영향이 어업권을 침해하는 것으로 되는가가 쟁점이 된다. 어업권에는 면허어업, 허가어업, 마을어업 등이 있는데, 금후 이들의 어업권에 대한 영향의 정도를 어떻게 평가하고, 그 영향을 최소로 할 것인가 하는 노력이 행정, 사업자 및 어업권자의 쌍방에 필요하다.

해상에서의 에너지 개발은, 육상에 비해 사람에게 주는 영향이 적고, 법적인 규제도 적다. 또한, 자연 환경에 대한 영향도 적다고 예상되지만, 미해결 분야도 남아 있어, 금후 계속적인 조사연구가 필요하다. 에너지 개발 행위는 다른 생물과의 관계를 무시할 수 없으며, 비용에 대해서도 지구환경 측면에서 보면 우리 인류의 일방적인 변명에 지나지 않는다. 금후의 에너지 취득방법의 모습을 생각하는 경우에는, 건설비용 등의 문제를 넘어, 자연환경에 대한 부하를 최소로 억제하면서 혜택을 받고 있는 에너지 취득의 기회를 얼마만큼 효율적으로 획득할 수 있는가가 과제이다.

5.6 장래의 개발기술 동향과 전망

(1) 계획·설계기술

1) 풍황(風況) 예측기술

풍황 예측의 방법으로서, 최근 컴퓨터 기술의 발전에 의해 CFD(Computational Fluid Dynamics) 기술이 풍차도입의 계획단계에서 적용되고 있다(그림 5.10 참조). 현 단계에서는, 회전하는 풍차 후방의 wake(後流) 현상을 적절히 예측할 수 있는 기술이 확립되어 있지 않지만, 이 기술이 발전하면, 풍차배치의 최적화나, 해상 환경을 고려한 풍차의 높이 등에 대해서도 보다 합리적인 설정이 가능하게 될 것으로 기대된다.

2) 해상(海象)과의 상호작용 평가기술

기존의 해상발전 시스템의 기초구조로서, 종래의 고정형식은 아닌 부유형식이 채용되는 것도 생각할 수 있다. 그 경우에는 기초부가 언제나 동요하기 때문에 풍차의 rotor부로부터의 풍하중과 기초부로부터의 파력의 상호작용에 대하여 적절히 평가하는 것이 중요할 것으로 생각된다. 또한 종래의 풍속에만 의해 설정한 cut in, cut out가 아니라, real time의 파력계측에 기초한 제어 시스템이 필요하게 될 것으로 생각된다.

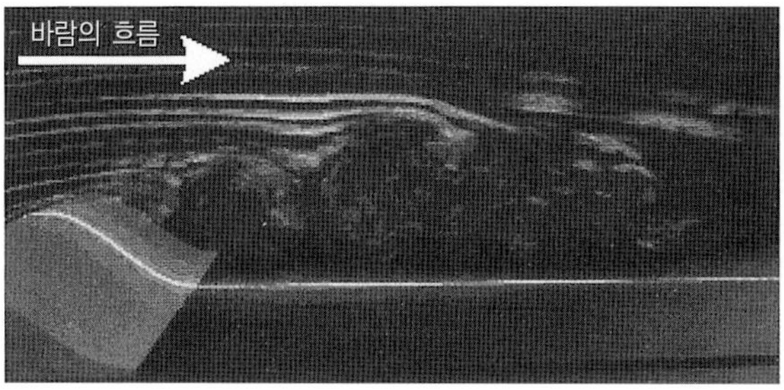

〔풍동실험〕

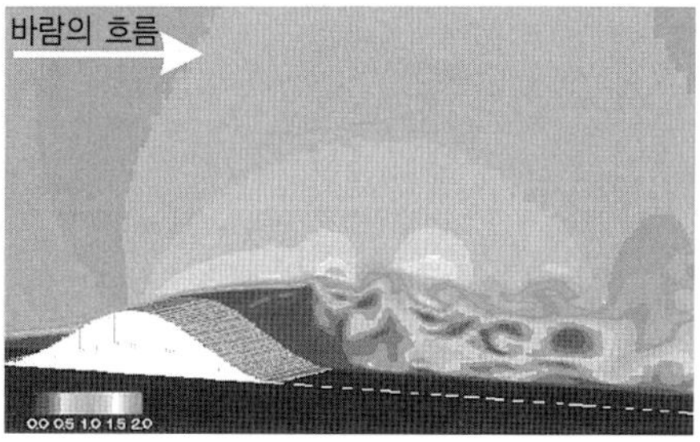

〔CFD해석결과〕

그림 5.10. 풍황에 관한 실험해석

(2) 구조·설치기술

기존 해상 풍력발전시설은 모든 기초 구조의 건설에 유리한 천해역에 건설되어 있다. 이것은 천해의 혜택을 받고 있는 유럽에서 풍력발전시설이 발달한 것이 크게 영향을 주고 있다고 생각된다. 반면, 내만부에는 연약지반도 많고, 기초구조물의 구축을 곤란하게 하고 있다. 따라서, 일본에서는 적합한 해상풍력발전 시스템의 하나로서 기대하고 있는 것이 부유형식이다. 주요한 형태로서는 해양의 석유·가스의 생산설비로 실적이 있는 TLP형, SPAR형, FPSO형, FPS형 등의 적용이 생각된다(그림 5.11 참조).

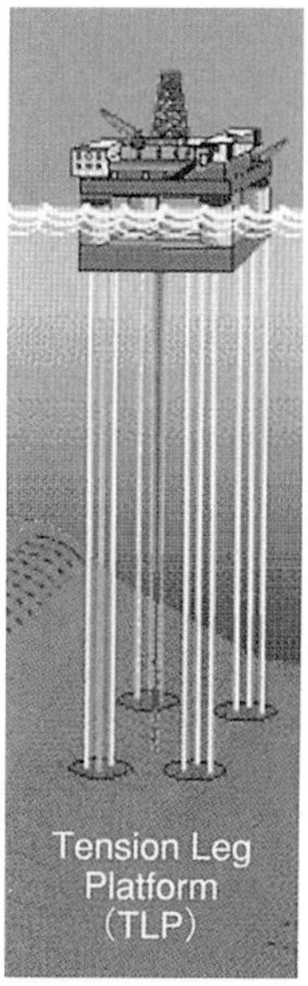

TLP형

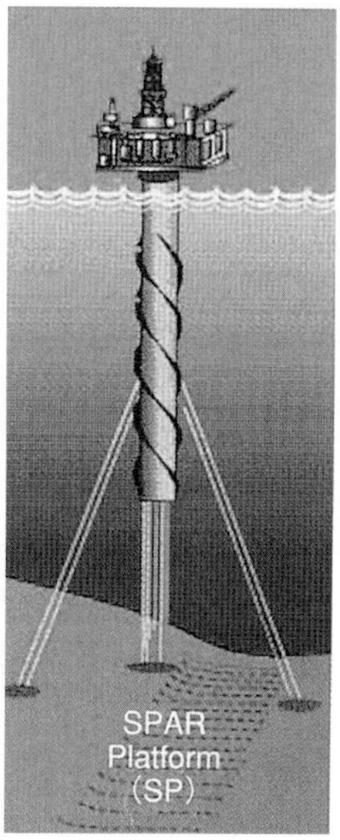

SPAR형

그림 5.11. 부유식 구조물의 예

(3) 저장·안정화 기술

풍력발전에 한한 문제는 아니지만, 풍력발전은 바람이라고 하는 변동성을 가진 자연 에너지를 이용하는 발전방법이기 때문에 계통 연계한 경우에는 계통의 전압이나 주파수 등의 전력품질이나 기존발전설비의 운용 등에 악영향을 미치게 될 것이 우려된다. 또한 독립전원의 경우에 있어서도, 필요한 때에 필요한 만큼의 전력을 얻을 수 있다고 하는 제어가 곤란하며, 발전량을 유효하게 이용하기 어렵다고 하는 것이 문제이다.

1) 에너지의 복합이용

다른 안정한 자연 에너지와 조합하는 것에 의해 안정공급을 꾀하는 것이 생각된다. 특히 해상시설인 것을 감안하면, 입지조건에 의해 한정되지만, 조류, 조석, 해양온도차발전 등과의 조합도 현실적인 것이 될지 모른다. 자연조건의 영향을 크게 받는 태양광 발전과의 조합은 바람이 없어도 맑은 하늘이면 태양광 발전에 의해 보완할 수 있기 때문에 단독보다는 안정한 공급이 가능하게 된다. 또한 바이오매스(biomass) 에너지는 비교적 용이하게 발전량을 제어할 수 있기 때문에 풍력발전의 보완 에너지로서 비교적 도입하기 쉽다고 말할 수 있다. 유럽이나 미국, 캐나다, 유럽 등에 있어서는 폐기물 발전과 조합한 실적도 있어, 그 효과가 확인되어 있다.

2) 잉여 에너지의 활용

아래에 나타내듯이 전기 에너지를 저장하는 방법으로서 전지 에너지를 그대로 또는 다른 에너지로 변환하여 저장하는 시스템 개발이 계속되고 있다.

i) 이차전지(전기화학 에너지)

이 방법은 저장효율이 높고, 가장 일반적인 전기 에너지의 저장시스템이다. 현재 일본에서는 출력 500kW의 하찌죠시마(八丈島)풍력발전소에 있어서 400kW급의 NAS(나트륨 유황) 전지를 병설하여, 풍력발전의 출력안정화의 실증시험이 실시되고 있다.

ii) 양수발전(위치 에너지)

하류 방향의 저수지로서 바다를 이용하여, 해수를 에너지 유체로서 이용하는 시스템이 검토되고 있으며, 기술적으로는 큰 문제는 없으나, 지형적인 제약을 받는다. 사진 5.2는 일본 오키나와(沖縄) 본도(本島) 북부 히가시무라(東村)에서 실증시험이 행해지고 있는 유효낙차 136m, 최대 30,000kW의 발전설비를 나타낸다.

사진 5.2. 해수 양수발전 실증설비

iii) 초전도전력저장(磁氣에너지)

초전도 coil 중에 전력을 저장하는 시스템이며, 가공이 용이하여 거대한 coil의 제조가 가능하게 되는 물질의 개발, quench(초전도체 또는 초전도 기기가 초전도 상태로부터 상보통의 일반적인 전도상태로 전이할 때의 제어 불능 현상) 대책, 고자장 대책 등의 기술이 주목되고 있다.

iv) 압축공기저장(압력 에너지)

off peak 전력에서 압축공기를 만들어, 이것을 암반내에 저장해 두어, peak시에 가스터빈 발전을 행하는 발전방식이다. 일본 국내에서는 상용 수준의 실규모 plant는 아직 건설되지 않고 있으나, 실증시험 등이 실시되고 있다.

v) 수소생성(화학 에너지)

잉여 전력을 사용한 전기분해에 의해, 해수로부터 수소 및 산소를 생성하는 기술이 개발되어 있다. 이 수소와 산소를 사용하여 연료전지에 의해 고효율의 발전을 행할 수가 있다.

vi) 메탄·메탄올 생성(화학 에너지)

수력, 태양광, 태양열 등의 자연 에너지의 생산지와 에너지 소비지와의 거리가 떨어져 있는 경우에는 에너지의 수송수단이 문제가 된다. 전 지구적인 CO_2 recycle system은 메탄올과 CO_2를 중개로 한 에너지 수송 · 이용시스템이며 에너지 생산지에서 물을 전기분해하여 수소를 제조하고, 제조한 수소와 CO_2로부터 메탄올을 합성하여, 자연 에너지를 메탄올로 변환하여 에너지를 소비지로 수송 · 이용한다. 완전한 recycle system에서는 에너지 소비지에서 메탄올을 연소 이용하는 때에 CO_2를 분리·회수하여, 회수한 CO_2는 에너지 생산지로 수송하고, 메탄올 원료로서 재사용된다(그림 5.12 참조).

vii) 플라이휠(운동 에너지)

이것은 고속 회전체의 운동 에너지로 변환하여 저장하는 시스템이며, 회전체의 축받이 구조, 공기마찰에 의한 손실감소기술 등이 과제로 되어 있다.

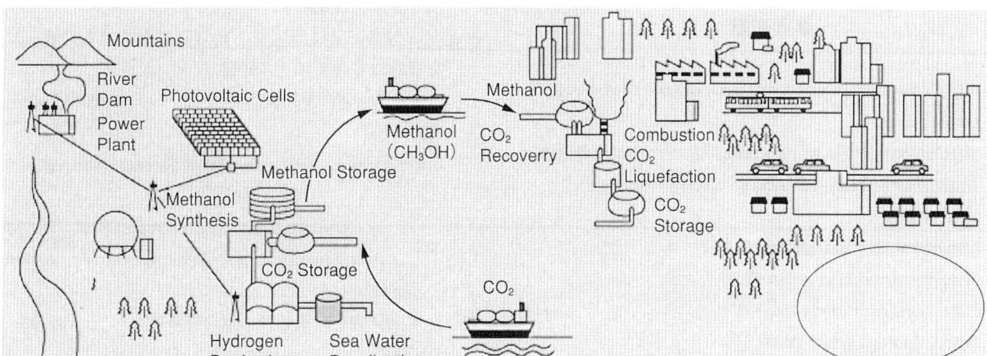

그림 5.12. CO_2 recycle

참고문헌

한국풍력산업협회, http://www.kweia.or.kr

해상풍력발전, (재)연안개발기술연구센터, 한국해양연구원, 282p., 2012.

http://www.iae.or.jp/energyinfo/energydata/data4013.html

http://www.nedo.go.jp/intro/pamph/fuuryoku/graphs.pdf

http://www.tohoku-epco.co.jp/rdcenter/rdcenter/tecno/tecd-28.htm

http://www.tp-tomanae.co.jp/

http://www.middlegrunden.dk/MG_UK/ukindex.htm

BTM Consult : International wind energy development world market update 2003

(社)日本海洋開発建設協会 海洋工事技術委員会 : 海洋エネルギー開発技術·21世紀の海洋土木技術 海外合同調査報告書

http://hornsrev.dk/

(社)日本機械工業連合会 : 2001年度海洋資源・エネルギーを複合的に活用する沖合洋上風力発電等システムの開発調査研究報告書, 2002. 3

新エネルギー・産業総合開発機構 : 風力発電導入ガイドブック, 2002. 3

千野耕二・海老原美里 : 風力発電システムの導入に伴うライフサイクル評価

http://www.ritsumei.ac.jp/se/rv/amano/pdf/2001S-ebihara.PDF

http://www.geocities.co.jp/WallStreet/7009/mg000827.htm

http://www.nedo.go.jp/kankobutsu/report/819/819-1.html

http://www.gomr.mms.gov/homepg/offshore/deepwater/options.html

日本海洋開発産業協会, 海洋開発ニュース, Vol. 30, No. 5, 2002

http://www.okiden.co.jp/news/000126.pdf

http://gel.civil.nagasaki-u.ac.jp/text/example/ex60/okinawa1-j.html

http://www.kobelco.co.jp/technology-review/pdf/47_3/013-016.pdf

http://www.nedo.go.jp/kankobutsu/nenshi/3color/1999_2000/shinene/00choudendou1.html

今泉大輔, 再生可能エネルギーが一番わかる, 技術評論社, 175p., 2013.

岩本晃一, 洋上風力発電, 次世代エネルギーの切り札, 日刊工業新聞社, 213p., 2012.

제6장 _ 태양열 및 태양광 에너지

6.1 태양열 에너지

태양에너지를 열에너지로 변환하여 이용하는 태양열 이용기술의 역사는 오래되었으며, 소위 산업용으로서는 1619년 이탈리아에 있어서 오목형 거울로 햇빛을 모아 납을 녹인 태양로(太陽爐)가 최초이다. 가정용으로서 태양열을 이용한 온수기(溫水器)는 1890년 이래 미국에서 각종 모형이 만들어져 판매되어 왔다. 일본은 1948년에 가정용 온수기의 이용이 시작되어, 1956년에 일본 최초의 solar house가 건설되었다. 그러나, 1960년대 중반부터 싼 값으로 풍부한 석유가 등장하면서 태양열 이용은 그다지 나아가지 못했다. 그 후 1973년의 제1차 석유위기를 계기로, 1974년에 국가 프로젝트로서 Sunshine 계획이 발표되어 그 중에서 태양열 이용기술의 개발이 개시되었다.

현재, 미국은 에너지국(DOE, Department of Energy)을 중심으로 건물용의 Solar Building Technology와 태양열 발전의 Solar Thermal Energy System으로 구분하여 정책을 추진하고 있다. 1970년대는 저온 분야(집열기, 온수기, 자연형 시스템)를 주로 개발하였으나, 1980년대 이후에는 자연형 건물과 중고온 분야의 연구개발에 투자를 하고 있으며, 또한, 태양열발전 및 산업이용 기술의 상업화(365*MW*급)를 추진하고 있다.

일본은 태양열 온수기의 경우, 업체를 중심으로 개발 및 상용화를 추진하고 있으며, 약 40개 업체가 연간 10만대 규모의 태양열 온수기를 생산하여 국내 보급(약 500만기 보급)과 수출을 하고 있다. 특히, New Sunshine 계획하에 대규모 태양열 냉난방 및 온수급탕 시스템의 산업화를 위한 개발에 주력하고 있다. 한편, 유럽에서는 태양열 에너지를 이용한 난방 및 온수기, 대규모 태양열 시스템, 자연형 태양열 건물 등을 보급·이용하고 있으며, 또한 수출을 목적으로 한 태양열 발전시스템의 개발을 추진하고 있다. 특히, 제로에너지 하우스(zero-energy house)나 제로에너지 타운(zero-energy town)과 같이 주로 열에너지 자립을 위한 건물태양열 기술과 관련하여 최근 많은 연구와 시범사업이 이루어지고 있다. 오스트레일리아는 태양열 온수기를 년 10만대 이상 생산하여 유럽 등에 수출하고 있다.

우리나라에서는 1970년대 초부터 대학과 연구소를 중심으로 연구를 시작하였으며, 1988년 대체에너지개발 촉진법에 따라 이후 정부차원에서 태양열 온수기 등 저온활용 요소기술에 대한 효율 및 신뢰성 향상과 태양열 이용분야 확대를 위해 중고온 시스템 개발을 추진하였다. 저온활용분야(온수 및 급탕기술)에 있어서는 평판형 집열기 및 단일진공관형 집열기는 이미 상용화 되었으나, 평판형 집열기의 성능과 신뢰성은 아직 선진국에 비해 뒤떨어지고 있으며, 진공관형 집열기의 경우는 충분한 실증이 요구되고 있다. 또한, 흡열판과 동관의 열전달 손실을 최소화하기 위한 저가형 태양열 집열판 접합시스템 개발을 추진하여 초음파 용접기의 국산화 기술개발에 성공하였다. 한편, 제로에너지(에너지사용량 0) 건물과 같은 태양열 건물 기술은 현재 기초연구를 수행 중이다. 향후는 업체를 중심으로 현재 보급되고 있는 태양열 온수기 제품의 품질 향상과 신뢰성 및 효율성 향상을 위한 기술개발을 추진하고, 중대형 태양열 온수급탕 시스템의 최적화와, 건물 태양열 복합이용 기술 및 중·고온분야(산업용 태양열시스템, 태양열 발전시스템)개발은 정부 주도로 추진해 나갈 계획으로 있다. 더불어 대규모 지역 냉난방 분야에 대한 태양열 시스템 적용방안에 대해서도 지속적인 연구를 수행할 계획이다.

6.1.1 개발 및 이용 현황

태양열 에너지의 이용기술개발로서는 저온의 태양열을 사용하는 냉난방 · 급탕(給湯)기술과, 고온의 태양열을 이용하는 발전기술(發電技術)로 나누어져 발전되어 왔다. 저온의 태양열을 냉난방·급탕으로 이용하는 solar system은 주택이나 학교, 병원 등의 공적 시설에 도입·보급이 진행되고 있으며, 현재는 보다 고성능이며 경제적인 시스템을 목표로 하여 소재개발 등이 진행되고 있다.

태양열 이용기술은 태양광선이 가진 파동의 성질을 이용하는 태양에너지의 광열학적인 이용분야로서, 태양열의 흡수, 저장, 열변환 등을 통하여 건물의 냉난방 및 급탕 등에 활용하는 기술이다. 태양열 이용기술의 핵심에는 태양열 집열기술, 축열기술, 시스템 제어기술, 시스템 설계기술 등이 있다. 태양열 이용시스템의 구성은 그림 6.1과 같은데, 크게 집열부, 축열부, 이용부 및 제어장치로 나눌 수 있다.

집열부 : 태양열 집열이 이루어지는 부분으로 집열온도는 집열기의 열손실율과 집광장치의 유무에 따라 결정됨

축열부 : 열 시점과 집열량이 이용시점과 부하량에 일치하지 않기 때문에 필요한 일종의 버퍼(buffer) 역할을 할 수 있는 열저장 탱크

이용부 : 태양열 축열조에 저장된 태양열을 효과적으로 공급하고 부족할 경우 보조열원에 의해 공급

제어장치 : 태양열을 효과적으로 집열 및 축열하고 공급, 태양열 시스템의 성능 및 신뢰성 등에 중요한 역할을 하는 장치

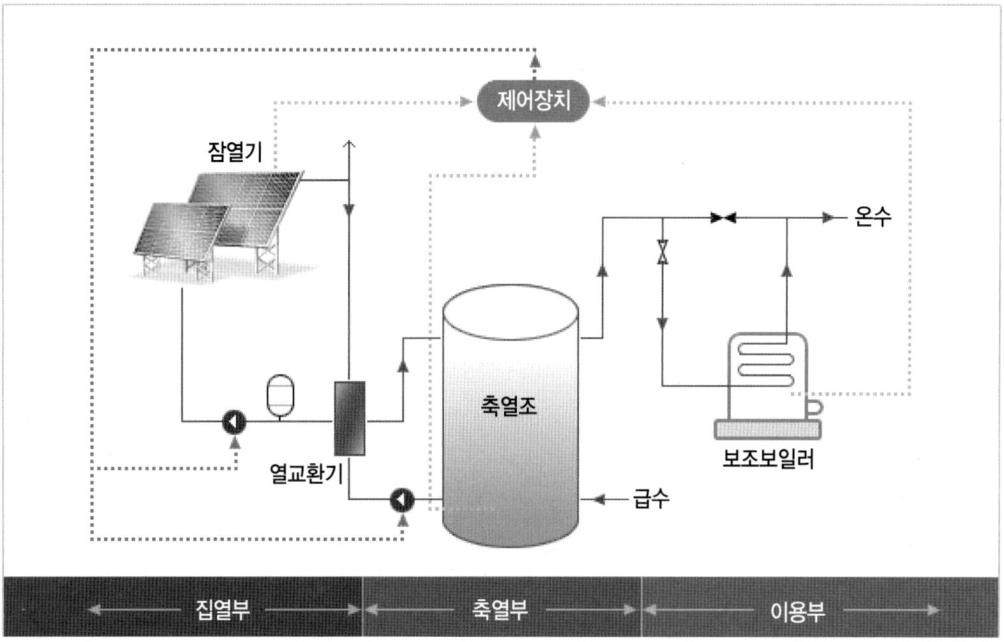

※ 태양열에너지는 에너지밀도가 낮고 계절별, 시간별 변화가 심한 에너지이므로 집열과 축열기술이 가장 기본이 되는 기술임

그림 6.1.1. 태양열 이용시스템의 구성(에너지관리공단 신·재생에너지센터 홈페이지)

태양열 집열기에는 평판형 집열기, 진공관형 집열기 및 접시(dish)형 집열기가 있다.

한편, 고온의 태양열 이용기술로서의 태양열발전은 일본을 비롯한 세계 각국에서 개발이 진행되어 pilot plant가 건설되었다. 태양열발전은 태양열 에너지를 효율좋게 모아서 농축하여, 열기관을 사용하여 전기 에너지를 발생시키는 시스템이며, 그림 6.1.2에 나타내듯이, 집광(集光)·집열(集熱) 시스템, 열전달 시스템, 축열(蓄熱) · 열교환 시스템, 발전 시스템으로 이루어져 있다. 집광·집열 시스템이란 태양 에너지를 모아서 열에너지로 농축하기 위한 시스템이다. 열전달 시스템은 집열 시스템에서 모은 열에너지를 축열·열교환 시스템에 운반하기 위한 시스템이다. 축열·열교환 시스템은 열전달 시스템에 의해 운반되어 온 열에너지를 저장·열교환하는 시스템이다.

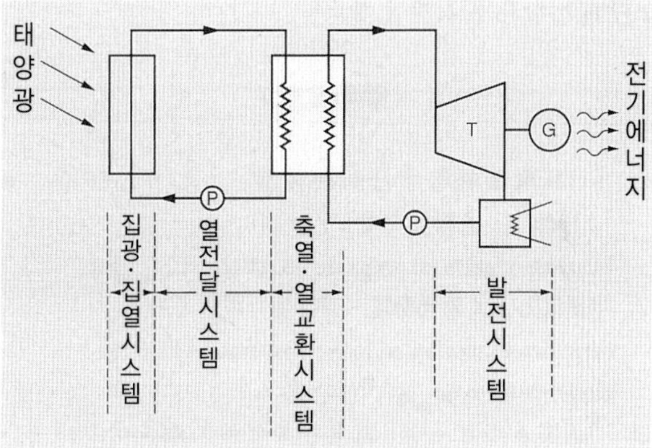

그림 6.1.2. 태양열발전 시스템의 방법

태양열발전은 집광·집열 방식에 의해 분산(分散) 방식과 집중(集中) 방식으로 대별된다.

① 분산(曲面 集光) 방식

분산 방식이란 포물선형의 면을 가진 거울 등으로 태양광을 집광하는 collector(집열기)를 다수 사용하여 태양열을 모우는 방식으로, 태양열에 의해 관 속의 기름이 약 400℃로 승온하여 집열부에 보내어져, 물·증기 등의 매체를 통해 발전기를 가동시키는 시스템이다.

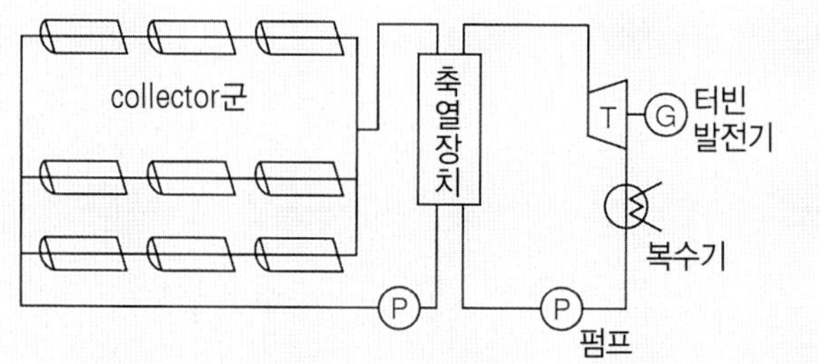

그림 6.1.3. 분산방식의 시스템

② 집중(tower 집광) 방식

집중 방식이란 거울 면을 붙인 heliostat(일광 반사 장치)에서 태양광을 반사, 탑의 상부에 붙어 있는 집열기에 집중시켜 열을 모으는 방식으로서, 집열기 속의 물, 공기, 용융염(溶融塩) 등이 열에너지를 흡수하여, 발전기에 열을 이송시켜 발전시키는 시스템이다. 분산 방식은 일본, IEA(국제 에너지기관)에서, 그리고 집중방식은 일본, 미국, 프랑스, 스페인, EC 각국에서 개발·건설되어 왔다.

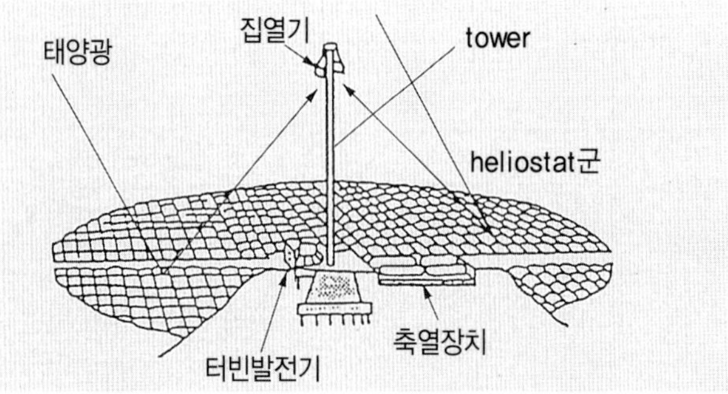

그림 6.1.4. 집중방식의 시스템

(1) 일본 사례

일본에서는 1974년 Sunshine 계획에 기초한 실험시설로서, 카가와(香川)현 니오쬬(仁尾町)에 tower 집광방식과 곡면 집광방식의 두 개의 방식에 의한 태양열발전소가 건설되었다. 이 발전소는 1981년에 세계 최초로 태양열만을 사용한 1,000kW 발전에 성공하였다.

이 발전시스템의 제원을 표 6.1.1에 나타낸다.

이 plant 운전에 의해,

① 고온 내열성 광학재료의 개발

② 고성능 태양 추미기구(追尾機構), 제어 시스템의 확립

③ 발전출력 증대를 위한 운전법의 확립

등의 주요한 성과를 얻었다. 그러나, 건설장소의 일사량이 적고, 실용화될 정도의 발전을 할 수 없다고 하는 이유로 1985년에 실험이 종료되었고, 이후 정부에 의한 대규모적인 연구개발은 이루어지지 않고 있다.

표 6.1.1. 일본 카가와(香川)현 니오쬬(仁尾町)의 태양열발전 시스템

방식		곡면 집광	tower 집광
공칭(公稱) 출력		1MW	1MW
설계 일사조건		0.75kW/m^2 춘분의 오후 2시	0.75kW/m^2 하지의 오후 2시
입지점		카가와(香川)현 니오쬬(仁尾町)	카가와(香川)현 니오쬬(仁尾町)
일조 조건 (년)		2,000h	2,000h
집광 집열 방식		분산형 평면경—곡면경 병용	집중형 cavity (空洞) 수광형
heliostat (일광 반사 장치) 대수		4.5m^2×2,480대	16m^2×807대
반사경 총면적		11,160m^2	12,912m^2
집열 매체		물~증기	물~증기
축열 매체		혼합염+압력수(壓力水)	압력수
축열 용량		3시간 분	3시간 분
공정	공사 개시	1979년 1월	1978년 12월
	공사 종료	1978년 3월	1981년 3월
	계통 병렬	1981년 9월	1981년 8월
건설비		500억원	500억원
건설 단가		5,000만원/kW	5,000만원/kW

(2) 기타 외국 사례

해외에서의 태양열발전기술은, 일본과 때를 같이 하여 미국, 프랑스의 각국과 EC 그룹 등에서 시스템개발이 이루어져, pilot plant가 건설되었다. 각국에서 개발된 발전 시스템을 표 6.1.2에 나타낸다.

미국의 캘리포니아 주 Mohabe 사막에 민간자금에 의한 발전 시스템(SEGS Plant : Solar Electronic System Plant)이 1984년부터 건설되어, 현재 SEGS-III, IV, V, VI, VII의 다섯 개의 발전 플랜트에서 각 시설 30MW, 전체로 150MW의 세계 최대규모를 자랑하는 태

표 6.1.2. 세계의 태양열발전 시스템

항 목 \ 국 명	미국	프랑스	EC 제국	스페인
plant명	SOLAR ONE	THEMS	EURELIOS	CESA-1
공칭(公稱) 출력	10MW	2.5MW	1MW	1MW
설계 일사 조건	0.9kW/m^2 동지 오후 2시	1.04kW/m^2 춘분 정오	1.0kW/m^2 춘분 정오	0.7kW/m^2 동지 오전 10시
입지점	캘리포니아 주 버어스토우	프랑스 남부 피레네 산중	이탈리아 시실리 섬	스페인 남부 알메리아
일조 조건(년)	3,500h	2,400h	3,000h	3,000h
집광 집열 방식	집중형 외면 수광형	집중형 cavity 수광형	집중형 cavity 수광형	집중형 cavity 수광형
heliostat 대수	39.9m^2×1,818대	53.7m^2×280대	52m^2×70대 23m^2×112대	36~40m^2×300대
반사경 총면적	72,540m^2	10,740m^2	6,216m^2	11,400m^2
집열 매체	물~증기	혼합염 (HITEC)	물~증기	물~증기
축열 매체	돌+기름 (HT-43)	상동	혼합염(HITEC)	혼합염(HITEC)
축열 용량	7MW × 4시간 분	3.3시간 분	0.5시간 분	3시간 분
공정 - 공사 개시	1979년 3월	1979년 3월	1979년 9월	1979년 10월
공정 - 공사 종료	1981년 12월	1981년 12월	1980년 12월	1983년 6월
공정 - 계통 병렬	1982년 4월	1982년 4월	1981년 4월	1983년 6월
건설비	약 3,200억원	약 540억원	약 570억원	약 410억원
건설 단가	3,200만원/kW	2,160만원/kW	5,700만원/kW	4,100만원/kW

양열발전이 실제로 상업운전되고 있다. SEGS 플랜트는 집열기를 다수 분산한 분산형의 플랜트로서, 태양열과 천연 가스를 연료로 한 보일러를 병용하여 수증기에 의해 터빈을 회전시켜 발전하고 있다. 천연 가스는 구름 낀 날이나 겨울철 등의 보조 시스템으로서 이용되고 있으며, 태양열과 천연 가스의 비율은 천연 가스에 의한 것이 25%로, 나머지 75%는 태양열 에너지에 의한 것이다. 발전 비용은 현재 약 80원/kWh로 되어 있으나, 집광장치의 기술진보에 의한 반사경의 감소 등에 의해 금후 발전 비용은 내려 갈 것으로 예상된다(사진 6.1.1 참조).

사진 6.1.1. SEGS 플랜트

6.1.2 개발 및 이용기술의 현황과 과제

(1) 일사(日射)와 관련한 용어

태양열 에너지를 이용하는 경우, 시설 건설지점의 일사 상황을 파악하는 것이 중요하다. 여기서는 일사 관련한 용어에 대하여 설명한다.

① 직달일사(直達日射) : 지표가 받는 일사 중, 태양으로부터 직접 입사하는 성분
② 산란일사(散亂日射) : 태양광이 대기, 구름 등에 의해 산란된 뒤 지표에 입사하는 성분
③ 전천일사(全天日射) : 직달일사, 산란일사 등 지표가 받는 모든 입사성분을 합한 것
④ 일사강도(日射强度) : 단위면적당의 태양광의 강도(W/m^2)
⑤ 일사량(日射量) : 일사강도를 시간적으로 적산(積算)한 것. 또한, 일적산일사량(日積算日射量)이란 일출부터 일몰까지의 일사강도를 적분한 것(MJ/m^2)

(2) 태양열발전과 태양광발전과의 차이

태양열발전에서는 태양광을 모아 고온 상태를 만들어내는 것이 필요하기 때문에 산란광에서는 거의 발전할 수 없고, 직달광이 필요한 반면, 태양광발전은 구름 낀 날의 산란광에서도 발전이 가능하다. 이것이 태양열발전이 태양광발전과 다른 점이다.

(3) 일사량 자료

태양열 에너지의 이용 시스템을 계획하는 경우, 일사 관련 자료는 없어서는 안된다. 게다가 기상 상황은 연변동을 하기 때문에, 안전설계를 위해서는 장기간에 걸친 일사 관련자료를 수집·정비해 둘 필요가 있다. 그 때문에 여러 가지의 연구가 실시되어, 상세한 일사자료가 계속 수집되고 있다.

(4) 집광·집열 기술

1) 집광·집열 개론

태양에너지를 열에너지로 변환하는 부분을 일반적으로 집열기라고 하는데, 다음의 두 가지로 대별된다.

ㄱ) 비집광(非集光) 고정형 집열기
ㄴ) 집광형 집열기

비집광 고정형 집열기는 전천일사량(全天日射量)을 이용하는 집열기이며, 추미장치(追尾裝置, tracking system)를 사용하지 않고, 가대(架臺)나 건물 지붕에 고정하여 사용된다. 그 때문에 설비비(設備費), 운전보수비가 싸고, 건물에 대한 적용도 용이하다. 또한 렌즈나 반사경의 개구(開口) 단위면적당의 입사 에너지 밀도에 대한 집열체 단위면적당의 에너지 밀도의 비로 정의되는 집광비(集光比)는 거의 1이며, 비집광 고정형 집열기에서는 태양에너

단위 : kWh/m^2, $1kWh/m^2 = 3.6MJ/m^2$

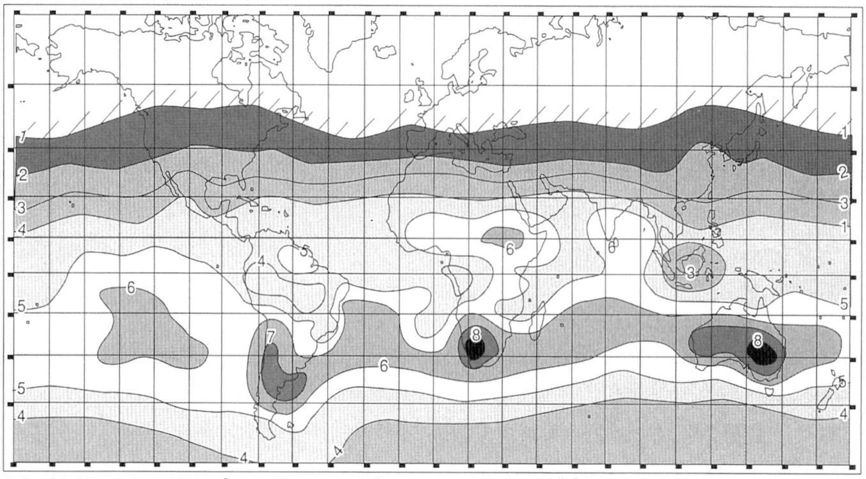

Daily global irradiation in kWh m^{-2} — January average (photograph Meteorogie nationals, France)

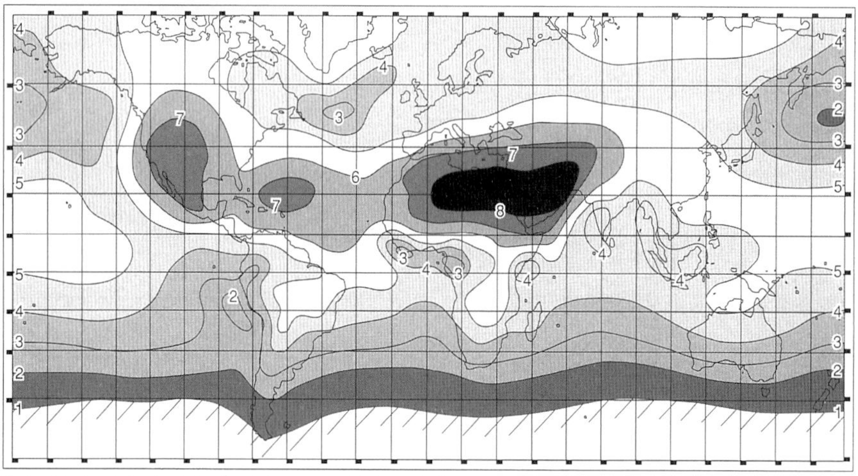

Daily global irradiation in kWh m^{-2} — July average (photograph Meteorogie nationals, France)

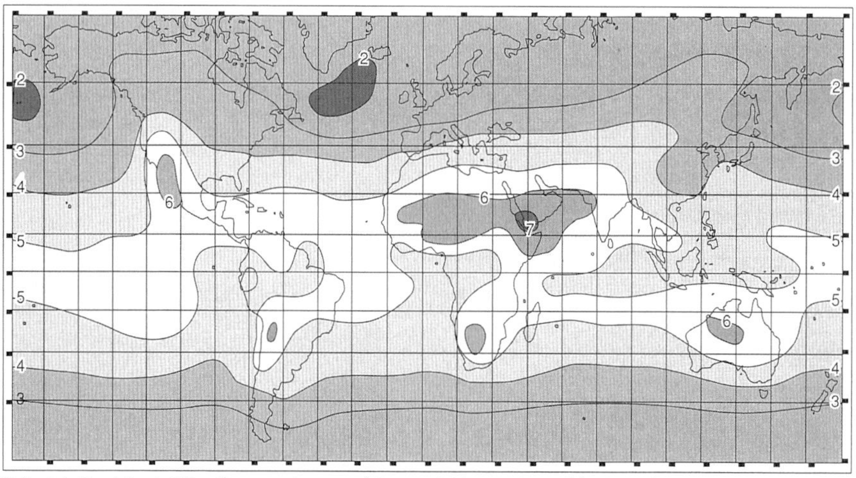

Daily global irradiation in kWh m^{-2} — annual average (photograph Meteorogie nationals, France)

그림 6.1.5. 일적산 전천일사량의 세계 분포도(위에서부터 아래로 1월, 7월, 연간의 값을 나타냄)

지의 취입구(取入口, 받아들이는 입구)와 집열판의 면적이 거의 같다. 비집광 고정형의 집열온도는 130℃ 정도까지로, 이 형태의 용도는 급탕, 난방, 냉방, pool의 가열용 등이 많다. 반면, 집광형 집열기는 시시각각 위치를 바꾸는 태양으로부터의 직달일사량을 집광하여, 열에너지로 변환하는 집열기이다. 집열체에 입사하는 에너지 밀도를 증가시켜, 즉, 집광비(集光比)를 높게 하여 집열체의 도달온도를 상승시킨다.

집광형 집열기를 추미장치(追尾裝置, tracking system)의 유무, 집광장치의 종류에 의해 분류하면 표 6.1.3과 같다.

표 6.1.3. 집광형 집열기의 분류

비추미식 (非追尾式)		side mirror형, 복합 포물선 면경(面鏡)형, 내부 mirror식 진공 유리관형
추미식	선집광	통형 포물선 면경형, segment mirror형, 선형 funnel형
	점집광	회전 포물선 면경, 원형 funnel형, heliostat 반구형

추미장치를 가지지 않는 집광형 집열기의 대표적인 것은 복합 포물선의 면을 가진 거울(CPC), 내부 mirror식 진공관 유리관형 태양집열기이다. 추미장치를 가진 집광형 집열기에서는 집광의 정도에 따라 선집광(線集光)과 점집광(点集光)으로 분류된다. 선집광의 대표적인 것은 통형(桶型) 포물선 면을 가진 거울이다. 또한 점집광에서는 tower 집광형 태양열발전에 사용되고 있는 heliostat형이 있다. heliostat는 추미장치를 가진 평면거울을 말한다.

2) 진공 유리관형 집열기

진공 유리관형 집열기는 진공 유리관을 여러 개 조합한 구성이 일반적이다. 그리고 집열기 성능은 거의 그 진공 유리관의 성능에 의해 정해진다. 현재 국내외에서 실제로 실용화되어 있는 대표적인 진공 유리관의 구조를 그림 6.1.6에 나타내었다.

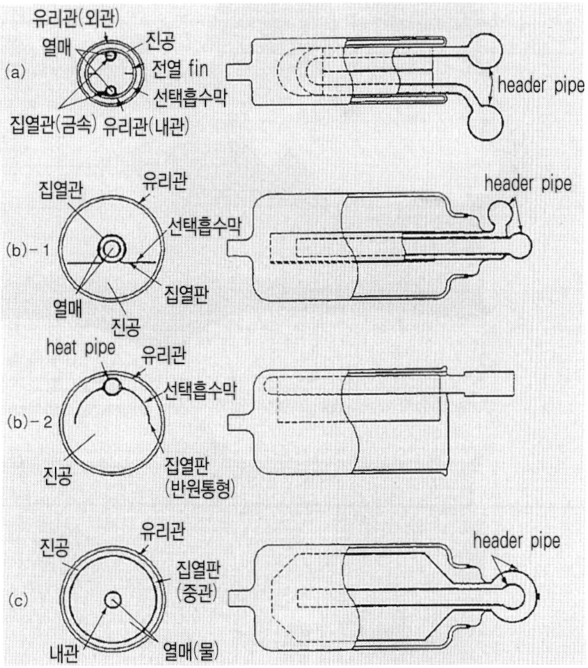

그림 6.1.6. 진공 유리관의 대표 구조

3) 선집광형(線集光型) 집열장치

반사형의 선집광형(線集光型) 집열장치의 대표적인 것은 통형(桶型) 포물선면을 가진 거울이다(그림 6.1.7, 사진 6.1.2). 태양광은 우선 반사경에 의해 반사되는데,

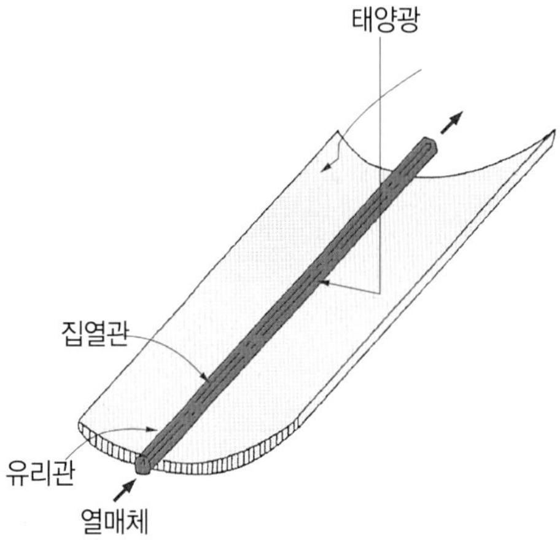

그림 6.1.7. 집광 · 집열장치의 예(통형 포물선면을 가진 거울)

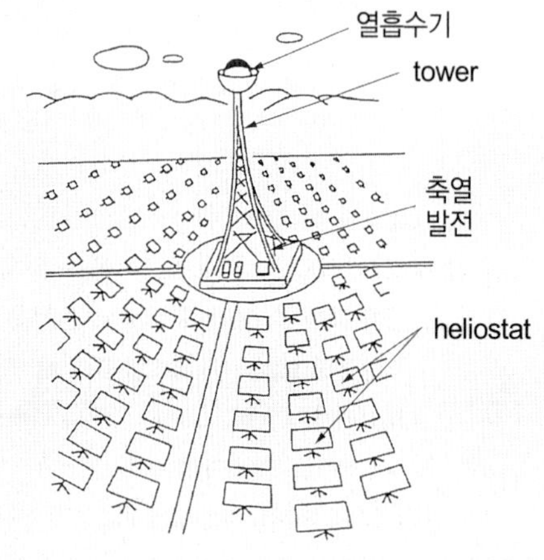

그림 6.1.8. tower 집광방식

이 때 반사된 빛은 유리 원통을 투과하여, 반사경의 초점상에 놓여진 집열관에 집광되어, 집열관을 가열한다. 집열관내에는 열매체로서 기체 또는 액체가 흐르고 있으며, 이들 열매체는 가열된 집열관으로부터 열을 받아 들여 수송한다. 유리 원통은 집열관으로부터의 대류 손실, 방열 손실을 경감시키기 위하여 사용되고 있다.

4) 점집광형(点集光型) 집열장치

선집광형(線集光型) 집열장치가 실용상 수십 배 정도의 집광비(集光比)를 상한으로 하는 데 대하여, 점집광형(点集光型) 집열장치는 수백 배 이상의 집광비를 달성하는 것이 가능하다. 점집광형 집열장치의 대표적인 것으로서 tower집광방식이 있다(그림 6.1.8). 이 방식은 넓은 부지의 중심 부근에 높은 tower가 있어서 그 정상에 열흡수기(receiver)가 놓여져 있다. 넓은 부지내에는 다수의 heliostat(추미장치를 가진 평면경)이 배치되어 있고, 태양광은 이들 heliostat에 의해 반사되어, 열흡수기에 흡수된다. 이 방식의 집광비는 200~1,000 정도로 크기 때문에, 고온의 열에너지가 용이하게 얻어지는 이점이 있다.

사진 6.1.2. 통형 포물선 면을 가진 거울 집열장치의 예(남북형, 동서형)

(5) 축열(蓄熱) 기술

태양열을 이용하는 시스템에 있어서, 축열장치의 역할은 집열기계(集熱器系)로부터의 열을 저축하여, 소정의 양과 온도의 열을 필요한 때에 이용계(利用系)에 방출시키는 것이다. 축열 방법에는 현열(顯熱) 축열, 잠열(潛熱) 축열, 화학(化學) 축열 등이 있으나, 이 중에 가장 일반적인 것이 물질의 온도변화를 이용하는 현열 축열이다.

1) 현열 축열

현열 축열의 방식은 일반적으로 물이나 열매체 기름 등 액체의 현열 축열재료를 사용한 방식과 쇄석(碎石)이나 기와 벽돌 등 고체의 현열 축열재료를 사용한 방식으로 분류된다.

i) 액체 현열 축열재료

대표적인 액체 현열 축열재료의 특성을 표 6.1.4에 나타낸다. 물은 현열 축열재료로서 가장 적합한 재료의 하나이며, 다른 현열 축열재료에 비하여 축열밀도가 크고, 저렴하며, 환경오염이 없고, 안전하다. 그러나, 100℃ 이상에서는 물의 증기압이 매우 높아져 고가인 압력용기(壓力容器)가 필요하기 때문에 고온에서는 증기압이 낮은 용융염(溶融塩), 용융 금속, 유기(有機) 열매체 등이 사용되는 경우가 많다. 유기 열매체는 증기압이 낮고 실온(室溫)에서도 고화(固化)하지 않으며, 게다가 용기와의 공존성이 좋다는 점에서 사용하기 쉬운 축열재료이다. 그러나, 열안정성의 관점에서 볼 때, 사용최고온도는 350℃ 이하의 것이 대부분이며, 사용 최고온도 부근에서는 열매체의 인화점(引火點)보다 높기 때문에 장치의 취급에 세심한 주의가 필요하다.

표 6.1.4. 대표적인 액체 현열 축열재료의 특성

축열 재료	실용 온도범위 (°C)	융점 (°C)	밀도 (kg · m^{-3})	비열 용량 (kJ · kg^{-1}K^{-1})	점성계수 (mPa · s)
물	5~100	0	985	4.18	0.490
수증기	100~240	—	938	4.25	0.219
에탄올	-110~10	-117	806	2.25	1.81
열매체 기름*	100~360	12	—	2.76	—
용융 염**	200~600	142	1,976	1.56	17.3
용융 염***	260~550	220	—	1.56	—
Na	125~760	98	925	1.43	0.696
NaK	40~760	18	872	1.05	—

a) 열물성 값은 상압의 물 (57°C), 포화상태의 수증기 (127°C, 압력은 0.199kPa), 포화상태의 에탄올 (0°C), 열매체 기름 (200°C)에 있어서의 값. 그 외의 재료는 융점에 있어서의 값.

* Dowtherm A ** HITEC (7wt%$NaNO_3$-53% KNO_3-40% $NaNO_3$)

*** Draw salt (54 wt%KNO_3-46% $NaNO_3$)

보다 고온에서의 취급이 필요한 경우는, 용융염(溶融塩)이나 액체 금속을 이용할 수 있다. 용융염의 경우, 융점(融点)과 가격의 관점에서 볼 때 질산염계(硝酸鹽系)의 것(HITEC나 Draw salt)이 현열 축열재료로 적합하지만, 융점이 높아, 배관계(配管系)를 보온할 필요가 있다.

ii) 고체 현열 축열재료

대표적인 고체 현열 축열재료의 특성을 표 6.1.5에 나타낸다.

표 6.1.5. 대표적인 고체 현열 축열재료의 특성

축열 재료	밀도 (kg · m^{-3})	비열 용량 (J · $g^{-1}K^{-1}$)	열전도율 (W · $m^{-1}K^{-1}$)	비 고
흙	2,000	1.84	0.79~3.5	—
자갈	1,850	0.84	0.40	건조
모래	1,700	0.84	0.33	건조
보통 콘크리트	2,200	0.92	1.5	10~30°C 골재 천 자갈
중량 콘크리트	3,860	0.80~0.84	3.3~4.7	300°C 골재 적철강
벽돌	1,650	0.84	0.62	건조
주철	7,860	0.48	51	100°C

고체 현열 축열은 액체 현열 축열과는 달리, 열의 출입을 위하여 공기 등의 열매체를 필요로 한다. 공기를 열매체로서 사용한 경우는 고체 현열 축열재료가 열적, 화학적으로 안정하고 있어서 온도에 의한 제약은 거의 없다. 한편, 유기 열매체 기름을 열매체로서 사용한 고체 현열 축열에서는 기름의 열적 안정성에 의한 온도 제약은 있지만, 고체 현열 축열재료(쇄석(碎石) 등)의 가격이 싸서, 보다 낮은 비용의 축열이 가능하다.

2) 잠열(潛熱) 축열

얼음의 융해(融解)나 물의 동결(凍結)과 같이 고체에서 액체로, 또는 액체에서 고체로, 변할 때(이것을 상변화(相變化)라고 한다), 흡수 또는 방출되는 열을 잠열이라고 한다. 고체와 액체간의 변화뿐만 아니라 액체와 기체간의 변화(증발, 응축), 고체와 기체간의 변화(승화) 와 같은 상변화(相變化)가 있을 때에도 잠열이 개재한다. 일상생활에 있어서도 잠열의 축열(蓄熱), 축냉(蓄冷)에 대한 이용은 얼음 베게나 음료수의 얼음 등으로 많이 사용되고 있다.

잠열 축열 및 축냉은 방출, 흡수되는 잠열에 착안하는 것으로, 각종 형상의 용기(容器) 또는 capsule에 상변화 물질(PCM)을 봉입하여, 무언가의 열교환 시스템을 통해서 에너지를 주고받도록 한 것이다. 잠열 축열의 문제점으로서는 이하의 항목을 들 수 있다.

① PCM의 비용이 높다.

② 용도에 따른 PCM이 얻어지지 않는다(적당한 융점, 단위체적당의 잠열, 열용량 등)

③ 과냉각, 상분리(相分離), 반복사용에 의한 PCM의 열화(劣化)

④ capsule 등의 용기 또는 cell and tube형 등 열교환기를 닮은 특수구조가 필요

⑤ 일반적으로 고상(固相)의 열전도율이 작고, 축열·방열 속도가 작다.

이 중에 ①, ④, ⑤의 문제는 근년 차차 해결되고 있으나, ② 및 ③의 PCM과 관련한 개발이 어려운 문제로서 남아 있다.

6.1.3 환경에 미치는 영향

태양 에너지는 지구 온난화 문제의 요인이 되는 화석연료의 대량 소비에 의해 야기되는 이산화탄소(CO_2)의 배출이 없어, 본질적으로는 환경오염이 없는 청정한 에너지 자원이다. 각종 발전마다의 CO_2 배출량을 비교한 그래프를 그림 6.1.9에 나타낸다.

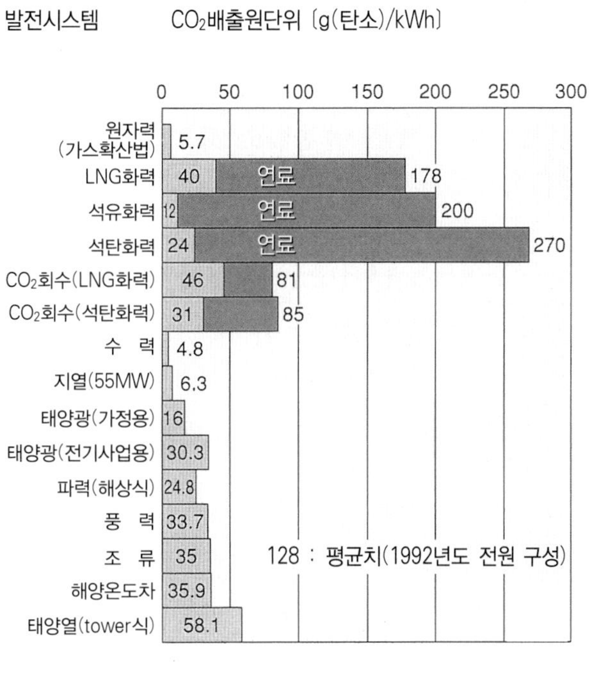

그림 6.1.9. 각종 전력원의 CO_2 배출량

이 그림은 플랜트의 수명 30년간에 발생하는 CO_2 양을, 그 사이의 발전전력량으로 나눈 것으로, 발생 전력량 kWh당 발생하는 CO_2 양을 비교한 것이다. 그림에 있어서 보라색 부분은 연료로부터 발생하는 CO_2이며, 파란색 부분은 시설의 제조, 연료의 채굴, 수송, 폐기물 처리 등에서 발생한 것이다. 이 그림에서 가장 CO_2의 배출량이 많은 것은 석탄이며, 다음이 석유, 천연가스, 태양열발전의 순으로 되어 있고, 원자력, 수력은 매우 적다. 태양열

발전은 자연 에너지를 사용하기 때문에, 연료에 의한 CO_2의 발생은 없으나, 발전을 위한 설비나 부품의 제조 등으로부터 CO_2가 발생한다. 또한, 발전출력이 일사 상황에 의존하고 있어서, 안정한 발전출력을 기대할 수 없다고 하는 태양열의 과제를 극복하기 위해, 화석 연료와 태양열을 조합한 복합발전 시스템이 있지만, 이것은 더욱 많은 CO_2를 배출한다. 그러나, 배출량은 석탄이나 석유, 천연가스 등, 단일체(單一体)를 사용한 발전에 비하여, 훨씬 적고, 또한 원자력과 같은 방사능 오염이라고 하는 위험한 요소를 포함하고 있지 않기 때문에 태양열발전은 친환경적으로 청정하며, 안전한 발전 시스템이라고 말할 수 있다.

6.1.4 장래의 개발기술동향과 전망

미국 캘리포니아 주 Mohabe 사막에 건설된 태양열발전 플랜트 SEGS(Solar Electric Generation System)를 예로 들면, 태양열발전 플랜트 건설에 있어서 고려해야 할 사항은

① 매우 넓고 크며 값이 싼 토지(장소)가 있을 것

② 연간을 통해서 직달일사량이 풍부할 것

③ 발전설비는 고장이 적고, 값이 쌀 것

등이다.

먼저, SEGS 플랜트(총면적 808ha)는 사막에 건설되어 있으며, 문자 그대로 사막의 성격상 토지는 광대하며, 사람이 살지 않아 이용가치는 거의 없기 때문에 값이 싸다. 다음, 구름 낀 날의 산란일사에서는 태양열발전은 거의 불가능하며, 구름 낀 날의 직달일사(直達日射)가 필요하다. 또한, 집광형(集光型) 집열장치는 비추미식(非追尾式, 즉 고정식(固定式))과 추미식(追尾式, 즉 가동식(可動式))으로 나누어지는데, 대표적인 추미식의 heliostat 방식은, 가혹한 설치환경, 가동부의 maintenance의 필요성 등을 고려하면, 발전설비로서는 그다지 적절하지는 않다고 생각된다. 따라서, 장래에는 비추미식(非追尾式, 즉 고정식)또는 구조가 단순화된(heliostat 방식이 아닌) 추미식(追尾式)이 유리하다고 생각된다.

6.2 태양광 에너지

6.2.1 태양광 발전 장치

태양광 발전이란 태양의 광 에너지를 직접 전기에너지로 바꾸는 것으로, 이 변환에는 반도체(주로 실리콘)이 사용된다. 일반적으로 반도체에 빛이 닿으면 흡수되어, 마이너스의 전하를 가진 전자와 플러스의 전하를 가진 정공(正孔, 전자가 빠져 나간 구멍)이 발생하여 전류가 흐르기 쉽게 된다. 이 반도체에 있어서의 광전효과를 이용하여, 효율 높게 전기를 끄집어내도록 고안된 장치가 태양광발전 시스템이다.

반도체에는 전자를 잘 끌어당겨 붙이는 n형 반도체와, 정공(正孔, 플러스의 전하를 가진다)을 끌어당겨 붙이는 p형 반도체가 있다. 이 두 개의 반도체를 접합하여, 양단에 전극을 붙이어 전선으로 연결하면 전기가 흘러 전력이 얻어지게 된다(그림 6.2.1).

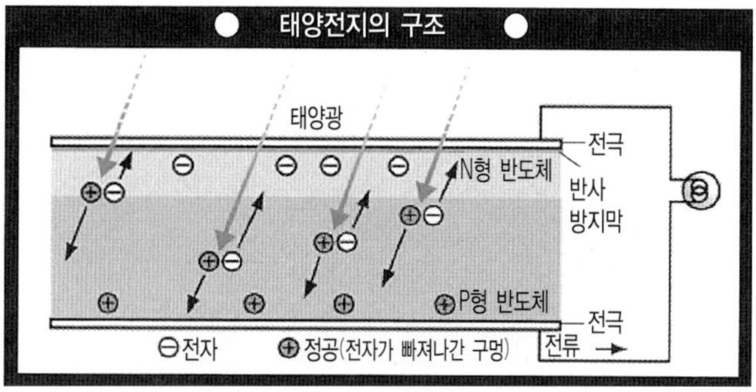

그림 6.2.1. 태양광 발전 시스템

6.2.2 개발 및 이용 현황

태양전지는 1954년에 공표된 이래, 4반세기를 지나 현재에 이르고 있다. 이 사이, 주로 우주용(인공위성)이나 등대 등의 주전원으로서 착실한 진보를 이루어, 현재는 확고한 위치를 점하고 있다. 그러나, 지상 및 해상용 태양전지의 용도는 크게 개방되어 있지 않다. 그 주된 요인은 시스템 비용이 높고, 그 응용분야에 제약이 있었기 때문이다. 그러나, 최근 10년 동안 새로운 기술에 의한 재평가 연구의 성과에 힘입어, 일반 민간용이나 전력용으로서 서서히 그 시장을 확대하고 있다. 또한, 해상 및 하천 분야에서는 항로표지용 태양전지 시스템이나 해양목장 음향급이(音響給餌) 시스템, 수질관측 시스템 등에 태양전지를 사용하는 것을 그 대표적인 예로 들 수 있다.

현재, 태양광발전 시장은 각국의 보조금 감소에도 불구하고 시장다변화와 가격하락을 통해 계속 팽창하고 있다(그림 6.2.2 참조, 단, 여기서 2011년까지의 자료는 EPIA 2012년 자료이며, 2012년 자료는 EPIA 및 IHS의 2013년 자료임). 이러한 태양광 발전 시장 확대에도 불구하고 공급과잉으로 인하여 태양광발전 산업 관련 기업들이 어려움을 겪고 있으

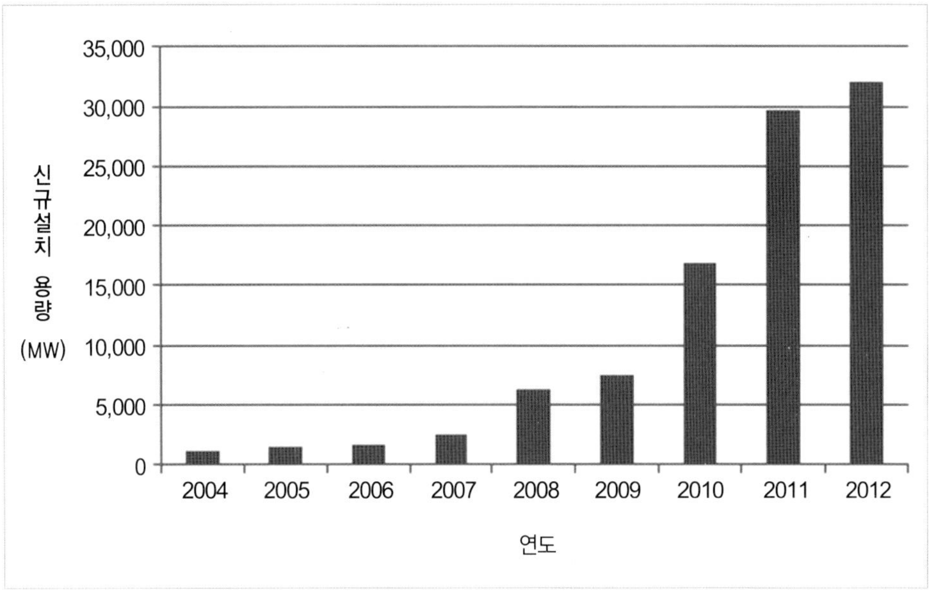

그림 6.2.2. 태양광발전의 연도별 신규설치 용량(단위: MW)

나, 2014년 중에는 수요와 공급이 균형을 이룰 것으로 전망하고 있다.

(1) 국내 사례

우리나라는 1970년대 초부터 대학과 연구소를 중심으로 태양전지에 대한 연구를 시작하였으며, 1988년 대체에너지개발 촉진법에 따라 정부차원의 기술개발이 시작되었다. 이때 태양광 분야 기술개발의 기본계획은 다음과 같다.

① 제1단계(2003∼2006) :
  ㄱ) 주택보급형 3kW급 시스템 개발
  ㄴ) 건물, 상업용 10kW급 시스템 개발
  ㄷ) 태양전지 저가화, 고신뢰성 제품 및 양산체제 확립

② 제2단계(2006∼2009) :
  ㄱ) 주 결정질 초박형 태양전지 기술 개발
  ㄴ) 차세대 박막 태양전지 기술개발
  ㄷ) 태양전지 발전시스템 보급형 유니트화 개발

③ 제3단계(2009∼2012) :
  ㄱ) 결정질 초박형 태양전지 상용화 기술개발
  ㄴ) 차세대 박막 태양전지 상품화 기술개발
  ㄷ) 태양광 발전시스템 보급형 패키지 상품화 기술개발

또한, 향후 계획은 다음과 같다.

① 실리콘계 태양전지 분야는 저가, 고효율화를 위한 기술개발
② 화합물계 등 차세대 태양전지는 대면적화, 실용화를 위한 요소기술개발 및 시스템화
③ PCS의 경량화 및 고효율화, BIPV 태양광 발전시스템의 상용화 기술개발

현재, 단결정질 실리콘계 태양전지는 국산화되어 생산체제를 갖추었으며, 생산기반의 확충(태양광용 원자재 확보, 가판제조)과 생산, 제조공정기술에 있어서는 앞으로 개선이 요구된다. 또한, 결정질 실리콘 태양전지(cell)는 상용화 수준으로 네스코쏠라에서 생산 능력을 확보하였고, 삼성 SDI는 pilot 수준의 연구를 수행 중이지만, 결정질 실리콘 태양전지 제조기술 및 시스템 이용기술은 선진국 대비 80% 수준에 머무르고 있다. 태양전지 실용화를 위한 요소기술에는 기관제조기술, cell 접합기술, 모듈(판넬 조립)화 기술 등이 있으며, 또한, 태양광 발전 및 이용기술에는 주변장치 제조기술, 시스템 이용 기술, 시스템 성능평가 기술 등이 있다. 그림 6.2.3은 2009년 경북 예천군에 설치된 1 MW급(태양광 모듈 4,994개 설치, 고정 가변형 시스템)의 솔라태양광발전소를 나타낸다.

그림 6.2.3. 2009년 경북 예천군에 설치된 1 MW급 솔라태양광발전소
(에너지관리공단 신·재생에너지센터 홈페이지)

(2) 해외 사례

태양광발전은 해외에 있어서도 광범한 연구개발이 이루어져, 특히 미국, 유럽을 중심으로 하여, 적극적으로 추진되었다. 특히 미국, 독일, 이탈리아가 두드러진다. 미국에서는 1997년부터 100만 동(棟)의 solar 계획이 발족하여, 2010년까지에 약 1,500원/kW로 비용을 저감시켜 보급을 꾀하려 하고 있다. 미국은 DOE(Department of Energy)를 중심으로 국가 차원의 National Photovoltaic Program(5년 주기)를 지속적으로 추진 중이며, 최근에는 차세대를 겨냥한 Photovoltaic Beyond the Horizon 사업으로서 다양한 태양전지 소재

및 공정을 광범위하게 연구하고 있다.

독일에 있어서도 1999년부터 10만 채의 solar roof 계획이 발족하였다. 특히, 이탈리아와 독일은 2012년에 태양광 발전량이 5.7%와 5.5%로, 국가 전체 발전량의 5%를 초과하였으며(IEA 분석결과), 그리스와 체코, 불가리아 등은 3%를 각각 넘은 것으로 보고되었다(IEA 분석결과).

한편, 일본은 태양전지 이용에 관한 기술 연구를 1980년부터 1991년도에 걸쳐 수행하였다. 그 결과, 집중 배치형 시스템(에히메(愛媛)현 사이죠(西條)시(1,000kW), 독립분산형 시스템으로서 풍력발전 하이브리드(hybrid)(나가노(長野)현 하쿠바(白馬)촌, 70kW) 등, 총출력 2,700kW의 연구개발을 행하여, 실용화를 위한 기초기술을 확립하였다. 또한, 일본에서는 태양광 발전의 도입을 위한 정책적인 조성책을 편 결과, 특히 주택용의 이용이 비약적으로 증대하여, 2002년도 12월말 현재 태양광발전의 설비용량은 63.68만kW에 달하며, 세계 제일의 설비용량(전 세계 설비용량의 48.5%)을 자랑하기까지에 이르고 있다. 그러나, 지금 아직도 발전단가는 450원/kWh(주택용 태양광발전 시스템 가격으로부터의 환산 비용)로 고비용이므로, 태양광발전의 태반을 점하는 주택용 발전의 보급에 있어서는 그 설치에 비용보조를 하고 있다.

또한, 1990년도부터, 장래에는 경제적으로 이득이 되는 태양광발전을 주전원으로 한 이도용(離島用) 태양광발전 시스템의 실용화 기술개발을 향하여, 오키나와(沖繩)현 미야코시마(宮古島)(750kW)에 있어서 실증운전이 이루어졌다.

사진 6.2.1. 일본 미야코시마(宮古島) 750kW급 태양광발전 시스템

이 사례는 해상에 설치한 사례는 아니지만, 설치 위치가 해안으로부터 가깝기 때문에 바람에 의해 운반되는 염분에 의해 특히 주변기기의 내용 년수가 상당히 단축되었다고 하는 염해(鹽害)에 관한 보고가 있다. 최근에는 계통연계 태양광발전의 실용화를 향해, 시스

템의 운전 특성 파악, 축전지 유무의 계통 영향조사, 시스템의 유효성 및 수명평가가 이루어지고 있으며, 그밖에 축전지의 유효성 평가, peak cut 운전(그림 6.2.4) 등에 대하여 운용의 연구가 계속되고 있다.

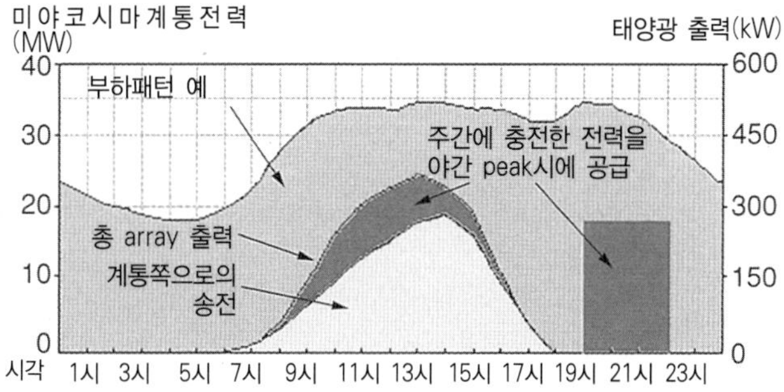

그림 6.2.4. 일본 미야코시마(宮古島) 태양광발전의 운전 패턴

6.2.3 개발 및 이용기술의 현황과 과제

(1) 사전조사

일본에서는 태양광발전 시스템을 구축하는 경우에는 아래 사항을 사전 조사하여, 시스템 설계에 반영한다.

1) 법적인 제한

구조물의 규제는 건축기준법을 따른다. 또한 장소에 따라서는 자치제에 의한 조례가 정해져 있기 때문에 반드시 조사할 필요가 있고, 지역에 따라서는 건축제한이 붙는 경우가 있다.

2) 환경조건

①~④의 조건은 발전능력에 영향을 주기 때문에 충분히 조사할 필요가 있다.

① 수광장해(受光障害) 유무

태양전지 module에 그림자가 발생하면 발전전력량이 대폭 저하하기 때문에, 건물이나 수목(樹木)의 그림자에는 주의한다. 또한, 모래 먼지, 화산재 등의 퇴적물도 확인이 필요하다.

② 염해(鹽害) 및 공해 유무

해안지역에서의 다른 금속 접촉에 의한 접촉부식(接觸腐食)이나 중공업지대에서의 아유산(亞硫酸) 가스에 의한 강재 등의 금속의 녹, 부식은 태양광발전 시스템의 지지재(支持材)의 내용년수에 영향을 주기 때문에 상황에 따른 예방조치를 강구할 필요가 있다.

③ 동계 적설(積雪)·결빙(結氷)·낙뢰(落雷)에 의한 피해 상태

최다 적설기에 태양전지 배열판(array)이 매몰되지 않는 높이를 설정함과 동시에 통상의

적설에서는 적설의 자중에 의해 미끌어져 결빙하기 어렵도록 경사 각도를 설정할 필요가 있다. 또한, 낙뢰가 많은 지역에서는 피뢰침의 설치를 검토할 필요가 있다.

④ 자연재해 및 조류(鳥類) 등에 의한 피해

과거의 사례를 포함하여, 국지적인 기상조건을 조사할 필요가 있다. 야생 조류가 많은 지역에서는 이들의 똥이 module에 부착하여 수광장해(受光障害)가 되는 경우가 많기 때문에, 주위의 수목, 삼림의 유무 등의 조사도 필요하다.

3) 설치조건

설치하는 구조체는 기초지반의 조사를 행하여 설계하지 않으면 안된다.

4) 설계조건

태양광전지의 설치가능면적을 조사하는 데 있어 설치장소에 있어서의 일사량 자료에 기초하여, 공급 가능한 발전전력량을 산출한다. 게다가 일조(日照), 일음(日陰)의 검토를 행하여, 능력 저하분을 발전량 시산결과에 반영한다.

(2) 생산·재료·변환기술

1) 재료

태양전지는 재료에 의해 표 6.2.1과 같이 나눌 수 있다. 태양전지 module은 각 제조사에 따라 변환방법이 다르다. 종래, 유리와 수지에 끼어 넣어진 module이나 유리와 유리에 끼어 들어있는 module이었으나, 최근에는 건재(建材) 일체형 module이 생산되고 있다. 건재 일체형에서는 지붕재료 일체형, 유리대체품형(代替品型), 외장재 기능을 가진 벽일체형 등의 module이 개발되어 시장에 출시되고 있다.

표 6.2.1. 태양전지의 재료

실리콘계	결 정 계	단결정계 실리콘	단결정, 다결정의 실리콘 기판을 사용한 type로 발전 효율이 뛰어나다. 현재 이 type이 많이 이용되고 있음.
		다결정계 실리콘	
	비결정계	무정형(無定形) 실리콘	유리 등의 기판 위에 박막상에 무정형의 실리콘을 성장시켜 만든다. 전탁(電卓), 시계 등에 많이 이용되고 있음.
화합물 반도체계	결 정 계	단결정 화합물 반도체	GaAs 및 InP를 사용한 태양전지로 인공위성 등 특수용도로 사용됨.
		다결정 화합물 반도체	CdS/CdT 및 다결정 박막계에 해당하는 CIS가 있음.

2) 변환기술

i) power conditioner

태양전지로부터 출력되는 직류전류를 교류전류로 변환하여, 교류계에 접속된 부하설비에 전력을 공급함과 동시에 잉여전력을 계통에 역조류(逆潮流)하는 장치이다(그림 6.2.5 참조).

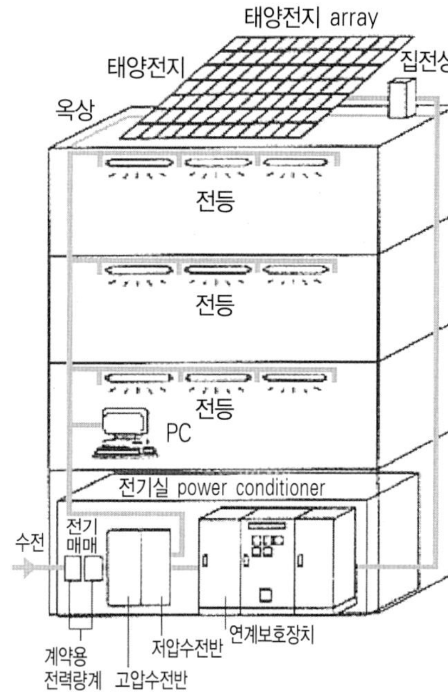

그림 6.2.5. 태양광발전 시스템

ii) 회로방식

power conditioner의 회로방식에는 크게 아래의 같은 세 종류가 있다. 현재에는 비용, 크기, 중량 및 효율의 면에서 우위를 차지하고 있는 transless 방식이 주류가 되어 있다.

ㄱ) 상용 주파변압기 절연방식

ㄴ) 고주파 변압기 절연방식

ㄷ) transless방식

(3) 저장·안정화기술

계통 연계 시스템에 축전지를 부가하는 것으로, 재해시의 전력공급, 발전전력의 급변시의 buffer, 전력저장, peak shift가 가능하게 된다.

태양광발전에 시스템에 사용되는 축전지에서는 대형의 독립형 시스템에 액체식(液体式)의 태양광발전 전용 축전지 SLB형을 시용하는 외에는 일반적으로 보수(補水)가 필요치 않는 maintenance free형 축전지가 사용된다. 축전지의 수명은 주위온도, 방전회수, 방전심도(妨電深度)에 영향을 받아 약 3~15년 정도로 대폭 변한다.

(4) 구조 및 설치기술

태양전지는 수면에 뜨게 한 경우를 제외하고는 전지만 설치되는 경우는 없다. 전용의 구조체에 붙이든가 부속품으로서 이미 설치된 구조체에 설치된다. 따라서, 태양전지 module의 강도는 수광면(受光面) 강화 유리, 테두리 재료(枠材), 붙이는 방법(取付方法), 붙이는 부품(取付部品)의 강도에 의해 결정된다. 각 부품은 자중, 설계용 풍하중에 대하여 안전하게 설계될 필요가 있다. 또한, 적설 지대에서는 내적설하중(耐積雪荷重)도 검토할 필요가 있다.

태양전지가 설치되는 구조체는 자중이나 풍하중만은 아니며, 지진이나 파 등의 외력에 대하여 안전성이 확보되는 강도를 유지하도록 설계하지 않으면 안된다.

(5) 운영 및 유지보수기술

태양광발전 시스템의 보수점검은 완성시, 일상점검, 정기점검이 있다.

① 완성시

목시점검 외에, 태양전지 배열판(array)의 개방전압측정, 각부의 절연저항측정, 접지저항측정을 행한다.

② 일상점검

주로 시스템의 각 부품을 목시에 의해 점검한다.

③ 정기점검

자가용 전기 공작물의 경우는 보안규정에 기초하여 정기점검을 행할 필요가 있다. 정기점검의 주기는 전기보안협회 등에 위탁하는 경우, 통지에 의해 용량별로 빈도가 지시되어 있다.

6.2.4 환경에 미치는 영향

태양광 에너지는 그 특별한 장점으로서 청정하며, 무진장하고, 세계 중 어디서나 이용할 수 있는 에너지이다. 지구에 내려 쏟아지는 태양광 에너지는 약 170조*kW*에 달하며, 이것을 모두 이용할 수 있는 경우에는 약 1시간에 전 세계 1년분의 에너지를 조달할 수 있다. 태양광발전은 태양광 에너지를 직접 전력으로 변환하는 재생가능 에너지이며, 가동부가 없고 발전에 따른 배설물이 없는 반영구적인 발전소자(發電素子)라고 말할 수 있다. 발전과정에 있어서의 환경오염요인이 없는 데 더하여, 규모에 의한 효율이 변하지 않는 이 에너지는 친환경적인 에너지라고 할 수 있다. 그러나, 태양전지 module 자체에 미량이기는 하지만 중금속을 함유하고 있기 때문에 태양전지의 폐기에는 충분한 주의가 필요하다. 현시점에서는 태양광발전의 보급 활동에 비해, 폐기문제의 대응은 불충분한 것이 사실이다. 하지만 그 압도적인 잠재 부존량은 이용형태에 따라서는 환경 영향을 최소한으로 머무르게 할 수 있는 대체 에너지로서의 충분한 가능성을 간직하고 있다고 말할 수 있다.

6.2.5 장래의 개발기술동향과 전망

태양광발전은 기술적으로는 실용상 문제없는 수준에 와 있으며, 주택용을 중심으로 보급단계에 들어 와 있다. 그러나, 금후 앞으로의 보급 확대를 위해서는 공공 및 산업 등의 비주택용 분야에 대한 이용확대가 필요하다. 이를 위해서는 첫째, 한층 저비용화의 실현, 둘째, 신재료 및 신구조 태양전지의 개발에 의한 고효율화의 실현 등이 기술과제로서 남아 있다. 또한, 전력계통에 대한 부하를 경감하기 위해, 출력변동이 있는 태양광발전 등을 biomass 발전, 연료전지 등의 분산전원(分散電源)과 network화하여, IT 기술에 의해 출력변동을 보완하도록 분산형 전원을 제어하는 것도 기술과제로서 들 수 있다.

현재, 저비용화에는 박막계(薄膜系) 태양전지가 가장 유망하다고 생각되고 있으며, 실리콘계 박막 태양전지나 화합물 박막 태양전지 등의 실용화 연구도 이미 시작되었다. 최근 20년 사이에 실리콘계 태양전지의 실용적 module의 변환효율은 단결정(單結晶) 실리콘계에서는 7~8%에서 12~15%, 다결정(多結晶) 실리콘계에서는 6~7%에서 11~13%, amorpous(무정형) 실리콘계에서는 2~3%에서 6~9%로 각각 향상하였다. 결정계 태양전지 효율화의 요점은 반동체(反動体) 표면을 요철화하여 빛의 반사손실을 줄일 것, 결정의 고품질화나 표면 passivation(부동태화, 반도체 장치의 표면이나 접합부에 적당한 처리를 하고, 유해한 환경을 차단하여 장치 특성의 안정화를 꾀하는 것을 말한다) 등에 의해 전기적 손실을 줄일 것 등을 들 수 있으며, 장래 27% 정도까지의 효율 향상이 목표이다. 한편, amorphous(무정형)계도 표면의 요철화나 막의 고품질화, 계면특성의 향상 외에, 다른 특성을 가진 막을 적층(積層)하여 빛의 유효이용을 꾀한 tandem(직렬식) 구조개발도 하여, 장래는 효율 20%가 목표로 되어 있다. 또한, amorphous(무정형)의 기술을 결정(結晶)에 집어넣어서 고성능화를 꾀한 신형 태양전지도 개발되었다. amorphous(무정형)실리콘을 결정 실리콘에 적층(積層)하는 것에 의해 접합을 형성하는 것으로서, 저비용 공정에서 고효율이 얻어지는 등의 특별한 장점이 기대되고 있다.

태양전지 cell 및 module의 고효율화와 비용의 새로운 저감을 향하여 공 모양의 cell의 실용화 연구도 이루어지고 있다. 직경 1~2mm 정도의 작은 실리콘 단결정(單結晶)의 구면(球面)에 맞추어 작은 대향전극(對向電極)을 설치하고 있기 때문에 빛에 대한 지향성이 매우 적고, 주위의 모든 방향에서 오는 직사, 반사, 산란광을 3차원으로 붙잡아, 효율 좋게 전기로 변환하는 것이다(공 모양의 silicon micro solar cell). 이와 같이 일상적인 전력 정도의 발전 비용의 실현을 위해서는 금후 태양전지의 혁신적인 기술개발이 불가결하며, 현 시점에서는 풍력발전과 비교하여 그 장애는 꾀 높다고 말하지 않을 수 없다.

태양광발전에 의한 대규모 발전으로, 전력계통과 같은 송전선에 의해 송전하는 경우에는, 발전출력변동이 심하기 때문에 biomass나 폐기물에 의한 발전 등으로 그 출력변동을 보완하도록 제어하여, 전력계통에 대한 부하를 경감한다든지, 안정한 출력을 확보한다든지 할 필요가 있다. biomass나 폐기물에 의한 발전설비의 단속(斷續) 운전은 비효율적이기 때문에, 이들 발전에서 공급전력의 기저(基底) 부분의 상당수를 조달하고, IT 기술에 의한 제어로 태양광발전의 출력변동을 보완하는 형태가 일반적이라고 생각된다. 한편, 송전선에 의하지 않는 방법으로서는 저장이 용이하고 소비지까지 수송이 쉬운 축전지나 발전연료 등으로 변환하여 공급하는 것을 생각할 수 있다. 그러나, 이들에 관한 기술은, 유감스럽게도 현재 상황에서는 경제성 면에서 실용에는 이르지 못하고 있다. 따라서 대규모적인 발전설비에 있어서의 풍력발전이나 태양광발전의 위상은 현재 상황에 있어서는 보완적인 역할이 되지 않을 수 없다.

참고문헌

産業技術総合開発機構 : 20世紀における太陽熱利用技術の変遷 : 新エネルギー, 1999. 12

新エネルギー利用ハンドブック編輯委員会 : 新太陽エネルギー利用ハンドブック, 日本太陽エネルギー学会, 2001. 10

産業技術総合開発機構ホームページ : 全国日射量関連データマップ : 新エネルギー, http://www.nedo.go.jp/database/index.html

宮崎藤治 : 太陽熱と太陽光を活用した新エネルギー利用施設「サンパーク奥富」, ソーラーシステム, No. 87, 2001. 12

電力中央研究所 : 発電システムのライフサイクル中の環境汚染ガスの排出量, 1995

(사)한국신·재생에너지협회, http://www.knrea.or.kr/energy

에너지공단 신·재생에너지센터, http://www.energy.or.kr/knrec

한국태양광산업협회, http://www.kopia.asia

(財)高度情報科学技術研究機構 : 原子力百科事典 atomica, 太陽光発電システム http://mext-atm.jst.go.jp/atomica/01050101_1.html

中部電力 : 太陽光発電(光電池)のしくみ http://www.chuden.co.jp/e-museum/denkiarekore/knowledge/trip/story/sun.html

資源エネルギー官庁 : 新エネルギーの導入に向けて, 2004. 5

独立行政法人 新エネルギー・産業技術総合開発機構 新エネルギー技術開発部 2030年に向けた太陽光発電ロードマップ (PV 2030) 検討委員会: 2030年に向けた太陽光発電ロードマップ (PV 2030) —参考資料—, ロードマップ検討の背景と視点, 2004. 6

環境問題をめぐる絶望的状況　その5～無能なマスコミ・報道機関の現状～ http://env01.cool.ne.jp/frommanager/fm2004_2.htm

沖縄電力株式会社 : 研究開発情報 http://www.okiden.co.jp/r_andd/solar.html

太陽光発電懇談会 : 太陽光発電システムの設計と施工 (改訂2版), 2000. 2

JPEA 太陽光発電協会 : もっと知りたい太陽光発電, 太陽電池の種類 http://www.jpea_gr.jp/3/3-1-2-2.htm

JPEA 太陽光発電崩壊協会 : もっと知りたい太陽光発電, 公共・産業用太陽光発電システム http://www.jpea_gr.jp/3/3-1-3-4.htm

JPEA 太陽光発電協会 : もっと知りたい太陽光発電, システム周辺機器 http://www.jpea_gr.jp/3/3-1-3-6.htm

荒木由季子 : 長期エネルギー需給見通しと太陽光発電の将来, 資源エネルギー庁 新エネルギー対策課説明資料, 2004. 6. 17

新エネルギー・産業技術総合開発機構 : Focus NEDO vol. 1 創刊号, 2002. 2. 18

제7장 __ 해양 바이오매스(marine biomass) 에너지

7.1 개발 및 이용 상황

biomass 에너지는 생물체를 구성하는 유기물로부터 산화·연소 등의 화학적 반응을 거쳐 이용되는 에너지이다(그림 7.1). biomass는 광합성 등에 의해 C(탄소)를 축적시키는 것이 최대의 특징이다. 광합성에 의한 CO_2의 고정(固定)과 연소 등에 의한 CO_2 배출의 균형을 고려하면서 에너지 자원으로서 이용하면 CO_2의 증가에 이어지지는 않는다(carbon neutral).

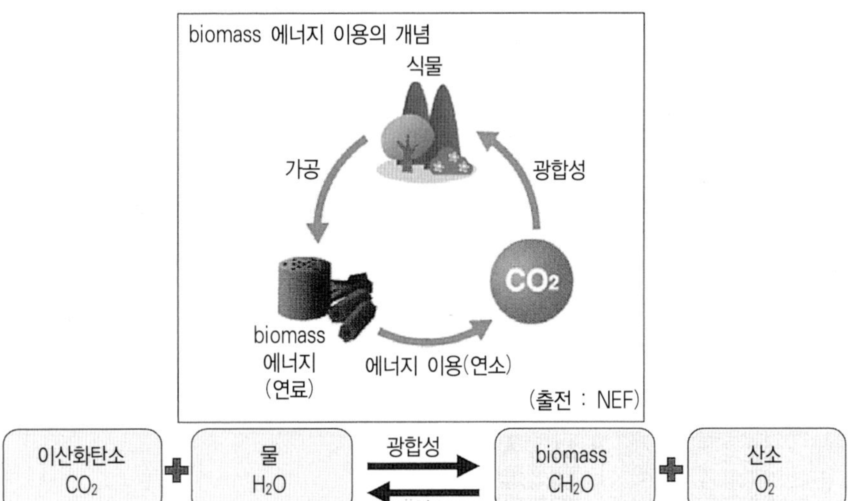

그림 7.1. biomass 에너지 이용 개념

biomass 에너지는 재생가능하며, 저장가능하기 때문에 어느 정도 결정된 양을 공급할 수 있는 새로운 에너지원으로서 주목받고 있다. 또한 biomass 발전은 비교적 신뢰성이 높고, 게다가 전기 공급량을 어느 정도 탄력적으로 조정할 수 있기 때문에 전력공급이 단속적인 풍력발전이나 태양광발전, 자연의 수력을 이용한 발전 등과 조합함으로써 이상적인 발전을 도모할 수 있다.

(1) 해외 현황

비교적 일찍이 힘을 쏟아온 스웨덴에서는 biomass가 총 1차 에너지 공급의 15~19%에 달하고 있다. 또한 EU는 2010년까지에 재생 가능한 에너지의 share를 6%에서 12%로 배증시켜, 석유 2,000만톤 분의 화석연료를 절약하고, 이 절약 분의 약 80%를 biomass가 담당하도록 하는 계획을 수립하였다.

1980년대 미국과 EU는 폐기물을 단순히 처리할 목적으로 소규모 매립장을 다수 설치하였으나, 메탄 방출에 의한 지구온난화 등 환경문제가 심각한 사회문제로 대두되었다. 이후 1990년대 매립장에서 발생하는 메탄(LFG, Land Fill Gas)을 회수하여 에너지원으로 활용하는 공정을 상용화하여, 주로 대규모 매립장을 중심으로 한 전기 생산을 시작하였다. 미국은 현재 연료용 알코올 보급(28.1억 갤런, 2003), 바이오디젤 보급(2,000만 갤런, 2003), LFG 이용(360개소, 730*MW*, 1998)에 주력하고 있다. 특히, 1999년 대통령령으로 바이오연료 및 화학연료 개발 촉진을 선언하고, 2010년까지 바이오 에너지 공급을 3배로 확충한다는 계획을 수립하였다. 여기에는 목질계 알코올 연료, 바이오매스 가스화 발전, bio-refinery 기술개발 및 상용화, 에너지 작물재배 기반 확충 등을 포함하고 있다. 메탄 및 바이오 에탄올의 시장 규모는 소규모이기는 하지만 1990년부터 1997년까지 연 평균 10%의 성장세를 보였으며, 지구온난화와 연계하여 앞으로도 꾸준히 성장할 것으로 예상된다.

한편, 유럽(EU)에서는 온실가스 저감을 위한 바이오매스 이용기술의 개발과 보급 확대를 도모하고 있다. 현재 바이오디젤의 보급, LFG 이용, 메탄가스발전 등을 통해 2010년에는 총 대체에너지의 70% 이상을 바이오에너지로 공급할 계획이다. 또한, 목질계를 이용한 지역 열병합발전과 쓰레기 소각열 발전에 의한 전력 생산설비를 가동하고 있고, 고농도 유기성 폐기물(축산분뇨, 하수 슬러지, 음식물 쓰레기 등)의 메탄가스화 기술이 개발되어, 1988년 이후 EU지역에서만 약 100기의 메탄가스화 장치가 보급되어 약 240*MWe*의 분산형 전력 및 열을 공급하고 있다. 또한, 스웨덴은 2005년 세계 최초로 바이오가스에 의한 열차 운행을 개시하였다.

미국과 EU는 모두 현재 총 1차 에너지 소비의 3% 전후인 바이오매스 에너지 공급을 2010년까지는 3배로 늘릴 계획을 가지고 있다. 특히, EU는 국가 전역에서는 연간 약 140만 톤의 채종유(菜種油)를 이용한 바이오디젤이 자동차 연료로 공급되고 있다. 한편, BP사와 인도의 에너지자원기구(TERI)는 연간 900만*l*의 바이오디젤 생산을 위한 상용화 연구를 하고 있으며, 브라질과 프랑스는 사탕수수나 밀가루 전분에서 알코올을 생산하고 있다. 일본에서도 지구온난화의 방지, 순환형사회의 형성, 경쟁력이 있는 새로운 전략적 산업의 육성, 농림어업, 농산어촌(農産漁村)의 활성화 등을 위해 'biomass 일본' 종합전략(2002)에 의해, biomass의 이용 · 활용이 추진되고 있다. 이 'biomass 일본'의 진행 시나리오는 아래와 같은 내용들을 포함하고 있다.

① 폐기물계(廃棄物系) biomass

폐기되는 종이, 가축 배설물, 식품폐기물, 건설 발생토, 흑액(黑液), 하수 오니(汚泥) 등 폐기물 계통의 biomass의 이용·활용이 비교적 빠르게 진행된다.

② 미이용 biomass

2010년경에는 볏짚, 왕겨 등의 농작물 비식용부(非食用部)나 임지잔재(林地殘材) 등 미이용 biomass의 이용·활용이 진행된다.

③ 자원 작물

2020년경에는 자원 작물이 재배되어, 에너지나 제품으로서 이용·활용된다.

④ 신작물

2050년경에는 해양식물이나 유전자 조작 식물 등 신작물에 의해 biomass 생산량이 증대한다.

(2) 국내 현황

우리나라에서는 1970년대 초부터 대학과 연구소를 중심으로 biomass 에너지에 관한 연구를 시작하였고, 1988년부터 대체에너지개발촉진법에 따라 정부 차원의 기술 개발이 이루어지고 있다. 이후 1990년대까지 바이오에탄올과 메탄가스화, LFG 이용기술, 바이오수소생산과 관련한 기술개발에 힘을 쏟고 있다. 현재, 전분계 에탄올 연속생산 기술은 실용화가 가능한 단계이며, 목질계 에탄올 연속생산 기술은 기반기술 확립 단계에 있다. 또한, 고효율 메탄발효 공정(각종 산업폐수, 음식물 쓰레기 처리)은 상용화 단계로서 보급이 추진되고 있다(사진 7.1, 7.2 참조).

사진 7.1. 부산 음식물 쓰레기 발전설비
(출처 :(사)한국신·재생에너지협회)

사진 7.2. 제주 LFG 발전설비
(출처: (사)한국신·재생에너지협회)

표 7.1은 2004년 현재 국내 바이오에너지 이용현황을 나타낸다.

표 7.1. 국내 바이오 에너지 이용현황(2004년) (출처: (사)한국신·재생에너지협회)

메탄가스		성형탄 (대체탄, 착화탄)		매립지 가스(LFG)		바이오디젤	
천톤/년	시설수(기)	천톤/년	업체수	생산량	시설장소	판매량(kl)	업체수
1,361	105	81	8	146,927 MWh 118,577 $Gcal$	8 2	5,900	2

향후 계획으로는,

① 매립지 가스(LFG)의 에너지 이용기술 개발 : LFG이용 발전 시스템 개발(100m^3/h 이상 LFG 포집)

② 바이오 폐자원을 이용한 생물학적 수소생산기술 개발 : 유기성 폐자원을 이용한 생물학적 수소생산기술 개발

등이 있다.

한편, biomass에는 어패류, 수산폐기물, 해조류(海藻類) 등 해양의 biomass도 포함되지만(그림 7.2), 현 시점에서는 해양 biomass를 이용한 에너지 생산은 실험단계의 것 이외에는 거의 없다. 이것은 주로 해양 biomass의 분포가 넓고 얇다는 특징으로 인해, biomass의 수집, 운반 등에 드는 비용이 커서 현시점에서는 에너지 생산 비용이 높아 실용화되어 있지 않기 때문이다. 그러나, 에너지 수급 등 사회적 상황 변화나 효율적인 해양식물 생산의 실현 등의 상황 변화에 따라서, 해양 biomass 에너지 이용이 실용화될 가능성은 있다.

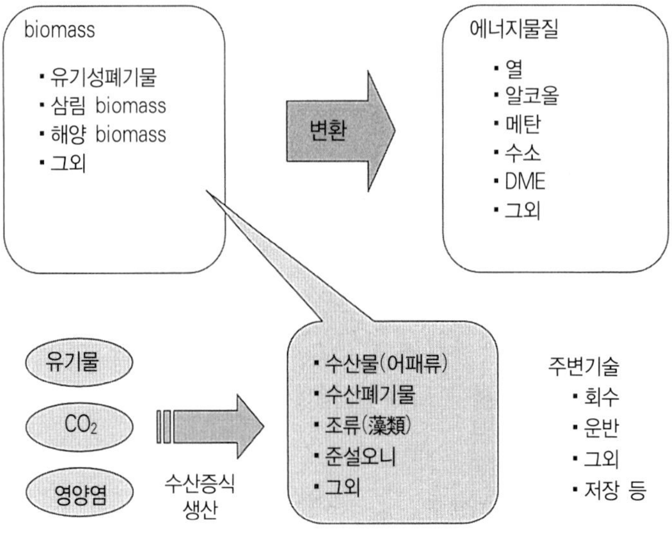

그림 7.2. 해양 에너지 개발(biomass)의 조사대상

7.2 개발 및 이용 기술의 현황

(1) biomass의 정의

biomass란 생물현존량(生物現存量), 또는 생물량을 말하며, 생태학적인 정의에서는 생체활동에 동반하여 생성하는 동물 또는 식물, 미생물체를 물량 환산한 유기물을 말한다. 그러나, 일반적으로는 유기계(有機系) 폐기물을 포함한 생물량을 biomass라고 하는 경우가 많다. 석유나 석탄 등도 기원은 생물 유래이지만, 일반적으로는 biomass에 포함하지 않는다.

일본의 신에너지 이용 등의 촉진에 관한 특별조치법에서는 biomass를 '동식물에 유래하는 유기물로서 에너지원으로서 이용할 수 있는 것(원유, 석유가스, 가연성 천연가스 및 석탄 및 이들로부터 제조되는 제품을 제외한다)'으로 정의하고 있다. biomass 자원의 구체적인 이용 형태의 예로서는 이하의 것이 있다.

① 건설폐재(建設廢材), 나무 부스러기(木屑), 간벌재(間伐材), 임지잔재(林地殘材), 볏짚, 왕겨 등의 목질(木質)의 유기물을 원재료로 하여 고형화 연료를 연소시켜 열을 이용하거나 발전에 이용하는 형태

② 식품 폐기물·부산물이나 분뇨를 메탄 발효시켜서 메탄가스 연료를 제조하고, 당해 연료를 연소시켜 열을 이용하거나 발전에 이용하는 형태

③ 야채 열매(菜種), 옥수수 등으로부터 취할 수 있는 식물 기름을 화학 처리하여 메틸 에스테르(methyl ester)를 주성분으로 하는 액체연료(디젤 자동차의 경유 대체 연료로서 이용)를 제조하는 형태

④ 흑액(黑液, 목재 펄프 제조 시 생기는 폐액)을 농축하여 그것을 연소시켜 열을 이용하거나 발전에 이용하는 형태

(2) biomass의 양

1) 지구상의 biomass

지구상 biomass 총량은 탄소량 환산으로 8,400억톤 정도로 추산되는데, 이것은 석유, 석탄, 천연가스의 확인 매장량 8,000억톤(탄소환산)보다도 많다. 또한 세계의 연간 에너지 소비량 약 100억톤의 80배, 연간 식량 소비량의 약 2,000배에 해당한다. 지구상 육지의 biomass는 건조중량으로 1조 8,400억톤(Leith and Whittaker, 1975), 1조 2,000억톤(요다(依田), 1982) 등의 연구 사례가 있으며, 대략 1.2~2.4조톤 정도로 보고 있다. 또한, 매년 재생산되는 biomass는 건조중량으로 육지에서 1,150억톤, 해양에서 550억톤으로, 총 1,700억톤(탄소환산으로 약 800억톤) 정도이다. 이것은 에너지 발생량으로 하면 약 30×10^{20}J에 상당하며, 화석연료 유래의 연간 총 에너지 소비량 30×10^{19}J의 약 10배에 상당한다.

또 다른 계산에 의하면, biomass stock(생물 군락 또는 군체)으로서, 육지에는 건조중량으로 1조 2,000억톤이 존재하며, 이것은 에너지 환산으로 24,000EJ(1 exa Joule=10^{18}J)에 상당한다. 이 에너지 량은 세계의 연간 일차 에너지 소비 330EJ/년의 약 70배에 상당한다. 한편, 해양에는 건조중량으로 36억톤의 biomass가 있으며, 에너지 환산으로 72EJ에 상당한다. 이것은 육상의 300분의 1에 불과하다.

광합성에 의한 생산량으로부터 호흡에 의한 소비량을 뺀 것을 순일차 생산량(純一次生産量)이라고 부른다. biomass의 순일차 생산량은 지구 전체에서는 건조중량 1,289억톤, 에너지 환산으로 2,580EJ가 되며, 광합성 유효 방사(有效放射)에 대한 순일차 생산 효율은 0.19%이다. 이 중에, 육지에 대하여는 건조중량 791억톤, 에너지 환산으로 1,580EJ, 광합성 유효 방사에 대한 순일차 생산 효율 0.40%이며, 수권(水圈)에 대해서는 건조중량 507억톤, 에너지 환산으로 1,010EJ, 광합성 유효 방사에 대한 순일차 생산 효율은 0.11%이다.

이상과 같이 해양 biomass는 합계의 순일차 생산량으로서는 상당한 양이다. 그러나, stock의 중심은 식물플랑크톤으로서, 단위면적당의 stock 밀도가 낮다. 따라서, 해양 biomass 이용에 있어서는 저밀도인 곳으로부터 효율 좋게 biomass를 흡수하는 것이 대단히 중요한데, 바로 이러한 곤란이 해양 biomass를 이용함에 있어 장해가 되고 있다.

2) 해양 biomass

바다 속의 생물에는 미생물, 미세 조류(藻類), 대형 조류(藻類), 무척추동물, 척추동물이 있으나, 탄소 cycle에 크게 관여하고 있는 것은 광합성 기능을 가진 미생물, 미세 조류, 대형 조류이다. 해양 중에 흡수된 CO_2는 이와 같은 생물의 광합성에 의해 유기물로 변환되며, 동시에 산소가 방출된다. 바다 속의 CO_2의 처리를 생각하면, 생물의 CO_2 고정은 매우 중요하다. 해양은 지표의 약 70%를 차지하며, 태양 에너지를 풍부하게 이용할 수 있어서 CO_2 고정 반응인 광합성도 활발히 행해진다. 그 중에서도 남조(藍藻)나 녹조(綠藻) 등의 미세 조류(藻類)는 태양 에너지와 물, 탄산가스, 약간의 무기영양원으로부터 극히 높은 효율과 속도로 생육할 수 있다. 예를 들면, 쌀이라면 1일, $1m^2$당 $1.2g$의 biomass가 얻어지는데 대하여, 어떤 종의 녹조나 남조는 $100g$ 이상의 생산이 가능하다.

미세 조류를 사용하여 CO_2를 고정(固定)하고, 동시에 에너지도 생산하는 것은 가능하다. 예를 들면, 화력발전소로부터 방출되는 CO_2를, 미세 조류에 고정시켜 처리하는 것은 가능하다. 조류(藻類) 자체는 biomass로서 이용할 수 있는 외에 수소 등 에너지 생산 등으로 응용할 수도 있다. 미세 조류의 CO_2 고정 속도는 수면 하 10m를 이용한다고 가정한 것만으로도 사탕수수의 약 30배라고 일컬어지고 있다.

해조류(海藻類)의 생산성도 대단히 높은데, 세계의 해조류 생산량은 양식에 의해 증가해 왔다. 더욱이 양식할 수 있는 적지는 세계 중에서, 수요만 있다면 아직 증산이 가능하다고 한다. 해조류의 용도는 한천, 알긴산(alginic acid), 카라기난(carrageenan)이라고 하는 접착제(풀, 糊料)가 중심이지만, 해조류에는 항암·항균물질 등의 여러 가지의 생리활성물질이 포함되어 있어서 의약품 등으로도 그 용도가 확대될 것으로 기대된다. 또한, 내만에서는 육지로부터 과잉 공급되는 질소나 인을 양식하고 있는 해조류(주로 파래 등의 녹조)에 섭취하게 하여 제거하는 시도도 하고 있다. 해조류 자체는 biomass로서 이용할 수 있는 이외에, 수소 등 에너지 생산 등에 응용할 수도 있다.

3) 해저 토사의 biomass

상기한 바와 같이 해양 biomass는 단위면적당의 stock 밀도가 낮다고 하는 특징이 있어서, 에너지로서 이용을 검토하는 경우에도 채산성이 나빠질 가능성이 높다. 한편, 폐기물계의 해양 biomass에 대하여는 정화 등의 관점에서, 그 처리가 필요하며, 처리과정에 에너지 생산을 조합하게 되면 전체적인 채산성은 올라갈 가능성이 있다. 또한, 연안역에서는 항로유지나 저질정화를 위해 해역에 퇴적한 저니를 준설하는 경우, 이 준설토는 유기물을 상당량 함유하고 있기 때문에 유기물의 분리가 가능하다면, 에너지 이용으로서 유망하다고 생각된다. 그러나, 준설토, 즉 오니(汚泥)에 포함된 유기물의 함량이 그다지 높지 않은 경우는 에너지의 생산 효율은 높지 않을 것이다. 그럼에도 불구하고, 정화라고 하는 환경면에서의 처리 필요성의 관점에서 볼 때, 에너지 생산의 측면만으로 채산성을 판단할 필요는 없으므로, 장래 비록 이차적이기는 하지만, biomass 에너지 자원으로서의 이용 가능성은 있다.

(3) biomass의 종류와 이용 현황

biomass 자원은 재생가능 에너지로서 또한 환경조화에 뛰어난 청정한 에너지원으로서 주목을 받고 있으며, 더욱이 화석계 자원의 대체 에너지로서 이용이 기대되고 있다. 1997년 '기후변동에 관한 유엔 framework 조약 제 3회 체결국 회의(COP3)'에서도 biomass 자원, 특히 목재자원은 CO_2 고정 능력이 뛰어나다고 하여 흡수원으로서 재평가된 바 있다.

biomass 에너지 자원의 종류와 연소 및 전환기술에 대해 정리하면 아래와 같다.

1) biomass 자원의 종류와 분류

① 폐기물계(廢棄物系)

(농림수산계)

ㄱ) 농업 폐기물(벼껍질, 볏짚, 보리껍질, 버개스(bagasse, 사탕수수(또는 사탕무)의 설탕을 짜낸 찌꺼기로, 연료, 단열재, 펄프원료, 사료 등에 쓰임) 등)

ㄴ) 축산 폐기물(소의 분뇨, 돼지 분뇨, 닭의 분뇨 등)

ㄷ) 임업 폐기물(임지잔재(林地殘材), 간벌재(間伐材) 등)

(산업·생활계)

ㄱ) 산업계(하수 오니, 식품가공 잔사(殘渣, 남은 찌꺼기), 건축 폐재(廃材), 고지(古紙, 오래된 종이), 목재 토막, 흑액(黑液, 목재 펄프의 제조 시 생기는 폐액) 등)

ㄴ) 생활계(생고무, 고지(古紙), 폐식용유, 똥, 오줌 등)

② 재배 작물계

(육역계)

ㄱ) 당질계(糖質系) (사탕수수 등)

ㄴ) 전분계(澱粉系) (옥수수 등)

ㄷ) 셀룰로오스(cellulose, 섬유소)계 (포플라 등)

ㄹ) 유지계(油脂系) (푸성귀 씨(菜種) 등)

(수역계)

ㄱ) 담수계(淡水系) (물옥잠 등)

ㄴ) 해양계(海洋系) (giant kelp 등)

ㄷ) 미생물계(클로렐라 등)

2) 연소 및 전환기술의 종류와 분류

① 직접 연소 ⇒ 열·전기

② 생물 화학적 변환 ⇒ 기체연료(메탄, 수소 등) ⇒ 액체연료(에탄올, bio fuel 등)

③ 열화학적 변환 ⇒ 합성 가스(synthetic gas) ⇒ 메탄올 ⇒ 메탄올

또한, 상기한 이외에 자원의 이용단계에 있어서의 상태에 대하여, 건성(乾性) biomass(수분 50% 미만)과 습성(濕性, 수분 70% 이상)으로 구분되는 경우도 있다. 건성은 연소발전이나 가스화(化) — 액체연료화 등 에너지 전환을 꾀하기 쉽고, 습성이면 메탄 발효 등의 처리가 중심이 되는 등, 이용형태에 차이가 있다. 일본의 경우, biomass의 자원별 도입 실적은 표 7.2와 같다.

그 이용 기술은 직접 연소방식, 가스화 방식(저온 가스화 방식), 알코올 연료를 제조하는 액화 방식으로 되어 있다.

이와 같이 biomass 에너지의 이용은 국내, 국외 모두 주목받고 있어서, 금후 더욱 중요하게 될 가능성이 높다. 그러나, 이들 자료를 보아도 해양 biomass에 관해서는 손을 대지 않고 있어서 적어도 현재 상황으로는 실용적인 이용은 이루어지지 않고 있는 것으로 보인다.

(4) 해양 biomass의 이용 상황

해양 biomass에 의한 에너지 변환에 대하여는 실시예가 거의 없다. 여기서는 연구단계의 이용방법도 포함하여 소개한다.

1) 수산물(魚貝類)

어패류를 에너지 생산을 위해 직접 사용하는 예는 아직 없다.

표 7.2. 일본의 biomass의 도입실적과 부존량

분 류	biomass 종류	현재 에너지 활용량 (1999년도, 원유환산 만kl)	에너지 부존량 (2010년도, 원유환산 만kl)
농업폐기물	왕겨	0.61	80.0
	볏짚	0	370.9
	채소 씨(菜種)	0	0.0
	bagasse (사탕수수 찌꺼기)	8.6	16.6
축산폐기물	소 및 돼지의 분뇨	NA	127.9
	닭 똥 (구이용)	〃	29.3
임업폐기물	간벌재	0	130.2
	임지 잔재, 나뭇가지	0	85.9
산업계 폐기물	나무 톱밥	47.4	222.9
	건축 폐재 등	56.3	206.3
	오니 (유기물계 폐액)	NA	353.0
	오니 (하수)	8.7	261.3
	펄프 흑액(黑液)	436.0	545.0
생활계 폐기물	음식물 쓰레기	NA	65.0
	폐 식용유	〃	41.1
	분뇨	2.1	8.8
그 외	landfill gas	0.13	22.6
	신탄(薪炭: 장작, 숯)	6.7	30.0
합계		566.5	2,596.8
참고	쓰레기 발전, 소각 여열 이용		676.0
	식품폐기물 (외식산업 등)	NA	99.4
	초목류	0	58.8
	오래된 종이	NA	605.4

※ NA : 활용되고 있을 가능성은 있지만, 파악 불가능

일본 경제성 2000년도 "신에너지 등 도입촉진 기초조사(biomass 에너지의 실태 등 기초조사)" 보고서를 기초로 하여 작성하였음

2) 수산폐기물

굴 껍질 등을 수질정화재료로서 사용하고 있다. 그러나, 수산폐기물의 에너지 이용의 예는 아직 없다.

3) 해조류(海藻類)

해조류의 에너지 이용에 대하여는 연구예가 몇 가지 있다. 주된 것은 이하와 같다.

① 해양심층수로 giant kelp를 재배하여 메탄 발효하는 연구
미국 자연 에너지연구소(하와이 주, 1970년대부터 지금까지 계속 연구 중)

② 다시마 재배와 알긴산(酸) 생산, 메탄 발효를 실시
일본 이시카와지마(石川島) 하리마(播磨) 중공업 (홋카이도(北海道) 다테(伊達)시)

③ 이데미츠(出光)의 오키나와(沖縄)에서 해조류로부터 탄화수소 생산 플랜트

biomass 에너지 이용에 적합한 유망 해조류의 선정기준으로서는, ① 생산성이 높을 것(최대 수량(收量) 30kg 습중량/m^2 이상, 최대 현존량 10kg/m^2 이상), ② 재배가 용이할 것, ③ 수확이 용이할 것 등을 들 수 있다.

현재, 적당한 해조류의 종류로서는, 가장 수확이 많다는 점이나 메탄화 율이 높다는 점에서 동해(東海)에서는 모자반계(系), 일본 홋카이도나 아키타(秋田) 먼바다 동쪽에서는 다시마계(系), 도오쿄 동쪽에서는 대황(荒布, 바닷말의 일종)이나 다시마가 선정될 수 있다고 생각된다.

4) 준설오니(浚渫汚泥)

준설 오니에 관해서는 강열감량의 폭이 크고, 일반적으로는 유기물량이 그렇게 크지 않다. 에너지를 빼낸다고 하는 점에서는 효율 면에서 문제가 있으며, 실시예도 없다. 그러나, 해저나 수질의 정화라고 하는 환경개선의 관점에서는 금후 검토해 볼 필요가 있다고 생각된다.

7.3 변환기술

biomass의 에너지 변환기술은 기본적으로, 연소 등에 의한 열화학적인 변환기술과 생물반응을 이용한 생물적 변환기술로 대별할 수 있다(그림 7.3).

여기서는 이들 중 주요한 기술에 대하여 개략적으로 살펴본다.

(1) 열화학적 변환기술

biomass를 연료로 하는 열화학적 에너지 변환기술에는 그림 7.4에 나타내는 바와 같은 여러 가지 방법이 있다. 직접 연소는 '땔나무를 태워서 따뜻함을 얻는다'는 것이 기본이다. 현재도 땔나무나 목탄을 에너지원으로서 이용하고 있으며, 특히 발전도상국에서는 주된 에너지원의 하나이다. 열화학적 반응은 생물적 반응과 비교하여 대단히 단기간에 행해지기 때문에 대량생산, 대량처리에 적합하다. 열화학적 에너지 변환에서는 각각 얻어지는 에

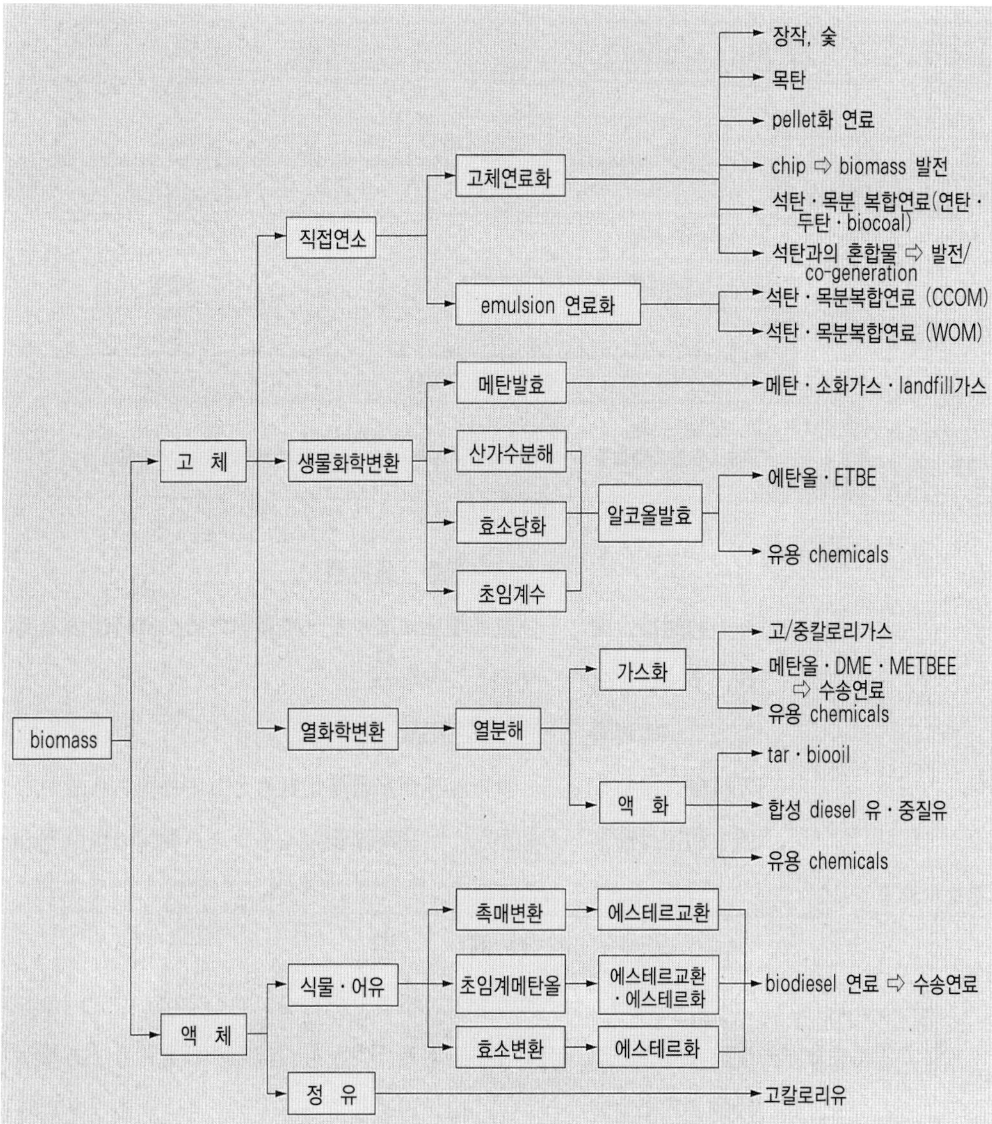

그림 7.3. biomass 에너지 변환법과 얻어지는 각종 biomass 연료

너지 형태가 다르다. 직접, 열이나 전기로의 에너지 변환이 유리한 경우에는 직접연소, 가스화가 적합하고, 북구(北歐)에서는 열과 전기 공급으로 종합 효율을 70% 이상 달성하고 있는 예도 있다. 자동차용 액체연료가 필요하면 가스화나, 간접액화에 의한 메탄올 합성, 또는 식물 기름으로부터의 bio-diesel 등의 변환기술이 생각된다. 액화에 의한 액체연료로의 변환기술도 기존의 연료기술과의 접속성이 뛰어나다. 각각의 변환기술에 맞는 biomass 원료의 형상 및 자원량에 대해서도 충분히 고려하지 않으면 안된다.

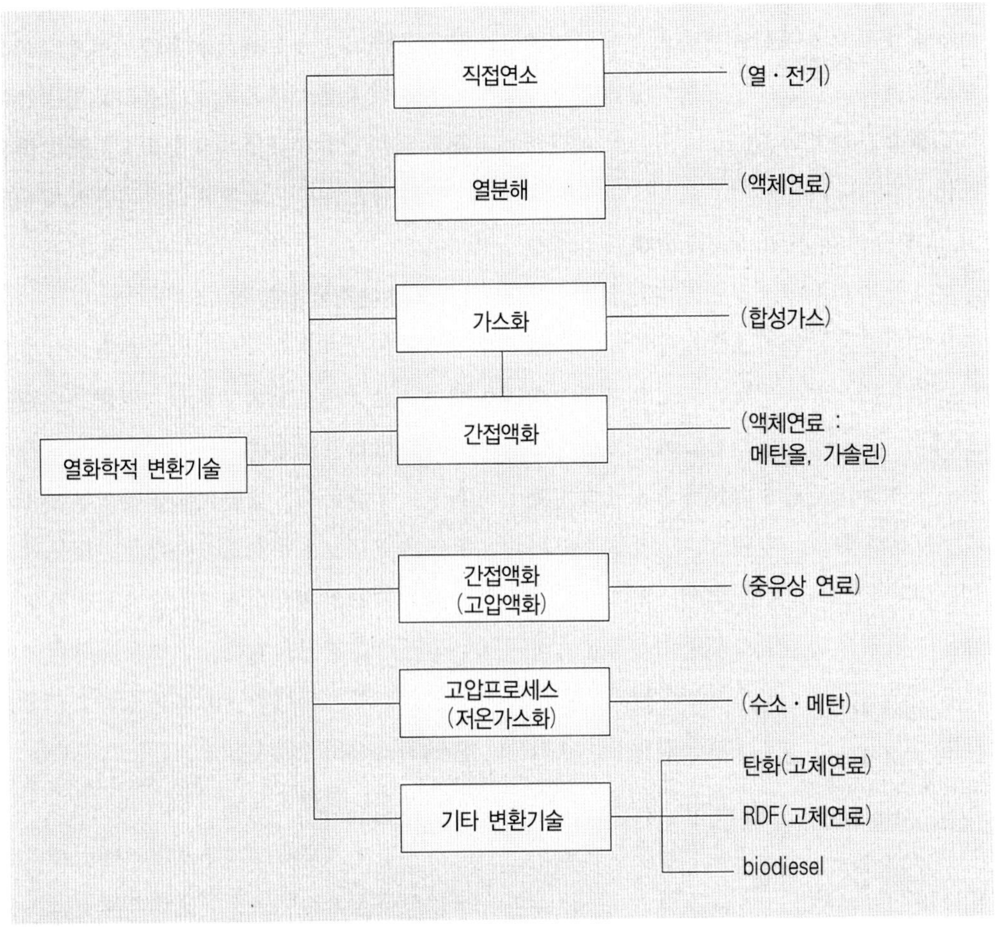

그림 7.4. biomass를 원료로 하는 열화학적 에너지 변환기술

1) 직접연소

연소발전은 biomass의 연소에 의해 증기를 발생시켜, 증기 터빈을 이용하여 발전을 행하는 기술이다. 800℃ 정도에서 가스화하여, 발생한 가스로 가스 터빈을 돌려 가스 엔진으로 발전을 행한다. 가스화 발전에는 터빈으로 발전을 하는 것뿐만 아니라 배기가스를 회수·송기(送氣)하여 증기를 발생시켜 다시 한 번 증기 터빈으로 발전을 행하는 IGCC (Integrated Gasification Combined Cycle) 발전이 있다.

연소발전, 가스화 발전효율은 문헌에 따르면, 연소발전에서 10~39%(평균 25%), 가스화 발전에서 14~49%(평균 30%)로서, 가스화 발전 쪽이 효율이 좋다. 또한 발전 규모가 커질수록 효율은 높아지지만 biomass의 경우는 1개소에서의 원료의 공급량에 제한이 있기 때문에 화석연료 발전과 같은 1,000*MW*급의 대규모적인 발전은 현실적이지 못하고, 100*MW*급의 비교적 소규모적인 발전소의 분산설치가 타당하다고 생각된다.

2) 열분해

열분해는 보통 압력의 불활성 가스(질소) 분위기에서 이루어지며, 처리온도에 따라 가스화(600℃ 이상)와 액화(油化, 500℃ 이상)로 대별된다. 가스화 기술은 이미 완성도가 높고, 최근 수년간의 흥미는 수증기 혼입에 의한 합성용 가스(중 칼로리 가스)의 제조 쪽으로 이동하고 있다. 한편, 유화(油化)는 가스화에 비하여 반응과정이 복잡하여, 고품질의 기름(경질탄화수소(軽質炭化水素) 기름)을 높은 수율(收率)로 제조하기 위한 기술은 아직 개발 중이다. 그러나, 가스보다 용도가 넓고 수송기관용 연료로서 직접 이용할 수 있으며 취급이나 저장이 용이하다는 점 등의 이점 때문에 기름 생산 쪽이 매우 강하며, 열분해법은 지금까지 주로 액화기술로서 개량, 발전해 왔다.

biomass(목재) 열분해에 관해서는 현재 캐나다, 미국, 유럽 각국에서는 여러 가지 형태의 반응기를 사용하여 조업실현을 향한 bench scale 시험이나 pilot 플랜트 운전이 행하여져, 원료(목재)의 성상이나 조작조건의 영향, 생성물의 분포와 기름 특성 등이 자세히 조사되고 있다.

3) 가스화

biomass를 고압의 열수(熱水) 속에 금속매체(니켈)을 사용하여 가스화하면 메탄과 이산화탄소가 된다. 이 가스화 반응에서는 일단 수소가 생성하고, 한층 메탄화 반응에 의해 메탄이 생성한다. 이 수소를 제조하기 위해서는 가스화는 진행시키지만, 메탄화 반응을 억제하기 위한 고안이 필요하다. 반응 도중에 생성가스를 반응계 밖으로 빼내는 것에 의해 가스화 율을 높이고, 더구나 메탄화 반응을 억제하여 효율 좋게 수소를 제조하는 것도 가능하다. 현재, 메탄올을 필두로 하는 액체연료는 주로 화석연료를 부분 산화하여 이것을 개질(改質)하여 얻은 합성가스로부터 합성되고 있다. 출발 물질을 biomass로 바꾸어 놓는 것에 의해 동일한 반응이 가능하다.

4) 고압가스화

i) 초임계수(超臨界水) 가스화

초임계수(超臨界水)란 물의 임계온도(646*K*), 임계압력(22.1*MPa*) 이상의 온도와 압력의 물을 말하며, 액체와 기체와의 중간적 성질을 가지고 있어서, 반응성이 풍부하고 기체나 유기물과도 비교적 자유로이 서로 혼합하며, 근소한 압력 변화에 의해 밀도나 용해도 등 물성을 크게 자유로이 변화시킬 수 있는 특징이 있다. 초임계수 속에서 에너지 변환반응을 진행시키면 소위 물속에서 반응을 진행시키는 것과 마찬가지로 원료 biomass의 건조 공정이 불필요하게 되는 특징을 가지고 있다.

ii) 초임계수 산화

연료의 새로운 형태로서 초임계수 중에서의 연소가 제안되고 있다. 초임계수는 반응성이 풍부하여, 기체나 유기물과도 비교적 자유로이 서로 혼합한다. 초임계수 산화의 특징으로서는 완전산화가 가능하다는 것, NO_x 등의 산화물이 화성(化成)하지 않는 것 등을 들 수 있다. 에너지 회수의 관점에서 볼 때 상변화(相變化)를 동반하지 않기 때문에 열회수가 가능하다는 점을 들 수 있다. 보통 하수 오니와 같은 고함수율(高含水率)의 biomass를 연소시키면 연소열의 대부분은 물의 증발 잠열에 빼앗겨, 열회수를 할 수 없을 뿐만 아니라 보조연료를 필요로 하는 경우도 있어서, 본 기술은 주목받고 있다.

(2) 생물학적 변환기술

생물적 에너지로의 변환방법은 주로 메탄 발효와 에탄올 발효이다. 생물적인 변환방법의 최대 특징은 상온(常溫) 상압(常壓) 조건하에서 반응이 진행된다는 것이다. 즉, 반응에 필요한 에너지가 적다고 하는 장점이 있다. 단지, 반응속도가 늦고, 장치 비용이 높아지게 되는 결점도 가지고 있다. 여기서는 주로 메탄 발효와 에탄올 발효에 대하여 발효의 메커니즘 및 최근의 연구개발 동향에 대하여 소개한다.

1) 메탄 발효

biomass로부터 에너지 회수기술 또는 배수처리기술로서 메탄 발효의 역사는 오래되었다. 메탄 발효는 혐기성 조건하에서 미생물의 작용에 의해 유기물이 저분자의 지방산이나 탄산가스, 알콜 등으로 분해되어, 이들 물질이 혐기성 메탄 균이 가진 메탄 생성계 효소군에 의해 메탄으로 변환되는 과정을 말한다. 생물적 폐기물의 처리법으로서 경합하는 입장에 있는 호기성의 활성 오니법에 대하여, 처리기술로서의 관점에서 비교하면, 혐기성 처리인 메탄 발효법은 시설의 건설비용이 제법 높기는 하지만 공기 공급을 위한 교반(攪拌) 등의 동력 에너지 소요량이 적기 때문에 에너지 생산 프로세스로서는 압도적으로 유리하다. 또한 호기성 처리에서는 잉여의 오니가 발생하기 때문에 비료화 등으로의 적용이 필수적인 데 대하여, 혐기성 처리에서는 가스화에 의해 오니의 발생이 적다는 것도 장점이 된다. 그 때문에 해외에서는 예를 들면 독일에 있어서는 이미 400개소의 biomass 플랜트가 가동하고 있으며, 영국에서도 연간 45만톤의 가금(家禽)의 깔짚에 의해 38MW의 발전 플랜트가 계획되는 등 이미 실용화의 단계에 달해 있다. 일본에서는 쿄오토(京都)부(府)의 야기쬬(八木町)에 가축 분뇨와 식품공장으로부터 배출되는 유기폐기물로부터 퇴비와 메탄가스를 발생하는 대규모 플랜트가 건설되어 가동한 것을 시작으로 코베(神戸)에서 호텔이나 레스토랑으로부터 발생하는 음식물 쓰레기를 대상으로 발전을 행하는 pilot 플랜트의 사례도 있어서 앞으로 보급할 가능성이 높다.

2) 알코올 발효

사탕수수, 옥수수, 고구마, 밀 등 농업생산에 관련된 폐기물을 우선 아밀라아제(amylase, 녹말 가수분해 효소)에 의한 가수분해에 의해 설탕으로 하여, 이것을 알코올 발효에 의해 에탄올로 전환한다. 생성물이 액체이기 때문에 자동차 연료로서 주목되며, 브라질에서는 이미 상업적으로 실용화되어 있다. 현 시점에서 가솔린에 대해 두 배정도까지 비용이 접근하고 있어, 이산화탄소에 관한 금후의 규제 등을 고려하면 적어도 내연기관에 대하여 주력이 될 가능성이 높다. 기술적으로는 거의 성숙한 영역에 들어와 있다고는 하나, 원료가 식물의 원형에 가까운 형으로 공급되기 때문에 원료가 되는 biomass를 어떻게 모아서 사전처리에 의해 발효연료로서 당화(糖化)할 것인가가 과제라고 말할 수 있다. 한편, 설탕, 전분질 이외의 원료에서는 예를 들면 셀룰로오스를 일단 설탕으로 가수분해하여 에탄올 발효를 행하는 것에 의해 SSF(병행복발효(竝行複醱酵)법이나 효소가수분해법(酵素加水分解法)) 등 새로운 공정이 개발되고 있다. 또한 글루코오스(glucose, 포도당)에 이어서 많은 크실로오스(xylose, 목당(木糖))의 경우, 통상의 효모(酵母)는 대사(代謝)할 수 없으나, 유전자 조작기술을 사용한 크실로오스(xylose)로부터의 에탄올 발효법 등도 개발되고 있다. 이들 기술은 에탄올 발효의 원료를 설탕, 전분질(澱粉質) 이외에 보다 넓게 할 수 있는 가능성을 가지고 있다.

당밀(糖蜜), 전분질을 원료로 하는 에탄올 발효기술은 성숙 단계에 있으며, 전 세계에서 약 2,500만 *kl*/year의 에탄올이 생산되고 있다. 그 중 브라질에서는 사탕수수 주스 및 당밀(糖蜜)을 원료로 하여 1,200만 *kl*∼1,300만 *kl*의 에탄올이 제조되어 자동차용 연료로서 소비되고 있다. 브라질에서의 에탄올 발효는 효모를 원심 분리하여 회수하고 반복하여 계속적으로 사용하는 고속발효법이다. 미국에서는 옥수수를 원료로 하여, 습식(濕式) mill(압착기 또는 분쇄기)로 전분질을 취하고, 증기로 쪄서 액화형 및 당화형(糖化型) 아밀라아제(amylase)로 액화한 후, 연속 또는 회분법(回分法)으로 발효하고 있다. 이 방법을 사용하여 400만 *kl*/year의 연료용 에탄올을 생산하고 있다. 유럽에서는 고구마, 밀을 사용하여 에탄올 생산을 행하고 있다. 오스트레일리아와 인도네시아의 일부에서는 당밀을 원료로 한 연속발효 공정을 통해 에탄올을 생산하고 있다.

3) 그 밖의 다른 생물적 변환기술

발효란 생물의 혐기적인 에너지 대사(代謝) 양식을 나타낸다. 상술한 메탄 발효 및 에탄올 발효 이외에도 다양한 물질의 생산이 가능하다. 글루코오스의 발효과정에서는 유산(乳酸)이나 에탄올뿐만 아니라 다양한 유기산(有機酸)이나 알코올류가 생성한다. 이들 물질의 생성은 미생물이 가진 성질이나 효소활성에 의해 지배되고 있어서, 선택하는 미생물에 의해 생산물은 달라진다. 이 중에, 탄수화물 원료를 아세톤과 부탄올로 변환하는 아세톤·부탄올발효는 1943년경부터 공업생산 수준에까지 발전하였으나, 현재는 석유화학산업에 눌려서 쇠퇴하고 만 것으로 보인다. 또한, 이러한 발효에서 생기는 전자(電子)를 수소가스로 변환하여 이용하려고 하는 것이 수소 발효이지만, 아직 실용화 예는 없다.

수소는 수소 발효 이외에 생물 반응에 있어서도 생성한다. 수소가스는 연소해도 탄산가스를 발생하지 않고, 연료전지에 의해 전기로 변환할 수 있는 등 뛰어난 특징을 가지고 있기 때문에 생물적 수소생산은 오일 쇼크 이후 해외에 있어서도 적극적으로 연구개발이 추진되어 왔다. 수소생성능(水素生成能)을 가진 미생물은 ① 혐기성 세균, ② 광합성 세균, ③ 남조나 녹조 등의 미세조류(微細藻類), ④ 질소고정균(窒素固定菌) 등으로 분류된다. 이 중 빛 에너지를 직접 이용할 수 있는 광합성 미생물, 특히 산소발생형의 광합성을 행하는 녹조나 남조를 이용한 광수소생산기술(光水素生産技術)은 원리적으로 태양광을 이용하여, 물을 원료로 한 수소생산이 가능하기 때문에 주목되고 있으나 아직은 기초연구의 영역을 벗어나지 못하고 있다. 그러나, 금후의 움직임에 따라서는 직접 수소가 얻어지게 되므로 흥미 있는 과제이다.

(3) 그 밖의 변환기술

1) RDF

biomass의 pellet화(化) 연료는 폐자재, 목탄 등을 원료로 고체(固体) 성형(成型)한 것으로서, 경우에 따라서는 석탄이나 코크스 등을 혼합시킨다. 예로부터 성형(成型) 목탄이나 연탄 등이 있지만, 이러한 종래형의 pellet 연료에 더하여 최근에는 가연성의 도시 쓰레기를 성형하여 얻어지는 RDF(Refuse Derived Fuel)라고 하는 새로운 형태의 pellet화 연료도 제조되고 있다. 주개류(廚芥類, 부엌쓰레기), 종이류, 섬유류 등의 biomass를 포함하고 있으며, 그 함유율도 높다. RDF는 보통의 쓰레기에 비하여 수분이 적고 감용화(減溶化)되어 있기 때문에 에너지 효율이 높다. 저장·수송이 용이하고 어느 정도는 균일화된 내용 때문에 안정적인 연소가 가능하다고 하는 특징을 가진다.

2) Bio-diesel

식물 기름(불포화지방산)은 메틸 에스테르화 하게 되면 diesel에 매우 닮은 성상(性状)을 이루고 있다. 이것을 bio-diesel이라고 한다. bio-diesel은 주로 EU에서 생산되고 있으나, 동구, 말레이시아, 북미에도 전파되고 있다. 표 7.3에 각국에 있어서의 bio-diesel의 생산능력과 생산량을 나타낸다. EU에서의 bio-diesel 생산 능력은 연간 수백만 톤 이상에 달하고 있다. 독일에서는 이미 2,000개소의 bio-diesel 연료 전용 주유소가 배치되어, 디젤 연료와 동등의 가격으로 일반인을 대상으로 하여 판매되고 있다. 구미의 움직임에서도 보이듯이 환경문제, 에너지 문제 그리고 농업문제 등, 다양한 관점에서 bio-diesel 연료가 그 해결책의 하나로서 선택되어, 보급되어 갈 것으로 예상된다. 2010년까지는 bio-diesel 연료의 수요는 세계 중에서 연간 1억 톤을 넘을 것이라는 예측도 있다.

표 7.3. 세계 각국의 bio-diesel 생산능력과 생산량(1,000톤)

구 분	1996년 생산능력	1996년 생산량	1997년 생산량	증산 계획
오스트레일리아	38	17	22	0
벨기에	200	20	20	0
프랑스	310	227	250	100
독일	287	63	83	30
이탈리아	199	141	109	0
기타	14	6	11	70
EU-15개국 합계	1,048	474	495	200
체코	63	22	45	0
기타 유럽	10	8	10	5
미국	38	5	8	300
캐나다	1	1	1	100
말레이시아	10	10	10	20

7.4 바이오매스(biomass) 에너지의 이용 사례

(1) 바이오매스(biomass) 에너지의 이용과 해양 바이오매스

그림 7.5는 일본의 지역별 biomass 이용 사례를 보여준다. 이들 중에서, biomass를 주로 에너지에 이용하고 있는 것으로서는 음식물 쓰레기, 가축배설물, 하수 오니 등의 메탄 발효와 목질(木質) biomass 등의 연소가 주체이며, 폐식용유의 bio-diesel 연료화의 예도 있다.

biomass는 목재, 해조류(海藻類), 유기성 폐기물 등, 다종다양하지만, 어느 것도 천연 고분자 집합체이며, 생물에서 유래한 것의 특성상 함수율이 높은 특징이 있다. 수목(樹木, 생나무)에서 50%, 탈수 하수 오니에서 75~80%, 주방 쓰레기에서 90% 전후, 미세 조류나 알코올 발효 후 남은 술 찌꺼기에서는 98~99%로 다량의 물을 함유하고 있다. 이렇게 함수율이 높은 biomass를 원료로 하여 반응시키는 경우, 열화학반응에서는 건조공정에 많은 에너지를 소비하여, 유효 열량이 마이너스가 되는 경우도 많아서, 반드시 적당한 것은 아니다. 단, biomass 중에 포함되어 있는 수분을 반응매체로서 이용하는 고압 프로세스에서는 건조가 필요 없어, 에너지 면에서 유리한 경우도 많다. 해양 biomass도 함유율이 높기 때문에 상압(常圧)에서의 열화학반응에서는 에너지 면에서 불리하다고 생각된다.

여기서는 해양 biomass에도 적응가능하다고 생각되는 생물적 변환기술에 의한 biomass 에너지 이용으로서 메탄 발효의 예를 다룬다.

(2) 메탄 발효

유럽에 있어서는 각국에서 biogas plant 개발이 적극적으로 추진되고 있다. 독일에서는

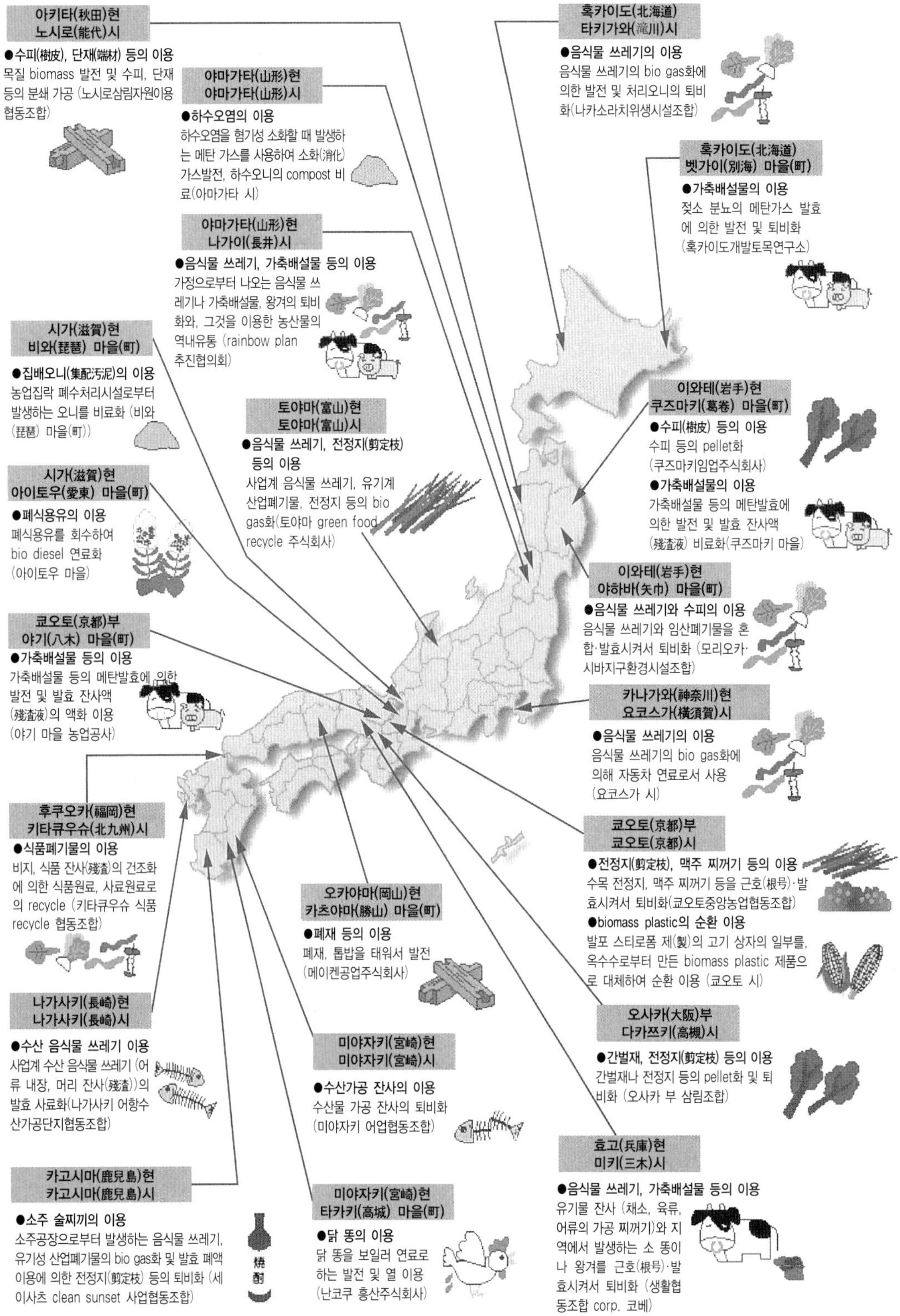

그림 7.5. 일본 국내에 있어서의 biomass 이용 사례

현재 400개의 농업폐기물 biogas plant가 가동하고 있으며, 전국적으로 220,000의 농업계 biogas plant가 설치 가능한 것으로 보고 있다. 오스트레일리아에서는 현재 70개의 농업계 biogas plant가 가동하고 있으며, 그 설치 수는 증대 경향에 있다. 오스트레일리아의 농업계 및 유기계 폐기물을 모두 메탄 발효하기 위해서는 13,000~46,000개의 biogas plant가 필요한 것으로 보고 있다. 폴란드에서도 축산계 폐기물이 2010년에는 현재의 세 배로 증가할 것으로 예상하고 있으며, 이를 위해 biogas 제조와 compost(혼합비료 또는 퇴비) 제조를 조합한 플랜트 개발이 진행되고 있다. 마찬가지로, 덴마크에서는 현재 농업계 biogas plant의 설치 수는 20개이지만, 농업계 폐기물의 증대에 따라 biogas plant의 개발계획이 진행 중이다.

한편, 핀란드는 1996년 biogas에 의한 총발전량은 189.5 *GWh*로서, 이 중에 수처리(水處理)에 의한 것이 115 *GWh*, 공업 폐기물로부터의 것이 15.2 *GWh*, 매립지로부터 회수한 것이 53 *GWh*, 기타 6.3 *GWh*로, 농업계 biogas의 생산량은 대단히 적었다. 또한, 일본에서는 1923~1929년경, 칸사이(關西) 지방을 중심으로 생활 폐기물을 대상으로 하는 가정용 메탄가스 발생장치의 연구개발이 성행하였다. 그후, 메탄 발효에 관한 생물화학 또는 화학공학적 연구가 비약적으로 진전하여, 메탄 발효를 이용하는 정화처리기술의 이론이 확립되었다. 메탄 발효이용의 시작(試作) 연구의 다수는 중온(中溫) 메탄균(菌)을 사용한 것이었지만, 1999년 고온(高溫) 발효균을 탄소섬유상(炭素纖維狀) 담체(擔体)에 고정화(固定化)한 고온 고정상식(固定床式) 메탄 발효장치와 연료전지를 조합하여, 음식물 쓰레기를 원료로 한 발전 시스템의 실증실험이 이루어졌다.

복합 상업시설로부터 배출되는 음식물 쓰레기를 1일 평균 125kg의 비율로 고정상식(固定床式) 고온 메탄 발효처리하여, 처리량 1톤당 평균 240 Nm^3의 biogas가 회수되었다. biogas 중의 메탄 농도는 약 63~67%로 안정하였다. biogas 중에는 비교적 고농도의 황화수소, 암모니아, 염화수소가 포함되어 있는데, 이들 불순 가스성분은 연료전지설비에 공급하기 위해 건식정제탑(乾式精製塔)에서 제거하여, 평균 발전효율로서 33.6%를 달성하였다(그림 7.6).

생물적인 변환기술은 원리적으로는 예로부터 알려져 있는 지식에 기초하고 있는데, 미생물의 작용이 plant의 생산성을 좌우한다는 점에서 대규모 플랜트로서 안정한 조업을 행하기 위해서는 미생물의 활성을 최적으로 유지하기 위한 원료의 성상(性狀) 관리나 전처리(前処理), 게다가 온도나 공존하는 세균류 등의 관리 등, 통상의 화학 plant와는 다른 조업의 know how의 축적이 필요하다. 소위 화학 plant의 경우와는 달리, 온도나 압력 등을 단지 화학 공학적인 개념에 기초하여 사양을 결정하는 수법이 반드시 적절한 것은 아니기 때문에 독특한 노하우도 필요한 기술 분야라고 할 수 있다.

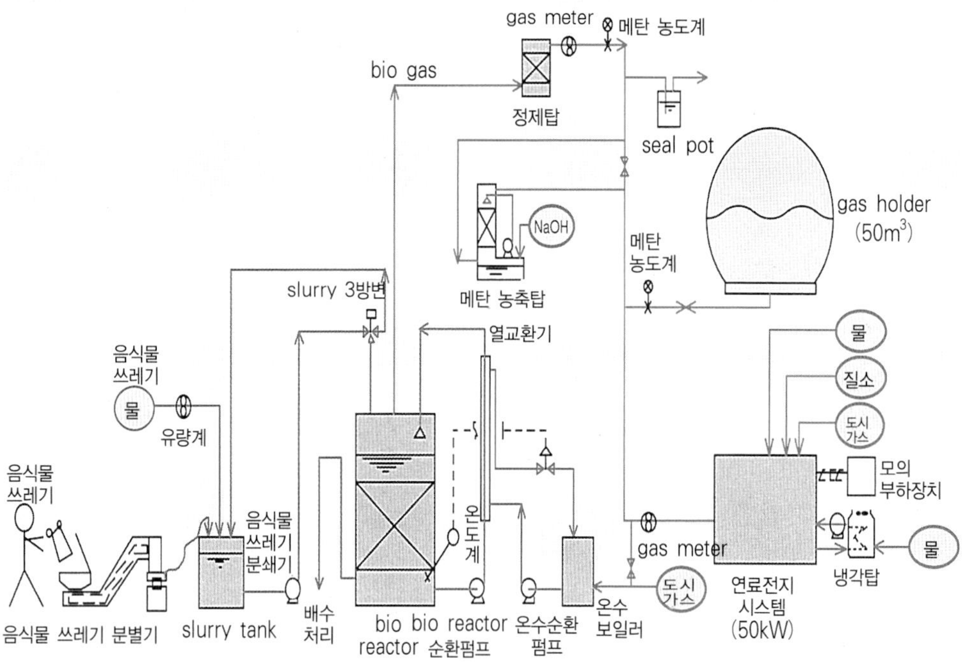

그림 7.6. 일본의 음식물 쓰레기 메탄 발효와 연료전지 조합에 의한 발전실험의 flow chart

1) 음식물 쓰레기를 원료로 한 발전 시스템 실증실험 예

음식물 쓰레기의 메탄 발효에 의한 에너지 회수에 관한 실용연구의 예로서는 일본 환경성(環境省)의 지구온난화 대책 실시 검정사업(음식물 쓰레기 biogas화 연료전지 발전시설)(2001~2003년도)을 들 수 있다(사진 7.3).

사진 7.3. 일본 환경성 음식물 쓰레기 biogas화 연료전지 발전설비(코베(神戸)시 Port Island)

2) 축산계 폐기물의 메탄 발효시험 예

축산계 폐기물을 메탄 발효하는 시험에 대하여는 일본 홋카이도(北海道) 개발토목연구소가 실시하고 있는 벳카이(別海) 자원순환시험시설도 biomass의 에너지 이용연구에 관한 실증연구의 한 예이다(그림 7.7). 이 시설에서는 젖소 똥을 메탄 발효(중온 발효, 고온발효) 시켜, biogas에 의한 소규모 발전을 행함과 동시에 발전시의 열도 이용하고 있다.

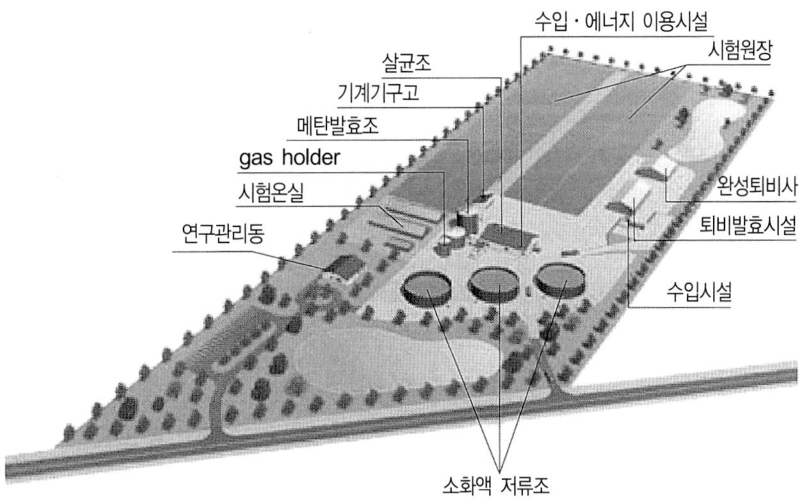

그림 7.7. 벳카이(別海)자원순환시험시설

7.5 해양 바이오매스 에너지 이용 연구의 예

해양 biomass에는 어패류, 수산 폐기물, 미세 조류 등이 있지만, 에너지 이용에 관한 실증적인 연구 예는 해조류(海藻類)를 대상으로 한 것이 주체이다. 해조류는 태양 에너지를 고정한 재생 가능한 에너지 자원으로서, 육상 biomass와 같은 에너지 변환공정이 가능하지만, 성분으로 보아 메탄 발효가 가장 유리하다. 해조류로부터 알긴산, 한천 등의 유용물질을 채취하고, 남은 찌꺼기를 메탄 발효하는 사례가 거의 대부분이지만, 직접 메탄 발효를 행하는 프로세스도 미국의 가스 기술연구소가 제안하고 있다. 해조류는 육상 biomass에 비하여 성분에서 볼 때 메탄 발효에 알맞다. 폐기물의 처분에서 보면 메탄 발효가 끝난 나머지 찌꺼기를 사료 및 비료로서 이용할 수 있고, recycle하여 이용하는 것은 가장 바람직하다.

해조류 메탄 발효의 전처리(前処理)에는 물리적 전처리, 화학적 전처리, 생물적 전처리가 있으며, 물리적 전처리에는 분쇄(粉碎)와 가열이 있다. 해조류를 직접 메탄 발효할 때는 분쇄로 충분하다. 화학적 전처리는 부생품제조(副生品製造)를 겸하여 행하는 것이 합리적이다. biomass를 구성하는 탄수화물, 단백질, 지방질 등의 유기물은 혐기 상태에서 가수분해되어, 가스화가 일어나며, 수소, 이산화탄소, 질소, 황화수소 등을 발생하여, 최후에 메탄 세균에 의해 메탄을 생성한다. 일반적으로, biomass에 고정할 수 있는 태양 에너지의 약 50%는 메탄으로서 회수할 수 있다고 보고 있다.

(1) 미국에 있어서의 해조류 재배와 에너지 변환기술 연구

해조류 재배와 메탄 발효에 의한 에너지 변환의 검토 예로서는 1970년대의 미국에 있어서의 Giant Kelp(Macrocystis pyrifera)의 해양농장계획이 유명하다. 아래에 그 개요를 나타낸다.

1) 해양 biomass 에너지의 개발과정

해양 biomass 계획은 가스연구소(GRI)와 미국 에너지성(DOE)이 공동으로 1974년부터 1979년까지 900만 달러 이상을 출자하였다. 생육이 좋은 giant kelp를 영양염이 풍부한 심층수를 용승시켜 재배하고 혐기성 발효에 의해 메탄을 얻는 것이다.

2) 해양 biomass 에너지 계획

① 개발조직

주계약자는 General Electric사로, 해양구조물은 Global Marine Development사가, 재배는 캘리포니아 공과대학이, 가스화 프로세스는 가스기술연구소(IGT)가 각각 분담하였다.

② 모형 농장

모형 농장은 남 캘리포니아 먼 바다 25마일 259km^2에 걸쳐 giant kelp를 한그루/9m^2의 밀도로 해조류 부착구조물에 이식하여 수심 152m에서 용승류를 일으켜 재배한다. 거둬들이는 것은 년 8회 행한다.

③ 해조류 재배

시험농장이 남 캘리포니아의 Laguna beach 먼 바다에 1978년에 설치되었다. 심층수의 취수는 ϕ61cm의 폴리에틸렌 파이프로 수심 450m에서 취수한다. 해조류의 부착부는 수심 15~17m이다. 시설의 설계 조건은 파고 12m, 주기 10초, 표층 흐름 1m/s이다.

④ 수확

수확선(収穫船)을 사용하여 행하며, 당초의 계획에서는 70kg/m^2이다.

⑤ 메탄 제조

혐기성 발효법 및 탄화수소 가스화법의 개발을 행하며, 메탄 발효에서는 염분이 있어도 기능하는 박테리아가 발견되어, 이론치의 70%가 넘는 메탄이 얻어졌다. 이 giant kelp의 해양농장계획에서는, 메탄 발효에 관해서는 상당히 실용적인 수준까지 개발이 진행되었으나, giant kelp의 재배, 수확의 효율이 문제가 되어, 주로 비용상의 문제 때문에 본격적인 사업화는 실현하지 못하고 있다.

(2) 참 다시마 재배에 의한 생산의 검토

giant kelp와 같은 갈조류인 참 다시마(Laminaria japonica)의 재배에 의한 생산에 대하여 검토하고, giant kelp와 비교한 예가 있다. 일본의 참 다시마 대표적인 생산지는 홋카이도 남부, 쯔가루(津軽) 해협이다. 계획에서는 하치노에(八戸) 먼 바다 8km를 상정하여, 면적 8,050m×5,120m= 41,216,000m^2의 양식장에서 참 다시마를 생산하여 수확한다. 수확한 참 다시마로부터 메탄 발효에 의해 biogas를 얻는다. 시산(試算)에서는 biogas의 조성은 메탄 52%, 이산화탄소 42%, 유화수소 0.6%로 되어 있다. 유화수소를 제거한 가스를 연료 gas로 한다. 이 계획의 참 다시마 재배에 의한 에너지 생산과 giant kelp의 경우와의 비교를 표 7.4에 나타낸다.

표 7.4. 참 다시마 재배에 의한 에너지 생산의 기초 사례와 giant kelp와의 비교

구 분	재배 해조	경지 면적	생산량		에너지 생산량
			원래의 해조	유기물(VS)	
연간 총량	참 다시마	41.216km^2	1,0003×10^6톤	1.12×10^5톤	2.45×$10^{11}$$kcal$/년
	giant kelp	26.7km^2		0.898×10^5톤	2.34×$10^{11}$$kcal$/년
연간 단위 면적당	참 다시마		24.3kg/m^2·년	2.70kg/m^2·년	5,947kg/m^2·년
	giant kelp			3.7kg/m^2·년	8,770kg/m^2·년

(3) 파래의 재배와 에너지 생산

스웨덴에서도 파래 등의 녹조류에 대하여 메탄가스의 추출시험이 행해지고 있다. 파래는 연안부의 얕은 바다에서의 증식에 의해 부패가 일어나, 경관을 해친다든지, 부영양화, 빈산소 상태를 일으켜 문제가 되는 경우가 있다. 이 파래를 메탄 발효하여 처리하고, 에너지를 생산하는 연구예도 있다. 그 결과, 염분이 있어도 활동하는 내염발효균(耐塩醱酵菌)에 의해 메탄가스가 생성되어, 에너지 생산이 가능하다는 것이 밝혀졌다.

파래의 재배나 이용에 대하여는 부영양화가 진행하고 있는 폐쇄성 해역의 얕은 곳에서의 수질정화와 에너지 생산을 위한 이용 면에서 주목받고 있다.

미세 조류 배양에 의한 CO_2 고정의 연구도 이루어지고 있으나, 배양시설 등에 대한 투자비용이 커서, 단지 에너지 생산이 목적이라면 현시점에서는 채산성 문제가 있다. biomass의 에너지 변환에 대하여는 메탄 발효 이외의 프로세스로서 알코올 발효, 탄화수소 제조 등도 있으나, 아직 기초연구단계에 머무르고 있다. 그러나, 금후 효율이 좋고 채산성이 좋은 기술이 개발될 가능성은 있다.

7.6 해양 바이오매스 에너지 이용의 문제점

대형 해조류인 다시마, giant kelp나 모자반 등은 미세조류(microalgae) 만큼 CO_2 고정속도는 빠르지 않으나, CO_2를 이용하여, 유기물인 알긴산, 아미노산 등의 유용물질을 생산한다. 또한 메탄 발효를 위한 프로젝트도 적극적으로 진행되고 있다.

해양 biomass 처리공장을 해양에 띄워서, 그 주위에서 해조류 등의 육성을 하고, 동시에 그들을 먹이로 하는 동식물 플랑크톤을 키운다. 그러면 이 동식물 플랑크톤, 미세 조류를 먹이로 하는 어류가 이 주변에 모여들게 되는데, 이들 해산물을 해양 biomass 공장에서 수확, 처리한 후, 식품, 이료(餌料), 화학연료, 의약품, 비료 등으로 가공하여, 저장한다. 또한 폐기물은 메탄이나 수소 등의 연료로 변환하여 에너지원으로 한다. 그리고 고밀도 배양조(培養槽)에서는 광섬유를 사용한 광공급(光供給)을 행하여, CO_2의 배기가스를 끌어들이고, 고효율로 처리 및 생산을 행한다. 또한 유전자 조작체(操作体)를 사용할 때는, 생산물만이 연속적으로 계외로 방출되는 시스템이 취해진다. 이와 같은 해양 미세 조류 종합이용 시스템은 지금은 아직 책상 위에서의 안에 불과하지만, 그 실현가능성을 나타내는 실험자료는 이미 모아지고 있다.

biomass로서의 해조류 배양의 문제점에는 아래와 같은 요인이 생각된다.

① 해조류 배양에는 상당량 무기염 등의 시비(施肥)가 필요하다. 캘리포니아의 예에서는 giant kelp 2~8톤의 생산에 질소와 인이 20톤 필요하였다. 300m 이상의 수심의 용승류역 이용이 무기염 공급 면에서 사정이 좋다. 하수의 이용도 생각된다.

② 적정한 배양밀도의 선택이 중요하다. 종류에 따라 적정밀도는 열배 이상 다르다.

③ 병충해(病蟲害)나 세균, 해초(海草)의 포식생물로부터의 보호나 관리가 중요하다.

④ 해조류(海藻類) 고정 기구가 비용을 증가시킨다. 수류(水流)나 시비(施肥), 수확법에도 영향을 받는다.

⑤ 경제성 확보를 위해서는 대규모 배양과 인건비의 저비용화가 중요하다.

⑥ 연안역에서는 어업권의 문제가 있다.

메탄 발효기술은 이미 알고 있는 기술이지만, 아직 해명되지 않은 부분도 많고, 금후 다음과 같은 기술에 대하여 계속하여 검토할 필요가 있다.

효율이 좋은 메탄 발효에는, 가용화(可溶化) 촉진이 필요하다. 가용화 촉진을 위해 이상식(二相式) 메탄 발효법 등의 가능성도 있다. 또한 발효조(醱酵槽)의 소형화를 위해 기질농(基質濃度)는 가능한 한 높은 것이 바람직하다. 따라서, 유기물 부하를 높이고, 가스 효율이 좋은 발효법이나 관리기술의 개발이 과제이다. 또한 원료의 수집 및 가스 이용, 발효액, 발효 오니의 처리를 합리적으로 할 필요가 있다. 부생품(副生品)의 경제성을 높이어 폐기물의 유효이용을 꾀하고, 생산 에너지 비용의 면에서, 등유, LPG, 도시가스나 전력과 경쟁할 수 있도록 하지 않으면 안된다.

미국 가스기술연구소의 비용 시산에 따르면, 메탄 비용은 원료인 해조류의 비용에 좌우되어, 수확량을 가장 높게 본 경우는 해조류는 가장 값이 싸고, 생성하는 가스 비용은 1만 kcal 중유 환산으로 톤 당 최저 약 27만원이라고 하는 보고도 있으나, 경제성의 검토는 금후의 과제이다. 해조류는 육상 biomass에 비하여 메탄 발효에 알맞지만, 비용을 내리기 위해서는 원료비용의 저감, 부생품(副生品)의 회수, 폐기물의 유효이용 등 기술적 개선과 함께 환경문제의 검토가 필요하다. 더욱이 메탄 발효기술은 이미 알고 있는 기술이지만, 아직 해명되어 있지 않은 부분도 많고, 특히 해조류의 메탄 발효기술에 대하여는 금후 다음과 같은 기술에 대하여 계속적인 검토가 필요하다.

① 내염성(耐鹽性), 저온성 메탄균의 개량
② 부생품(副生品)의 회수와 전처리 기술
③ 폐기물 처리기술과 유효이용
④ 발생 메탄가스의 이용기술
⑤ 공해방지기술(음식물 찌꺼기, 잔액(殘液) 처리와 악취대책)
⑥ 발효조(醱酵槽)의 구조, 운전기술의 향상

7.7 환경에 미치는 영향

해양 biomass의 에너지 이용으로서, 현시점에서 가장 가능성이 높은 방법으로서, 해조류의 재배·수확, 해조류의 메탄 발효에 의한 biogas 생산 시스템을 상정하여, 환경에 미치는 영향을 기술한다.

첫째, 해조류 재배에 있어서는 생장(生長)이 좋고 재배효율이 좋은 해조류 종의 도입, 또는 더욱 품질이 개량된 해조류의 도입 가능성은 있다. 또한 시비(施肥)를 위한 질소, 인 등의 무기염의 공급, 심층수의 공급 등의 가능성도 있다. 이 경우, 본래의 해양생태계에 대한, 유전자의 교란 등을 포함하여 다양한 영향 가능성이 있다. 어업 대상이 있는 장소에서는 어업에 대한 영향도 검토할 필요가 있다.

둘째, 해조류의 수확에 관해서는 수확 작업에 의한 생태계의 교란, 수질오탁 등의 가능성도 있다.

셋째, 메탄 발효에 있어서는 생성되는 biogas의 주성분이 메탄과 이산화탄소이며, 그 외 황화수소, 암모니아, methyl-mercaptan 등도 미량이지만 함유되어 있다. 메탄가스는 가연성 가스이기 때문에 당연히 안전면에서 누설 등에 유의할 필요가 있다. 메탄은 온실효과 가스이기도 하며, 그 지구온난화 지수(GWP, Global Warming Potential)가 23(100년간), 즉, 100년 사이에서의 지구온난화에 대한 효과는 이산화탄소의 23배이며, 이러한 관점에서도 누설 등을 막을 필요가 있다. 황화수소 등도 유해물질이며, 오염물질이 되기 쉽다.

그 때문에 탈류(脫硫) 등의 대책이 필요하다.

넷째, 메탄 발효는 비교적 폐기물 배출이 적은 과정이기는 하지만, 발효 후 찌꺼기나 폐액(廢液)이 생긴다. 이들은 해양에 투기한 경우, 해양오염을 일으킬 가능성이 있으므로 적정한 처리 시스템이 필요하다. 한편, 폐액에는 인이나 질소 등, 해조류 등의 생육에 필요한 영양염도 포함되어 있기 때문에 이들을 해조류 재배 등에 유효하게 이용하는 시스템의 구축 가능성도 있다.

7.8 장래의 개발기술 동향과 전망

biomass 에너지는 지금은 에너지 공급에서 차지하는 비율이 아직 작지만, 잠재력은 충분하며, 또한 효율이 좋은 프로세스에 의해 biomass로부터 에너지를 제조한 경우, 화석연료 대체에 의한 CO_2 삭감 효과가 높고, 시산예에 의하면, COP3(기후협약을 위한 교오토 의정서)에서의 CO_2 삭감목표의 달성도 가능하다는 결과를 얻고 있다. 현실에는 석유 석탄 발전에 보이는 것과 같은 대규모적인 상업 에너지 플랜트는 가동하고 있지 않으며, 금후의 도입에 있어서는 biomass의 생산뿐만 아니라 수확, 운반, 에너지 공급 시스템이나 후처리까지도 포함한 total system을 검토하지 않으면 안된다. CO_2 삭감이나 폐기물 처리 등의 환경에 대한 공헌도의 관점에서 볼 때 biomass 에너지는 금후 확실히 점유율을 신장해 갈 것으로 예상되며, 이를 위해서는 개개의 구체적인 기술과제의 개발이 필요하다. 그 예를 표 7.5에 나타낸다.

표 7.5. 해양 biomass 에너지에 있어서의 기술과제

항목	과제	배경 · 이유	해결책	해결책이 미치는 영향
biomass 자원의 에너지 이용	수확 · 수송에 비용이 듬.	자원이 넓고, 얇게 분포하고 있음. 수집 수송 시스템이 없음.	biomass 자원의 저비용 수확 · 수송 시스템을 구축함.	긍정적: biomass 자원의 에너지 이용은 화석연료의 소비삭감으로 이어짐. 부정적: 시스템 구축에 초기투자를 요함.
biomass 생산성이 높은 해양생물(조생종)의 육종	genome을 활용하여 성장이 빠르고, body mass가 큰 biomass 생산성이 높은 식물의 육종	CO_2 삭감의 필요에 따라, 화석자원에 대신하는 대체에너지로서 biomass가 주목받고 있으나, biomass의 생산성이 낮은 것이 문제임.	genome정보를 활용하여 성장이 빠르고, mass가 큰 biomass 에너지 공급을 목적으로 한 유전자 변형식물의 육종	CO_2 삭감. 순환형 에너지의 공급
해양의 정화작용의 적극적 활용	지구의 3/4를 차지하는 해양을 이용하여 지구온난화의 원인이 되고 있는 CO_2의 고정을 촉진함.	CO_2의 증가에 따른 지구온난화가 심각해지고 있으나, 지구의 대부분을 점하는 해양의 정화작용이 충분히 발휘되지 않고 있음.	해양을 이용하여 대규모적인 해조, 그 외 해양식물, 산호초의 육성. 해양식물의 biomass 에너지 · 식량 · 신규소재에 대한 이용기술의 개발과 촉진	온난화 방지. biomass 증대와 이용 촉진, 해양 다당(多糖) 등을 이용한 종이 · 섬유 등의 commodity · chemical의 생산 응용
해양 biomass plantation	해조류를 에너지원으로서 육성함.	국토가 좁고, 해양은 넓음. 광대한 해양의 이용	에너지 생산용의 해조를 육성. 영양염이 높은 심층수의 이용	대규모 전개가 필요. 경제성, 수율의 향상이 과제. 환경 부하가 낮은 에너지 process
해양국가의 특색을 살린 해양 biomass의 이용 · 개발 촉진	광대한 해양의 유효이용 CO_2의 삭감, biomass 에너지의 생산 이용	광대한 해양 면적이 있으므로 석유대체 에너지가 기대됨.	효율이 좋은 해양 biomass의 검색	CO_2 삭감. 고비용
해양농장 (예: 해조류를 중심으로 한 biomass 생산식물의 육종 · 개발)	공업적으로 활용가능한 해양농장 작물(예: 전분이나 유지축적 조류)	해양자원의 유효 활용	screening, genome 정보의 활용에 의한 육종	

참고문헌

(사)한국신·재생에너지협회, http://www.knrea.or.kr/energy

新エネルギー·産業技術総合開発機構(NEDO) : 新エネルギーガイドブック(入門編)
http://www.nedo.go.jp/kankobutsu/pamphlets/dounyuu/nyuumon.pdf

自然エネルギー促進法」推進ネットワーク : バイオマス発電, http://www.jca.apc.org/~gen/bio.htm

坂井正康 :「バイオマスが拓く21世紀エネルギー」, 森北出版, 1998

農林水産省 : バイオマス・ニッポン総合戦略策定プロゼックトチーム homepage
http://www.maff.go.jp/biomass/index.htm

四国経済産業局 : 新エネルギー情報バイオマス
http://www.shikoku.meti.go.jp/soshiki/skh_d2/9_info/top/e-biomass.htm

坂 志明 : 未來社会を支えるバイオマス資源, 環·京·Now, No. 29
http://www.joho-kyoto.or.jp/~energie/now/no29/index.html

山地憲治 :「バイオエネルギー」, ミオシン出版, 2000

坂 志明 編著 :「バイオマス・エネルギー・環境」, アイピーシ, 2001

新エネルギー·産業技術総合開発機構(NEDO) : エネルギー·環境技術開発室homepage, 日本のバイオマスの導入実績と賦存量 http://www.nedo.go.jp/enekan/jisseki.html

新エネルギー·産業技術綜合開發機構(NEDO) : 新エネルギー海外情報 2000-10号「ユーカリを燃料とするバイオマスガス化発電に関する技術調査」
http://www.nedo.go.jp/kankobutsu/report/foreigninfo/html0010/PDF/P20-P36.pdf

新エネルギー·産業技術総合開発機構(NEDO) : バイオマス資源を原料とするエネルギー変換技術に関する調査, 1999

新エネルギー·産業技術総合開発機構(NEDO) : バイオマス資源を原料とするエネルギー変換技術に関する調査(II), 2000

新エネルギー·産業技術総合開発機構(NEDO) : バイオマス資源を原料とするエネルギー変換技術に関する調査(III), 2001

小木知子 : バイオマスエネルギー利用によるCO2 削減効果, 資源環境技術総合研究所 NIREニュース, 1998 http://www.nire.go.jp/publica/news-98/98-10-1.htm

D. L. Klass : Biomass for renewable energy, fules and chemicals, Academic Press, San Diego, USA, pp. 445-494, 1998

環境省 : 報道発表資料「地球温暖化防止対策実施検証施設 (生ごみバイオガス化燃料電池発電施設)の試運転の開始について」, 2001
http://www.env.go.jp/press/press.php3?serial=2827

栗山 旭 :「木材工学辞典」, 日本材料学会木質材料部門委員会編, 工業出版, 東京, 290pp., 1982

中井多喜雄 :「新エネルギーの基礎知識」, 産業図書, 東京, pp. 89-90, 1996

平馬治夫 :「 エコマテリアル事典」, エコマテリアル研究会編, サイエンスフォラム, 東京, pp. 569-576, 1996

山根浩二 : 天ぷら鍋から燃料へ~バイオディーゼル燃料の利用・性能·動向~, バイオマス関連部会·研

究会 合同交流会, バイオマス利用技術開発の現状と可能性—技術からみたバイオマス利用の将来展望—, 講演要旨集, pp. 47-56, 2002

農林水産省 : 「バイオマス・ニッポン」パンプレット, http://www.jora.jp/txt/katsudo/pdf/biomass_n.pdf

M. Kottner et al. : Biomass for energy and industry, Proc. of 10th European Conference and Technology Exhibition, pp. 710-713, 1998

T. Amon et al. : Biomass for Energy and Industry, Proc. of 10th European Conference and Technology Exhibition, pp. 737-739, 1998

W. Romaniuk et al. : Biomass for Energy and Industry, Proc. of 10th European Conference and Technology Exhibition, pp. 718-736, 1998

K. H-Gregersen : Biomass for Energy and Industry, Proc. of 10th European Conference and Technology Exhibition, pp. 641-643, 1998

東郷芳孝 : 固定床式高温メタン発酵と燃料電池の組み会わせによる生ごみのエネルギー資源化に関する研究, NEDO1999年度新規産業創造型提案公募事業成果報告会 予稿集, 2000

北海道開発土木研究所 : 別海資源循環試験施設 http://dojyo.ceri.go.jp/project/bekkai/

日本海洋開発産業協会 エンジニアリンーグ振興協会 発酵工学会 : 1981年度海洋バイオマスによる燃料油生産に関する調査成果報告書, 1982

新エネルギー・産業技術総合開発機構(NEDO) : 藻類系バイオマスの培養及び利用技術に関する調査, 2004年 国国際共同研究先導調査報告
http://www.nedo.go.jp/itd/fesendo/h16/gaiyou/theme01.html

松尾友香 : アオサから取り出すバイオガス, ごみの講演会 ごみを生まないストック型社会へ講演資料, 福岡市環境局保健環境研究所, 2003
http://www.2.fch.chuo.fukuoka.jp/928gomi/aosagomi.pdf
http://www2.fch.chuo.fukuoka.jp/928gomi/CH4aosa/CH4aosa00.htm

EIA(Energy Information Administration) : Comparison of global warming potentials from the second and third assessment reports of the intergovernmental panel on climate change(IPCC)
http://www.eia.doe.gov/oiaf/1605/gwp.html

日本バイオ産業人会議 : バイオ産業政策検討項目, 2001
http://www.jba.or.jp/jabex/questionnaire/detail-eco.pdf

제8장__해수 중 우라늄과 메탄 하이드레이트(methane hydrate, 메탄 수화물)

8.1 해수중 우라늄

8.1.1 개발 및 이용 현황

석유 에너지에는 국제정세에 따라 그 공급이 불안정하게 될 염려가 있다거나 탄산가스 등의 폐기물을 방대하게 발생하는 문제가 있다. 반면, 원자력 에너지는 탄산가스를 거의 발생하지 않고 지구온난화 방지에 유효하다는 점에서 전력공급에 있어서의 원자력의 비중은 매년 높아지고 있고, 원자력 발전의 필요성은 금후도 계속될 것으로 생각된다. 그러나, 우리나라는 우라늄 자원이 부족하여 그 대부분을 해외로부터의 수입에 의존하고 있는 상황이다.

해수 중에는 다양한 희소 자원이 근소하지만, 용존하고 있고 그 중에 우라늄도 해수 1톤당 약 $3mg$ 정도가 용존하고 있는 것으로 알려져 있다(표 8.1.1 참조). 단순 계산하면, 세계 중의 해수량을 곱하면 약 45억톤의 우라늄이 해수 중에 용존해 있는 셈이 되며, 이 양은

표 8.1.1. 해수중의 희소자원

희소 자원명	해수 중 밀도 (mg/톤)
코발트	0.1
이트륨	0.3
티타늄	1
망간	2
바나듐	2
우라늄	3
몰리브덴	10
리튬	170
붕소(boron)	4,600
스트론튬	8,000

이용 가능한 광산 우라늄의 약 1,000배에 달한다. 그래서 해수중의 우라늄을 회수하여 원자력 발전의 근원으로 하려고 하는 노력이 1980년대부터 행하여지고 있다.

해수 중 우라늄 회수기술에 관한 연구는 과거에 영국, 프랑스, 독일, 중국, 한국, 터어키 등에서도 행하여져 왔으나, 회수효율이 낮아서 현재는 거의 철퇴하였고, 일본이 이 기술 분야에서 가장 앞서 있다.

8.1.2 개발과 이용기술의 현황

(1) 회수기술

해수중 우라늄은, 3탄산 우라닐 이온($UO_2(CO_3)_3^{4-}$)의 형으로 용존하고 있으며, 그 회수방법으로서 흡착법(吸着法), 공침법(共沈法), 부선법(浮選法), 용매추출법(溶媒抽出法) 등이 제안되어 있다. 공침법은 폐기물로서 수산화물이 발생하기 때문에 공해가 문제가 된다. 거품을 이용하는 부선법은 기술적으로 어렵고, 용매추출법은 해외에서 시도되고는 있으나, 실패로 끝났다. 포집재(捕集材)와 해수를 어느 기간 접촉시켜 해수중의 우라늄을 포집재에 흡착시키는 흡착법이 가장 유망하여 현재까지 활발히 연구가 진행되고 있다. 여기서는 흡착법에 대하여 소개한다.

(2) 포집재의 개발

흡착법에서는 포집성능 및 내구성이 높은 포집재의 개발이 중요하다. 과거에 함수산화(含水酸化) titanium을 주성분으로 한 포집재가 개발되었으나, 강도가 작고 내마모성(耐磨耗性)이 약하여 내구성의 면에서 실용성이 낮았다.

1980년대 범용의 아크릴 섬유 등을 화학처리한 아미드키심 형 포집재가 개발되었으나, 그 강도열화(强度劣化)나 포집성능에 문제가 있었다. 당시 경제적인 관점에서의 요구성능은 10일간에 포집재 1l당 10g의 우라늄을 포집할 수 있는 것으로 되어 있었으나, 실제의 포집재의 성능은 그 1/10 정도밖에 되지 않았다.

1990년대 후반에 들어와, 폴리에틸렌제의 felt모양의 헝겊에 방사선을 쐬어서(방사선 graft重合法), 한층 화학처리를 가하여 만들어진 아미드키심 형 포집재가 개발되어, 현재까지 많은 연구가 이루어져 있다. 이것에 의해 강도의 열화 문제는 거의 없어지고, 포집성능도 상당히 향상되었다. 실 해역실험에서의 포집성능 실적에서는 아직 포집재 1kg당 약 3g이지만, 이론적으로는 포집재 1kg당 500g의 우라늄 포집이 가능하다. 또한, 이 포집재는 반복해서 이용이 가능하며, 포집재 등은 실험단계를 마치고, 거의 실용단계에 있다. 사진 8.1.1에는 방사선 graft중합(重合)에 의한 아미드키심 형 포집재의 cassette화한 것을, 사진 8.1.2에는 방사선 graft중합장치를 각각 나타낸다.

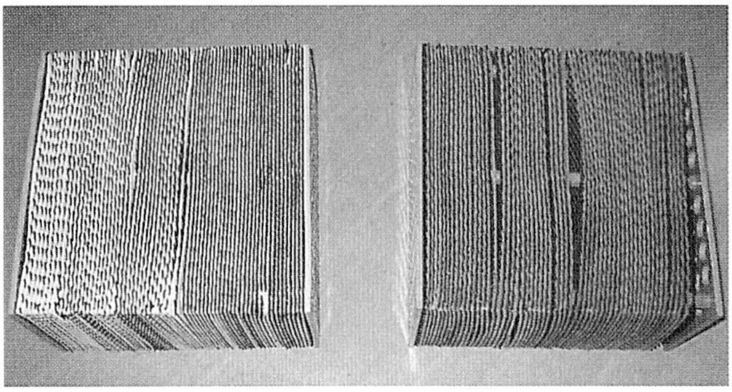

좌 : 포집전 우 : 포집후

사진 8.1.1. 방사선 graft중합에 의한 아미드키심 형 포집재

사진 8.1.2. 방사선 graft 중합장치

(3) 해수와의 접촉방법

아무리 성능이 좋은 포집재가 개발되어도, 해수와 포집재를 잘 접촉시키지 않으면 회수율은 올라가지 않는다. 현재 생각하는 주된 접촉방법은 ① 파력을 이용하는 방법, ② 조류(해류)를 이용하는 방법 및 ③ 해수 퍼올리기에 의한 방법 등이 있다.

① 파력을 이용하는 방법 : 해상 또는 해중에 설치한 통 모양 또는 상자 모양의 구조물에 포집재를 격납하여, 파력에 의한 상하운동을 이용하여 포집재와 해수를 접촉시키는 방법이다. 이 방법에서는 가루 모양(粒狀)의 포집재의 단위체적중량을 해수보다 조금 무겁게 하는 것에 의해, 상향류 만을 허용하는 한 방향 흐름이 되어, 언제나 신선한 해수를 포집재와 접촉시키는 것도 가능하다.

② 조류를 이용하는 방법 : 포집재를 바구니 안에 격납하여 이것을 해중에 설치하여, 조류에 의해 해수가 포집재를 통과하도록 하는 방법이다. 효율적인 회수를 위해서는 조류가 끊임없이 있어야 하며 또한 난류가 필요하게 된다. 따라서, 포집재의 설치는 조류가 격심

한 외해 쪽이 바람직하지만, 내해에서도 간만의 차가 큰 곳이라면 가능성은 있다.

③ 해수 퍼올리기에 의한 방법 : 해수를 pump로 퍼올려 통 모양의 칼럼 속에 넣어, 그 속에 기둥 모양으로 배열시킨 포집재를 통과시키는 방법이다.

이들 중, 방법 ③은 pump 동력에 전 비용의 약 80%가 들어 비경제적이라고 생각되어 기대할 수 없다. 현재는 방법 ① 및 ②가 유망하며, 포집재 cassette를 모은 흡착상(吸着床) 방식, 또는 mall(주유소에 있는 세차기(洗車機)의 날개 같은 모양) 방식 등이 연구되고 있다.

그림 8.1.1은 파력 및 조류를 이용하는 방법 ①의 실험예(일본 무쯔(六つ)시 세키네하마(関根浜))를 나타낸다. 포집재는 방사선 graft중합에 의한 아미드키심형 포집재가 사용되며, 이것을 두 개 겹쳐서, cassette화 한 것(사진 8.1.1 참조)이 해중에 설치되어 있다. 포집재에는 해양생물이 약간 부착하였지만, 우라늄 회수에 지장을 주지는 않았다.

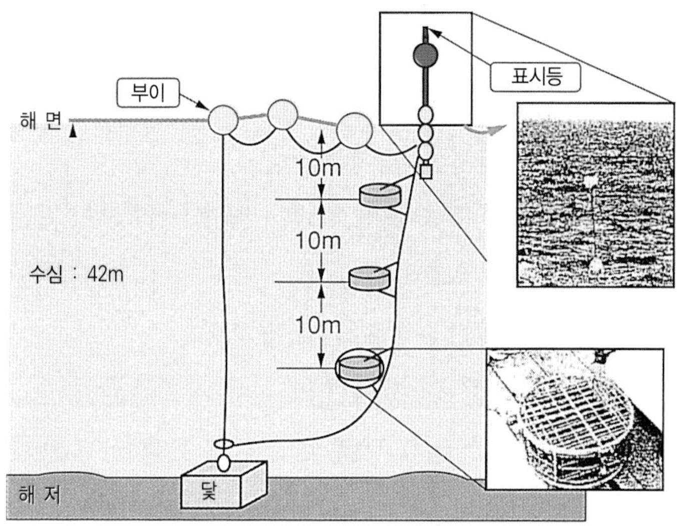

그림 8.1.1. 조류·파력을 이용한 접촉방식

(4) 회수시설의 구조형식

포집재를 해수와 접촉시키는 시설로서, 활어조(活魚槽) 방식, 부이 방식, 부체 방식, 연승(延繩) 방식(그림 8.1.2 참조), 기설구조물(旣設構造物) 이용방식 등이 생각되고 있다. 예를 들면, 부체방식의 실용 모형으로서는 50m×100m의 부체 구조물상에 분리·정제 시설을 건조하여, 직경 5m의 흡착상(吸着床) 100개를 1 unit로 하여 20 unit를 설치하면 연간 300톤의 우라늄을 포집할 수 있다. 이것은 100만kW 원자력발전소의 연료에 상당한다. 또한, 해상 교각 등의 기설 구조물에 흡착상(吸着床)을 설치할 수도 있다.

1회의 포집 기간에 대해서는 회수시설에 따라 다르지만, 활어조 방식이라면 연 3~4회 정도의 회수빈도가 적당하다. 회수시설의 개발과제로서, ① 효율 좋게 해수를 취입(取入)하는 구조 개발, ② 해수 투과성이 좋고, 파랑하중에 견디는 포집재 구획벽(區劃壁) 구조의 개발, ③ 해양생물 부착에 의한 막(膜) 막힘의 대책, ④ 계류법의 개발, ⑤ 포집재를 대량으로 격납할 수 있는 구조 개발, ⑥ 포집재의 설치·회수기술의 용이화, 자동화 등을 들 수 있다.

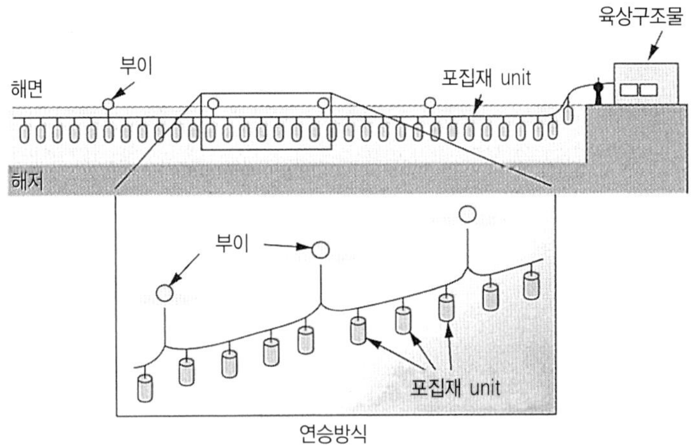

그림 8.1.2. 연승 방식에 의한 회수시설

(5) 정제기술

포집재는 소정의 기간 해수와 접촉한 후, 끌어올려 육상설비에서 우라늄 분리가 행해진다. 육상설비는 전처리(前處理) 시설과 분별용리설비(分別溶離設備)로 나누어지며, 전처리에서는 주로 해수 침적 중에 부착한 해양생물을 제거한다. 그 후 분별용리공정(分別溶離工程)에서 우라늄을 분리, 수지통(樹脂筒)에서 재흡착하여 정련공장(精鍊工場)으로 운반한다. 정련공장에서는 농축공정을 거친 후, yellow cake(우라늄 精鑛)가 정제된다.

(6) 과거의 실증실험

과거에 행해진 해수 중 우라늄 회수의 주된 실증실험에는 1980년대의 일본 야마카타(山形)현 쯔루오카(鶴岡)시 유라(由良) 먼바다에서 파력을 이용한 것(포집재 : 아미드키심 형 킬레이트(chelate) 수지(樹脂), 1970년대 후반부터 1980년대의 카가와(香川)현 니오쪼(仁尾町)에서 금속광업사업단이 실시한 pump 퍼올리기 방식의 것(포집재 : 산화(酸化) titanium 주성분), 1990년대 후반부터 2000년대 전반에 일본 아오모리(青森)현 무쯔(六つ) 세키네(関根)시에서 원자력연구소가 실시한 것(포집재 : 방사선 graft중합에 의한 아미드키심 형 포집재)가 있다. 이 외에도 일본 오키나와(沖縄)현, 미에(三重)현 고카쇼(五ケ所)만, 카나가와(神奈川)현 오다와라(小田原), 쿄오토(京都) 미쿠라지마(御藏島) 등에서도 소규모적인 실험이 행하여지고 있다. 일본 무쯔(六つ)시 세키네하마(関根浜)에서의 실험에서는 yellow cake 1kg을 채취한 실적이 있다.

8.1.3 환경에 미치는 영향

해수 중의 우라늄 회수 및 정제과정에서는 우라늄 광석으로부터 우라늄을 정제하는 경우에 생기는 강재(鋼滓)와 같은 부산물을 많이 내지는 않는다. 또한, 현재 유망한 방사선 graft중합에 의한 아미드키심 형 포집재는 알칼리 처리에 의해 재생이용이 가능하다. 더욱이 사용이 끝난 포집재는 방사성 폐기물이 되지 않기 때문에 소각처분가능하며, 배수는 중화(中和)하여 방류할 수 있다. 이상과 같이 광산(鑛山)의 우라늄과 비교할 때 해중 우라늄의 환경평가는 뛰어나다.

8.1.4 장래 개발기술의 동향과 전망

(1) 경제성 평가

과거의 실증실험 및 검토 결과에 의하면, 현재 상황의 기술에서 가능한 회수 비용은 300,000~500,000원/kg-U이며, 가장 값이 싼 연승 방식이 약 300,000원/kg-U으로 광산 우라늄 (56,000원/kg-U)의 약 5배 이상이다. 여기에는 항만토목공사비나 어업보상비는 들어있지 않아서, 이들을 포함하면 광산 우라늄의 5~10배 정도로 생각된다. 시장 채산 base를 생각한 회수 비용으로서는 광산 우라늄의 세 배 이내로 생각되며, 현재는 비용이 아직 높다고 할 수 있다.

그러나, 해수에는 우라늄 이외의 Vanadium, Cobalt, Titanium, Lithium 등도 존재하며 (표 8.1.1 참조), 이들도 포집재도 흡착되기 때문에, 이들 부산물을 고려하면 우라늄의 비용은 상당히 삭감될 수 있을 것이다. 무쯔(むつ)시 세키네하마(関根浜)의 실험에서는 부산물로서 Vanadium이 우라늄의 약 1.7배 채취되고 있다.

(2) 필요한 개발기술

상기한 비용의 80% 이상은 포집상(捕集床)을 계류하기 위한 해양구조물에 드는 비용이다. 해양구조물의 비용이 만약 현재의 절반이 되면 해수중 우라늄 사업의 가능성은 꽤 높아진다. 따라서, 우라늄 회수 비용을 저감시키기 위해서는 포집상(捕集床)의 경량화, 싼 값의 계류구조물의 고안 등이 필요하다. 한편, 포집재의 흡착·내구성능 향상기술의 개발은 물론 포집재에 대량의 해수를 접촉시키는 기술(회수시설의 구조형식)의 개발도 반드시 필요하다.

8.2 메탄 하이드레이트(methane hydrate)

8.2.1 물성(物性)과 자원량

(1) 물성(物性)

메탄 하이드레이트(일명 불타는 얼음이라고도 함)는 그림 8.2.1에 나타내듯이 메탄 분자가 물분자로 이루어진 바구니 모양의 결정구조에 붙들려 있는 먹힌 수화물(水化物, hydrate)이다. 그 외관은 얼음의 결정이나 눈(雪)과 닮아 있고, 그 중에 약 170배의 체적에 상당하는 가스가 함유되어 있다.

물이 하이드레이트화 하기 위한 조건은 저온과 고압이며, 자연계에서는 극지(極地)와 심해가 그 조건을 만족하고 있다. 예를 들면 0℃의 수온이면 26기압 이상, 10℃의 수온이면 76기압 이상의 압력이 필요하다. 이 수화물로부터 메탄을 끄집어내는(분해하는) 데에는 온도를 올리든가, 압력을 내리든가 하는 것이 절대조건이 된다.

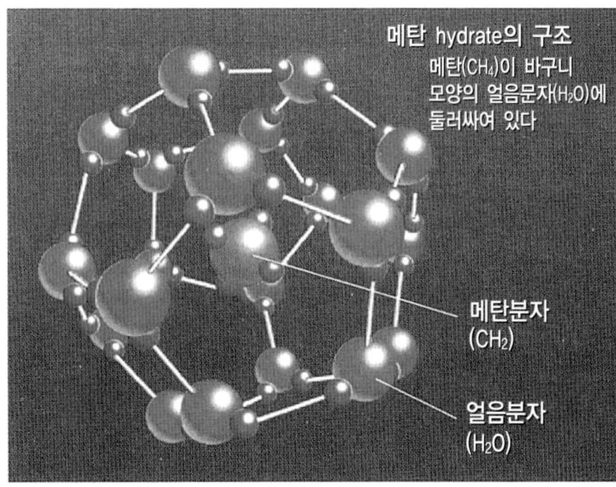

그림 8.2.1. 메탄 하이드레이트 구조

(2) 자원의 분포와 부존량

그림 8.2.2. 채취된 메탄 하이드레이트

메탄 하이드레이트의 생성에는 고압의 조건이 필요하기 때문에 지구상에서의 하이드레이트의 분포는 육역에서는 영구(永久) 동토역(凍土域), 해역에서는 극지역(極地域)에서의 대륙붕의 해저하 또는 수 100m 이심의 해저에 한정된다. 그림 8.2.3은 세계 메탄 하이드레이트의 분포역을 나타내고 있는데, 주요한 분포역은 환태평양의 심해역이다. 메탄 하이드레이트의 원시 자원량은 세계에서 약 $2 \sim 4 \times 10^{14} m^3$로 예측되고 있다. 덧붙이어, 우리나라와 일본 근해도 그림 8.2.4에서 보는 바와 같이 메탄 하이드레이트 분포역이지만, 주로 일본

난카이(南海) 해구(trough)를 중심으로 한 일본의 서쪽(태평양측) 해역이나 홋카이도 주변 해역에 분포한다. 이들 대부분은 수심 1,000m급의 심해역에 존재한다. 반면, 일본 혼슈(本州) 이남의 우리나라 동해측의 부존량은 상대적으로 적은데, 그 양은 약 $4\sim20\times10^{12}m^3$으로 예측하고 있다.

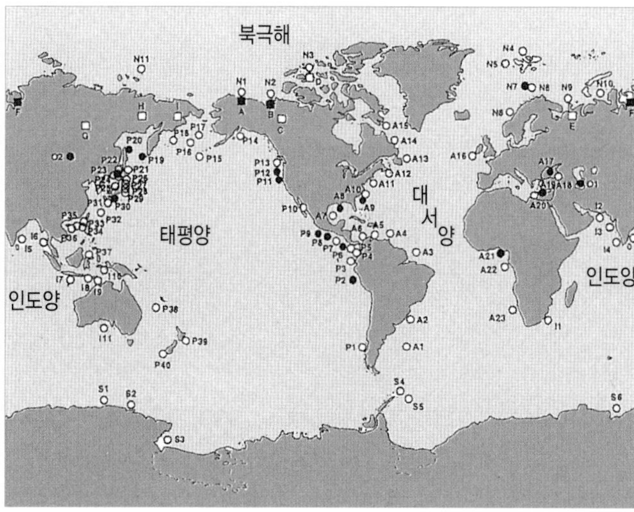

●, ○은 해역 ■, □는 육역 ●, ■는 hydrate 시료채취 ○, □는 추정(시료미회수)

그림 8.2.3. 세계의 메탄 하이드레이트의 분포역

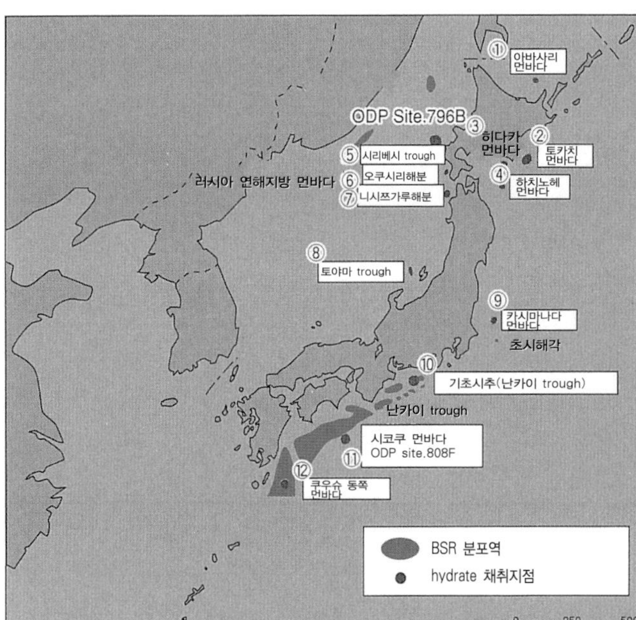

그림 8.2.4. 일본 주변의 메탄 하이드레이트의 분포역

8.2.2 개발 및 이용 가능성

(1) 해외의 개발 현황

세계에서의 개발상황을 보면, 석유·천연가스의 굴삭 사례에 비교하면 굴삭실적은 거의 없고, 육상에 있어서는 북미나 북극권 등에 있어서 수 건의 예가 있는 정도이다. 또한 해양에서의 굴삭실적도 적고, 미국 국내의 심해 굴삭조사(DSDP : Deep Sea Drilling Project)나 12개국이 참가하고 있는 국제심해굴삭계획(ODP : Ocean Drilling Program)에서의 시추가 있는 정도이다. 더욱이 ODP는 2003년 9월에 해소하였고, 2003년 10월부터 일본과 미국이 주노하는 통합국제심해굴삭계획(IODP : Integrated Ocean Drilling Program)이 발족하였다. IODP에는 신조 굴삭선 지구(Earth)호가 참가하여, 메탄 하이드레이트의 성인(成因)이나 부존량의 파악도 연구의 일환으로서 포함되어 있다.

시추 사례는 다음과 같다.

① 1970년 DSDP Leg11: 북미 동해안 break(대륙붕과 대륙사면의 경계면) 해령에서 BSR(Bottom Simulating Reflector, 해저 의사반사면(擬似反射面)을 말하며, 메탄 하이드레이트 층의 아랫면에 나타남)을 확인하고 하이드레이트 층과 조우(遭遇)하였다.

② 1979년 DSDP Leg66: 중남미의 과테말라 먼 바다에서 메탄 하이드레이트 시료채취에 성공하였다.

③ 1985년 ODP Leg112: 페루, 칠레 먼바다에서 표본을 회수하였다.

④ 1990년 ODP Leg131: 시코쿠(四國) 먼 바다, 오쿠시리토(奧尻島) 먼 바다에서 소량의 메탄 하이드레이트를 채취하였다.

⑤ 1990년 ODP Leg146: 미국 오레곤주(洲) 먼 바다에서 BSR을 꿰뚫는 굴삭을 행하여, 표본을 채취하였다.

현재 일본, 미국, 중국, 인도 등은 이미 특별법까지 제정하여 메탄 하이드레이트의 탐사와 시추를 위한 기술 개발에 박차를 가하고 있다. 최근, 미국 지질연구소(USGS)가 수년간에 걸쳐 조사한 메탄 하이드레이트 분포 지역의 연구결과에 따르면, 대륙에서는 캐나다와 미국 알래스카, 러시아 시베리아의 동토 지대에, 대륙붕에서는 지진대를 따라 메탄 하이드레이트가 분포하는 것으로 나타났다. 또한, 러시아 과학원 무기화학연구소는 캐나다 북쪽 비포트해, 러시아와 알래스카 사이의 베링해, 오호츠크해와 일본 근해에서 메탄 하이드레이트 층을 발견하였다. 이것은 환태평양 지진대와 화산대를 따라 메탄 하이드레이트가 분포하고 있음을 말해 준다. 특히, 일본은 2013년부터 메탄 하이드레이트 시추를 위해 가열법보다 개발비가 적게 드는 감압법을 시험하고 있는 것으로 알려져 있으며, 2013년 일본 자원에너지청은 세계 최초로 해저 메탄 하이드레이트 가스를 감압법에 의해 추출하는 데 성공했다고 발표하였다. 뿐만 아니라 일본은 과거에도 두 차례 캐나다에서 메탄 하이드레이트의 내륙산출실험을 시행한 바 있었다. 또한, 일본 경제산업성은 지난 2005년부터 메탄 하이드레이트 관련 연구에 착수하였고, 중장기 계획의 일환으로 '일본 메탄하이드레이트 개발계획'을 2012년에 수립, 추진 중이다. 향후 해양산출시험을 통해 기술과제를 파악하고, 2016년부터 2018년까지는 상업적 산출을 위한 기술정비를 완료할 계획으로 있다.

(2) 우리나라의 개발 현황

한편, 우리나라에서는 독도 주변 해저에서 메탄 하이드레이트가 대량 발견되고 있는데, 2007년 6월 미국, 일본, 인도, 중국에 이어 세계에서 다섯 번째로 한국 정부 개발사업단이 울릉도 남쪽 100*km* 지점 해저에서 6억 톤 가량(국내 천연가스 소비량의 30년분)을 발견하고, 가스 하이드레이트 실물을 채취하는 데에 성공하였다. 그러나, 우리나라는 메탄 하이드레이트를 상용화하기에는 아직 자본 투입 여력이나 기술면에서 뒤떨어지고 있기 때문에 향후 정부의 적극적인 재정 지원이 요망된다.

(3) 자원 이용의 가능성

메탄 하이드레이트의 원시자원량(原始資源量)은 전술한 바와 같다. 그러나, 석유나 천연가스 등 재래형 에너지와 달리 채굴방법이 어렵기 때문에 개발수법의 확립이나 경제성 검토에는 상당한 시간이 걸릴 것으로 예상된다. 채굴에는 어떤 방식으로든지 무언가 에너지 공급이 필요하기 때문에, 채굴 비용이 종래 천연 가스의 200배가 될 것으로 추산되고 있다. 이와 같은 상황 때문에 현 시점에서는 현장에서의 시추가 행해지고 있는 것에 지나지 않고, 자원은 아직 미이용 단계에 있다고 말할 수 있다. 실제로, 자원이 실용적으로 이용되도록 되기까지에는 적어도 수십 년 이상의 연구개발이 필요할 것이다.

8.2.3 개발 및 이용기술의 현황과 과제

(1) 탐사 및 조사기술

1) 주요한 탐사법

메탄 하이드레이트의 탐사에 이용되고 있는 또는 이용이 가능하다고 생각되는 물리탐사법은 아래와 같다.

물리탐사법
- 지진탐사법
- 초음파 탐사법
- 전자탐사법
- 중력탐사법
- 지각역학 응답 탐사법

이 중에 지진탐사법, 초음파법은 이미 탐사에 이용되고 있지만, 그 밖의 방법은 응용이 생각되는 방법이다.

i) 지진탐사법

지진 탐사에는 굴절파를 이용하는 굴절법 지진탐사와 반사파를 이용하는 반사법 지진탐사가 있는데, 반사법 쪽의 분해능이 뛰어나서, 일반적으로 반사법이 이용된다.

ㄱ) 반사법 지진탐사

지상으로부터 압축공기의 탄성파를 보내어 지하로부터의 반사파를 이용한다. 해상의 경우에는 air gun으로 지진파를 발생시켜, 지하로부터 반사하여 돌아 온 지진파를 조사선이 예항하는 수중 microphone을 내장한 streamer cable에 의해 수신한다.

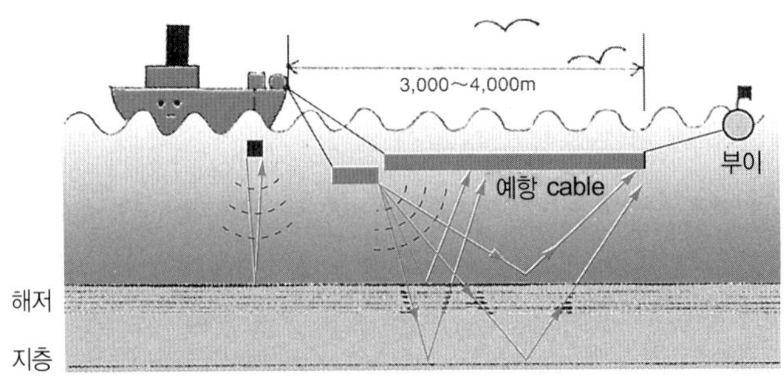

그림 8.2.5. 반사법 지진탐사의 개념

일반적으로 지진파의 반사는 물질의 탄성정수(彈性定數)의 불연속면에서 일어나고, 지진파가 하이드레이트 층을 포함하는 지층 중을 통과하는 경우, 하이드레이트화한 지층과 그렇지 않은 지층의 사이에 음향 impedance(온저항이라고도 하며, 교류회로의 전압과 전류와의 비)의 불연속면이 생기어, 이 경계면이 지진 탐사기록상에 강한 반사면으로서 기록된다. 이 반사면은 해저면과 거의 평행으로 나타나기 때문에 해저의사반사면(海底疑似反射面, BSR)이라고 하며 메탄 하이드레이트의 안정 영역의 아래 면을 나타낸다.

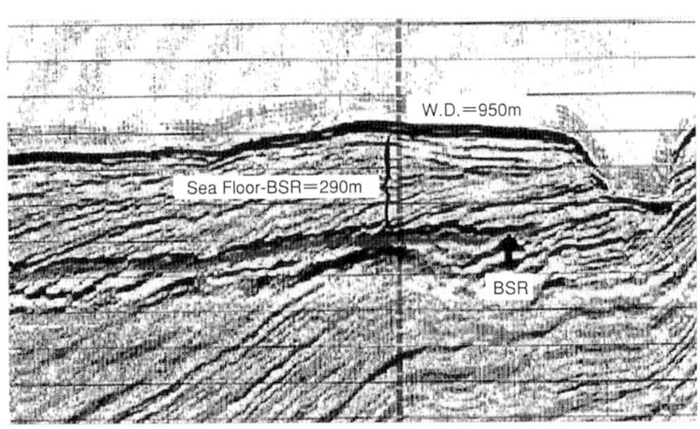

그림 8.2.6. BSR의 예

ㄴ) VSP(Vertical Seismic Profiling), 갱정간(坑井間) tomography(단층촬영법)

통상 해면 부근 또는 갱정내에서 발진(發震)하여, 갱정내에서 직접파나 반사파를 관측한다. 해면 부근에서 행하는 지진탐사가 대상물 사이를 거의 왕복하고 있는 데 대하여, VSP는 거의 한쪽 방향, 또는 갱정간 tomography는 한쪽 방향의 ray-pass를 이용하여, 메탄 하이드레이트에 기인하는 고속도 이상(異常)(지하구조 탐사에 있어서 검출되는 지진파의 고속도 영역에 있어서의 이상)을 검출한다. 마찬가지로 이것도 반사법의 일종이다.

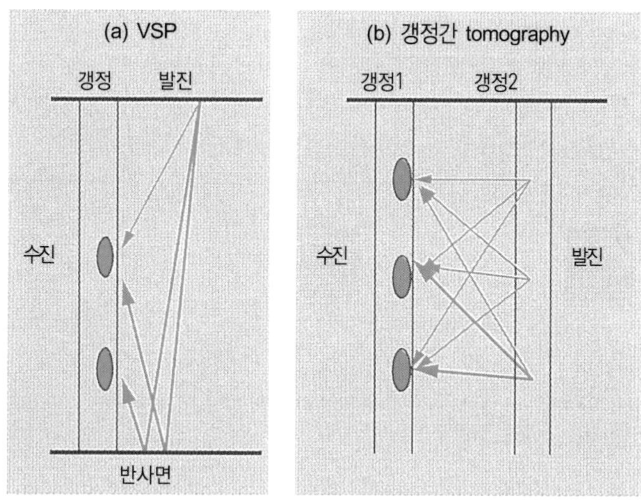

그림 8.2.7. VSP 갱정 tomography에 의한 지진파 전파경로 개념도

ii) 초음파 탐사법(side scan sonar)

초음파를 사용하여, 해저면의 음파 산란강도 분포도를 일반적으로 폭 넓게 구하는 기술이다.

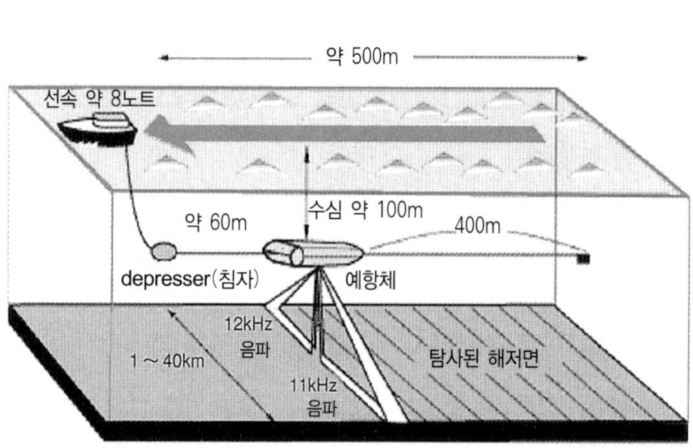

그림 8.2.8. side scan sonar 개념도

ㄷ) 후방 산란강도 탐사

해저로 향하여 비스듬한 방향으로 초음파를 발사하여, 그 예항체로 돌아가는 음향 반사강도(입사방향으로 돌아가는 반사강도)를 기록하는 것에 의해 지형이나 저질의 변화를 구한다.

ㄹ) 심해예항식 탐사

탐사용 기구를 해저면에 보다 가까운 심해 중에서 예항시키는 탐사법이다. 해면으로부터 떨어져 있기 때문에 noise가 작고, 해저면에 가깝기 때문에 신호를 정확히 수신할 수 있다. side scan sonar 이외에 지진탐사, 자기탐사 모두 조합하는 것이 가능하다.

iii) 전자탐사법

천연 또는 인공적인 전자장에 대한 지층의 응답에 의한 전자장을 관측하여, 지층의 전기적 성질을 추정하는 방법이다. 하이드레이트가 다른 지층보다는 비저항(比抵抗)이 큰 것을 이용하여 하이드레이트의 탐사법으로서 제안되어 있다.

iv) 중력탐사법

지하 구조나 지하물질의 차이에 의한 중력 값의 변화를 측정하는 것에 의해 해저하의 물질이나 지질구조의 분석을 행한다.

v) 지각역학 응답탐사법

조석 등에 의한 힘에 대한 해저의 변형을 관측하여 지각구조를 측정하는 방법이다. 하이드레이트가 농집(濃集)하는 층의 두께의 추정방법으로서 제안되어 있다.

2) 주요한 조사법

i) 생산 및 개발을 위한 조사

메탄 하이드레이트의 자원량 평가, 효율적인 시굴, 생산 및 개발을 위하여, 갱정을 이용한 core 채취, 물리검층(物理檢層), 지질·지화학 조사 등이 행하여진다. 조사에는 탐사와 일체로 행하여지는 조사와, 탐사종료 후에 상세한 자료를 얻을 목적으로 행하여지는 조사가 있다. 조사 항목은 아래와 같다.

ㄱ) 분포면적

ㄴ) 평균 층 두께

ㄷ) 퇴적물의 평균 공극율

ㄹ) 공극 중의 하이드레이트 포화율

ㅁ) 용적 배율

또한, 이들 정보를 얻기 위해 필요한 각종 자료는 아래와 같다.

BSR 심도분포, 해저면의 온도, 지온경사(地溫傾斜), 간극수(間隙水), 가스 조성, 비저항, 음파속도, 간극수의 화학적 성분, 동위체 조성이상(組成異常), 용존 가스량, 회수 core 온도측정, 정밀중력탐사

iii) 환경에 관한 조사

메탄 하이드레이트의 개발에 따라, 작업 자체의 안전성에 대한 영향, 해양환경에 대한 영향 등의 조사가 필요하며, 조사 항목은 아래와 같다.

a) 해저환경조사

해저환경을 파악하기 위해, 저층수(용존 현탁물질 조성, 온도, 유향 유속), 지형, 천해부 미세 지질구조, 저질(퇴적물 조성, 년대, 퇴적물 침식속도, 강도, 간극수 화학조성, 온도 및 열 유량), 용수(湧水)(온도, 화학조성, 시간변동), 저생생물(군집조성, 환경 내성) 등에 대한 기초조사가 필요하다.

b) 해저 생태계 조사

가스 누설이나 해저 지반의 변동에 의한 퇴적물 재부유, 혹은 저온수의 방출이 생물층에 주는 영향 등에 대하여 조사가 필요하게 된다.

3) 탐사 및 조사기술의 과제

메탄 하이드레이트 자원 field의 정확한 평가를 행하기 위해 고분해능 해저하 천층(淺層) 탐사법(소규모 고주파 음원을 사용한 음파탐사법) 등, 종래보다 더 정도가 높고 효율적인 탐사법의 개발 및 개량을 함과 동시에 기왕의 자료에 대한 충분한 해석이 필요하다. 또한, 생산 개발을 위해 메탄 하이드레이트 저류층의 모니터링 수법으로서 정밀구조 물성조사 (해저 수파(受波) 케이블이나 해저지진계 hydrophone 등을 사용한 4C 지진탐사 등), 탄성파 속도, 온도분포, 비저항 분포 등의 다면적인 시점에 의한 평가수법의 검토가 필요하다.

(2) 굴삭기술

1) 기술 현황

i) 메탄 하이드레이트 굴삭 기술의 특수성

에너지 자원 개발은 개발대상까지 갱정을 굴삭하여, 거기서 굴삭 또는 집적한 후 갱정을 통해서 지상으로 회수하는 방법이 취해진다. 기본적인 방법은 메탄 하이드레이트도 마찬가지인데, 메탄 하이드레이트는 그 성질상, 석유·천연가스와 같이 굴삭공(堀削孔)으로부터 스스로 분출하지 않는 점이 크게 다르다. 대체로 해역에 부존하는 메탄 하이드레이트가 고밀도로 집적하고 있는 것은 수심 1,000m 이심의 지층 속이다. 이 심도는 해역에서의 기존의 석유나천연가스 유전의 개발심도를 상회하는 것으로서, 대수심에 대응할 수 있는 기왕의 갱정 굴삭기술이나 생산 시스템의 수준 향상이 불가결하다.

ii) 육상에서의 메탄 하이드레이트 굴삭

육상에서의 메탄 하이드레이트 분포는 그 생성조건(0℃에서 26기압 이상, 10℃에서 78기압 이상)을 생각하면, 기본적으로 극지의 영구 동토(凍土) 하부에 한정된다. 영구 동토의 깊이는 통상 500~700m에 달하여, 일반적으로 200m 정도 이상의 동토가 발달하는 장소가 메탄 하이드레이트의 생성 환경이다. 이와 같은 지역에 있어서의 재래형의 석유·천연가스 개발에 있어서는 저온에서도 응고 등의 문제가 적은 고비중 니수(泥水)나 기름 base의 니수(泥水) 등을 순환 이용하여 굴삭하고 있다.

메탄 하이드레이트 층의 굴삭에서는 굴삭 도중 온도 상승에 기인하여 배관 도중에 메탄가스가 분해 발생한 경우에, 니수와 가스의 분출이 염려되기 때문에 고비중 니수를 냉각하여 순환 사용하는 등 분해를 방지하는 저온 니수 순환방식의 이용이 적절하다고 생각된다.

iii) 해상에서의 메탄 하이드레이트 굴삭

해역에 있어서의 석유·가스 생산의 플랫폼은 해저고정식(jacket 형, 중력형 등)과 부유식(semi-sub 형, tanker 형 등)으로 대별되어, 그 적용범위는 해저고정식에서 수심 500m 정도, semi-sub 형에서 수심 900m 정도, 자동선위유지(自動船位維持) 시스템 부착의 tanker형에서 2,000m 정도까지 굴삭이 가능한 것으로 알려져 있다. 일반적인 해양생산 플랫폼의 적용범위를 그림 8.2.9에 나타낸다.

해저지층 중의 메탄 하이드레이트는 국제심해굴삭계획(ODP)이나 기초시추 등의 굴삭에 있어서 표본이 회수된 상태이며, 대량생산은 앞으로의 과제이다.

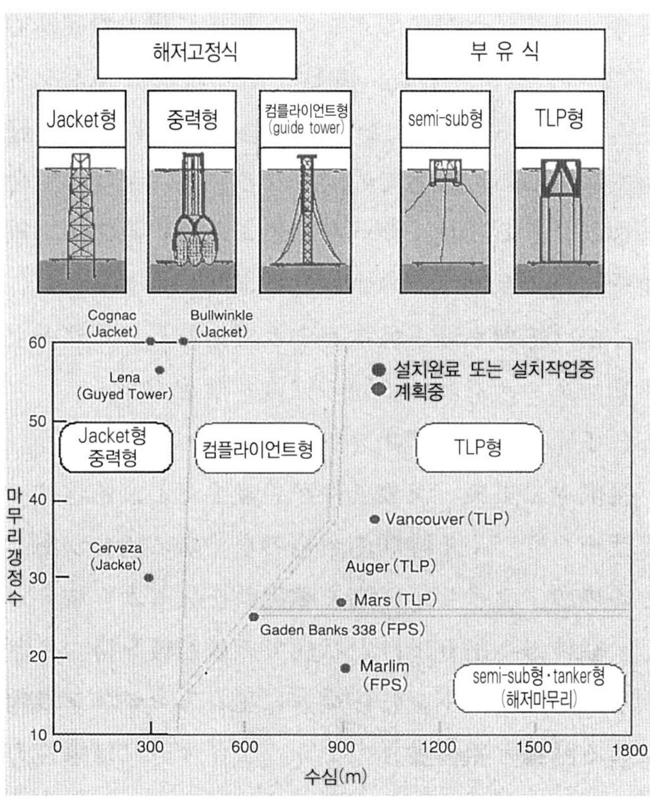

그림 8.2.9. 해양생산 platform의 적용범위

iv) 과학굴삭에 사용되고 있는 심해굴삭선(深海堀削船)

현재 운항하고 있는 심해굴삭선 JOIDES Resolution은 드릴 파이프 길이 10,000m의 선단기술을 장비한 배인데, 라이저(riser, 浮揚具)관을 사용하지 않은 굴삭방식 때문에 석유나 천연가스의 분출에는 무방비이다. 이 때문에 석유나 천연 가스가 존재하는 지점에서는 위험방지를 위해 굴삭은 제한되어 있다. 금후는 종합국제심해굴삭계획(IODP)에 있어서 라이저(riser) 굴삭장치를 갖춘 신조굴삭선 지구(Earth)호를 2005년도부터 도입하여, 우선 약 2,500m의 심해굴삭부터 개시하여, 그 후 수심 4,000m의 해저면하로부터 약 7,000m의 맨틀에 달하기까지 굴삭할 예정으로 있다. 단, 지구호는 어디까지나 과학굴삭이 개발목적이다.

v) 심해굴삭에 필요한 기술

과학굴삭과 상업굴삭은 서로 목적이 다르지만, 과학굴삭에 있어서의 심해굴삭에 요구되는 기술이 메탄 하이드레이트의 상업굴삭에 적용될 수 있기 때문에 지구호의 장비부터 정리한다.

a) 라이저(riser) 굴삭 시스템과 분출방지장치

석유·천연가스 굴삭에서도 일반적으로 사용되고 있지만, 굴삭공내 제어의 관점에서 고압하에서의 공벽안정(孔壁安定) 및 굴삭 부스러기에 의한 해양오염을 방지하기 위하여 라이저(riser) 굴삭에 의한 니수(泥水) 순환법이 필요하다. 또한 석유·천연가스의 분출에 대해서도 안전하게 굴삭할 수 있는 분출방지장치(BOP, Blow Out Preventers)는 불가결하다.

b) 자동선위 유지 시스템(dynamic positioning system)

계류장치를 사용할 수 없는 대수심역에 있어서 수직굴삭하기 위해서는 바람이나 조류에 저항하여 본선(本船)의 위치를 일정하게 유지하는 메커니즘이 필요하게 된다. 선위에 복수(複數)의 추력기(thruster)를 갖추어, 위성을 사용한 위치측정 시스템 DGPS의 정보를 기초로 하여, 정확하게 배의 위치를 유지할 수 있기 때문에, 외양에서의 가혹한 자연조건하에서도 안전히 가동할 수 있다. 라이저(riser) 굴삭에 있어서의 위치 유지에서 중요한 점은 라이저(riser)의 가운데를 통하는 drill string에 작용하는 휨응력을 최소로 하는 것이며, 라이저(riser) 상하단 경사각이 최소가 되는 배의 위치가 가장 좋다.

c) 라이저(riser) hang off에 대한 대응

굴삭 중에 기상·해상 조건이 급변하면, 선체에 라이저(riser)를 회수하는 시간적인 여유가 없어지는 경우가 있다. 그 경우, 라이저(riser)하단을 분출방지장치로부터 떨어지게 하여, 선체에서 매단 상태로 일기 회복을 기다리게 된다. 강한 조류하에서 관체 후방에 생기는 Karman 와열(渦列)에 의한 여진(勵振)과 선체 동요에 의해 라이저(riser)에는 관성력이 작용하여, 파단 또는 좌굴(坐屈)의 위험이 있다. 그 때문에 라이저(riser)부재의 강화와 수면하의 중간 접속부 이심(以深)을 떼어 내어 자립시키는 시스템 등이 검토되고 있다.

d) 대수심 굴삭에서의 공벽(孔壁) 붕괴방지

대수심이 되면 라이저(riser)내에 채워진 니수(泥水)의 수두압(水頭壓)이 과대하게 되어 지층을 파괴할 위험성이 있다. 이 때문에 니수내에 기포나 중공(中空) 유리구를 혼입하여 니수의 비중을 조정하는 장치나 해저면에 니수 펌프를 설치하여 강제 배수하는 장치에 대해서도 연구되고 있다.

e) 폐기 니수처리(廢棄泥水處理) 시스템

해양 석유굴삭에 있어서도 폐기물의 해양투기는 재평가되고 있다. 굴삭 현장에서 발생하는 굴삭 부스러기나 폐기 니수에는 중금속이나 유분 등의 유해물질이 포함되어 있기 때문에 적정한 처리가 필요하다. 이안거리가 큰 해역이나 처리시설이 발달하지 않은 지역에서의 가동에서도 대응 가능한 재이용·폐기물 처리장치에 대해서도 검토되고 있다.

부유식 생산장치와 메탄 하이드레이트 자원개발의 상상도를 그림 8.2.10에 나타내었다.

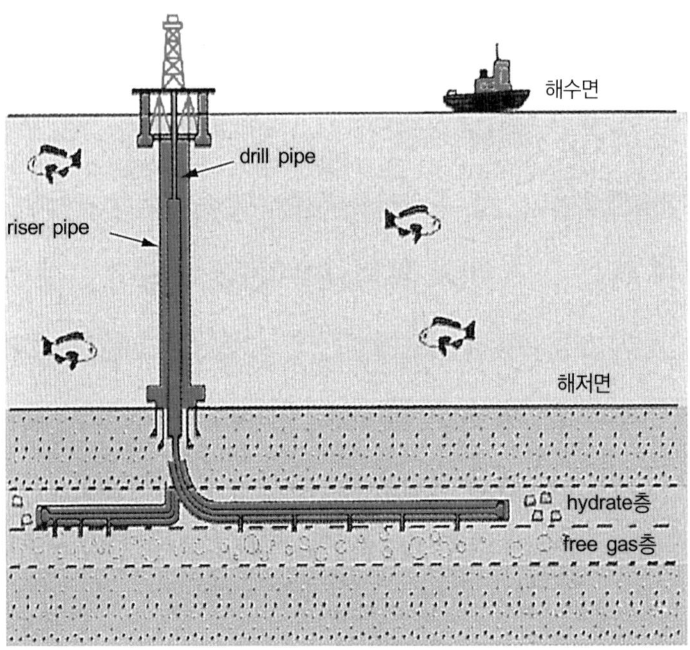

그림 8.2.10. 자원개발 상상도

2) 개발해야 할 과제

이상의 현재 상황을 정리하면, 대수심에 대응하는 기왕의 석유·천연가스 갱정(坑井) 굴삭기술이나 생산 시스템을 기반으로 하면서, 지구호(地球号, Earth)에 갖추어져 있는 기술을 단계를 밟아 응용하는 것이 경제적으로도 알맞다고 생각된다. 그것을 포함하여 상업생산을 향한 굴삭기술의 과제를 이하에 나타낸다.

① 굴삭용 니수(泥水) 시스템

메탄 하이드레이트의 분해·재생성 제어, quick control을 포함한 니수(泥水) 순환 시스템의 확립

② 굴삭공(堀削孔)의 조기·장기 안정화 기술

공구(孔口) 장치와 casing의 유지기술 및 메탄 하이드레이트 층 상부지층의 차단기술(sealing)

③ 굴삭적(堀削積)의 안정과 해저지진에 대한 대응

메탄 하이드레이트 굴삭 중 및 굴삭 후에 생기는 공동(空洞)(해수 충만)의 안정·지반 붕괴에 기인하는 해저지진 발생의 관계와 대응기술

④ 검지굴삭(檢知堀削)

생산성 향상을 위해 흙이 덮혀 있는 작은 메탄 하이드레이트 층을 적확(的確)하게 검지하면서 층내를 장거리 수평 삭공(削孔)할 수 있는 굴삭 navigation system

⑤ 안전한 양상 설비

기상·해상(海象)조건에 영향받지 않고(또는 단기간에 재개 가능한) 연속·대량 생산이 가능한 양상 설비

⑥ 상업생산을 향한 효과적인 굴삭공(堀削孔)

한 개의 연직공(鉛直孔 또는 斜孔)으로부터 방사상으로 넓어지는 수평 굴삭을 한 때에 메탄 하이드레이트 회수능력이 저하하지 않는 굴삭기 선단부에서의 생산장치(액화/기화)의 개발

(3) 생산·변환기술

1) 현재의 기술

메탄 하이드레이트로서 존재하고 있는 메탄은 석유·천연가스 등의 종래 자원과는 달리, 고체상(固體狀)이기 때문에 유동성이 없고, 종래 자원과 같은 생산 방식으로는 곤란하다. 그 때문에 원위치에서 고체상의 메탄 하이드레이트를 기체의 메탄가스로 변환하는 생산 방식이 생각되고 있다. 그림 8.2.11에 메탄 하이드레이트의 상평형도(相平衡図)를 나타낸다.

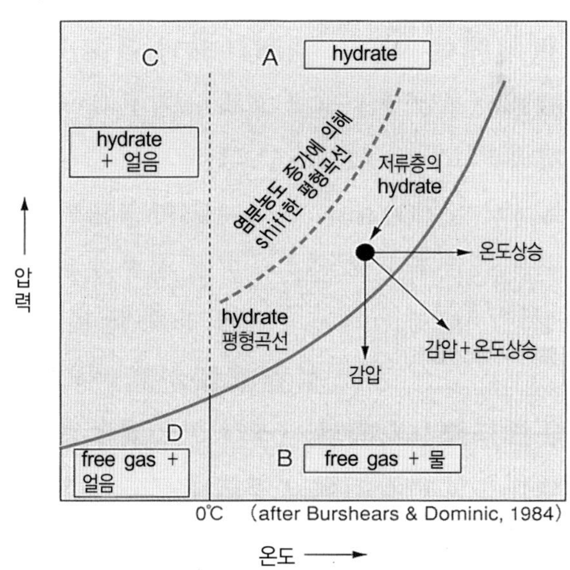

그림 8.2.11. 상평형도(相平衡図)

오른 쪽 상단의 하이드레이트로서 안정하게 존재하는 조건이다. 메탄가스로서 채취하기 위해서는 오른 쪽 하단 영역의 온도·압력·염분농도를 변화시키는 것이 필요하다. 현재 메탄가스를 생산수법으로서는 그림 8.2.12에 나타내는 것과 같은 방법 및 그들을 조합한 방법이 검토되고 있다.

i) 열자극법(熱刺激法)

이 방법은 수증기나 열수의 압력 및 지하열에 의해 가열하여 하이드레이트를 분해시키는 방법이다. 지층에 수압을 가하여 파쇄하고 균열을 생기게 하여(fracturing), 하이드레이트와의 접촉면적을 증가시켜, 효율을 올릴 필요가 있다. Mackengie Delta에서의 육상 산출 시험에서는 열수 주입에 의해 메탄 하이드레이트를 산출하였다.

ii) 감압법(減壓法)

이 방법은 갱내의 압력을 감소시켜, 메탄 하이드레이트를 분해하는 방법이다. 압력은 열보다도 광범위하게 전달한다고 하는 장점은 있으나, 분해에 의한 흡열을 보상하는 열을 지층으로부터 공급함으로써, 열전도율이 작고 분해속도가 작아지기 때문에 경제성이 저하한다. 다른 방법과의 병용이 필요하다고 생각된다.

iii) inhibitor 주입(注入)법

이 방법은 염류, 메탄올, 글리콜(glycol) 등의 분해촉진제(再生成抑制劑)를 주입하는 것에 의해 메탄 하이드레이트의 분해를 화학적으로 촉진시켜, 메탄가스의 생성을 촉진하는 방법이다. 현재는 분해촉진제의 비용이 높고, 메탄 하이드레이트와의 접촉이 극히 한정되어 효율이 나쁘다고 하며, 열자극법과의 병용·fracturing이 필요하다고 생각되고 있다.

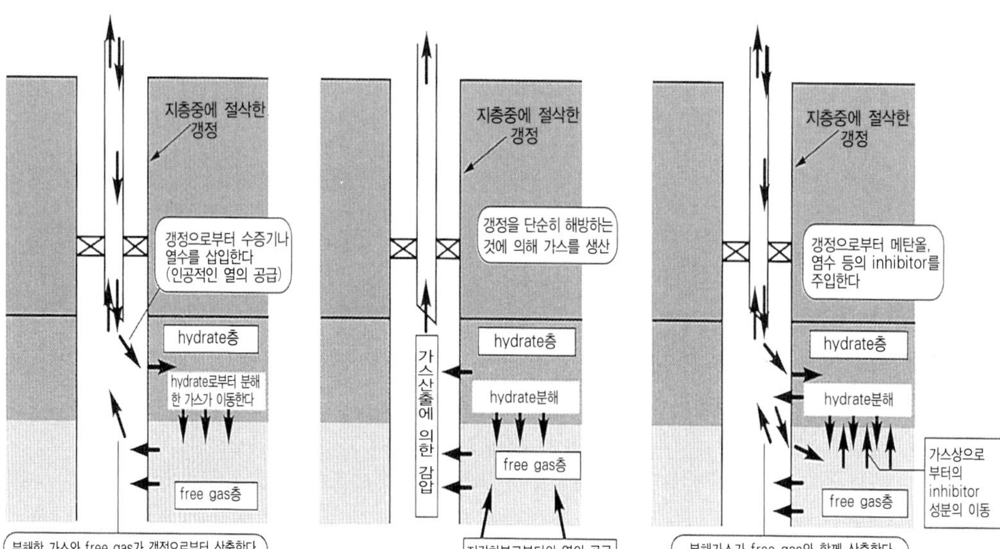

그림 8.2.12. 가스 생산방법의 일례(왼쪽으로부터 열자극법, 감압법, inhibitor 주입법)

메탄 하이드레이트 자원개발연구 컨소시엄에서는 Mackengie Delta에 있어서의 육상 산출시험에 있어서 질소도입법을 사용한 열자극법(온수 가열)에 의해 5일간에 약 500m^3의 메탄 가스산출에 성공하였다. 또한, 생산 simulator의 개발도 동시에 행해지고 있으며, 육상 산출시험에서는 계산치와 실측치가 거의 같다는 것을 확인하였다.

2) 개발해야 할 기술과제

이와 같이 육상 산출시험에 있어서 열자극법에 의한 메탄가스 산출이 행하여지고 있으나, 실용화를 향해, 하기와 같은 과제가 생각된다.

i) 분해의 제어

메탄 하이드레이트의 분해에 의해 체적은 30~170배로 팽창한다. 또한 분해가 흡수 반응이기 때문에 분해속도는 시간이 경과하는 데 따라 늦어진다. 이와 같은 분해를 제어하면서 메탄가스를 회수하는 최적 수법을 새로운 것을 포함하여, 선정할 필요가 있다.

ii) 재(再) 하이드레이트화

메탄 하이드레이트가 분해하여 생성된 물은 메탄 하이드레이트를 재생성하기 쉽다고 생각된다. 갱내에서의 재 하이드레이트화는 침투율 저하에 의해 메탄가스의 생산성에 영향을 미치기 때문에 재 하이드레이트화를 방지하는 기술이 필요하게 된다.

iii) 생산 simulator

육상 산출시험에서는 한 개의 갱정(坑井)에 대한 해석을 실시하고 있지만, 사업화시에는 복수(複數) 개의 갱정에 의해 메탄가스를 회수할 것으로 생각된다. 메탄 하이드레이트의 기초물성이나 기계적 특성 등의 해명과 모형화를 통해, 현장 규모(field scale)에 대응한 생산 simulator의 개발이 필요하게 된다.

8.2.4 환경에 미치는 영향

메탄 하이드레이트의 생산방식으로서 현재 생각하고 있는 것은 메탄 하이드레이트를 가스 상태로 분해하여 생산하는 방법이다. 메탄 하이드레이트 생산이 환경에 미치는 것으로 생각되는 문제를 분류하면, 그 생산방법에 기인하는 문제도 포함하여 아래와 같은 세 가지 항목으로 나눌 수 있다.

① 메탄 하이드레이트 층 개발에 따른 해저지반의 변화에 관련하는 문제

② 갱정(坑井) 기술에 관련하는 문제

③ 개발에 따른 해저환경의 변화에 대한 문제

①의 문제는 해저지반내에서는 고체이며, 주변의 암반층과 같은 지내력(地耐力)을 가지고 있는 상태인 메탄 하이드레이트가 굴삭에 의해 그 부분이 쑥 빠져서 공동상(空洞 狀)으로 되어 버려, 해수와 치환되기 위해 지반 침하를 일으키는 문제이다. 공동의 규모나 해저면으로부터의 심도에도 의존하지만, 해저면의 붕락(崩落) 또는 압밀침하가 발생하는 것이

예상된다.

더욱이 경사면에서의 메탄 하이드레이트의 채굴에 있어서, 대규모적인 해저지반 sliding의 발생이나 메탄가스의 대규모적인 대기로의 방출 가능성도 생각된다. 실제로 메탄 방출을 나타내는 증거로 생각되는 흔적이 세계에 몇 곳인가 존재한다. 미국 플로리다 먼바다의 해저에는 직경 10km이나 되는 절구 모양의 함몰지형이 있으며, 절구 모양의 바닥에 해당하는 부분만 BSR이 존재하지 않아, 메탄가스가 빠져 나온 흔적으로 생각된다. 또한 노르웨이 먼 바다의 북해에는 길이 800km나 되는 스트랙 지반 sliding으로 불리는 광대한 해저지반 sliding이 존재하고 있다. 이 지반 sliding이 시작되고 있는 지점은 BSR 심도에 상당하며, 주변에는 지금도 BSR이 존재하고 있다.

②의 문제는 메탄 하이드레이트 층으로부터 갱정을 통해 메탄가스가 생산되는 상태에 있어서, 갱정을 통해서 열이 전달되어, 예측을 넘는 메탄 하이드레이트의 분해·가스화 생태가 확대하여 가서, 갱정내의 casing에 압괴(壓壞)나 좌굴(坐屈) 등의 damage를 준다든지, 가스의 누설이 생긴다든지 할 가능성이 있다. 또한 갱정내에 가스가 포획되어 하이드레이트의 재생성을 일으킨다든지, 주변의 시멘트 등에 악영향을 주어 가스 누설을 발생시킨다든지 할 가능성도 있다.

③의 문제는 상기와 같은 지반침하나 메탄가스의 누설에 의한 해저지반 및 그 주변에 대한 영향이다. 해저지반의 침하는 육상에서의 지반침하에 비해 큰 문제는 되지 않는다고 생각되지만, 대규모적인 지반침하가 되거나, 더욱이 해저 지반 sliding을 유발하든지 하면 퇴적물이 부유하여 해수가 오탁하거나 저생생물이 뻘을 뒤집어쓰는 등 주변 생물에 큰 영향을 주게 된다.

또한, 가스의 누설은 자연 상태에서도 수많이 보는 현상이지만, 대규모적인 누설이 되면 해중의 메탄 농도가 상승한다든지, 메탄가스에 수반하는 저온의 해수 흐름이 발생한다든지 하여, 주변의 서식 생물의 생태에 영향을 주게 되고, 게다가 대기 중의 메탄 가스농도를 상승시키게 된다. 메탄가스는 온실효과 가스이며, 그 효과를 나타내는 지구온난화계수(GWP: Global Warming Potential, 100년간에 지구온난화에 주는 영향에 대하여 CO_2를 1로 하여 상대적으로 나타낸 계수)는 21이다.

지구온난화가 중요한 과제인 21세기에 있어서, 불필요한 메탄가스의 대기방출에 의한 기온 상승은 엄중히 다스려지지 않으면 안되며, 메탄 하이드레이트 생산기술의 개발은 생산시에 파생하는 가스누설의 방지기술의 확립이 전제되어야 한다고 해도 결코 지나치지 않는다.

참고문헌

須郷高信 ： 放射線グラフト重合によるポリエチレン纖維への重金属捕集機能付与—海水から稀少金属を捕集する材料開発—, 繊維と工業, 繊維学会, 第57巻 第5号, pp. 132-135, 2001. 5

堀田 平・中川賢一郎・村山良孝他 ： 海水ウラン回収システムの技術開発, 日本造船学会 第8回 海洋工学シンポジウム, pp. 185-192, 1988. 1

鈴木基之・藤井隆夫・田中秀一 ： 波運動を利用する流動式接触装置内の粒子の挙動, 海洋科学技術センター 第 2回 波浪エネルギー利用シンポジウム, pp. 219-223, 1987. 6

爲広正起・信川 寿・菅坡和彦他 ： 海水と波力を利用した海水ウラン採取システム, 海洋科学技術センター 第 2回 波浪エネルギー利用シンポジウム, pp. 225-232, 1987. 6

堀田 平・中川賢一郎・宮崎武晃他 ： 波力利用海水ウラン回収システムについて, 海洋科学技術センター 第2回 波浪エネルギー利用シンポジウム, pp. 233-240, 1987. 6

高木憲夫・広津高弘・堀田 平 ： 波利用海水中溶存稀少資源採取技術, 海洋科学技術第2回, 波浪エネルギー利用シンポジウム, pp. 241-247, 1987. 6

玉田正男 ： 海水中の有用資源を求めて, エネルギーレビュー, 株式会社エネルギーレビューセンター, 第22巻 第 4号, pp. 24-26, 2002. 4

須郷高信 ： 海水中のウラン回收の動向, エネルギー資源, エネルギー資源学会, 第23巻 第2号, pp. 42-45, 2002. 3

須郷高信・玉田正男・瀬口忠男他 ： 海水ウラン捕集のコスト評価と実用化に向けての技術課題, 日本原子力学会誌, 第 43巻 第 10号, pp. 76-82, 2001. 10

須郷高信・齊藤恭一 ： 海水ウラン採取技術の現状と展望, 日本原子力学会誌, 第36巻 第7号, pp. 35-39, 1994. 7

http://asahikorean.com/article/asia_now

(独) 海洋研究開発機構 ： 海から地球と生命へ — PART6 —, 2001. 10 http://www.jamstec.go.jp/jamstec-j/30th/part6/index.html

石油公団(現(独)石油天然ガス・金属鉱物資源機構)

佐藤幹夫 ： メタンハイドレートの分布とメタン量・資源量, 海洋と生物 136, Vol. 23, pp. 460-464, 2001. 10

松本 良 ： 国際深海堀削計画によるメタンハイドレート堀削, 海洋と生物 136, Vol. 23, pp. 465-471, 2001. 10

通商産業省 ： メタンハイドレート開発検討委員会報告書, 2001. 7

財団法人 エネルギー総合工学研究所 ： 新エネルギーの展望 非在来型 天然ガス(メタンハイドレート編), 1998. 3 http://www.iae.or.jp/publish/tenbou/1997-HIZAIRAI/0shou.html

青木 豊 ： メタンハイドレート鉱床の探査, 海洋と生物 136, Vol. 23, pp. 451-459, 2001. 10

(株)海洋先端技術研究所 homepage ： 海底の地質・地形を探る技術 http://www.ohti.co.jp/geology1.htm

德山英一 ： IODPの今後の動向, 海洋と生物 136, Vol. 23, pp. 472-474, 2001. 10

矢野裕亮他 ： 海洋科学技術センター作業船 第257号, 地球深部探査船 “ちきゅう”, pp. 8-13, 2001. 9

小林秀南： 資源環境技術総合研究所 NIRE ニュース, 1996. 10
http://www.aist.go.jp/NIRE/publica/news-96/96-10-2.htm
海洋と生物 136 特集 "深海に眠るメタンハイドレート", pp. 478-482, 2001. 10
市川裕一郎： クリンーエネルギー　メタンハイドレートの堀削・生産技術, 2002. 9
メタンハイドレート資源開発研究コンソーシアム： 2003年度研究成果報告会, 2004. 6
兼子 弘：JGA Vol. 50 新技術最前線 メタンハイドレートは21世紀の都市ガス資源, pp. 6-13, 1997. 9
国際協力銀行 homepage： グローバル・アイ No. 8, 2001
http://www.jbic.go.jp/japanese/base/publish/global/pdf/ge_08.pdf
兼子 弘：Techno Marine 日本造船学会誌 第 842号, メタンハイドレートによる天然ガス輸送, pp. 586-594, 1999. 8
兼子 弘：JGA Vol. 50 新技術最前線 メタンハイドレートは21世紀の都市ガス資源, pp. 26-31, 1997. 10
奥田義久： メタンハイドレート開発に伴う環境問題, (社) 資源・素材学会海洋資源部委員会, 海底資源のポテンシャルと環境問題講演要旨集, pp. 17-19, 1999. 12
青木 豊： 氣候変動等温暖化との関係, 海洋と生物 136, Vol. 23, pp. 483-488.

찾 아 보 기

ㄱ

ㄴ

ㄷ

ㄹ

ㅁ

ㅂ

ㅅ

ㅇ

ㅈ

A

B

C

D

E

F

G

H

I

K

L

M

N

O

P

R

S

T

U

V

W

Y